U0396977

开启你的美食之旅

美

随着时间的推移，普罗旺斯鱼汤逐渐成了普罗旺斯美食的"灯塔"，备受"膜拜"。19 世纪初，普罗旺斯鱼汤甚至在巴黎登场。

（见"普罗旺斯鱼汤"）

人们可能会不知道酒渍樱桃巧克力之泪、甜葡萄酒酱、水晶绿苹果、菠萝桂花挞、冰脆姜饼及其他一些甜味恰到好处的精美糕点都是奥贝尔加德餐厅发明的。

（见"糕点"）

海胆是一种昂贵的菜肴，就连劳力士手表和宾利汽车都没有它贵，但我们不应把事情想得太可怕。

（见"海胆"）

40 年过去了，我开始喜欢起这种酒来。瑰丽的气泡晶莹剔透，醇厚的浓香如绽放的玫瑰，令人如此心醉。

（见"玫瑰香槟"）

法国是世界上消费牡蛎最多的国家，平均每人每年会吃掉 2 公斤牡蛎，但法国海洋开发研究院的雄心似乎不止于此，他们想要冲击更高的"纪录"，这才"创造"出了"四季牡蛎"。

（见"牡蛎"）

所有贪吃的孩子都出生在卷心菜里，也必将在卷心菜里死去，
我也一样。它像婴儿般的光滑柔软，总让人爱不释手。

（见"包菜卷"）

如果没有奶油火腿面包，巴黎就不再是巴黎。

（见"奶油火腿面包"）

那个年代，捕猎雪鹀、把它们卖进餐厅并不算罪恶。对于朗德人来说，一年不吃雪鹀比做苦役还糟糕。

（见"雪鹀"）

啊！美丽的肥鹅肝，你是天使的礼物，欢乐的源泉，神圣的珍馐，珍贵的财富，如此动人心魄！

（见"肥肝"）

我们暂且认为这种玛德莱娜蛋糕可能就是马卡龙，并且很可能对普鲁斯特作品在法国文坛中地位的获得起到了推波助澜的作用。

（见"马卡龙"）

勃艮第葡萄酒以"讨人喜爱"和"迷人"享誉，您只需直接享用它即可；而它的对手波尔多酒却"庄重朴素"而"复杂沉郁"，必须经过艰苦的学习才能品味。

（见"'小'波尔多"）

哪里的香肠都比不过"杜瓦尔"小安肚香肠。我唯一想做的就是和我们的读者分享这历史性的时刻。

（见"小安肚香肠"）

餐

厅

Fast-food（快餐）？鬼知道为什么会用这个词！一种营销手段？

法语中没有对应词汇么？非得跟美国佬学？

干嘛用一个外来语滥竽充数？

（见"快餐"）

时至今日，巴黎著名的银塔餐厅也不过出品了不到100道菜，其中定做的菜品只有寥寥20几道。要是布里亚·萨瓦兰还活着的话，那他还不气得去跳塞纳河啊？

（见"菜单"）

各种浓汁、果酱、鱼汁、浓缩肉汁，低调不拿捏，热情而含蓄，是一朵象牙雕成的玫瑰，精美巧妙而富于启发性，也会带给人温柔的懊悔和微妙的苦恼，这就是里昂烹饪。

（见"里昂家常饭馆"）

1973 年阿兰酒店在我们杂志拔得头筹,取得 19/20 的高分,1987 年又以 19.5 分摘得桂冠,而且那 0.5 的减分并不是他们那些做得不够,而是我们觉得这世上没有什么十全十美的事物,就连上帝也有打盹儿的时候。

(见"阿兰·夏贝尔")

自有了"街边美食"（street food）这个说法之后，几个世纪以来，全世界范围内一直风行着一种习俗。无论在古罗马时期还是中世纪，或在纽约、上海和巴黎，总有人在路上吃东西。

（见"美食街"）

绘

表面上看来，《迦拿的婚礼》这幅名画与我们的主题毫无关系，但它却在美食历史上占据了举足轻重的地位，因为它向我展现了餐桌礼仪的发展历程。

《迦拿的婚礼》，布面油画，677x994cm，保罗·委罗内塞，1563 年，卢浮宫博物馆，巴黎
（见"躺着，站着，坐着"）

他是一位放浪形骸的花花公子、一个时代的象征、阿尔封斯·阿莱斯的挚友、《威利》一书的捉刀人、科莱特的第一任丈夫、苹果挞的发明者、曾被《住宿与美食》杂志推举为"美食之王"、饮食营养学的先驱、法国餐饮文化的代表，这就是科农斯基。

（见"科农斯基"）

作为优秀的实践家，厨师一眼就注意到那条短短的尾巴，鱼鳍的末端被笔直地切断了，它的腹部也顺着身体裂开，仿佛能依稀听到血液流动的声音。

《鳟鱼》，布面油画，65.5x98.5cm，居斯塔夫·库尔贝，1873年，奥赛博物馆，巴黎
（见"绘画"）

他继续向前走着，但刚刚那次相遇却令他心绪不宁，就像人群中一张模糊的面孔无明确缘由地在他的大脑中留下印迹。

《鳐鱼》，布面油画，114x146cm，让-巴蒂斯特-西梅翁·夏尔丹，1728年，
卢浮宫博物馆，巴黎
（见"绘画"）

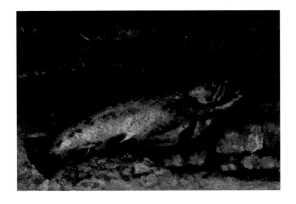

美食一直是绘画的主题。比如：居斯塔夫·库尔贝笔下的鳟鱼、爱德华·马奈笔下的
芦笋……可以说，美食是一种具体的现实性艺术。

《芦笋》，布面油画，46x55cm，爱德华·马奈，1880 年，
瓦尔拉夫 - 里夏茨博物馆，科隆
（见"猜猜您吃的什么"）

美食私人词典

[法] 克里斯蒂安·米约◎著

杨 洁 梁 陶 等◎译

华东师范大学出版社

华东师范大学出版社六点分社 策划

缘　起

倪为国

1

一个人就是一部词典。

至少，至少会有两个人阅读，父亲和母亲。

每个人都拥有一部属于自己的词典。

至少，至少会写两个字，生与死。

在每个人的词典里，有些词是必须的，永恒的，比如童年，比如爱情，再比如生老病死。每个人的成长和经历不同，词典里的词汇不同，词性不一。有些人喜欢"动"词，比如领袖；有些人喜好"名"词，比如精英；有些人则喜欢"形容"词，比如艺人。

在每个人的词典里，都有属于自己的"关键词"，甚至用一生书写：比如伟人马克思的词典里的"资本"一词；专家袁隆平的词典里的"水稻"一词；牛人乔布斯的词典里除了"创新"，还是"创新"一词。正是这些"关键词"构成了一个人的记忆、经历、经验和梦想，也构成了一个人的身份和履历。

每个人的一生都在书写和积累自己的词汇，直至他/她的墓志铭。

2

所谓私人词典，是主人把一生的时间和空间打破，以 ABCD 字母顺序排列，沉浸在惬意组合之中，把自己一生最重要的、最切深、最独到的心得或洞察，行动或梦想，以最自由、最简约、最细致的文本，公开呈现给读者，使读者从中收获自己的理解、想象、知识和不经意间的一丝感动。

可以说，私人词典就是回忆录的另类表达，是对自己一生的行动和梦想作一次在"字母顺序"排列的舞台上的重新排练、表演和谢幕。

如果说回忆录是主人坐在历史长椅上，向我们讲述一个故事、披露一个内幕、揭示一种真相；私人词典则像主人拉着我们的手，游逛"迪斯尼"式主题乐园，且读，且小憩。

在这个世界上，有的人的词典，就是让人阅读的，哪怕他/她早已死去，仍然有人去翻阅。有的人的词典，是自己珍藏的。绝大多数人的私人词典的词汇是临摹、复制，甚至是抄袭的，错字别字一堆，我也不例外。

伟人和名人书写的词典的区别在于：前者是用来被人引用的，后者是用来被人摹仿的。君子的词典是自己珍藏的，小人的词典是自娱自乐的。

3

我们移译这套"私人词典"的旨趣有二：

一是倡导私人词典写作，因为这种文体不仅仅是让人了解知识，更重要的是知识裹藏着的情感，是一种与情感相关联的知识，是在阅读一个人，阅读一段历史，阅读我们曾丢失的时间和遗忘的空间，阅读这个世界。

二则鼓励中国的学人尝试书写自己的词典，尝试把自己的经历和情感、知识和趣味、理想与价值、博学与美文融为一体，书写出中国式的私人词典样式。这样的词典是一种镜中之镜，既梳妆自己，又养眼他人。

每个人都有权利从自己的词典挑选词汇，让读者分享你的私家心得，但这毕竟是一件"思想的事情"，可以公开让人阅读或值得阅读的私人词典永远是少数。我们期待与这样的"少数"相遇。

我们期待这套私人词典丛书，读者从中不仅仅收获知识，同时也可以爱上一个人，爱上一部电影，爱上一座城市、爱上一座博物馆，甚至爱上一片树叶；还可以爱上一种趣味，一种颜色，一种旋律，一种美食，甚至是一种生活方式。

4

末了，我想顺便一说，当一个人把自己的记忆、经历转化为文字时往往会失重（张志扬语），私人词典作为一种书写样式则可以为这种"失重"提供正当的庇护。因为私人词典不是百科全书，而是在自己的田地上打一口深井。

自网络的黑洞被发现，终于让每个人可以穿上"自媒体"的新衣，于是乎，许许多多人可以肆意公开自己词典的私人词汇，满足大众的好奇和彼此窥探的心理，有不计后果，一发不可收之势。殊不知，这个世界上绝大多数私人词典的词汇只能用来私人珍藏，只有上帝知道。我常想象这样的画面：一个人，在蒙昧时，会闭上眼睛，幻想自己的世界和未来；但一个人，被启蒙后，睁开了眼睛，同时那双启蒙的手，会给自己戴上一副有色眼镜，最终遮蔽了自己睁开的双眼。这个画面可称之："自媒体"如是说。

写下这些关于私人词典的絮絮语语，聊补自己私人词汇的干瘪，且提醒自己：有些人的词典很薄，但分量很重，让人终身受用。有些人的词典很厚，但却很轻。

是为序。

依我看，在这个世界所有的激情当中，唯有喜爱美食值得尊重。

——莫泊桑

晚餐，是最坚定的大脑、最勇敢的心灵、最独立的精神相聚的时刻。

餐桌，是显示团结、欣悦和亲善的地方。

——巴尔扎克

铁锅中文火煨炖着的是伟大的激情。

——大仲马

目　录

前言 / 1

A

节食（Abstinence） / 1

疯狂的餐馆账单（Additions folles） / 3

商务午餐（Affaire［Déjeuners d'］） / 6

关于"喜欢"（Aimer） / 9

激情燃烧的一代（Allumés） / 11

催情食品（Amour［Pousse-à-l'］） / 14

餐桌上的爱情（Amour à table） / 20

小安肚香肠（Andouillette） / 25

英国菜肴（Anglaise［Cuisine］） / 31

食人肉传统（Anthropophagie） / 40

阿皮基乌斯（Apicius） / 42

食欲（Appétit） / 45

舌尖上的欺诈（Arnaques） / 47

香料（Arômes） / 57

烹饪与艺术（Art） / 61

小旅店老板（Aubergiste）/ 64

B

平庸化（Banalisation）/ 67

皇家盛宴（Banquet impérial）/ 70

比利时（Belgique）/ 77

美好年代（Belle Époque［La］）/ 80

饮食与幸福生活（Bilan de bonne vie）/ 93

小饭馆（Bistrot）/ 94

保罗·博古斯（Bocuse［Paul］）/ 97

"小"波尔多（Bordeaux［Petit］）/ 98

里昂家常饭馆（Bouchon lyonnais）/ 101

普罗旺斯鱼汤（Bouillabaisse）/ 105

实惠的饭菜（Bourgeoise［Cuisine］）/ 108

时尚（Branché）/ 113

布里亚·萨瓦兰（Brillat-Savarin）/ 114

C

烤鸭（Canard laqué）/ 118

菜单（Carte［Lire une］）/ 124

法国什锦砂锅（Cassoulet）/ 128

鱼子酱（Caviar）/ 131

玫瑰香槟（Champagne rosé）/ 136

街边的蘑菇（Champignon des trottoirs）/ 140

阿兰·夏贝尔（Chapel［Alain］）/ 142

猫咪美食家（Chat gourmet）/ 145

主厨去哪儿了？（Chef ?［Où est passé le］）/ 146

包菜卷（Chou farci）/ 149

世界前 50（Cinquante meilleurs du monde［Les］）／ *151*

食客（Client）／ *154*

概念（Concept）／ *158*

宾客的人数（Convives［Nombre de］）／ *160*

保罗·科塞雷（Corcellet［Paul］）／ *162*

躺着，站着，坐着（Couché, debout, assis）／ *164*

美食评论家（Critique gastronomique）／ *167*

吧唧吧唧（Croquer）／ *174*

烹饪（Cuisine）／ *176*

科农斯基（Curnonsky）／ *181*

D

装饰（Décor）／ *182*

猜猜你吃的什么（Devine quoi tu manges）／ *185*

手指（Doigts［Avec les］）／ *186*

阿兰·杜卡斯（Duccasse［Alain］）／ *188*

E

餐桌上的无聊（Ennui［à table］）／ *192*

西班牙（Espagne）／ *195*

美国（États-Unis）／ *202*

杀人的星级（Étoiles qui tuent）／ *211*

F

餐厅里的幽灵（Fantômes［Restaurants］）／ *215*

快餐（Fast-food）／ *217*

女主厨（Femmes chefs）／ *219*

农庄菜肴（Fermiers［Produits］）／ *226*

肥肝(Foie gras) / 229

饮食商业(Food business) / 234

法国食材之源(Français[Manger]) / 237

炸土豆条(Frite) / 240

G

美食家(Gastronome) / 242

世界美食之都(Gastronomie[Capitale mondiale de la]) / 243

《高米约》(Gault-Millau) / 245

美食家和贪吃者(Gourmet, gourmand) / 251

味觉(Goût) / 253

格里莫·德·拉雷涅尔(Grimod de La Reynière) / 257

米歇尔·格拉尔(Guérard[Michel]) / 264

指南(Guides) / 270

安德烈·吉约(Guillot[André]) / 273

H

鳌虾(Homard) / 283

牡蛎(Huîtres) / 286

I

印度烹饪(Indienne[Cuisine]) / 291

J

奶油火腿面包(Jombon-beurre) / 298

从耶稣到萨科齐(Jésus à Sarkozy[De]) / 301

L

海鳌虾(Langoustine) / 319

酒焖蒜葱野兔肉（Lièvre à la royale）/ 322

苗条（Ligne［La］）/ 324

液体食物（Liquide［Manger］）/ 324

"山寨"奢侈品（Luxe［Faux］）/ 326

M

马卡龙（Macaron）/ 332

妓院（Maisons closes）/ 336

向内侍长致敬（Maître d'hôtel［Éloge du］）/ 339

红酒与菜肴的"婚姻"（Mariage des vins et des plats）/ 342

分子烹饪法（Moléculaire［Cuisine］）/ 347

菜肴词汇（Mots de la faim）/ 350

音乐（Musique）/ 352

N

创新烹饪（Nouvelle cuisine）/ 354

O

鹅（Oie）/ 364

猪耳朵（Oreille）/ 366

雪鹀（Ortolan）/ 368

熊（Ours）/ 370

海胆（Oursin）/ 371

P

皇宫（Palais Royal）/ 373

土豆（Patate）/ 378

糕点（Pâtisseries）/ 382

绘画(Peinture) / 384

司鱼厨师(Poisson [Cuisiniers du]) / 387

R

萨瓦干酪(Reblochon) / 396

公共关系(Relations publiques) / 400

朗姆酒(Rhum) / 401

美食街(Rue [Cuisine de]) / 403

S

反礼仪(Savoir-vivre [Le contre]) / 407

居·萨瓦(Savoy [Guy]) / 413

明星体制(Star system) / 415

寿司(Sushimania) / 418

T

塔列朗(Talleyrand) / 421

罗马廉价小饭馆(Trattoria romaine) / 425

特鲁瓦格罗(Troisgros) / 429

文森森林的松露(Truffe du bois de Vincennes) / 435

V

马克·维拉(Veyrat [Marc]) / 439

W

阿尔萨斯酒馆(Winstub) / 443

Z

去他的吧！(Zut!) / 446

前　言

　　我并不喜欢没完没了地唠叨吃。所以,一想到要用这一堆印刷纸来填满您的胃口,还美其名曰分享餐桌的快乐,我就觉得不自在。

　　在这400多页纸中所展现的精美而曼妙的优雅爱好,其实就是贪吃。老实说,我们,您和我,有必要忍受阅读这400多页纸之苦吗?

　　多亏了一个人,我们有幸免于受罪,他的名字值得后人纪念,因为是他精炼了文字,并将它们汇集成书,他就是让-克洛德·西莫安。多亏了他,复杂多样的美味被有序地摆上了"餐桌",每个人可以依个人的口味解决自己的饥渴、满足自己的意愿或心情。

　　在这里,您是绝对自由的,您可以随心所欲地先品尝甜品①,也可以"吃"完烤肉再"回到"头道菜;您可以依照皇家风范含一块奶酪在嘴里不去咀嚼;您可以先把一杯陈酿朗姆酒灌下肚,再"喝"一杯玫瑰色香槟;您可以与塔列朗(参见该词条)共进午餐,或落座在路易十四的晚餐桌旁;您可以不按章节顺序阅读,从第429页跳

---

　　① 　西餐传统习惯是最后才吃甜品。——译注

回第 23 页。总之,如何阅读这部书完全由您自己决定。

　　也因为此,我的前言就不写那么长了,也不为那些或许本应该写进本书、但您在书中又找不到的东西而请求您原谅了,大家不会因此抱怨我吧。

节食(Abstinence)

以这个词作为本书的开头简直妙不可言！打开一部热爱美
食的词典，当头的词条却是"节食"，这不恰如为了让读者进入天
堂，就必须先让他们到地狱过一遭吗？您若这么想可就错了。
节食之于食物恰若心醉神迷之于爱情。有人说我对于禁食的理
解值得怀疑，但我不会固执于自己的见解。如果说净化身体能
使精神从"肉体对它的束缚"中获得片刻的解放，那么，这种净化
就只会使这种束缚变得更加令人想往。瞧瞧正在过斋月的人
吧，当时间终于到达午夜，他们饥肠辘辘扑向餐桌时，脸上呈现
着怎样的光芒。

缺乏或不满足都可以成为快乐产生的新源泉，所谓"小别赛
新婚"就是这个意思。首次赴欧仁尼温泉治疗的第一天，我感到
非常不安，我把这不安告诉了米歇尔·格拉尔(参见该词条)：不
吃饭还能将就，但没有酒可不行。不让我喝酒，我不敢保证做
得到。

格拉尔让人给我倒了一杯底的波尔多好酒，为了能喝得时间
长一点，我小口小口地抿，一滴一滴地喝，直到把饭吃完。这种喝

法带给我一个新体验,让我的舌尖感受到一种不一样的快乐,这快乐甚至胜过我平日毫无顾忌地灌酒时所获得的快乐。

那是一个集体体验的时代,我并不觉得那些为美食家所开设的禁食训练班令人失望。再说,这件事也尚在讨论之中。人们读的文章越来越多,看的培训类节目也越来越多,而且这些培训是在自然疗法医师的严格监控下进行的,桑拿、按摩浴缸、放松疗法、森林长途步行,整个训练过程中,他们所提供的全部食物仅限于廉价的矿泉水、汤药和经过过滤的汤汁。体重减少了几公斤(但很快就会反弹回来),身体和精神更是被净化了一下,直到下一次重新开始。

这里为节食爱好者提供一个信息:法国有一个"法国节食联盟",网址是:www.Ffjr.com。

有趣的是,在过去的 50 年时间里,罗马教庭不断放宽节食者的腰带,拒绝承认虽早已颁布、但在整整 2000 年中始终呈混乱状态的饮食规定。我年轻时就知道有斋戒法,那是 46 天的大斋期[①]和每个星期五所必须遵守的斋戒。斋戒法规定不能吃肉,但鱼("星期五,吃鳕鱼"[②])和其他生长在水里的冷血动物,如鲸鱼、抹香鲸等则例外。1966 年对该教规进行了第一次修订,除普通星期五外,只规定了两天正式的斋戒,即行圣灰星期三和圣星期五。该教规修订一年后,在主教和红衣主教大会上,普通星期五斋戒的规定又被取缔了,这大大激怒了鱼贩子。

人们怎能不惋惜那个美好的时代! 为了向查理九世[③]的妻子、奥地利的伊丽莎白表示敬意,1571 年 3 月 30 日星期五,巴黎

①　又称"四旬节"。——译注
②　天主教传统为纪念耶稣在星期五受难这一天不吃肉,吃鱼,故有此说。——译注
③　法国国王,瓦卢瓦王朝君主,1562—1574 年在位。——译注

主教辖区举办了一次合乎教堂禁忌规定的简餐宴会。所用食材如下：4 条新鲜大鲑鱼、10 条大菱鲆、18 条菱鲆①、17 条通贝斯鱼、18 条鲻鱼、3 筐胡瓜鱼、2 筐带壳牡蛎、200 根鳕鱼肉肠、50 斤②鲸肉、1 筐去壳牡蛎、12 只龙虾、50 只黄道蟹、9 条西鲱、18 条 1 法尺③半长的鳟鱼、9 条双鳍或三鳍白斑狗鱼、18 条七鳃鳗、300 条肥七鳃幼鳗、200 只大螯虾、200 条熏咸鲱、24 片咸鲑鱼、1 筐牡蛎、1000 只青蛙。

本来还应该有野鸭肉、鸧鸟肉，甚至还有海狸肉，但不知道是谁耍了什么小把戏，到了盘子里的又都是鱼了。

疯狂的餐馆账单（Additions folles）

那年，所有的池塘都上了冻。坐落在意大利大道上著名的英国咖啡（Café Anglais）来了三位客人说他们想吃青蛙（这里曾是拉斯蒂涅宴请纽沁根太太的地方④）。于是，50 位失业人员被雇来捉青蛙，他们竟然搞到了上百只。三位荒唐的食客一顿晚饭居然花掉 1 万法郎的天价。1820 年拉斯蒂涅阿克从外省来到巴黎，他在皇宫里的维力餐馆点的菜与这家的相比简直微不足道，但对巴黎人来说已经"很时髦"了：一份奥斯坦德⑤牡蛎、一份鱼、一份山鹑、一份通心粉、一些水果和一瓶波尔多酒。这餐饭花了他 50 法郎，而这些钱足够在法国西南部城市昂古莱姆过上一个月了。

---

① 一种与大菱鲆类似的海鱼，体长 60 厘米，肉质美。——译注
② 法国古斤，约合 489.5 克。——译注
③ 法国古长度单位，1 法尺约合 325 毫米。——译注
④ 此处的二人为巴尔扎克作品《人间喜剧》第五卷《高老头》中的主要人物。——译注
⑤ 比利时城市，位于现在的西佛兰德省。——译注

　　过去在餐馆疯狂消费是十分普遍的,而今天,要想理解19世纪的消费水平,没有足够强的想象力是做不到的。

　　即使在阿兰·帕萨尔作主厨的阿尔佩热①这家巴黎最贵的素食餐馆,一个套餐顶多也就是350欧;再就是安纳西湖的马克·维拉餐馆,那里的价格要更贵些,但一套400欧的顶级套餐也远不及帝国时期位于皇宫、正处于兴旺期的维力餐馆,以及后来的巴黎咖啡,或者位于蒙托格伊街、"大胃口俱乐部"所在地的菲利普餐馆。对此,餐馆的记载里有一顿近乎疯狂的晚饭,食客们从下午6点一直吃到午夜12点,平均每人把6瓶陈年勃艮第葡萄酒、3瓶波尔多和4瓶香槟灌下了肚。

　　在那个时代就已经是靠酒水来划分一顿饭的价位了。而今天,如果您没花点钱喝几小杯罗曼尼·康帝、柏翠、拉菲特-罗斯柴尔德、伊甘或王妃水晶,要想多吃一点鱼子酱、肥鹅肝或松露,那可是会受到"适当"限制的。简直不可理喻!

　　名厨阿兰·桑德朗在20年前,也就是在他成名之前,就是这样成功地让一帮美国食客为一顿晚餐每人花掉了5000法郎!

　　10年前,无与伦比的德尼几乎也用同样多的价钱给了《纽约时报》一位记者猛烈一击。他当时完全想不到,位于雷纳奎街以自己名字命名的餐馆(现在已经是有名的米歇尔·罗斯唐餐馆了,我曾去那里吃过三次午饭),1961年居然在第一部《巴黎指南》中登上了"首都最佳餐馆"榜首,而在我去吃饭的时候,餐馆里3/4的位子是空着的。

　　德尼是闻名塞纳河两岸的大厨,可能也是最不讨人喜欢的厨子:他有个众所周知的嗜好,就是给客人开的账单令人咋舌。在拉

---

　　①　米其林三星餐厅,坐落于巴黎七区瓦雷纳街84号。——译注

塞尔餐馆①,原本花 100 法郎能够吃到的一份尚蓓坦红葡萄酒酱鸭,或美美一盘加了查尔特勒酒②的雉鸡,在他那里却得交 150 甚或 200 法郎。食客沉浸在享受菜品美味的快乐当中,完全无视餐馆糟糕的装饰,也不在乎年轻侍者难以恭维的服务。德尼餐馆的酒窖里只有波尔多葡萄酒,采购卡片上也不显示酒的批次,这些酒是专门留给那些精心挑选出来的客人的。

但这个生财之道很快就给他开了个大玩笑。

尼古拉葡萄酒专营公司③继承人兄弟俩是德尼餐馆的常客,总有他们的朋友、出版商居伊·舍勒陪同。舍勒可是著名作家萨冈的丈夫!德尼破产了,准备低调离开。这可是最后一顿饭了,那三个家伙要他把酒窖里"最棒、最稀有"的酒拿出来,为这顿盛宴助兴。

德尼揣着两瓶"1904 年拉图尔庄园"从地窖出来,他说:"这是我最后的存货了。这可是个重大牺牲,我本来是要留给自己的。"

账单来了,围在桌边的人几乎要跳起来了:2500 法郎! 就这两瓶"圣物",其他还不算! 在 1975 年,这笔钱的数目可太大了,甚至荒唐!

舍勒经常请人吃饭,他问尼古拉兄弟:"您家应该还存有 1904 年拉图尔葡萄酒吧?"蒂埃里回话说:"我打个电话问问。"过了一会儿,他说:"是的,还有几瓶,180 法郎一瓶。"

出版商说:"很好。"他又对德尼喊道:"跟往常一样,请把账单送到我家吧。"

几天后,尼古拉酒业的人给德尼送来了一盒两瓶装的 1904 年拉图尔。盒子里附有一封舍勒的信:"亲爱的德尼,您为我们做的

---

① 位于巴黎富兰克林·德拉若·罗斯福大街 17 号。——译注
② 查尔特勒修会修士酿制的一种甜酒。——译注
③ 法国葡萄专营连锁店,由路易·尼古拉 1822 年创立于巴黎,总公司位于大巴黎蒂艾镇。——译注

饭好吃极了！您账单上那两瓶稀有的、"高大上"的酒的价钱，让我无比纠结。由于无法让您把它们从账单上划去，所以，请接受我以两瓶同样的酒来付账。"

盒子里附有一张支票，上面只填了饭钱，未填酒钱……

商务午餐（Affaire [Déjeuners d']）

那些人就这样围坐在一家餐馆的餐桌旁已经将近两个小时了。他们谈天说地，什么不走运的股民呀，有人在莫里斯岛捕到大鱼了，或某处有一家无人知晓的小饭馆特别棒啦，却只字不提他们为何坐在这里。但当侍者刚一送来"雪花鸡蛋"甜点，话题就突然转向了："我们是不是该谈谈生意？"

闲适之感顿时烟消云散，对在孟买做按摩的回忆也被甩在脑后。是表明意图、亮出数字的时候了。大家七嘴八舌拼凑着各种计划方案，想象着市场将被如何占领、各自银行账户的存款又增加了多少个零，正当"谜底"就要从摩卡咖啡杯里显现时，那个一群人因他而推迟旅行并且取消了两次约见的男人却嚷起来："上帝呀！居然已经三个小时了！我可得走了。咱们明天再联系吧。"

结果，人人头昏脑涨，胃沉甸甸的。这还不说，晚上回到家，面对兴高采烈做好了美味小菜的妻子却不得不说："那就给我一片火腿吧，我不饿。"当然还有，整整一个下午基本"报销了"，这桩生意还得从头谈起。

像这样的午餐，我们每个人都经历过。但每一次的结论都是：今后可再不能这样了。

一天，有人算了一下一次商务午餐所花掉的时间，结果让他大惊失色。不过，大家对此都颇有微词。实际上，商务午餐这种节目并不比在食堂里吃饭更令人不愉快。食堂里黑压压一片，坐满了身着深色套装的先生们，上菜间隙，这些人不是兜售色拉，就是兜售地毯。人人讨厌这样的事，但人人都又都在做。

最近辞世的艾力·德·罗斯柴尔德男爵是个喜欢餐馆的人，但他从来不认为商务午餐有什么意义。一次，他向我吐露说："我害怕参加商务午餐。再说，在商务午餐上并不能做生意。第一次吃饭，只是彼此认识，接下来的事情还是要到办公室去谈。几周甚至几个月之后，生意做成，大家围坐在餐桌旁美餐一顿以示庆祝，但谈话内容却是不相干的其他事情。"而对克洛德·布拉瑟尔来说，"有姑娘们在才是好事情，只有那种餐桌边有两三个女郎的商务餐"才值得"舍己"奉陪。这就是一种非常合理的看法。但就我所知，我们这位朋友从来也没能坐到壳牌或法国维旺迪公司的首席位置。

一天，阳狮集团①几个朋友邀请我参加一个 brain storming② 午餐，我中了他们的圈套。那次宴会的受邀客人号称身怀推销"香草奶酪"③（fromage au herbe）的绝技。在总裁马塞尔·布勒斯坦·布朗歇的餐厅，我非常吃惊地见到了三个重量级人物——他们的重要性不是产品的牌子所能比的——让·耶拿、雅克·马尔丹和公主街上那家著名俱乐部的老板让·卡斯泰尔，当然还有媒体策划撰稿人及其女合伙人。

那位亲爱的女合伙人看上去十分普通。不过，跟这三个搞笑的人在一起，任何人都只能粗俗地哈哈大笑，直到吃甜品时，每位客人都完全忘记了自己为什么到这里来。只有主人明白，是时候宣布闲话结束，该说正经事儿了。

---

① 阳狮集团（Publicis），法国最大的广告与传播集团，创建于 1926 年，总部在巴黎。——译注。

② 英文，意即"头脑风暴法"、"集体创造性思维法"或"智力激励法"，简称"BS法"，是一种激发创造性思维、提高个人创造性和积极性的方法，由美国创造学家 A. F. 奥斯本于 1939 年首次提出。——译注

③ 并非只添加香草的奶酪，而是一种添加数种芳香植物的食物。——译注

他说："好了，亲爱的朋友们，请问各位是否对我们的生意有什么好想法？"问话引发了长时间的沉默。让·耶拿①望着天花板，雅克·马尔②丹盯着他吃空了的餐盘，而我，嘴里正塞满了食物。我们不断地咀嚼，香草奶酪不时从口中掉落。有谁能救场啊？

终于，让·卡斯泰尔举起了手，他说："我嘛，有一个主意……。"

"哦，太好了！卡斯泰尔先生，我们听您的。"阳狮集团的人说道。

"是这样，我的意思是，那就换大厨！"卡斯泰尔说。

我们四人中从此再没有谁被邀请吃过一顿 brain storming 午餐。

传统的"男人之间"的商务午餐自从被越来越多的女性成员夺去了领导地位，就变得更加有趣儿了。但有一件事颇令人不快，那就是，女人比男人认真，她们总是不等甜品上桌，就发起了攻势，因为那才是这顿饭的终极目的。我们来这儿就是为了吃。大家对此都心知肚明。

现在，职业女性往往主动要求支付餐费，而男性却可以不必为此争抢。所以，再没有什么事情能比把没有标出定价的菜单递给女士而更让她们恼火的了。我记得有一位长得颇为俊秀、眼神看上去并不冷漠的女士跟我说过："我最不能忍受菜单上不标菜价。如果有男性生意人第一次邀请我吃午饭，我都会点最贵的菜品来考察他的反应，因为我讨厌吝啬的人。所以，如果菜单上不标价……"商务午餐上如果出现与要谈的生意没有直接关系的女性，她是否受欢迎呢？一般说来，男人在生意餐桌上只希望见到生意

① 让·耶拿(1933—2003)，集演员、编剧、导演于一身的法国著名艺术家。——译注
② 雅克·马尔丹(1933—2007)，法国著名演员、编剧、导演。——译注

女性,他们通常只让自己的太太出席那顿在豪华餐馆里举行的庆祝谈判成功的晚宴。要小心的反而是,千万不能干蠢事。我的一位朋友,是外省的企业主,他就不幸"中了招"。实际上,他很惊奇地发现,有人给他介绍的"老板的女合伙人"是一位非常漂亮的年轻女士。前一天晚上,他跟她一起度过愉快的两小时却为此破了财。他觉得自己有点像一只被捆住的鸽子,合同当然没有签成。

有一件事情是很确定的:每逢有商务午餐,大家还是会吃很多,喝很多,即使被严格规定只能喝一种酒,即使喝科涅克或雅马邑白兰地的惯例早已过时,即使有时候会免去甜品不吃,直接喝餐后咖啡,只有站在营养学家的立场上,才会想到阻止这种事情,因为这是最不健康的吃法。因此,无论商务午餐多么讨人喜欢,它实际上都永远不可能是真正的快乐,因为,从心理上来说,吃饭的"语境"很不好,紧张多于放松,谈话不能坦白开放,多数时候遮遮掩掩。自然,美食与生意是无法混合出好东西的。

最后,如果允许我给大家一个建议,我要说,要尽可能向美国人学习,他们通常的做法是,在邀请人的办公室里谈生意,生意谈妥后,再去餐馆好好吃一顿。

关于"喜欢"(Aimer)

我喜欢这道菜,我喜欢这款葡萄酒,我喜欢莫扎特的音乐。

我不喜欢寿司,我讨厌木香味过重的葡萄酒,贝多芬《第五交响曲》令我厌恶。这一切,我都一定得说出为什么吗? 再说了,为什么非得说呢? 我喜欢或我不喜欢,完了,就这么简单。用连篇废话将美食如婴儿一样包裹在襁褓里的做法,是相当恐怖的,也是一种令人不快的平庸表现。在表达对于美味的感受和情感时,成堆地使用形容词,永远唱同一首颂歌,有什么用? 最终都要回到那个起点:我喜欢,或我不喜欢。请告诉我,这件事与别人的兴趣有什么关系呢？

如果我说我特别喜欢《女人心》①和马克·维拉（参见该词条）做的骑士红点鲑，我就一定得对此说个所以然吗？再说，我很可能完全不知道该怎么解释喜欢它们的理由。

让·弗朗索瓦·雷维尔是一位完美的"20世纪美食家"，而且，如果有机会，我会非常高兴与他共享美食。我没在任何人面前说过这话。他的态度很明确：我喜欢，或者，我不喜欢……当然，他也会以谈话或书面形式向我们讲述烹饪，介绍厨师，描述做某个菜所需要的配料，告诉我们某个菜谱的由来，还可能严厉批评那些不遵守菜谱的做法。而这些，永远都是引人入胜的话题。

可以说葡萄酒跟油画一样，是一个这样的领域，学究们总要大摆文字盛筵，并自我陶醉于其中。这些文字，无论您是因为腼腆、怯懦，还是出附庸风雅之心而没有重视，都保不准它们会让您会捧腹大笑起来："这里是肩，这儿！这是腿！瞧瞧我呀，这条连衣裙，难道不是一条婚纱吗？啊，这鼻子！还有灌木丛里的死野兔的皮毛。"

让·巴蒂斯特·特鲁瓦格罗（参见该词条）是让和皮埃尔的父亲。没有他，兄弟俩也许不能成为众所周知的"特鲁瓦格罗兄弟"，因为老爷子拥有一座帮他们注定成功的"宫殿"。我们本来或许永远不会听人这样评价一款葡萄酒：带有"铅味的、接骨木花香型的、熄灭了的雪茄香型或焦油香型的、英国糖果香型的、梨仁香型的、糕点味的、石油或兔子粪便味的"，这就是他的葡萄酒。他对一款酒是否"漂亮的结构感"、"优雅的橡木桶味"、"丰富的内容物"、"圆润的口感"以及"充分的薄荷香气"等特质十分敏感。他还真没有进过葡萄酒工艺学校，对于酒，完全是自学成才，没有谁能给他上课，但他总能用自己所独有的简单表达方式，生动地说出一款普通

---

① 莫扎特的歌剧。——译注

夏布利白葡萄酒与产自夏布利葡萄园的上好葡萄酒的差异，还有，他十分擅长在卢梭-尚蓓坦葡萄园、夏贝尔-尚蓓坦葡萄园或格里奥特-尚蓓坦葡萄园之间行走穿梭，而不用指南针。至于如何评价一款酒，他只说一句："好酒。"或"倒进污水槽吧。"

激情燃烧的一代（Allumés）

第一个带来大变革信息的人是米歇尔·格拉尔（参见该词条）。他在 20 世纪 70 年代就跟我说过一句充满诗意、但听上去很具攻击性的话："我的理想，就是把饭做得跟鸟儿唱歌一样。"

在那之前，烹饪一直有着严格的规定，就像拘束在紧身褡①里，纽扣一直扣到了喉咙口，任何随心所欲和心血来潮都绝对不允许。如果有人表现出了一点别出心裁，投向他的一定是怪异的眼光，就好像做了什么十分不恰当的事情。鸟笼虽是鸟儿的地盘儿，但它一旦进入笼子，一定会拼命地拍打翅膀，要把笼子里的一切捣毁。

但法国烹饪却从来没有经历过这样的动荡，灶台旁也从未出现过这么多如此激情迸发的人。这种情况一直延续到我们 50 多岁的维拉特和加涅尔两位大厨出现。闹事砸毁东西的人不仅街道上有，餐厅的厨房里也有。当郊区有人放火燃烧汽车时，在最时髦、最昂贵的餐厅里，有人也正在异常兴奋地损毁着遗产，宣称新时代的到来。热情高涨、"胸膛里燃烧着"强烈的学习、研究和探寻欲望的年轻人，纷纷爬上街垒路障，想要在那里重建世界。

如果说他们所探寻的有些东西可能会让人不知所措、心生怀疑的话，但这些充满激情的人无论如何还是给人们以好感、讨人喜欢并带来了欢乐。即使这些年轻人犯了错误、闹了笑话，我也在他

---

① 一种女性紧身衣。——译注

们身上感受到了一种温情,正是他们的行动摧毁了破木屋,提醒我们再不能沉沉昏睡。

在这些激情燃烧的人当中,就有蒂埃里·马克思①。他属于大脑里充满想法的光头布鲁斯·威利斯②那类人。他就像一个不明飞行物,坠落在了遵守习俗、不大习惯这类变革、备受尊重的波尔多葡萄种植区里的柯帝昂-巴热堡③。我们可以给他贴上随便什么标签,比如"有创造性的禅宗"、"热冲击之王"、"梅多克④的费兰·阿德里亚⑤",或"专搞破坏的居斯塔夫·埃菲尔⑥"。这位雄心勃勃的先锋派投身对困苦人们的救助,同时钻研防身术。这个人每年去日本住3个月,不吃肉,梦想在巴黎开一家快餐店,甚至还会吸引那些不大喜欢他烹饪的人。必须承认,下面这些菜充分彰显了他的独到之处:"热油炸盐腌海鲂肉米花和冰米花"、受一种热浓汤启发而开发的"冰山番茄"、"鹅肝-鳗鱼条"、茶鸽、洛林猪油火腿蛋糕、长达1.5米的意大利面条团,周围加了配有牛肝菌和松露的牛肉糜,还有萝卜片草莓汤。

另一位充满激情的人在维希,就是雅克·德克莱。他虽是法国顶级烹饪大师,但完全不按规矩"出牌",竟敢将狼鲈与菠萝配菜,用鸽子肉做椰枣浓汤,还将小羊肉与柚子搭配在一起。马恩河畔的勒佩勒也有一位大胆创新者若埃尔·蒂埃博,他创造的菜品有"火鱼晨雾"、"香草机器与水果球"以及"柠檬咖啡体育时光"

---

  ① 蒂埃里·马克思,法国名厨,其烹饪灵感源于分子美食(gastronomie moléculaire)。——译注
  ② 布鲁斯·威利斯(1955——),美国著名演员。——译注
  ③ 位于梅多克集豪华酒店、酒庄于一体的城堡,其米其林二星级餐厅由蒂埃里·马克思和让-吕克·罗沙掌勺。——译注
  ④ 梅多克,法国葡萄酒产区,是波尔多左岸葡萄酒产区的代表,被誉为法兰西葡萄酒圣地。——译注
  ⑤ 费兰·阿德里亚,西班牙国宝级名厨。——译注
  ⑥ 巴黎埃菲尔铁塔设计者。——译注

（有人说这些试验菜品令人难以接受）。还有，在巴黎，阿斯特朗斯餐厅的"超级神经病"多星级大厨帕斯卡尔·巴尔特创造了一些可以不断复制的菜品：鸡蛋与黄葡萄酒乳液和小青菜混合，甜菜、覆盆子配鸽肉，还有一道菜，泡红洋葱，泡洋葱的料汁是用生长在喜马拉雅山的一种植物与酸豆加青霉菌制成的。洛里昂的昂菲特里翁酒店人称"海王星"的让·保罗·阿巴蒂也是一位充满激情厨师，他创新的菜品有糖渍鲭鱼、青豆冰淇淋、梭子蟹卡布奇诺咖啡、黑茶薰子酒火鱼和箭叶橙乳液浸鳌虾。还有阿尔镇的新秀让·吕克·拉巴内尔，令他一夜成名的便是杏仁冰牛奶沙丁鱼、西红柿饺子和旱金莲花鲷，我可以轻易加长他的菜单，比如香草糖浆叶绿素盐菠菜鳐鱼、大麦糖浆桑葚甜菜、鹅肝酱马卡龙甜点……

"激情燃烧的人"到处都有。比如普罗旺斯小镇埃兹的菲利普·拉贝，他竟敢把一种像做棉花糖那样烹饪的贝类浓汤或酸奶薄荷酱大菱鲆做成的浓汤推荐给那些穿金戴银、不会为了金山羊城堡酒店的两个苏①就起来闹的顾客。在位于莱克图尔附近的阿斯塔夫尔，如果您抱着对加斯科尼②田园饭店的信任，想去敲开一家诚实的小客栈的门，那得准备好掉进什锦砂锅了。法布里斯·比亚撒罗则带着他的武器和行装走进了鲭鱼、牛尾汉堡和松露软冰淇淋营地。

您自己去阅读有关指南吧，肯定还会发现其他"激情燃烧的人"。不管怎么说，千万不要误会，您当然有权不屑于这个未必确定的时代，但有一点您得明白，那就是，这些先生（除了两三个例外，女性厨师一般都还是出于女性的矜持，更为理性一些）个个都

---

① 旧法国硬币，泛指钱。——译注
② 法国西南地区名，西临大西洋，南接比利牛斯山，波尔多市即属这个区。——译注

是真正的厨师，拥有丰富的职业经验，绝对真诚，没有丝毫的炫耀。

随着时间的推移，我们会知道他们到底是对是错。

催情食品（Amour［Pousse-à-l'］）

最后，我准备好靠上去了。那姑娘应该不会失望。

我从母亲的壁橱拉出了节日用的锦缎花纹桌布取出列摩日①餐具、巴卡拉②玻璃器皿、银制（或差不多是银制的）刀叉、橄榄绿色蜡烛，还有花瓶，然后把半打玫瑰插进花瓶，花枝剪得很短，以免妨碍我眉目传情。

我是在几天前的一次宴会上偶然碰见马蒂尔德的，出乎我意料的是，她居然大方同意次周六来我家吃晚饭。老实说，我故意没有明确告诉她，这顿晚饭没有别人，就我们俩。

我父母不在家，他们去乡下小住，留下我一人和一堆法学院、巴黎政治学院的油印讲义。他们说好周日回来。我现在都无法相信，我会在达洛出版社，甚至安德烈·西格弗里德③的课堂上开始对"催情菜肴"秘密的探索。不管怎么说，我对催情药还是有了一定了解的，足以煨出一小锅能让人表现精彩的靓汤。

我把最大一笔存款投进了生意，在馥颂④和松露之家⑤待过一段时间后，搞出了一个菜单，可以保障那个小玩艺儿的全面成功。

开胃酒就是一杯索泰尔纳白葡萄酒（其实，我更买得起蒙巴兹

---

① 法国城市，以陶瓷生产著称。——译注
② 法国水晶制品知名品牌。——译注
③ 安德烈·西格弗里德（1875—1959），法国政治学者、地理学家。——译注
④ 法国顶级奢华美食品牌，创立于 1886 年。——译注
⑤ 巴黎主营松露料理的餐厅，1932 年开业。地点：第八区，玛德莱娜广场路 19 号。——译注

雅克酒),在里面加一个鸡蛋黄和一些糖粉,再将它们打散搅匀就行了。这是一种口感炙烈的波菲利普鸡尾酒,这种酒可能从来不曾使作为教会学校寄宿生的马蒂尔德迷醉过。开胃酒后,纵情的作乐以燕窝汤高调启动,据说刚刚粘筑好的燕窝对人具有惊人的功效。我有时想,您就算吃的是罐头燕窝,而且还加了一滴美国塔巴斯科辣椒油,餐盘里还是会留有亚洲式的淫秽痕迹。

鲟鱼子酱自然是非有不可的,但其昂贵的价格不是我这样靠父母生活的年轻人所能承受的。还好,圆鳍鱼子刚刚上市了。无论是这种鱼,还是另一种鱼的鱼子,反正我的"斑鸠"是看不出差异的。但是,可不能拿松露来糊弄人,卡萨诺瓦酒店一直用松露与香芹色拉搭配,还标榜是自己的"拳头菜品"。但价钱毕竟摆在那儿,我只能接受装在广口瓶里的松露碎粒,但总不能让松露碎粒都闲着没事做吧。为了让菜的分量显得多一些,我决定在菜底垫上洋蓟。洋蓟配以"盛世"香槟过去一直被视为一种致兴奋食品,是禁止姑娘们食用的。

我不记得在什么地方读过这句话:要想从餐桌到卧床,没有任何东西比一份漂亮、加了新鲜羊肚菌、有着浓烈藏红花香味的普罗旺斯风味鸡蛋更有用了。我听说,罗马上流社会在新婚之夜,会将藏红花洒在婚床上。但是,首先,现在不是羊肚菌季节;其次,我也用不起这东西。所以,我把激起人欲望的重任交给了室内栽培的小蘑菇——只需一小把,生的就可以。但愿小蘑菇能召唤情欲之神的降临。甜点是个棘手的问题。当然是做巧克力了。但我曾在不知哪里读到过这样的说法,要想获得一点致兴奋效果,至少得吃13公斤巧克力,那两个人就得吃26公斤了。两个幽会的人完全不可能吃掉这么多巧克力!但是,在从父亲图书馆借来的《味觉生理学》里,布理亚·萨瓦兰(参见该词条)从不同角度赞美了龙涎香混入热巧克力里产生的松脆效果。尽管是香料世家,可我们家当时一点抹香鲸香都没有了。于是,我选择了最简单的办法:用红酒浸泡草莓，再撒上些姜末——中世纪备受青睐的催情药也不过如此。

晚上7点左右，当我确信套姑娘的陷阱已经准备到位——包括香槟酒，却听到大门口传来开门的声音。

"天哪！是爸妈！"

我干嘛要躲避他们呢？那会儿我简直就跟阿尔克勒桥战役①中的拿破仑一样帅呢……

我迅速拿出第三套餐具，摆在桌子上，然后慌慌张张来到不合时宜地出现的双亲面前，只见他们脚下堆着旅行箱和狗笼。寒暄之后，我好不容易才对他们说出了这样的话："我已经开始担心了，早就在等你们了。"他们径直进了卧室，先摆弄行李去了。我急忙朝电话机奔去，还好，电话在走廊尽头，我压低了声音说："喂？马蒂尔德！我是克里斯蒂安。对不住了，今晚不行了。别，你别生气，我会给你解释的！"我随即挂上了电话，但这一挂也了断了我与马蒂尔德的关系，她再也不想听一个如此没有教养的人说一句话了。

就在我小心翼翼关上餐厅门的时候，我妈朝餐厅走来，手里拎着装有食品的袋子，说道："我带来了晚餐需要的所有东西"。这一刻，我脸上一派阴谋家的表情，对她说："真没必要，我为你们准备了一个惊喜。"等她推开门，看到摆好的桌上堆满了她的宝贝儿子事先搜罗的所有好东西，禁不住叫了起来："保罗！保罗！快来，快来看呀！"

过了阿尔克勒桥，是马伦哥了②。他们赞叹着、欢呼着："太漂亮了！太让人喜欢了！简直棒极了！"

我取得了小小的胜利，实在算不上什么。

---

① 法国大革命战争的一次战争，发生于1796年11月15—17日，以拿破仑的胜利告终。——译注
② 法国与第二次反法同盟之间爆发于1800年6月14日的战争，最终拿破仑获胜。——译注

我们开始吃饭。从燕窝到圆鳍鱼子、从芹菜到碎松露、从普罗旺斯风味菜到室内栽培蘑菇，我爸和我妈毫不犹豫地把他们一生中的第一顿，也是最后一顿能激起性欲的饭全部吞进了肚，肠胃被塞得满满的。饭后，我像一个迷糊的天使一样睡着了。至于我父母，我一直也不知道卡萨诺瓦色拉是否还能让他们动念再次出门旅游。

我们脱离了那个时代足足用了20个世纪和1000个条约，那时，有一位享乐主义者创建了一套可靠的用以激发性欲的基本食谱。非常遗憾的是，我们已无从得知这位享乐主义者的姓名，但作为史实已经确定无疑的是，他死于滥用自己的食谱，其中最容易引起兴奋的好像是出浴缸时嗅带壳煮的溏心蛋。

自那时起，形形色色的秘方大肆流行起来，其中最注重基础理论研究的一派表达了一种观点，即实际上，除了圣餐，任何食物都或多或少具有催情功能，尤其是那些形状具有暗示性的食物，比如芦笋、红萝卜、黑萝卜；或者是那些本身就功能明确的食物，比如白色的腰子以及其他被布朗特姆①叫作为"menusailles"的动物睾丸，其中的"风骚女子"其实就是古代早已风行的公鸡甚至公牛的睾丸。而在几个世纪之后，杜巴丽夫人②的厨师莫孔塞伊传给路易十五一个秘诀，即吃公羊绝对能带来快感。

蚕豆曾在相当长的时期内被认为是魔鬼送来的。18世纪时，尼斯的土教区禁止修道院食用蚕豆，理由是"蚕豆具有与修道士生活不相称的效果"。

在古代，人们就一直十分重视牛眼，更重视富含嘌呤碱（氮）的雏鸽肉，其长久不衰的名声令卢克雷齐娅·波吉亚③印象深刻，因

---

① 布朗特姆（约1537—1614），法国享有教皇授予的财产用益权的布朗特姆修道院院长、作家。——译注

② 杜巴丽夫人，路易十五的情妇。——译注

③ 卢克雷齐娅·波吉亚（1480—1519），即教皇亚历山大六世的私生女，以美貌、道德败坏著称，又被视为艺术和文学的保护者。——译注

此她很自然地认为,将活雏鸽一切两半,把血涂于面部能够保持性欲和美貌。

还有一种人,具体属于哪种情况不大清楚,但也不那么令人反感,这种人更看好松露。勒卡德在《菲洛克塞纳的宴会》一书中说,松露须在热灰烬中熟化后才能具有让人兴奋的功效。这简直是邪说!有人反对说,松露烹熟就丧失了最重要的功效,当然必须吃生的才行。因为,对不起,松露的助兴功能不是立即就能见效的,要想最终有个结果,不仅要有耐心,还得做好破费的准备。您当然清楚,松露可不是普通人用得起的催情药。

当这些条件都满足了,就佐以食盐来享用这种粉红色的"色情"菜肴吧!具体做法见雷蒙·奥利维给我的一个菜谱:将一汤勺细灰盐与一甜点勺匈牙利辣椒粉、一咖啡勺圭亚那咖啡混在一起,然后用食指和拇指捏起松露放入备好的混合调料中。

在一战之前,法国西南部小镇佩里戈尔正为黑松露而忙得不可开交时,发生了一件不花钱即达到催情效果的事情:正成箱运输松露的萨尔拉火车站职员和罐头厂分拣松露的员工人人意乱情迷,只能是吸入了"黑钻石"的芳香所致,以至于那几个月不得不减少他们的工作时间。

所以,是否可以说,检测催情剂功效的最好工具不是舌头,而是鼻子了?

在这种情况下,应该听从大蒜爱好者、强烈气味狂热分子、色鬼贝亚尔奈的教导,就像拿破仑效仿亨利四世的做法那样,当有位风佳人来访时,他强烈要求:"千万别给她洗澡!"

我们还是继续说讨人喜欢、有教养的人。我记起一位步履极其轻快的老者跟我吐露过的秘密,他有幸做了伊朗鱼子酱生意。他说自己所以能每天向女秘书"献殷勤",全仗着早饭时吃的那50克鲸鱼肉。这么说来,鱼子酱也被医学认可为催情食物了? 不管怎么说,它所特有的可吸收磷酸酯含量足以使之成为无可争议的大补食物(靠最低工资生活的人一定会为这个内部消息而感谢我了)。

那香料和佐料的情况又是怎样的呢?

这个嘛,可能涉及到了一个更为重要的领域。

要论催情功能,生姜在过去可一直很被看好。有人认为,诺斯特拉达穆斯①当时就有一个能够达到奇妙效果("能让老年人焕发出年轻的、新的爱情")的"生姜汁"秘方。在非洲沿海的役马、种马场,葡萄牙人就是用生姜疗法来提高马的出生率的。黎赛留元帅用自己的健硕之躯疯狂消费着龙涎香糖丸,在将近90岁去世的时候,居然快要做父亲了,好厉害呀!

至少就我所知,关于生姜的催情功能,尚没有开展过任何科学研究,人们有权发表保留意见。但肉豆蔻的情况则相反,其功效是确信无疑的。对此,人们早在中世纪就已经知晓。由一位希腊人、一位罗马人、一位犹太人和一位阿拉伯人组成的萨莱诺医科大学②就曾这样告诫人们:"肉豆蔻对你是非常有益的"。不过,提供建议的人话说得总是大胆。肉豆蔻的允许用量是不确定的,因每个人具体情况而异。因此,如果一个刨成丝的肉豆蔻的一半足以令人达到兴奋,那超过这个量,就成了一种温和的毒品,再多就是真正的毒品;若用两个或三个,那就完全是致人于死地的毒药了。在美国监狱,很多在押犯人注射肉豆蔻,因为使用肉豆蔻是合法的,但将肉豆蔻与苯丙胺、擦树油混合制作兴奋剂,即"催情丸",则是违法行为。

我们先把著名药品康达利德放一边吧,这种药是将苍蝇的一个变种干燥后碾成粉制成的,其主要功能是借助芥子泥做发疱剂。

---

① 诺斯特拉达穆斯(1503—1566),法国星占学家、医学家、预言家,查理九世的侍从医官。——译注

② 公元9—13世纪欧洲著名大学,位于意大利萨莱诺。——译注

如果在一杯波尔图甜葡萄酒里只放一小撮康达利德,效果可能会令人失望。可乐果却不是这样。我记得有一个年轻人,刚刚到黑非洲,那些喜欢捉弄人的同事给了他三四个可乐果。可他非但没有腾云驾雾的幸福感,反而变成了一头狂怒的公牛,折腾了整整一夜,才恢复平静,直挺挺地跌倒在地,摔得很惨。

罗勒的确有着值得称道的好处,所有宴会都会用它来让宾客兴奋。但有个条件,就是必须连续使用数周才能奏效。在这期间,就有可能看见某位女性不再矜持,跟着一位先生离开,那先生应该很有钱吧。

总之,您完全可以按自己的想法去做,但激起情欲的最佳良方,就是在您对面、在香槟酒杯的上方,有一张佳丽或俊男的面庞。

餐桌上的爱情(Amour à table)

在法国,并非一切都以歌声告终,但绝对肯定的是:一切都从餐桌开始。生意和爱情皆如此。

一般情况下,谈生意会在下午1点到3点,而谈情说爱则在晚上8点半以后。相反的情况也有。总的来说,邀人吃晚饭仍然是诱惑人的传统做法。然而,传统并不意味着容易,也不意味着没有特色。

"您今晚想吃什么?"

"您想去哪里吃晚饭?"

这是想赢得被邀请女性欢心的男人经常问的两个问题。女人们更喜欢哪个问题呢? 她们哪个都不喜欢。在这种境况下,女人往往不愿意采取主动,无论是怕自己显得不入时(不知道哪家餐馆最时尚),还是出于审慎(本来很喜欢鱼子酱,但却不敢说出来)。但是,对于女人来说,如果一个男人提了上面的问题,那他已经犯了低级错误,尤其是第一次约会。男人这样做,会给人以没主见,或者更糟,优柔寡断的印象。

有品位的男人是不会提任何问题的,他不会问想要邀请的女人喜欢什么,而是自己判断。这样做可以令她感动、给她愉快的感觉,甚至让她兴奋——他是精心准备了这个夜晚,而不是临时凑合敷衍。有些女性更喜欢突发奇想的即兴发挥,但在我看来,这种女人为数并不多,我的这个想法一定没错。无论什么情况,女人都喜欢去餐馆(至少是对繁重家务一次不错的补偿)。有时候去餐馆可能兼有各种原因,有些时候是为了展示魅力或为了诱惑,还有些时候则是为了美食和盛宴,这两个原因很少同时兼有。饭菜好吃且漂亮或具迷人魅力的餐馆实在是少之又少……因此,在二者中做出选择且毫不犹豫是必须的。这样一个夜晚,气氛的重要性应该远远超过餐桌上的食物。

饭毕,内心的不安和胃部的骚动在她身上烟消雾散,她这时或许会跟克里斯蒂娜·德·里瓦尔[1]的小说《橘子》里的女主人公一样,说:"然后,爱情让我感到了饥饿。"

所以,实际上美食有可能是情侣之间的事,而对于美味佳肴的共同偏好则是夫妻间额外的默契。

一个酷爱美食的巴黎女人对我说:"我们经常去大餐馆,但一年当中,我丈夫也会给我一点小惊喜,带我去一两次时髦的小饭馆。小饭馆虽然吃得不大好,但有蜡烛,冬天还会有炭火。在那里,我会感觉自己又变回那个多愁善感的、冻僵了的小姑娘。您无法想象这会让我多么兴奋!""女人无不钟爱小饭馆。"这是地道的男人想法,但小饭馆必须是优雅的、时尚的。男人和女人第一次面对面吃完饭,如果去"巴黎蒂蒂",或者去天花板上装饰了靴子、主菜是奥弗涅杂碎的"加洛施",不用说,结果肯定是一场灾难。要是让一个去过维富大酒店[2]和卡斯皮亚餐厅的女人去吃尚图尔格的

---

[1]　克里斯蒂娜·德·里瓦尔(1921—),法国记者、作家。——译注
[2]　拿破仑时期法国最华丽的餐厅,位于巴黎市中心。——译注

红酒烩鸡或大烤肠,她会有一落千丈的失望感。搞不好这同一个男人可能还用吮吞牡蛎诱惑过她……

显然,男人们不可能用同样的方式讨好自己的爱妻,或者是他想重获其芳心的情人,又或者是高级住宅区的长舌妇、外省的贵妇,了解某个内幕的女孩儿,这没什么好奇怪的。每种情况都有其微妙所在。不过,绝大多数情况下,女人是感性的。每当夜幕降临,她们便被那些露易丝·德·维尔莫兰①称之为"梵婀玲"的东西——那些充满诱惑力的装饰:烛光、炭火、夜光杯、优雅的花束、香槟、神秘的紫色光线、细木桌椅、宛若仙境或令人有身处异国他乡之感的环境所打动。照明很重要——当然,大多数小酒馆和传统餐馆都不是这样——入口处当然应该足够亮,以便您或其他人可以从各个角度欣赏她的风采。

但接下来,一坐到餐桌旁,她就要给人一种若即若离、神秘且性感的感觉。

可怜的马克西姆餐厅②里原本弥漫的奇妙气氛,如今仅剩得那盏众所周知的小玫瑰灯了……美国人早就从他们的"美式"照明得到一个诀窍,那就是,要使一家餐馆与众不同,最重要的是让吃饭的人只看得见自己吃的东西,当然还得有其他条件。

除了极少数过于敏感的人外,一般女性都偏爱贝壳类海鲜。一打贝隆牡蛎③、半打海胆,外加一瓶香槟,就足以成功俘获佳人的芳心。贝壳类海产具有象征意义:它们象征着纯洁(至少人们希望是这样……)、无止境、大海。当然,因为贝壳海鲜价格不菲,享用它们会有种节日的感觉。无论如何,女人比男人谨慎,她们总是疑心重重,担心自己的健康,所以,通常只相信特色餐厅,或是她们熟悉的餐厅。

---

① 露易丝·德·维尔莫兰(1902—1969),法国作家、演员、导演。——译注
② 该餐厅于1981年破产,著名设计师皮尔卡丹以150万美金将其买下,并重新装修,也彻底改变了经营方式。——译注
③ 扁圆形,肉呈褐色,产自法国布列塔尼。——译注

当我们对一个男人说他赶时髦，他表面上可能会不高兴，但心里却把这当成恭维。但女人对此可受不了，反而很感谢男人们不那么显山露水地恭维她们身上所隐藏的对于时髦的热情。女人，无论她是极端朴实，还是非常优雅，一想到能去一家听说是最时尚的餐馆吃晚饭，很少有人能抵挡住诱惑。但请注意，时髦的东西总是昙花一现，千万不要在佛①或巴里奥拉丁诺这类场所不再时髦的时候，还把它们当"新大陆"一般，对其趋之若鹜。

一位 40 来岁、身材细长的富有单身男恬不知耻地对我说："我要是想引诱一个涉足巴黎生活不深的姑娘，就带她去银塔餐厅，去丽兹，或去艾瑟尼广场酒店。"话倒是说得直接，否则，还真当他品味出众了。然而，烹饪的秘诀真的对所有人都有意义吗？绝对不是。我记得列摩日的一位企业家跟我说过他的一个秘密。在一次公务旅途中，他遇上了一位漂亮的巴黎姑娘，他以为邀请姑娘去马克西姆餐厅是件雅致的事，姑娘也愉快地接受了邀请，她可能以为那是他常去的餐馆。结果，那个美妙夜晚彻底泡了汤。餐馆在登记电话预定时把他的名字拼错了，等他们到了餐馆，他不得不一连报了三次姓名。更不幸的是，人家把靠近厨房的一个最差的位置给了他们。一句话，他的样子看上去糟透了。还好，他一点也不傻，把真实情况统统告诉了她。她一笑了之，几个月后，他们结婚了……

以防万一，我悄悄跟您说个办法。您要是给一家大餐馆或一个时髦的地方打电话订座，可以假借某名人的贴身秘书之名，您就这么跟他说："某某先生（得是一位重要人物的名字）有位朋友要来巴黎（把您自己的姓名告诉对方），他将不胜感谢您能为他的朋友

---

① 法国 George V Eatertainment 旗下的一家以餐饮与夜店文化相结合的餐馆，坐落在巴黎左岸香榭丽舍大道，餐厅以一尊佛像为标志，在华盛顿、伦敦、米兰、贝鲁特、开罗、迪拜、基辅、蒙特卡洛、墨西哥等多地设有分店。——译注

预定一张位置好的桌子。"除非有意外发生,这个办法一向非常奏效。

带一位漂亮的女士到漂亮女士多的地方去没什么可犹豫的,因为女人总喜欢乱哄哄有一堆女人的场景,她们从来不害怕竞争。相反,去男人们的餐馆倒会令她们怕得要死。而且她们也很惧怕那种过分殷勤、低三下四的旅店老板,倨傲的饮料总管和头戴高帽、在餐厅里装腔作势的大厨,我自己其实也很害怕这些人。

在80%的情况下,我们是说在那些有名气的餐馆,女人在点菜那一刻,总是服从男人的选择,甚至通常她们都是请男人帮她们选菜。比起男人,女人们才更不把什么神圣不可侵犯的减肥计划放在眼里。如果说比起肉类喜欢鱼类的女性为数众多的话,她们对油腻的酱料却并不惧怕,松露简直令她们感动。还有些女人对那些用鱼子酱诱惑她们的家伙是心存警惕的。要说她们对奶酪是刻意"跳过"的话,那对甜点就是绝对的自我"克制"的。还有,几乎所有餐馆经营者都认同这一点,除了因健康问题或者身体情况不允许,女人们都很爱喝酒(矿泉水只不过是一个托辞罢了),而且上来就喝波尔多红酒和香槟。

从美食角度讲,一顿晚餐以香槟为佐可能并不合适,但从感觉上讲,却非常理想。

最后,一个女人真的欣赏男人用大开销来诱惑她吗?要想得出一个具有普遍意义的结论还真不容易,但是,据我所知,或者根据我常听到的说法,不认真看账单就轻易支付一大笔钱的做派的确会给女性以心满意足的畅快感。

如果一位男士无法出手阔绰地让一位女士赴约,他最严重的错误可能是让她觉得:这是对方第一次请女人吃饭。

一种全新的、"美国制造"的餐饮时尚正在悄然出现,那就是离婚宴。有人会邀请朋友参加,也有人只是吃一顿二人面对面的断交晚饭。如果确实不再想听对方说话,就得用心选择那种极差的、没有感觉的餐馆。也有相反的情况,对方有可能反悔,不想分手了,那你就很有可能难以脱身了。

小安肚香肠(Andouillette)

我曾经求一位医生帮我减掉赘肉,但当我向他坦白"酷爱小安肚香肠"时,他竟一脸痛心地看着我,喃喃地说:"我可怜的朋友……"声音里带着那种善良人对亲近的人遭遇巨大不幸的同情。

直到后来,我才发现他那是在嘲笑我。小安肚香肠并非置肥胖者于死地的利器。烤制肉肠的热量也超不过 300 卡路里,还不及猪血肠、生火腿或干肠。最厉害的是炸薯条,它的热量一下子就攀到了 1300 卡路里。无论怎样,我这个当今的提图斯,是绝对不会跟我的贝勒妮斯①说再见的。小安肚香肠与我,真称得上是一个美丽的爱的故事。

然而,1970 年的某个早上,当一个男人手里拿着袋子突然走进《高米约》②(参见该词条)办公室之后,猪肉之神便在我的胃里展示了魅力。这人小心翼翼地把袋子摊开,一边从里面取出一吊子圆鼓鼓的小香肠,一边自我介绍道:"我是西蒙·杜瓦尔,巴黎北郊德朗西镇的猪肉商。请赏个光,品尝一下我的小安肚香肠吧。"

我们的食堂距离雅克·马尼埃尔的《财源报》报社只有两步远,马尼埃尔可是个大厨,卓尔不群的人物。我提议道:"我们把这些小安肚香肠给他带去,让他给我们做成午饭。"

我一生都不曾这样贪吃过猪肉菜肴。大仲马应该脸色红润才对,因为他曾用大喇叭般的高声宣称说,他的家乡维莱科特雷市的"小安肚香肠是最棒的"。可他说得不对,哪里的香肠都比不过"杜

---

① 提图斯为古罗马皇帝,贝勒妮斯是其情人。——译注
② 即《高米约美食指南》。——译注

瓦尔"小安肚香肠。我唯一想做的就是和读者分享这历史性的时刻。文章对小安肚香肠的赞扬可能有些过分,但"杜瓦尔"小安肚香肠的声誉的确在快速提升。

没用几年功夫,这种香肠就获得了 5A 证书①。巴黎的餐馆和猪肉商们都需要这份证书,而位于德朗西镇的"小安肚香肠铺"当然成了他们的圣地。这家店有五个工人,都是肉铺老板西蒙·杜瓦尔的儿子和孙子。他们每年要生产差不多 30 吨小肉肠,才勉强满足需求。

这个小公主②到底有什么独特之处,如此受人青睐呢?

实际上,并没什么特别的。与多数其他香肠相比,唯一的不同就是,它是按照艺术规则制作而成的。选用的是 24 小时之内宰杀的诺曼底猪的肠子和肠衣(大肠),将它们送到巴黎郊区的小作坊,做抻直处理后浸入一种加了醋的水中浸泡,然后划开、刮去油脂,再切成条状。这是必须的程序,因为猪肠会快速发酵,要不了多大工夫,就会发出臭味。正如美食大家爱德华·艾里奥所说:"小安肚香肠,就像政治,它闻上去要有一种臭味,但不可过分。"

接下来,就轮到猪肚了,先把它铺平,再扭曲,再抻成条状,然后用一小段细绳把它们扎成一个个小捆(2/3 猪肠,1/3 猪肚)。现在,就可以将它们装进肠衣里,再用绳子轻轻扎上。最后,放入 95 度锅煮 4 个小时,就大功告成。

是的,确实好吃。果真有什么秘诀吗? 这个秘诀杜瓦尔是绝对不会讲给任何人的。尽管如此,大家很快就会明白,他的游戏主要玩的还是调料。他将各种香料和芳香植物神奇地混合在一起,可以分辨出其中有薄荷、洋苏草和牛至。

---

① 即"正宗肚包肠爱好者友好协会"(Association Amicale des Amateurs d'Adouillette Authentique)颁发的证书。——译注

② 此处指小安肚香肠。法语"小安肚香肠"一词为阴性名词,且个头小,深受喜爱,故被昵称为"小公主"。——译注

上天很快就给我派来了一个更加特别的密使:雅克·梅纳尔。这是一位五十来岁的小个子男人,他花白的头发因谢了顶而呈环状,修剪整齐的刘海垂在茶色眼镜上方,还有那擦地刷式的小胡子,这种外表更让我想起法国国家科学研究院的研究员、图尔纳索尔教授,而不是他这个传统的肉店老板。1981年元月的一个上午,他疾速来到我办公室,手里托着一大盘猪肉,我们很快让一起干活的人把肉洗净。我答应他要到维尔孟布勒去看看,他在那儿开有一间店铺。这一天,在他的厨房兼餐厅里,我度过了我的"腌制食品生涯"中最重要的时光。

他递给我一片香肠,居然称我"尊敬的大师":"尊敬的大师,我的香肠不好吃吗? 它们温柔得就像小天使。每一天,我都要下到地窖跟它们聊天;哎,亲爱的孩子们,你们今天怎么样啊? 你们可知道爸爸有多么爱你们! 每次爸爸带妈妈去诺曼底度假,都非常想念你们,我想这一定会让你们高兴的……我要是不跟它们说话了,它们可能就会干瘪,那就可怜了。好了,孩子们,爸爸来了! 爸爸永远都会在这儿,给你们带来好闻的香菜。哦! 尊敬的大师! 您想想看,为什么梅纳尔老爹的猪肉跟其他人的猪肉的味道不一样呢? 我这就跟您说说……但是,您得告诉我,您是摩羯座的吧? 我打赌,您一定是28或29号出生的,或是九月初。不是? 唉! 是12月30号,给你报成1月1号了。我看是的。"

"唉,瞧瞧您,您有骶骨神经痛。这可不能让梅纳尔老爹知道! 走吧,去拿上您的鞋和上衣。"

我完全被他的明察秋毫惊呆了,立即照着他的话做了。

"好吧,我来帮您解决这个问题。把你的车钥匙给我。我来测一下您的波长。这跟对付香肠和小安肚香肠是一回事。放的化学脏东西越多,波长就收缩得越短。我呢,我只用天然的东西,从不用色素、稳定剂、聚磷酸盐、偏磷酸盐和乳清蛋白质粉。亚硝酸盐若长期使用就会致命。好吧,我刚才跟您说要检测一下一只小安肚香肠所具有的吸引力。我的安肚香肠的共振度是 110,是食品厂生产的安肚香肠的 10 倍。您是否有点明白了? 还没有? 那我们现在就来说说您,亲爱的大师! 这儿,您在这儿不舒服,是吧? 您有一种强大的磁力。今晚,您将双脚浸泡在冰水里,然后,就能像婴儿一样入睡了。人的身体就是一块磁铁。上个礼拜,我去卢浮宫见馆长,我跟他说:"给我拿一幅梵高的真迹和一幅赝品来,用我的占卜摆就能说出真假。"磁共振就在画布里。

"您瞧这儿,我脑袋顶上,我用手在这儿过一下,您就会感觉到一阵刺痒……哎呀呀,烫死我了! 看看,应该很不舒服吧! 您没兴趣,那这感觉一会儿就消失了。瞧呀,顺便说一句,您的血压是 12.5—6.5 吗? 确定? 好。我只用手,就能说出葡萄酒的生产年份。第一次,我是用一瓶没有标签的葡萄酒试验的,我摸了一下酒瓶,就说出:"1966 年的。"我用手可以感知出年份,一个手指节代表两年。

"穿上您的鞋和外衣吧,您会明白梅纳尔老爹的猪肉为什么跟其他人的不一样。"

"您看看这些管子,放在这些管子里的汤料,我是说我自己的盐卤,水、盐、糖,还有香料我是严格把关的。如果用亚硝酸盐腌制火腿,两小时后肉就变成粉红色了,还有毒。但用我的盐卤,腌制 8—15 天,肉还完全保持着天然的颜色,而且不会对人有什么危害。"

"我看出来了,您喜欢小安肚香肠。我的小安肚香肠,加了风轮草的,可以说还具有药效。风轮草对肠道有好处。这么说吧,您要是患了结肠炎,即使非常严重,梅纳尔老爹的小安肚香肠也能帮您解决问题。有一天,一个小个子夫人来到店里说:'梅纳尔先生,我不行,费很大的劲都不行。'我去找来一根小安肚香肠:'试试这个吧,应该可以。'"

"(后来)她又来了,脸上带着笑容:'哎呀! 梅纳尔先生! 您不知道我有多高兴！解决了，解决了！'就这样，她又拿了两根小安肚香肠去。"

"亲爱的大师，您会看到效果的！不不，不要感谢我。尤其不要叫我'大夫'，这会让我感到难堪的。我是如何学到这一切的？这么说吧，听来的，跟人聊天聊来的，从书里读来的，到药店问来的。您觉得我有一个学者的大脑？真的？但您知道，自打出生，我就只是个可怜的人，完全是靠自学。我就学了那么一丁点东西，其他什么也不懂。所以，我必须学点其他东西。现在带您去地窖看看我的孩子们。"

下了几个台阶，眼前出现一片颜色不大真实的光晕。一个个小壁龛里，是些奇怪的皱皱巴巴、干瘪的东西。他从中取出一个，塞进我的臂弯。

"这是卡洛琳。向米约先生问好。"

这位卡洛琳就是一块变干了的兔肉。

"那个是卡特琳娜。好了，你真漂亮！我的小卡特琳娜，你可是我的宝贝儿！您看这个漂亮的母羊头！它还有大脑和眼睛呢！走了！再见！小卡特琳娜！"

稍远处，是一只小猪仔。

"这是内斯托尔一世。瞧呀！它有多可爱，有5公斤重呢！为了给它防腐，我用了中国人的办法，叫做'折叠防腐法'，比埃及人的办法还要有效！这种绝密的办法已经失传，我凭着直觉又把它找了回来。两年前，我把这办法和卡洛琳都推荐给卢浮宫了。您猜卢浮宫古埃及馆的《安泰勒夫人像》说什么？她说：'哦，实在太香了！'"

"我的小卡洛琳，她可以就这样在天然空气中一直存放下去，永不腐烂。躯干是变僵硬了，但看看它的耳朵、尾巴、爪子，还都是柔软的。卢浮宫的人看到这些后，就再也没来过。哎呀！那可不行，我绝不会把我的秘密告诉任何人。等我死后再说吧。看那个！

那是凯撒,一只 11 公斤重的羊。来,跟米约先生敬个礼！您看到了,看他跑得多好。凯撒也用了中国人的折叠防腐法,世上独一无二。我找到了阻断腐烂的办法。您要问我在我的木乃伊里放了什么,是香料盐卤吗？您呐,可真够聪明！告诉您吧,我的盐卤是一个原因,但不是全部……嗳！您现在显然好多了。别急着走,等我一下,我为您准备点儿小安肚香肠。每天吃一根,一共一个礼拜,您一定会看到变化。"

在他就要离开的时候,我叫了他一声"教授"。

他对我说:"您呐……,可真是个狡黠的家伙呀！"他又说:"您想让我把以后总统选举的结果都告诉您吗？"

怎么?！ 不是所有调查结果都表明瓦莱里·吉斯卡尔·德斯坦肯定再次当选总统吗？

"我已经让人预测过了,密特朗将领先吉斯卡尔,虽然差距非常小。您惊讶吗,大师？ 好吧,我们走着瞧！"

多少年过去了,"梅纳尔教授"早已离开了我们。不知道他的那些"被折叠的孩子们"都变成什么样了,但我的确十分想知道。

至于杜瓦尔的小安肚香肠,我最近才听说,那个了不起的人卖掉了他的牌子。手工小安肚香肠的时代可以说已经结束了。仍在销售自产小安肚香肠的小肉店老板已经成为"古董",他们当中大多数人更愿意代销。餐馆菜单上的小安肚香肠几乎都有正宗肚包肠爱好者协会的 5A 级证书。这肯定值得怀疑……

博努瓦·勒梅勒原来是一位矿业工程师,是法国唯一一位从工程师改行为肉店老板的人。他与兄弟多米尼克以"高档"产品把持着工业产小安肚香肠的市场,其质量究竟如何,我这里就不谈了。他们生产的"正宗特鲁瓦小安肚香肠"遍销全法,年销量达到 2000 万份,其主要材料就是完整的大肠和猪肚。还好吧。但我却由不得要为风轮草香型的小安肚香肠的"健康"忧伤。

英国菜肴(Anglaise [Cuisine])

英国菜肴并不差,甚至可以说很好吃。问题是,英国人绝对执着于自己做饭。

在相当长的时间里,维多利亚时代清教徒的生活习惯一直控制者英国人的菜盘子,所有家庭的餐桌都与清教徒的自我惩戒颇为相似,着实令人费解。只不过昔日自我惩戒的"刑具"是如网球一样毛茸茸的带皮土豆、石子儿一样硬的青豆和柴得嚼不动的鸡肉。就连上流社会的餐桌也一样不讲究。萧伯纳就说过这样绝对的话:"如果英国人能够靠他们那种饭菜生存下去,那他们就无论如何都能生存下去。"

尽管如此,20世纪初,从艾斯科菲到伦敦,法国烹饪都无可争议地对上述 *high society*① 产生过震慑,而且,较之真正意义上的美食,这种影响更多地表现在其上流社会的社交层面。英国式优雅明显带有法国的色彩,它的豪华大酒店欣悦地沉湎于当时无不被认为是烹饪艺术的精粹之中:罗西尼里脊牛排、奥尔洛夫式牛脊肉,就连餐盘用装饰布包裹起来,颇像马戏表演里马被蒙上了眼睛。

就在此前不久,大概十一二年吧,在位于梅菲尔②区的奇里列治餐厅吃一顿午饭,就会让人有一种类似杜莎蜡像馆般惟妙惟肖的感觉,仿佛真的回到了那个迷人的年代。每天中午12点30分整,身穿金色袖口黑制服和红色背心的侍者毕恭毕敬地打开餐厅的大栅栏门,随即,著名的茨冈人若内斯奇(也叫琼斯先生)和他的乐队开奏维也纳华尔兹舞曲,当然,要想让这音乐静下来也不是件

---

① 英语,即上流社会。——译注
② 伦敦西区中心的高级住宅区。——译注

容易的事。

音乐声就是信号。就见庄严的绅士们、过着幸福安逸生活的年轻贵族们、珠光宝气的贵妇们缓缓步入餐厅,他们似乎在边走边向周围的人群致意。人群中的美国游客则惊讶自己是否进入了埃及法老图坦卡蒙的墓室,因为那餐厅的恢宏堪比神圣而宏伟的圣殿。有人说,这餐厅是1930年代由好莱坞装饰师设计的。

环顾四周,绿毒药、普鲁士蓝和挤碎了的覆盆子,这一切混在一起,使奇里列治活像一只会让人做噩梦的倦怠的老鹦鹉。但在这里,粉红色的墙壁、立柱和照明出奇制胜地再造了一种平衡,将这纵横交错的混乱统统收容浸泡于一个乏味得出奇,却又趣味横生、极其别致的"浴盆"当中,一杯春白菊茶就足以唤醒人的食欲,并让人平静下来。

菜品是否缺少滋味似乎无足轻重,总有着巨大的诱惑。当您翻阅菜谱,体会到一种穿越梁龙①墓穴的感觉时,塞维利亚凉汤、加利叶尼鳟鱼、缪拉鳎鱼块、杜格莱雷酱汁、茨冈少女小牛排、改良羊羔排骨正在一道接一道地被送到不同的餐桌上,仿佛是对那些没能留给它们更多吃草时日的小羊羔表示庄严的敬意。

人们可能一直以为,在奇里列治各个餐厅的厨房里,那些英雄般的大厨,总是一边搅拌着他们那永恒的酱汁底料,做着整个一生都在重复的、像《摩西十诫》一样亘古不变的菜肴;他们几乎是满怀爱意地关注着是否已将那些肉里卑俗的血排得一滴不剩,他们嘴里总是咀嚼着什么,可能是带有纸箱味的虾,或带有虾味的火腿酱,一想到他们为创新所付出的辛苦,你就无法不被他们感动。

今天,这个一想起它就令人禁不住潸下怀旧泪水的地方,已经

---

①　一种古生物,体长可达25米。——译注

属于时下红人中的红人、显赫的富豪戈登·拉姆齐①,他在去巴黎萨伏伊酒店和卢布松美食坊学习烹饪之前,是英国格拉斯哥市的职业足球运动员。就是他,在奇里列治旗下的一间纽约风格的、"回头客"颇多的"装饰艺术餐厅",创造出了一种颇具工艺水准的烹饪(米其林三星级),比如椰汁意大利切面。戈登·拉姆齐是个出色的生意人,我们已经无法知道被他否定的菜品样本有多少,而且不仅是在英国,在日本和纽约一样。最近在凡尔赛的特里亚农大酒店,他的"Bullshit"②和精品菜"该死的美食"、"该死的法国佬"使得酒店人满为患,差点连玻璃窗都震坏了,完全征服了凡尔赛的有闲阶层。

当然,这个骂起人来活像赶车人的苏格兰不良少年在其他地方还将有太多的事情要做,他需要更多的财力才能建立起自己的帝国,我们还不能立刻就能在这座帝国里见到他。

让我们再回到那个过时的伦敦黄金时代。我在上文已经提到过奢华的罗西尼里脊牛排,在这种牛排风行的 1967—1970 年,有一种更粗俗的"法国小酒馆"或以此为名的小酒馆也悄然盛行起来,在苏荷区③尤甚。那个时候,为了给人以传统的印象,有人甚至将锯末撒在餐馆的地上。我们或许应该想到,恐怕也有人会将锯末直接放进餐盘吧!这种弄虚作假的做法低俗到了令人发指的程度。我尤其记得一个叫做维克多的餐馆的招牌上明确写着:"老板在此用餐"。在见识了这家餐馆的氨黑鳐鱼、可以抽出鱼刺的肠子、疲软的鲑鱼、蒜香面包灌肠之后,你也只能走上前去跟他握手,向他了不起的英雄气概致敬。

今天,这一切实际上并没有消失。在很多家庭和旅店里,人们

---

① 戈登·拉姆齐,英国顶级厨神,追求完美,严格而粗鲁,有"地狱厨师"之称。——译注

② 英语,意为"牛粪",根据语境,也有被译作"狗屎"。——译注

③ 位于伦敦中心、泰晤士河以北,是英国最大的夜生活地。——译注

一如既往地将在维多利亚女王时期就已经受到谴责的食物塞进自己的胃里；在许多豪华大酒店，人们都在狂热地追捧一种难以消化而愚蠢的"伟大的法国大餐"。

而这期间，有些东西则在悄然流失。社会呈现出一种新形态，享乐主义被奉为道德。烹饪风尚的革命在所难免。一切交错混杂在一起：想要过得更好的无止境的欲望、越来越多从异国他乡带回来的生活体验，当然也包括从世界各地快速蜂拥至英国首都的人们。这些人用他们花花绿绿的市场、露天摊铺和散发着特别香气的饭馆占领了伦敦。在英国人眼里，法国餐一样，也有着某种"异国风情"。人们发现，一个全新的餐馆经营者派系已经诞生，那就是年轻一代的烹饪爱好者，他们手里捧着一本菜谱，就决定在切尔西或在肯辛顿开一家小酒馆，完全跟前些年开创旧衣店或唱碟店的人一样。时代不同了啊！

这些烹饪爱好者中有很多人后来或者干得不耐烦了，或者经营不善损失巨大，只有为数不多的几个年轻人成功接过了班，把经营餐馆当成事儿来做，还来到法国学习手艺。新型英法混合烹饪主要是为了引诱顾客，让顾客娱乐解闷，所以，他们的菜品往往是东拉一点、西扯一点，把所有拿来的东西混合成一种杂烩，虽然很吸引眼球，但对于味觉器官来说，却大都平淡乏味。这种吃食在过去可以说就是一种"看上去似乎不错"，但实际上都是糊弄人的假货色，今天依然可以这么说。

到了 1980 年代，由于餐馆，当然还有酒吧，成了伦敦人青睐的消遣去处，这就不可避免地使得许多职业厨师也纷纷前往伦敦谋求职位。其中不乏法国人和其他欧洲人，但他们并非那种做酥盒的老派厨师，而是些来自法国烹饪世家的年轻人。有些人已经获得了很大的成功，比如克莱尔阿姨餐馆的皮埃尔·霍夫曼、我的厨房的居·穆耶龙、马扎然餐馆的勒内·巴雅尔、小插曲餐馆的让·路易·塔耶博、小十字架餐馆的皮埃尔·马尔丹、多切斯特餐馆的瑞士人安东·莫西曼(以他名字命名的俱乐部-餐馆一开张便大受欢迎)。别忘了,还有英国乡村泰晤士河上的布雷餐馆的米歇尔·鲁,他儿子小米歇尔后来子承父业(米其林三星级),而在牛津四季庄园餐厅更有雷蒙·布朗,他大概称得上是所有这些厨师当中最棒的一位。还有些崭露头角的厨师。而真正的英国好厨师是理查德·谢波德和首都酒店的布莱恩·特纳、艾美酒店的大卫·尚贝尔、必比登酒店的西蒙·霍普金森、伊尼戈·琼斯酒店的保罗·戈莱、九零年公园街餐厅的斯蒂芬·古德雷德或哈维斯餐馆的马克·怀特。

我很高兴自己没有搞错。我预感到会有大批新生代英国厨师到来法国,而且这件事很可能会令有些法国人大为震惊。事情终于还是发生了。表面上看,《美食家》杂志认为他们2005年推举伦敦为"全世界最佳美食之地"是出于认真考虑的。我们当然有权感到可笑,更何况,今天,尽管东京仅有6000家餐馆、3000个酒吧-咖啡馆和5000份广告,桂冠竟然还是被它摘走了!从此以后,被嘲笑的就不再是英国首都了,我们也再不能像以前一样说这种话了:"要说英国菜,热菜就是汤,凉菜则是啤酒。"

如果说皮埃尔·加涅尔选择在伦敦开设他的独幕剧餐厅,并且一开张就名声大噪,如果说在伦敦能数出41家星级餐馆,特别是,如果说每时每刻都被我们嘲笑的英国人也跟其他任何人一样能在灶台前大显身手,那绝非偶然。

当然,还有那位热闹的戈登·拉姆齐,他独自拥有一家多国公司。而在爱尔兰东部的村庄布雷,紧挨着米歇尔·鲁餐馆,还有赫斯顿·布鲁门撒尔和他的肥鸭餐厅。这是另一个"案例",这位三个孩子的英格兰父亲接受过最传统的法式烹饪的培训,却大举向着"分子美食"进军,制作一些"不明飞行物"般怪异的菜肴,诸如田螺粥、西班牙红叶卷心菜冷菜汤、欧洲防风玉米片、甜酒炖鲑鱼、沙丁鱼冰糕、熏咸肉奶油冰糕。似乎全是些让有人一听就想撒腿跑开的东西。不过事实并非如此。即使当时还没有可能为戈登·拉姆齐贴上"世界顶级厨师"的标签,这位充满激情的人物也绝非俗流。的确,就连英国《餐馆》杂志也不否认这一点。再说,当时热衷于菜品"解禁"的人也不只他一个。你可以查一下"英国观光"网站,在那里会发现"全世界最佳餐厅的四分之一是英国餐厅"。网站原文是这么说的。

　　无论怎样,我们都没有任何理由赌气。伦敦拥有诸如詹姆斯·贝宁顿(小号餐厅,伦敦奇西克路)、费格斯·亨德森(圣约翰餐厅,伦敦芬斯伯里区)、加里·罗兹(位于伦敦大理石拱门的坎伯兰酒店)、安托尼·德米特勒和威里·史密斯(伦敦梅菲尔区的野花蜜餐厅)或者加尔文(梅菲尔区的米其林一星餐馆城市霓虹)这样的大厨,而在伦敦以外地区,则有内森·奥特罗(福伊酒店,科努瓦耶)和肯尼·阿特金森(圣马尔丹酒店,赛丽群岛)两位大厨,他们个个技艺超群。也有人对巴斯维特谢夫酒店和位于牛津郡默科特的坚果树餐馆大加赞美。

　　虽然非常喜欢英国人,但有一件事我还是得承认,那就是,英国人的味觉常常令我感到惊讶不解。当你带他们去一家好吃的餐馆,他们会真诚地表示喜欢这家餐馆,而在另一家较差的餐馆,你会发现,他们也觉得很好吃。所以,拥有好的厨师固然非常重要,但也一定要有好的食客才行。英国的条件的确相当不利:持续了数百年的重口味谈不上什么优雅,再就是,完全没有传统的支撑,比如那种地道的地中海式、"奶妈"式的传统。

　　在我们法国,烹饪是诞生自女人的。而在英国,对于很多女人来说,烹饪在过去很长一段时间里一直是并且现在仍然被视作一种杂役,一种日复一日的杂役,一种她们总是想尽快应付了事、从不愿为它多费心思的杂役。

　　一个新的现象是,这片被女人们遗弃的领地正在被男人们占领。越来越多的职业厨师或周日厨师开始为这项新游戏所着迷。

我根本不相信那个流传很久的传说，说什么不幸的英国人分不出好坏可能是先天的。这种幼稚的种族歧视是经不起考验的。只须品尝一下葡萄酒就能知道英国王室的见多识广是多么令人惊讶。如果这个国家存在着一种古老的葡萄酒传统，且有葡萄酒名家，它就没有任何理由不具有同样的烹饪传统。

话说到这儿，到底有没有一种英国烹饪，对于我们来说可能永远是个问题。

以法国方式烹制好吃的饭菜是件美妙的事情，而复制西班牙名厨费兰·阿德里亚的菜品、或者卖弄"分子美食"也很有趣，但为此英国厨师一方面必须忘掉维多利亚遗产的创伤，一方面又得致力于保护他们的烹饪根基。有人对此有兴趣是完全有道理的。

我实在不想这样说：在英国，好像什么东西都可以被当成食物来食用。由于蔬菜和大多数水果缺乏日照（除了多塞特郡、格罗斯特郡，还有被称作"英国花园"的东南地区，那里出产的苹果美味香甜），大量基础食物过于依赖工业化生产，如蛋类、奶类、奶油，产量都翻了一番，跟法国一样，还有黄油，总是有一股强烈的药味儿，让人闻着不舒服。如果碰上了在用水烹煮的蔬菜里加入了未充分发酵又不加盐的面包，或加了令人难以忍受的糕点，或者更甚，加了可怕的果胶，最好缄口不语，什么也别说了。

然而，要在英国找到美味佳肴也不是什么难事。

在关于水产的那一节，我们提到了柯切斯特市的扁型生蚝、海峡群岛①的龙虾、无与伦比的多佛比目鱼，当然，其中相当大一部分来自荷兰，还有肥美的大菱鲆（多宝鱼）、苏格兰三文鱼，质量上乘的野生三文鱼越来越少了，但人工饲养被制成熏鱼的熏鲱鱼和熏黑线鳕（一种上鳕鱼）以及约克郡的鳟鱼都很知名。

---

① 位于英吉利海峡内，靠近法国的诺曼底，因而法国人称之为"诺曼底群岛"。——译注

英国人非常喜食红肉①，他们的亚伯丁安格斯牛使他们拥有细嫩含脂的纯种食用牛肉肉卷，这种肉卷产量有限，但绝对是与瑞士西门塔尔牛肉和德国的巴伐利亚牛肉齐名的、全世界最美味的肉制品之一。而威尔士海滨牧场的小羊肉也与我们法国圣米歇尔山海湾的小羊肉一样鲜美，还有苏格兰的上等羊肉，艾尔斯伯里的鸭子细嫩而多汁。至于野味，英国拥有最丰富多样的猎物：狍子、黄鹿、野兔、山鸡、山鹬、野鸽、鹌鹑、松鸡，还有苏格兰独有的雷鸡。

在英国泽西岛坡地露天生长的优质泽西新马铃薯有着一种榛子和海藻的口感，因而是世界上绝无仅有的。如果说大型超市出售的鲜奶油一文不值，浓厚而松软的德文郡凝脂奶油却绝对非凡出众。与传言相反，英国人并不满足于生产斯提尔顿奶酪，它因不可复制的美味被冠以"奶酪之王"的称号，与陈年波尔图甜葡萄酒结合是理想婚宴的最佳闭幕词。工业生产的英国切达奶酪真不怎么样，但正宗的切达奶酪可是美味极了！若能搞到真货那是运气！哎，只有6家农场还在生产这种奶酪了。

您知道吗，英国人拥有400种不同的奶酪。他们喜欢吃奶酪，并且早就开始生产优质农家奶酪了，而我们对这些奶酪却一无所知。比方说约克郡的温斯利代干酪，那是一种加了香芹末、经过长时间精制而成的奶酪；带点咸味的威尔士卡尔菲利干酪、牛津蓝奶酪、雷姆斯盖特羊奶酪，还有令人想起我们法国芒斯特软奶酪的"臭主教"奶酪，其外皮刷有梨酒，特别香。我得跟您提个醒，哪天您若碰见正宗大不列颠传统奶酪的捍卫者查尔斯王储，要小心他跟聊这个话题，那会没完没了的。

我们对英国葡萄酒也全然不了解。不列颠葡萄酒问世时间虽然不长，但产量已经达到100万瓶，广泛分布在20多个伯爵领地。英国酒多为白葡萄酒：米勒·图高是原产于瑞士的白葡萄；白谢瓦

---

① 通常指猪、牛、羊肉。——译注

尔则是一种法美杂交葡萄,还有德、意、法葡萄的杂交品种雷畅斯坦纳。所有这些品种在英国的气候条件下都显示出其早熟的优势。在那些需要放置5—10年才能熟化的最优良葡萄酒中,有肯特州的兰伯赫斯特修道院产的兰伯赫斯特、怀特岛上的阿吉斯通葡萄园产的阿吉斯通和萨塞克斯郡的迪切宁酒。这些优质白葡萄酒最主要的问题就是价格昂贵,但这是一个新潮流。

十几年前,当第一家敢于专门供应英国菜的巴黎餐馆在科雷贝尔·勒·贝尔提斯大街上开张时,一家伦敦知名报纸立即以开玩笑的口吻但无不嘲讽地宣称:"我们终于可以在巴黎吃到好饭了!"但遗憾的是,这个尝试维持了没几年工夫便告终了。还是把这些都交给法国人来做吧:新鲜香辛料吐司、加了波尔图甜葡萄酒的芹菜浓汤、鱼块薯条鞑靼酱(真正的新鲜鳕鱼加薯条)、烤安格斯牛腰肉、上品奶酪,还有面包黄油布丁,所有这些菜肴都值得拥有最好的待遇。

应该说,伦敦人对于恢复英国乡村传统而丰富的佳肴似乎还没有我们的热情高。

我不知道尊敬的议员们所钟爱的那家小盒子餐厅后来怎样了,但我记得在那里吃过清炖雪莉酒山鸡汤、加了麦芽威士忌的安布罗斯慕斯(一种小扁豆),还吃过英格兰西部城市什鲁斯伯里的小羊肉,这道菜配有加了黑茶藨子酒的伍斯特酱汁。这些菜差不多跟它们体面的食客一样尊贵。在多尔切斯特还是一座传统意义上真正的宫殿,还没有变得炫目、矫揉造作之前的几年当中,瑞士大厨安东·莫西曼领导下的小餐厅为人们提供了最好的"土生土长的"美味佳肴。在那里可以吃到来自伦敦周边一家属于酒店的农场的新鲜蔬菜、值得赞美的苏格兰野生三文鱼、酥皮带骨火腿、配有水果的诺福克郡烤小火鸡,当然还有很多其他"乡土"菜,比如一种涂黄油面包,我太太至今还对此念念不忘。

而如今,我只听说在"伦敦桥"地铁站附近有一家叫做曼琪的喜鹊的餐馆很不错，除此再没听说其他的了。我最近一次去那儿时，又一次去朝拜了永不知疲倦的斯特兰的辛普森餐厅。这间英国标志性餐厅自1848年开张至今，我猜想，它的蔬菜应该一直保持着一种上乘的淡味，它的大块苏格兰牛肉配约克郡布丁30年来也一直是由意大利籍服务生用小车小心翼翼推过来切片上桌的，付给服务生一张纸币作为答谢是很得体的。它始终如一、无可比拟的美味来自成功纠正多次烹制的壮举，获得成功的英国本着负责任的态度，对其最微不足道的习惯，也对其红肉一直实行严格的管理。

总之，在等待真正英国餐馆开张之前，人们只能指望在那些名声比较好的英国小酒馆里吃到这些菜肴了。

食人肉传统 (Anthropophagie)

这是我亲身经历的一件事，不如意的是，那是一次间接经历。我是说我的胃从中起到了间隔作用。

我非常荣幸于一个完全被忘却的时代，在位于努美阿①南部20分钟路程的奇妙小岛松树岛②上认识了一位法军食人肉上校。他的名字我已经记不得了，但面容却深深刻印在我的脑海里。那张脸就像皱巴的干李子，头顶的乱发好像被拔起的狗牙根③扭成的擦地刷，镶嵌在两个半球中间，头发的颜色似猫尿，鼻子则像是压路机压制而成的。

那天晚上，我去了一个美丽沙滩。很难想象，巴黎公社之后，那里曾经有过一个容纳数千名政治犯的监狱，其中就有露易丝·

---

① 法国海外属地新喀里多尼亚的首府，位于新喀里多尼亚岛南部。——译注

② 法国在南太平洋的海外领地。——译注

③ 一种植物，其根干燥后可做刷子。——译注

米歇尔①和记者亨利·德·罗什福尔。我下榻在那里唯一的一家
酒店。一个穿着土黄色旧上衣和有破洞 T 恤衫的男人正朝露天
座走来,手里拿着一个喝空了的啤酒易拉罐。酒店老板招呼他:
"嗳,上校,到这儿来!"

这位卡纳克族②人显然正缺"泡沫"③呢,他过来坐在了我们
桌旁,并且迅速补上了他迟来没喝到的啤酒。他看上去是个颇具
魅力的家伙,而且通晓国际时事。不久前,他接待过时任国防部长
的皮埃尔·梅斯梅尔,后者是来发表在太平洋以远地区建立核威
慑讲话的。上校话不多,连比划带说,用这句话欢迎了部长:"你的
原子弹,你想把它放哪儿就放哪儿呗。"

我得说明白,这位充满魅力的老男孩儿曾经是松树岛的部落
首领,借此,诗一般神奇的行政规定,使他成为具有法国军队上校
地位但无正式职衔的人。他有一笔菲薄的补助金,作为补偿,每月
他还可以得到两次来自努美阿货船带来的易拉罐啤酒。

我提议让他来做我的向导,就这样,他让我发现了发生在密林
深处这片天堂里令人感到羞耻的往事,以及他的那些被植物吞噬
了的单人囚室。在一次森林探险回来的路上,面对几个被快速喝
干的易拉罐,他给我讲了一个有趣的童年故事。

长期以来,松树岛的居民一直将岛上的来访者当作他们的美
食吃掉。直到大战爆发之前的第三共和国我们才确信,文明的恩
惠已经使当地土著人的食人欲望得以平息。共和国在岛上设立了
几个机构,并派驻了一支小宪兵队……实际上,用来煮人肉的铁锅
大概到了 1919 年的某一天才被人们真正遗忘,那一年,随着一件
神秘案件的发生,宪兵在岛上的工作得以结束,并设宴庆祝。我的

---

① 　露易丝·米歇尔(1830—1905),法国无政府主义者、巴黎公社重要人
物。——译注
② 　指新喀里多尼亚和美拉尼西亚的居民。——译注
③ 　指啤酒。——译注

新朋友本人并没有参加这次盛宴,但那以后不久,大概过了五六年时间,岛上来了一些想要发财的中国人。几个中国水手在半道上迷了路,等找到他们时,他们已经成为一顿非常亲和的盛宴上被仔细切好码好的盘中餐了。坐在餐桌尽头的男孩儿显然是个食人老手,他绝不会放过一丁点人肉碎渣,他爸爸夹给他几个细长肉块——现在我们知道那应该就是人的"肋排骨"。

爸爸对他说:"吃吧,儿子! 这可是最好的肉!"

就连松树岛的荣誉首领法军上校也无不兴奋地向我证实说,中国水手的手指烤制后的确很好吃。

阿皮基乌斯[①](Apicius)

阿皮基乌斯、阿切斯特亚图[②]、卢库鲁斯[③]、塔耶旺[④]、瓦岱勒、博维利耶尔……一个无名厨师开了餐馆,想要得到这些享有美誉的传奇名厨的庇护是合情合理的。而公众对于这些名厨几乎丝毫不了解,他们所享的美誉也完全由传奇说了算。

所幸,年轻厨师实际上并不想从那些人们怀念的已故厨师的手艺里学到什么……。我们来看瓦岱勒的情况,事情很快就会搞定,因为作为掌管孔代亲王膳食的仆人,他从来不带厨师帽,也从不碰一下锅把。相反,要是阿兰·桑德朗的话——这位大厨崇尚公元前 4 世纪的希腊美食和诗人,1968 年来到展览路

① 阿皮基乌斯,公元 1 世纪罗马厨师,著有《烹饪的艺术》。该名现为一著名餐厅名。——译注
② 阿切斯特亚图,公元前 4 世纪上半叶希腊最古老烹饪著作的作者。现为著名餐厅名。——译注
③ 卢库鲁斯,古罗马将军兼执政官,以巨富和举办豪华大宴著名。现为著名酒店名。——译注
④ 塔耶旺,传说中法国第一个大厨,查理五世的御厨,第一本法书烹饪书的作者。现为著名酒店名。——译注

的阿切斯特图亚工作——便无法确定到底是他那撒了茴香粉的油煎狗肉，还是在盐卤里煮熟的海鳗，使得我急着要将读者们介绍到他那里去。

同样，让·皮埃尔·维加托在阿皮基乌斯招牌下做大厨时，住在蒙马特公墓附近，后来搬到了维利埃大道。现在，他落脚在一个妙不可言的地方：阿图瓦街。在那儿，让我高兴高兴吧，你一定得尽可能快跑，而且得暂时忘掉省钱的事。他没有冒然去做什么著名的罗马荤烩菜，而是让我美美地享受了他的大海螯虾、松露汁猪蹄饼，还有美妙松脆的牛犊胸腺。他做得对极了！

感谢上帝我们不曾生活在古罗马！

20个世纪之后，阿皮基乌斯的名字仍然受到人们的崇拜，这是一个让人们对一切快乐之事都抱以希望的名字，而且，如果说有3个阿皮基乌斯，也无需准确知晓他们当中哪一个才是真的。好像是第二个，即马库斯·加维乌斯·阿皮基乌斯。他是一个对男孩子饶有兴趣的新贵，大约在公元前25年创建了一所烹饪学校，并撰写了大量烹饪著作（《烹饪十书》）。这些书为人们参考、借鉴长达几个世纪，虽然它们只被传播到了一小部分地区。

我绝不会允许自己朝他扔石头，"如果不去追求餐桌和床笫之欢，就不可能孕育出任何快乐。"一个说过这种话的人不可能一无是处。

然而，我想我的直觉会让我对一个喜欢火烈鸟和歌鸲舌头①、喜欢双峰驼后蹄跟、喜欢母猪乳房和重达4古斤②半的古怪火鱼的美食家产生怀疑，没有人能推脱说不知道火鱼越小才越好吃。

事实上，从那些得以流传至今的菜谱，我们能够得知，古罗马

---

① 据传，阿皮基乌斯最先以火烈鸟的舌头作为烹饪食材。——译注
② 法国古重量单位，1古斤约为半公斤。——译注

的菜肴就如一个凌乱不堪的闹市，在那里，为了引人注意，最稀罕和最昂贵的食材被过分装饰地杂烩在一起，而且人们最大限度地使用了香料。阿皮基乌斯食谱的译者贝尔纳·盖刚带给了我们一些实际操作特别困难的菜谱，比如“巧妙的杂烩”，真称得上是失物招领处的一个分部，这个杂烩菜里混杂有蜗牛、韭葱、鸡胗、小鸟肉肠、李子、小烤肠、掺了水的酒、油、佳乐姆调味料（用盐浸渍过的鲭鱼肠在阳光下分解而得），还有作为调料的生姜和小白菊（这种植物可以制成芳香的杀虫粉……），所有这些东西统统靠淀粉和在一起。我对另一道“阿皮基乌斯菜”也有偏好，里边有切成片的母猪乳房、鱼、斑鸠胸脯肉，还要加一些整只的莺雀，然后将所有这些食材放入锅里煮成酱汁，加上佳乐姆调料、葡萄干（?）酒、油和拉维纪草（其种子非常美味……）。放一小把淀粉进去，继续炖煮至熟，然后扔掉所有东西，只留下浓汁，加在面饼里食用。

在将这个开胃奶酪杂烩的菜谱交给您之前，我是不会离您而去的：将一条用盐腌过的鱼放进油里炸熟，去刺，把鱼肉与做熟的家禽脑、肝脏、水煮蛋和奶酪混在一起，然后淋上加了蜂蜜葡萄酒的酱汁，再加入胡椒、牛至、拉维纪草、小茴香籽、芸香，用蛋黄将所有食材拌在一起。一定要用文火炖煮，因为，这样的菜肴有谁会急着狼吞虎咽呢？

那些怪异疯狂的宴会让阿皮基乌斯损失了一亿古罗马小银币后，他终因消沉而服毒自杀。

现在，我已经把我所认为的古罗马烹饪的所有好处都说了，但不知道为什么，我的朋友让-弗朗索瓦·勒维尔对古罗马烹饪却表现出了一种宽容的态度。这实在离奇，因为这份宽容是他本来可能留给显然更为精细、更为文明的希腊烹饪的。但无论如何，我必须说实话，必须承认，撒有脆皮烤鳎、一种普罗旺斯鱼汤，还有萝卜炖鸭，这些菜都应归功于阿皮基乌斯，与其相距甚远的桑德朗就是受到其中萝卜炖鸭的启发，创造出了著名的"阿皮基乌斯薄片鸭"，这个菜要加工两次，最后再淋上一种加了蜂蜜和香料的酱汁。

食欲(Appétit)

路易十四与我之间的显著区别之一就是，他的胃口（经解剖确认的）是一般人的3倍那么大。

这个十足的大嘴饕餮、可怕的贪食者，总是不加取舍地将任何来到嘴边的东西统统吞下肚。仅10点晚餐未吃掉的食物就能装满整整8套餐具、100来个盘子。这些食物不仅可以填饱部分工作人员（在皇室服务的1500个男女）的肚皮，还可以供给一个市场的需要，那里是凡尔赛的有产者们购买食物的地方。

这是科吕什①说过的话："上帝说，我对两类人做了划分：富人拥有食物，穷人拥有胃口。"而路易十四则二者兼有。

老实说吧，我自己有的时候也会既有食欲，也有胆量。我是一个理性的食者，我是绝对不可能把我所见的东西统统吞进肚子里的。稍后我还会说到这一点。

1965年的一个上午，我与密友亨利·高②按时来到坐落在圣-马克街维奥莱老爹家的里昂人餐馆吃午饭。这家餐馆的"特别白"羊蹄、粗盐煨小母鸡，甚至那里家庭式随意的服务方式令我们深深为之着迷。就在那儿，我们有了一个疯狂的想法。头一天晚上，为庆祝我们的《巴黎指南》印刷量达到2万册并推出新版，卢卡斯-卡尔东餐厅的主厨马尔斯·苏斯戴尔为我们提供了

---

① 科吕什(1944—1986)，法国幽默大师、著名喜剧演员。——译注

② 亨利·高(1929—2000)，法国食品记者，《高米约美食指南》创办人之一，本书作者合作伙伴。——译注

一顿令人叫绝的晚餐。那天我们一共 20 个男的,其中包括菲利普·布瓦尔①和居·贝多②,还有一位女性,就是喜剧演员索菲·杜米埃,她像王冠上的明珠一样光彩照人。媒体事先已经对这场晚宴作了报道,我们因此收到了各种各样的黄金地段的公开售价,但这些地段当时并不出售。

苏代尔是一位非常低调的大厨,他为我们准备了一顿别致的大餐,菜品、甜点多达 18 种:热腾腾的波尔多传统菜:小香肠炖牡蛎、伊朗白鲸鱼子酱、陶锅肥鹅肝、奶油山鸡肉泥、虾酱白斑鱼泥、榛子炖小羊肉、鸡冠鸡腰千层酥、骨髓刺菜蓟。吃完莳萝烈性甜酒冰糕,还有龙虾冻、配有胡椒盐酱汁的小野猪肉炸丸子、酒精火烧山鹬、橙瓣拌莴笋心、珂蜜丝香梨——好像自那以后我再没吃过,还有布里奶酪和埃普瓦斯奶酪、火焰甜桃、美味香草冰激凌,最后是英式小菜—外裹熏猪肉的禽肝馅西梅。

一瓶 1900 年的凯歌香槟、一瓶顶级勃艮第科通理查曼干白葡萄酒、一瓶蒙哈谢园的蒙哈谢葡萄酒、一瓶沃尔奈公爵园的红酒、一瓶贝日园尚蓓坦酒,再加一瓶罗曼尼·康蒂拉塔希园干红葡萄酒,所有这些名酒更为上述高雅的菜肴铺垫了一条奢华之路。

直到第二天中午 12 点,我们才觉得稍微有点饿了,于是来到里昂人餐馆,享用完爽口的沙拉,再来一杯咖啡。

我们把头一天晚上豪吃的情况说给维奥莱老爹听。他说:"让我帮你们解决吧。"5 分钟后,他将一点里昂干红肠、肥猪肉和一些绊了大蒜的生菜放在了我们桌上,然后是肥美的海鳟鱼,下面衬有绿色菠菜(巴黎最好的菠菜,在煮果酱的大锅里煮熟;那锅是铜质的,且没有镀锡),使鳟鱼的玫红色更显鲜艳。维奥莱老爹就这样

---

① 菲利普·布瓦尔,法国 R.T.L 电台著名节目主持人。——译注
② 居·贝多(1934—),法国著名幽默作家、室内音乐家、电影导演。——译注

做了一笔生意,而我们,此刻正在与一只用葡萄叶装饰的鲜嫩小山鹑进行着温柔的"对话",小山鹑用文火整整炖了2个小时,又用一薄片猪肥膘覆盖着煸过。我们诚心诚意地刚把小山鹑一下子吃了个精光,面前又摆上了一盘清淡若花边般的雪花球鸡蛋,于是我们忙活起来,无论如何不再想吃晚饭了。

《小罗贝尔》词典里解释说,"食欲"就是想吃饭的欲望。食欲当然是这个意思。但这个解释未免太过简单。为什么在经历过那样一顿饕餮晚餐后,我们还能找回足以再次拿起刀叉的力量?这个问题在我脑海里徘徊了很长时间,直到有一天,我终于搞明白了。当我们对食物的需求得到满足,人就会出现一种第二愉悦状态,这时,想吃的欲望被一种新的食欲所延长,借用亚里士多德的说法,这种新食欲就是"惬意"。这种状况比较罕见。从健康的角度来说,幸亏如此!但这种状况与贪食没有任何关系。不过,在崇尚大食量的西西里岛,为祭拜克罗托那的米隆①专门修建了一座庙宇,因为他一天能吃掉20斤各种肉食,喝掉8升葡萄酒。

舌尖上的欺诈(Arnaques)

"禁止欺诈"管理局的稽查人员让人打开位于林荫大道上一家知名度很高的体面餐厅的冰箱,里边的猪肋条肉已经腐烂,猪肘子也快变质了,小珠鸡已布满绿色的霉点,鱼肉发粘,牛肉末的质量也靠不住。做晚饭,大厨坐到餐桌旁,他命令雇员不允许扔掉任何东西,并让他们把肉在热水和醋里过一遍。在维特②的一家大饭店,主厨每天早上收到2公斤黄油、1升鲜奶油,这些用于烹制800

---

① 罗克托那的米隆,公元前6世纪古希腊来自克罗托那的摔跤能手,曾在奥林匹克运动会和皮锡奥斯比赛,获6次摔跤冠军,其名字至今仍为力量的代名词。一译"克罗顿的米罗"。——译注
② 法国洛林大区孚日省市镇,出产Vittel矿泉水。——译注

位食客的餐食，面粉不计在内。

在蒙帕纳斯大道上的一家餐馆——我有位厨师朋友已经在此处工作了一阵子——那里炸薯条的油里混有动物脂肪。这种油很难消化，却很常见，因此得了一个行业黑话的名称，即众所周知的"白膘渣"。

您知道塞纳河右岸这家大餐馆厨房班每天上午首先要做的工作是什么吗？就是炸出一天所需的薯条，调制10升加面粉的"荷兰调味汁[①]"，把那些重5公斤的盒装胡萝卜丝打开，再把盆底已经烤成焦黄色的酱汁加热，这种酱汁可以满足从年初到年底的各种用途。

哎！这些人可真够诚实善良！

度假途中那些给人好感的小酒馆、外省那些门脸体面漂亮的旅馆、大富豪和由他掌管的一群旅店老板、使用蜡烛和羊皮纸的食堂、令人起疑的豪华大酒店、热情的廉价小酒馆、高速路旁的饭厅、海滩上时髦的小餐棚……到处藏匿的都是劣质餐馆。这些餐馆的外观和模式形形色色，且各自打着不同的旗号，有些只能勉强维持，有些居然生意兴隆。

菜单从不固定，劣等厨师丰富的想象力使他们不断有鬼点子生出，恰如好厨师活跃的创造力能令他们不断推出好菜肴一样，这些都是他们的经营手腕。

在"禁止欺诈"管理局的赞助下，知名电视节目《90分钟》组织了一项以"不良食物与食品欺诈"为题的调查。该项调查的结果应该令不止一位电视观众毛骨悚然。记者用摄像机偷拍下的一系列真实场面令人恐怖、让人恶心到从此再也不愿踏入披萨店的门槛儿，比如位于荣耀的香榭丽舍大街上的那家，那是一家有着体面门脸的餐厅，但背后掩藏的却是污秽不堪的厨房，蟑螂处

---

① 用蛋黄、黄油和柠檬汁调制而成。——译注

处可见,贮存箱里盛满了腐败的油脂,鸡肉和薯条是冷冻后再解冻的,而储存食材的冰箱竟然未接电源,融化了的奶酪里蠕动着白色的蛆虫。

出了餐馆,到处是现用刀切割的土耳其烤肉(Kebab),这些肉或是经过再次冷冻的,或者,比如在罗纳河口省的一家快餐店,在满是污垢的冷藏间里,真空包装的肉早已过期,下水更是直接扔在地上。

而在法国加尔省的洛克莫尔市,居然连超市都在出售已经变质的肉,而且还有 2.5 吨的库存待售。在那里,将未出售的某些名牌产品重新打包是司空见惯的事情,就是说,他们将过期肉从旧包装盒里取出,再装进一个新盒子,打上新日期再售。

您在下文会看到一个大肉店的屠夫如何切割腐败的肉,比如说,将一块牛肋条肉切割成漂亮的、只带有少量肥肉的排骨肉(顾客喜欢,因为少食肥肉有利于健康呀!),再将其余完全变黑、令人恶心的部分做成北非式烤煎辣味小香肠,这些小香肠靠着番茄汁和香料又呈现为令人胃口大开的颜色。我丝毫无法忘记泛着灰绿色的牛舌,在水里浸泡三天后,经重新整形,然后准备"款待"另一家超市的顾客。

还有一件值得大声"喝彩"的事情是,在马赛的一个馅饼制作车间,那是 问类似堆放杂物的仓库,脏得令人作呕,馅饼就在那里加工,然后拿到南方的大海滩去卖。被马赛老港津津乐道的坑骗游客的事情,还有加了 5 倍水的普罗旺斯鱼汤和用铁锈冒充煮熟后的螯虾的红色,食客们若对此抱以怀疑倒是有好处的。当然,价格肯定会非常吸引他们,每位只要 12 欧。一份质量可靠的普罗旺斯鱼汤正常的价格一般不低于 40 欧,如果只算鱼,每份汤的成本价也要 15—20 欧呢。

公众的不知情和盲从是这些卑鄙家伙得以产生的原因,除此别无其他。哎!一桩明显的舞弊或一个可能遭到"禁止欺诈"管理局处罚的诈骗事件，只要人家有理由，即便理由不充足，就只能算作常见的、不足大惊小怪的欺骗而已。而更危险的是，将原因归咎于利润的驱使和职业道德的缺乏。如果说有些人确实是由于主观上的不道德而作弊，大多数人则是因为不具备足够的专业知识和技能、贪财、愚蠢、例行陈规、缺乏卫生意识，或是因为先天的懒惰。我的工作环境让我知道不少劣质餐馆。直到今天，这些餐馆还是不能消除我对真正美食的念想，对此我感到惊讶。我倒是活着从他们的餐馆里出来了，但我认为，这改变不了你的怀疑，你不再可能去充当他们的顾客。

饮食业的一个普遍做法就是使用劣质油脂。有些人选择黄油、食用油和奶油时只看价格。酱汁或汤料的脱脂是美味佳肴的重要环节，但这个环节却往往被彻底忽略掉了。这样一来，烹制牛排用过的黄油就只能扔掉，下次再换上一块新的。炸薯条也一样，薯条出锅后应该用一块布将油吸掉，或者至少应该仔细将油沥净。

然而，有多少家餐馆需要外购预加工或冷冻薯条，又有多少家餐馆还在自己动手将几公斤事先用大量水清洗净、以免其淀粉变质的土豆切成条，有些餐馆更过分，干脆将土豆浸泡在水里，有时候甚至一连泡几天。他们根本没想过装备一个温度计，以便监测炸薯条的油温，而是由任油温高到冒烟（油冒烟时，薯条才能呈金黄色）或出现气泡，那是非常危险的！有些餐馆会将薯条先后放入油锅达 4、5 次（有人甚至跟我说，薯条回锅达 8 次之多也是有的），甚至完全没有规矩，随时将薯条捞出来或重新放入油锅内。

结果是非常可怕的。油炸土豆球①就更吓人了，简直是卓越的陷阱！土豆球过大时，里面的面糊肯定不熟，因为土豆球只是在

---

① 将土豆泥团成球，蘸鸡蛋面糊后油炸而成。——译注

不够热的温油里稍稍过了那么一下。还有，谁敢想象炸锅里的油有多少是从擦油污的海绵里挤进去的呢！

我们继续说油脂，来看看沙司①的情况吧。诡计多的人可能将这些成分复杂的可怕沙司用于任何菜肴，这简直是餐饮业的耻辱。真正的沙司是一种纯粹、高浓缩的东西，而且，禽肉沙司是用于调制禽类的，牛肉沙司用于调制牛肉，等等，与那种长达数天在钢琴后的角落里用文火煨炖的混合物没有任何关系。那种做法就算最多也就是一只大炖肉锅，里面永远装得满满的，锅里总是或多或少加了香料、佐料和酒精，或者用新鲜奶油点缀过，可以用到随便什么菜里。这就是在那些大型美式连锁酒店和其他号称美食餐馆所推行的著名"国际烹饪"体系。

而作调料用的沙司可以说是一个极其贪婪的"贪食者"，真正的肉汤培养基，这种酱汁就好像面包师用于收集面包头、剩牛角面包、各种碎屑和没有卖掉的糕点的"布丁盒子"，成了处理任何一种沙司的万能办法了：没吃完的胡椒里脊肉汁和吃剩的番茄加髓骨炖小牛腿肉浓汁，当然，还有顾客喝剩的酒。要是把这种可怕的混合物在暴风雨中放一夜，到了早上，就应该已经变质了。没问题，一点凉水和一份速成汤就把一切都搞定了。

面粉从来没有致人死亡过，但是，难道因此就可以将过多的面粉放入白沙司吗？正宗的白沙司完全是另一回事：2/3 的奶油和1/3 的牛奶，是最清淡的酱汁。要想让酱汁浓厚，需要有技巧，但不能用面粉。当然，没有熟透的面粉可以有效地抑制油脂，阻止胃液的分泌。这也恰是"黏性"酱汁、做得不好的黄油炒面佐料和没熟透的糕点会导致胃痛的原因。

蹩脚厨师的保护神名叫"各就各位"，所有能够事先准备的东西都可以使他们加快服务速度，并因此为更多的顾客提供服务。

---

① 法餐中用肉或蔬菜熬制成、用作调味汁的浓缩汤。——译注

西红柿在冰箱放了一周,生菜是早上就已经洗过的,醋也已经放了两天,所有这一切当然只能使晚餐的生菜变得令人沮丧、难以忍受。

同样可怕的还有在顾客眼皮底下将酒洒在食物上点燃。狼鱼、螯虾、水果煎饼等菜肴常常用到这种令人厌恶的习惯做法。这个操作应该在菜品将要端出厨房时背着顾客完成,不应该搞成这么怪诞的一幕。在那些名不副实的餐馆,司厨长们还在胡椒牛柳中使用棕色酱汁,这种酱汁的制作本来非常复杂,但他们用了劣等酒精,这也是烹饪的一种弄虚作假。

我记得在法国东南部老港口安提布曾经非常惊讶地看到,司厨长为了获得足够亮度的火焰,而在他家餐馆"自产"的白兰地酒瓶里加了一点酒精。幸运的是,在蓝色海岸,这种"圣女贞德"式"火刑"已经不流行了。

您当然记得皮埃尔·佩雷那首歌《烈性劣酒》。唉,多亏朋友的一位厨师私下帮忙,我才知道了一家客栈的秘密。这家客栈位于巴黎郊区,老板时刻小心翼翼,以免被抓个正着(的确不容易,一家这样的餐馆管理食材的供给,人家来不来只是个时间问题),他总是在巴黎郊区的汉吉斯批发市场买低价肉,这些肉会在冰箱里储存多天,因为他不能在当周就把肉全卖完。到了周末,这个胆大的人把他的肉从冰箱取出来,在上面撒满黑胡椒或绿胡椒,然后制作成堂而皇之的"炭火烤肉"。

"您家的肉比巴黎的好吃多了!"食客们欢呼着。他如果继续这么干,就太缺德了。

还是在这家客栈(不用担心什么,客栈已经易主了),动物的腰子总是冷冻后解冻,然后再冷冻,并且他们丝毫不认为有什么不妥。老板也算不上是骗子,只是无能而已,这种情况太多见了。无论如何,如果大家都知道"禁止欺诈"管理局拥有1000个稽查人员,被他们检查的部门却有30万家的话,不管人们的愿望多么好,也还会眼看下面这些做法照旧下去，直到永远：继续用普通红酒做尚蓓坦红葡萄酒炖鸡，用普通白葡萄酒、油炸牛肉片和火鸡做香槟沙司，用在烤箱里熏黑了的喇叭菌或室内栽培蘑菇和冒充小母鸡的鸡肉、或经过腌泡冒充"野味"的马肉做佩里格沙司和块菰煎蛋。这些都是最常见的事情。

最为严重的，是当一家餐馆经营者被"禁止欺诈"管理局所制裁，即使餐馆已经不得不关闭了，食客却往往一无所知；而在美国，停业餐馆的名字是要在媒体曝光的。

说到健康，最令人感到恐怖的欺诈是涉及鱼类、贝壳类和甲壳类动物的。鳕鱼从被捕入网到被端上客人的餐桌，可能会在冰中存放长达几周。那些低劣的餐馆多采取大量使用酱汁和调味芳香植物，或用酒精火烧，或将肉切成片，或用模具烤制等办法来掩盖鱼的不够新鲜。不过他们有时也会上批发商或鱼贩子的当：福尔马林溶液、蜗牛的黏液、用狗牙根刷刷过再用猛水冲洗，这些做法甚至能让古代的尸体看上去像活的一样。

除非你非常熟悉，否则，尽量不要去那些不受任何影响一直有鱼卖的餐馆，要知道，有时候因为暴风雨鱼市是不开的；也不要去周一卖鱼的餐馆，他们的鱼一定是上周五买来的。还要当心那些菜单不随季节变化，永远都卖同样的鱼的餐馆。除了那些"有信誉"的餐馆，我始终对在菜里使用酸模①或茴香酒、过于精妙的酱汁、酒精燃烧、香槟螯虾或热月②螯虾，还有用模具烤海鲜的做法持怀疑态度。各种手段举不胜举，我就不在这里一一列清单了。

最常见的做法有：低价购进濒死的甲壳类海产（蒙马特街附近

---

①   多年生草本植物，味酸，可食。欧洲和西亚草原均有生长，富含维生素A、C及草酸。——译注
②   法兰西共和历的第11月，即公历7月19—20日至8月17—18日。——译注

有一家餐馆,30多年间里曾以其赫赫有名的龙虾获得巨大成功,但应该从未得到过一位真正的海产专家的认可)和剥了壳通常已加过防腐剂的死扇贝,以庸鲽冒充大菱鲆,以斑点狼鲈冒充纯种狼鲈;将鲻鱼的头压扁,就说是红鲉了。

现在来说说肉类。

每一位厨师都知道,最好的牛里脊只有四五公斤重那么一块,还得从重达近1吨的健硕的牛肉上才取得到。如果你买1公斤里脊肉少花了几个欧,那你买到的一定是小奶牛的里脊,肉的味道就完全不是一码事了,但菜单上却可以堂而皇之写上"牛里脊",而且问心无愧。要说牛里脊,我最喜爱的部位,要扔掉的东西最多:如果正常剔除不能用的杂碎肉、筋和脂肪,一块肉的损失率能达到45%。如果大厨很"节制",那这些东西就只好进入顾客的餐碟了,顾客还得承认餐馆的仁慈,因为这里的牛里脊比其他餐馆便宜。还有冷冻牛前臀肉,如果用牛大腿内侧肉或腿肉代替臀肉,那当然要便宜多了,但这样一来,这道菜就完全是另一回事了。

真正的、美味的小羊腿内侧肉排是玫瑰色的,且带肋骨,而餐馆给您端上来的肉十有九次都受人指摘,因为基本上全是骨头,而且味道很重。价钱的差距并不是多大,但毕竟一生丁[①]就是一生丁。

看到了吧,在不至于使顾客生病的前提下,在饭菜的质量上做手脚是完全有可能的。但是,这些小把戏有时候也会招致其他后果。有用肥子鸡替代公鸡烹制葡萄酒炖鸡的,甚至在勃艮第就有。那里一般公鸡需炖3个小时,而子鸡只炖30分钟,鸡嗉子里的面粉还是生的。至于酒,这么短的时间根本不够醒酒,也不足以去掉

---

① 法国辅币,1生丁为0.01法郎。现行欧元沿用生丁做辅币,1欧元生丁为0.01欧元。——译注

酒的酸味。

我们姑且假定,当然只能是假定,子鸡都是新鲜的。虽然听上去不可思议,子鸡的确非常不耐放,很多餐馆都不知道这一点。遇上雷雨天,他们本以为应该新鲜的鸡肉往往早已变质……说到这一点,有人曾教了我一个办法,能够使不新鲜的肉和颜色过于发白的香肠肉显得好看——用人人熟知的一种食品工业清洁剂把肉涂刷一下就行了。

没有什么比熟肉酱更利于微生物繁殖了。如果您对您用餐的餐馆不大熟悉的话,就一定要像小心鼠疫那样谨防那些看上去诱人的大陶罐,那里面正装满了这种好吃的肉酱。

我不想倒您的胃口,所以不再就下面的事情细说了:所谓的特色肉冻,主厨一周只做两次新的(因为40个小时之后,有时候时间还会短一点,它就会变成漂亮的汤汁培养基);肥鹅肝虽经杀菌处理,但没有卖掉的会被再次加热;腌酸菜可以被加热10次,早就发酵了;被顾客吃剩在甜食上的致命奶油;工业巧克力奶油,可以吃,新鲜的时候甚至也还好吃,但放得久一点就不好消化了;还有所谓的特色蛋糕,里面的所谓魔幻樱桃酒是一种可怕的樱桃核的萃取物,其中的扁桃仁粉也是假的,主要成分其实是杏仁。而加了杏仁酒和发酵糖浆的工业奶油却需要假扁桃仁粉。因此,两者还会为争夺这样东西相互竞争。

不过,我还得跟您唠叨一下老鼠的事儿。

这是一个所有那些三四十年前在知名餐馆学习过、最优秀的厨师(想象一下其余的厨师吧)都乐得用玩笑的口吻、带着温柔怀念去回忆的、令人愉快的话题。

在爱德华·尼农[1]创办的享有盛誉的拉鲁餐厅(Larue,1954

---

[1]　爱德华·尼农(1865—1934),法国名厨,曾为奥地利、俄国沙皇、各国国王等服务,后在巴黎开设拉鲁餐馆。——译注

年关闭），常客中就有普斯特。因为餐馆没有厕所，员工们就在灶台旁边的煤堆上方便。即便是白天，厨房里的老鼠也成群结队，自由往来。我非常熟悉这些巴黎中央菜市场时期①最著名的餐馆（白天开门、夜间开门的都有）中的一家，这家餐馆的老鼠也是最有名的，它们无处不在：卡在卫生间排水管存水弯里的、掉在忘记加盖的榨油锅里的、最绝的是，它们有时候还会从正享用晚餐的顾客两腿中间飞驰而过。

皮埃尔·特鲁瓦格罗清楚地记得马西姆餐厅捉老鼠的事，可把那些厨房学徒乐坏了。一天晚上，当贵妇人和大人物们正在餐厅里一边毫无胃口地细嚼慢咽着精致的饭菜，一边摆弄着他们的钻石珠宝时，有人在通往厨房栅门的筛网上看到一个奇怪的嘴突了出来，那是一只硕鼠，它正在开心地观看眼前的景象。只见司厨长将手头的毛巾一甩，老鼠被撵走了。

我们的一期节目在欧洲一台播出时，我斗胆未将皇家大街上那家显赫餐厅的名字屏蔽掉，两天后，便接到餐厅老板路易·沃达布勒的电话，他的语气显然带着不悦，说："这是不可能的，我请您尽快更正。"

到了第二个星期，我将该餐馆否认有老鼠一事告知了听众，并说："我们的朋友特鲁瓦格罗有可能搞错了，那可能是一只水獭。"

时代毕竟在变迁……今天，大餐馆的老板们让顾客参观他们整洁的厨房（米歇尔·特鲁瓦格罗的厨房简直成了朝圣之地），顾客拍的照片又被用在了一些奢侈刊物上。无论令人喜爱的电影《料理鼠王》为老鼠做的广告有多么好，老鼠都成了不受"三星"餐馆和"四星"厨师欢迎的东西。但是，接下来的事情，请放心，我上面匆匆一掠的那些小餐馆的欺诈行为依然持续。谢谢。

---

① 1969 年随汉吉斯批发市场的建立而废止。——译注

香料(Arômes)

一位要求我不透露姓名的餐饮业朋友问我:"那么,您觉得这些菜怎么样?"这时,我刚刚咽下最后一口香料蜜糖冰淇淋,享用完了我的一餐饭。这顿饭由一碗螯虾汤拉开序幕,接下来出场的是带壳鸡蛋配鱼子酱以及热兔肉卷配松露和肥鹅肝。我说,都还不错。

但我察觉这问话背后好像隐藏着什么。他又说:"我为您准备了一个惊喜。"虽然我有所戒备,也没有发觉有什么异常。他带着一丝浅笑说:"跟我来,我给您看点东西……"

不一会儿,我们来到他的办公室,一扇玻璃窗将办公室与厨房隔开。他掏出钥匙,打开了一个迷你吧台,从中取出一些贴有标签的玻璃瓶放在台上。我欠下身,看清上面依次标着:"龙虾"、"鱼子酱"、"黑松露"、"肥鹅肝"、"野兔"、"香料面包"……

不用解释,我都明白了。"我还有很多玻璃瓶。"他认为还是都跟我说详细了好,于是拿过那些瓶子说:"瞧,这是牛肝菌,这是海胆。那边的瓶子里装着的是羔羊后腿,而那个则是黄油。"我的这位朋友,跟无数其他厨师一样,并不喜欢张扬,但此刻,他却正置身在令整个餐饮界为之震动的一场革命当中。这场革命俨然是一场战争,当然胜券已经在握。接着,他递给我一个名为《芳香味道》的册子,我立即被它吸引,埋头读了起来。

我数了一下,一共有134种香精,从蟹、龙虾、扇贝、白松露到摩卡咖啡、欧洲草莓、波旁香草和芒果,还有芦笋、香桃木、紫罗兰、姜和杏仁巧克力。

千万不要跟我的朋友提"化学"二字。他一定会阴沉着脸告诉你,这些精华、精油或固态油都是纯天然的。这话常在化妆品店听到。这倒是真的,虽然这种话可能让您不舒服,我也一样。

　　从事过化妆品业的人一定比谁都清楚，浓缩自然香料为烹饪带来了无限可能。说点题外话，几年前，出于好奇，我曾组织过一场友谊赛。这场较量在十来个为名牌香水工作的著名"鼻子"和十来个葡萄酒专家、品酒师间之间展开。我要求他们蒙眼品尝不同的酒，看谁分辨出的芳香品种最多。结果，那些"鼻子"们虽对酒了解不深，却大比分获胜。我讲这个故事，是想告诉您，千万不要将这些"鼻子"与不光彩的"化学家"和转卖未付款商品的骗子相提并论。有个叫莫里斯·莫兰(Mauris Maurin)的人，专为爱玛仕设计香型，与加斯东·勒诺特①也有过合作，堪称精油艺术家。由于深谙各种味道，他设计出了最出人意料的菜肴搭配，比如在草莓沙拉里淋上用水果蜜糖调成的玫瑰精华；用加了卡他夫没药的肉汁配烤大菱鲆；用没药或蘑菇配龙虾，因为蘑菇与甲壳类海产最搭调；再就是用带有杏香味的中国桂花搭配鸭肉。这些带点神秘色彩的做法对精准度要求很高，因为有些东西多加几滴就可能导致味道的重大失误。

　　一年到头不分季节，每时每刻，就在手边，永远都有这些长颈小瓶，它们占不了多少空间，而且至少可以保存两年。瓶中所装的鱼味、肉味、果蔬味、辛香味或植物香料味的香精与真实食材的味道完全一样，是多少代厨师梦寐以求的东西。

　　更有甚者，在创造这些"智慧香料"(原文如此)的人当中，有一位甚至自认为可以造出能够刺激大脑并能"放松精神、激发欲望"的食用香。那么，是否会有朝一日也有致人变傻的食用香？邮政速递公司可以快速将米歇尔·布拉或马克·维拉所想要的芳香植物送达他们那里，为什么他们还一定要翻山越岭、挖地三尺地寻找所谓的"魔法草"呢？如果家庭主妇只需加一滴食用香精就能给肉

---

　　① 加斯东·勒诺特(1920—2009)，法国著名甜点师。1971 年创办培养厨师和甜点师的"勒诺特学校"。——译注

汤或酱汁提味，或用它们烹制肉鱼，制作冰淇淋和水果沙拉，她们为什么还会感到不安呢？

这些香精也确实不便宜，并且由于使用的人缺乏经验，它们必然会造出些没法吃的东西来。再就是那些不严谨的厨师们，香精的使用就只能看运气了！将一滴优质松露香精淋在没什么味道的夏季松露①上，或是将两滴欧洲草莓香精滴在加了香草香精的冰淇淋上，不会有人看到，也不会有人知道！就是说，成千上万的人习惯于去适应，事情如果太方便了，也就必然会变得跟速冻食品一样司空见惯。对于这种"速冻食品"，所有自重的厨师或餐馆老板都会发誓诅咒说："这东西，不，绝不！"接下来的事情么，您很清楚……

比起那艘漂荡在圣特罗佩港巨大蹩脚的船，我肯定更喜欢帆船和老式操帆装置。但我们能抗争吗？

可以？那就让我们起来抗争吧！让我们追随弗雷迪·吉拉德去抗争，他在洛桑附近的克里西耶餐厅掌勺了 20 年，那是欧洲最完美的餐馆之一。我无不为自己能成为让众人了解这家餐馆的第一人而骄傲。在《世界报》对让·克劳德·里博的一次访谈中，这位举世无双、被人认为厨艺远比话语细腻的大厨莽撞地说："对有些家伙来说，现代化就是把他们的厨房变成了实验室……他们还是会固执地使用添加剂、食用色素、香味剂，但他们对这些东西所涉及的新技术工艺和它们与时尚的关系并不清楚。在有些情况下，某一产品本身隐而不现、或被研碎、或解体、或与香料重组成了另一种东西。农副产品加工业刺激了这种伪现代化的发展，强有力地将其产品推向市场……化学对饮食业的扰乱并非新鲜事。伟大的化学家马赛兰·贝特罗早在 19 世纪末就断言，工业迟早会用药丸来喂养人类。他希望未来世界是一个'没有麦田和葡萄树覆

---

① 松露冬季成熟。——译注

盖、也没有放养牲畜牧场的世界'。虽然不过是改头换面的乌托邦，但这一想法却深受'我们生活在一个全球大变革时代'思想的鼓舞。"

在大战前夕，巴黎的名流们纷纷涌到十四区一家餐馆（上世纪60年代以后，乔琪特·德卡（Georgette Descarts）就是在这里开设了她具有传奇色彩的卢·朗代斯［Lous Landès］），餐馆有20多张餐桌，大厨是一位热情、脸色通红的高个子小伙儿，嘴里总有一些小道消息来取悦食客。此人就是一些人认为是骗子、另一些人则认为是先知的于勒·曼卡夫，他自诩"未来主义烹饪大师"。

曼卡夫在其《未来主义美食宣言》中宣称："几个世纪以来，人类在填饱肚子这件事上与其他动物没什么两样，他们还不曾"吃过饭"。在所有艺术当中，唯有烹饪艺术还停滞在原始兽性状态。而未来主义振开自由的翅膀越过世界，降落于现实生活的舞台。厨师、厨房学徒们，你们这些无耻的冒险者，你们身上的白色制服将成为你们的裹尸布。我们定会将我们这阳光投射进你们厨房的洞穴当中，驱散黑暗。我们还将打翻你们的餐柜，捣毁你们的灶台，并将你们的面团和恶臭的长颈瓶统统扔进污水沟。"

曼卡夫对传统烹饪缺乏食材之间的搭配给予了抨击。这种批评并非无中生有，而实际上是赋予了未来主义烹饪一项使命，那就是"使目前因某种不正常的谨慎处于分离状态的食物和液体彼此趋近融合，让这种融合带给味蕾从未有过的感觉。"在哀叹食品卫生规定过于局限的同时，曼卡夫想到借助现代化学的进步："允许使用所有已被认知的香料：玫瑰、玲花、丁香、马鞭草以及它们的混合物。有了化学，我们将捣毁这座烹饪香料的巴士底狱！"

将覆盆子糖浆土豆泥，加了香精、撒了鱼骨粉的尚蒂伊奶油鳎鱼，或者配了醋栗冻烤马鲛鱼混合肉末的朗姆酒牛柳，又或者加了鼻烟的假脊肉端上顾客的餐桌后，勇敢的曼卡夫重返"前线"，在那里，他将接受古洛将军参谋部对其"葡萄酒奶酪泥"的庆贺。

几天之后，正值索姆河战役①，一颗炮弹无情地宣告未来主义烹饪及其信奉者的失败。

烹饪与艺术(Art)

当我得知在德国卡塞尔举办的当代艺术文献展曾经邀请费兰·安德里亚这位西班牙前卫美食主要人物，并正式承认他所创造的菜品为"名副其实的艺术品"，以及我们这位伟大的加泰罗尼亚人已经"将食物转变成了画作"时，我明白，生米已经煮成熟饭，一切都完了。

烹饪是艺术吗？关于这个问题的争论跟这个世界一样古老。但在回答之前，首先要搞清楚，艺术，究竟是什么。

在我看来，art②是一个最令人震惊的骗局，因为任何东西都可以破冠以这个充满魅力的字眼。就连词典也没能给这个词一个确切的定义。您在词典里可以同时得到这些解释：1. art是人类所创造的审美理想的表达；2. art是一个国家在某一时期的艺术作品的总和；3. art是一项职业活动或其他活动的技术和规定的总和，比如：用假诱饵钓鱼的技巧；4. art是一种做事的天赋、习惯和方式。

换句话说，art就是一个留给每个人自由支配和任意表达自己的空间。达芬奇用绘画表现了艺术，武术世界冠军则展示了功夫的艺术，《天鹅湖》呈现的是舞蹈艺术，清洁用的小扫帚表现的是家

---

① 一次世界大战中规模最大的一次会战，发生在1916年7月1日—11月18日间。英、法联军为突破德军防御并将其击退到法德边境，在法国北方索姆河区域作战。双方伤亡130万人，是一战中最惨烈的阵地战，也是人类历史上第一次把坦克投入实战。——译注

② 即"艺术"，该词在法语里兼有"技巧，诀窍、美术，艺术、艺术品"等多重意义。——译注

务的艺术。

自 20 世纪中叶以来,由于杜尚的小便池①的出现,艺术的定义被改变了,成了艺术家决定它是什么就是什么,人们不在乎它实际上是什么东西。而且,如果说艺术家能够将某一"概念"创造性地赋予某一实物,比如,赋予摆在画廊地面上的一些干燥排泄物,或者,赋予那个装满破碎玻璃瓶的药品柜(那个柜子最近在拍卖行居然拍得高于委拉斯凯兹作品的价格),那就不会有对其作者能在艺术领域拥有一席之地的争论了。

如此一来,烹饪又为何不能拥有艺术之名份呢?

布里亚·萨瓦兰(参见该词条)说"烹饪是最古老的艺术"这话时,不会是指古人在洞穴里烧烤野牛肉吧? 在古希腊,人们不是也高喊"诗人和厨师没有任何不同之处,天赋是他们技艺的灵魂"吗? 而且,普鲁士的腓特烈②在给他厨师的一封诗歌体感谢信里,不是也将其比作"烹饪艺术领域的牛顿"吗?

烹饪在过去曾常常启迪艺术家(画家、作家、诗人、哲学家)的想象力甚或灵魂。法国诗人阿波利奈尔常在餐馆吃加了绿茴香酒的煎蛋,他的朋友、意大利诗人菲利普·马里内蒂与昙花一现的"立体派"烹饪的成功颇有渊源。必须说明的是,当时,立体派对前卫艺术的影响远甚于对烹饪的影响。毋庸置疑,在"未来派"创始人马里内蒂看来,烹饪就是一种名副其实的艺术,虽然他用以力挺这一艺术的也只是些字词和一场无效的抵制通心粉的战斗。

距我们今天更近的事情,大家应该还记得由第一位"食用"艺术"eat art③"的开创者、罗马尼亚裔瑞士艺术家丹尼尔·斯波埃里在巴黎网球场画廊导演的 10 次 120 位食客的宴会。参加宴会是

---

①　美籍法裔艺术家杜尚在美国独立艺术家协会举办的展览上展出的作品,名为《喷泉》,又译《清泉》,震惊了当时的艺术界。——译注
②　此处应指普鲁士的腓特烈二世(1712—1786)。——译注
③　英语,意即"吃的艺术"。——译注

要付钱的,宴会提供的菜有"安迪·沃霍①式"罐头番茄汤、"蒙娜丽萨"烤牛里脊配土豆,甜食的形状是一个翻倒的垃圾筐。在经过一番"反刍式思考"之后,丹尼尔·斯波埃里将餐桌上散乱的所有食物收集起来,加以压缩、堆积或者粘合,使之成为赞美"作为消费对象"的艺术品。

如果有人无论如何都要坚持认为烹饪是一种真正意义上的艺术,且无法放弃这种观点,那我是不会为一场未战已败的战斗浪费时间的。不管怎么说,烹饪艺术总是比战争艺术更令人愉快。

不,让我感到不自在的是,厨师们可能都会因此受到诱惑而真以为自己就是艺术家了。我完全无意贬低他们,也不可能蔑视出自他们手下的菜肴,因为有些菜会令你激动到想落泪。但艺术却没有必要将一个烹制这种美味的人变成艺术家,因为那就意味着必须承认,在蒙马特高地小丘广场上画油画的人都是与马奈或塞尚一样的艺术家。

我继续我的思路。最高级的细木工匠、玻璃工匠、青铜工匠、绣花工、珠宝艺人、精装书装订工、黄铜工匠、装潢工,一句话,所有从事这些高精行当的人,王宫、城堡以及博物馆无处不留下他们的卓越功绩,但就我所知,他们从未想过要有一个"艺术家"的头衔。较之这个名称浮华的外表和模糊不清的界限,他们更喜欢"手艺人"这样的朴实和堂堂正正。

您可以跟若埃尔·卢布松②聊聊这事儿,他原先是工艺大师的同业协会成员,因此很清楚"艺术家"和"艺人"的涵义是什么。您若说他是一位"艺术家",他一定会当面耻笑您。他认为,想要"艺术家"名分只会是一些沽名钓誉之辈,这些人在媒体上高谈阔

---

① 安迪·沃霍(1928—1987),美国波普艺术倡导者和领袖,20世纪艺术界最有影响的人物之一。——译注
② 若埃尔·卢布松(1945—)法国顶级名厨,是目前全世界旗下餐厅米其林星级总数最多的厨师。——译注

论他们的"艺术",将食谱与哲学教科书混为一谈。不！他就是个手艺人,并且为这个称号而自豪。一向有洞察力的法国作家塞巴斯蒂安·梅西耶在其《1782年的巴黎图景》一书中写道:"一个厨师不应该仅凭做饭就被称作艺术家。"但愿所有自负膨胀、摆出一副贵族派头的厨师们都以卡雷姆①为榜样,因为他才是厨师的理想形象:"精于优雅精美的饮食、品味高雅而微妙、头脑聪颖而富于创造性,一句话,他就是一个既精明能干又刻苦勤勉的人。"

然而,即使是卡雷姆,他也一度自视甚高,把个世界骂了个遍,只跟王公贵族们搭话。是的,即使是他,卡雷姆,这位卓越的人,在他近乎疯狂地执着于装饰性烹饪的时候,也从来没有自诩为艺术家,至少并不比他的学生和追随者、巴黎城墙遗址沃邦酒店的于勒·古费更想要这个头衔。后者是拿破仑三世的厨师,他简直无与伦比,能将一只最不起眼的鸡装扮成凤凰,或将一片火腿做成一艘海盗船。我急于将公正还给这个词条开头提到的那个人,费兰·安德里亚,他相当严谨,不会轻易飘飘然,在一次访谈中,他不着痕迹地挽回了自己的声誉,他说:"烹饪首先是一种体验,但它毕竟还是烹饪,而不是一种表现艺术。"事情已经清楚了:您若坚持认为烹饪是艺术,我同意,但您也得允许我说,厨师不是艺术家。哲学家也不是,尽管法国当代哲学家米歇尔·翁弗雷对此说很不满意。

厨师是有能力带给人快乐的人,这样说是否更合适？

小旅店老板(Aubergiste)

小旅店老板是一个强烈而充满魅力的字眼儿！

①　安东尼·卡雷姆(1784—1833),法国大厨,人称"厨师之王,国王之王"。——译注

这个字眼一经说出口,立即就会有一长串画面出现在眼前:铺有小石路的院子,几座木结构的房子,马匹踢蹬着蹄子,套车嘎吱作响,胖墩墩、脸色红润的小旅店老板站在自家门口,正跟旅行的人打招呼,巨大壁炉的铁架转动着烤制禽肉和大块牛肉,女仆们在餐桌间穿梭往返,不时会有些不规矩的手伸向她们,食客们正狼吞虎咽,锡制餐盘一个接一个地被吃空……

不不,"小旅店老板"可不是21世纪的词,但我却很高兴在今天听到马克·维拉的名字,就像昨天听到香榭丽舍大街附近马尔博夫农庄的主人让·巴代或让·洛朗的名字一样。也许可以说,他们都多少有点爱卖弄,但我懂那是什么意思。一般餐馆经营者是要让人们通过吃来恢复体力;而小旅店老板,他呢,却是在家里接待您,就是与您分享快乐;再有,这是个能让人想到"朴实"、"低廉"等意义的词。

跑遍了整个欧洲的卡萨诺瓦非常看好法国的小旅店。他喜欢小旅店的整洁,喜欢它提供的美味菜肴和快速服务,喜欢它舒适的床铺,喜欢女侍者的装束,而女侍者大都是旅店老板的女儿,她们表情谦逊,举止端庄,那种整洁和仪态甚至唤醒人对于哪怕是最为放荡的自由自在的尊重……

同一时期,德国游客柯策布①也来到法国。他确实明显保守得多,不过他也承认到处都能找到好吃的餐馆,但对餐馆账单上的数字表示了强烈不满(一份炒蛋和一瓶当地葡萄酒本来连8—10苏②都值不了,竟然要12法郎!),不仅如此,还一定要人人都给小费! 最糟糕的是,另外一位旅游者(也是一位职业旅行家),是个英国人,名叫亚瑟·杨格,他应该是非常意外地栽倒在了苏亚克:"英国人绝对无法想象那群在红马旅馆里为我们服务的'动物',那些

---

① 柯策布(1761—1819),德国剧作家、小说家。——译注
② 法国古币。——译注

被当地居民礼貌地称为'女人'的生物，实际上是一群来回穿梭的肮脏家伙！在法国，想要找到一位衣着干净的客栈女仆，只能是痴心妄想。"

　　类似的评论如果出现在今天的《费加罗报》或《观点》甚至《玛丽安娜》这类杂志上——即使这些刊物从不吝惜将自己的世界打碎——设想一下您能听到什么样的抗议声！

　　然而，俄国历史学家卡拉姆津在法国的旅行并不是最佳时机，也不是消遣性的，但他却对1790年在法国各地所受到的接待表示极为满意："在那些最为荒凉的地方，我们都能找到非常好的客栈，餐桌丰盛，卧室整洁且带有壁炉。我们所有人用餐一般就是两个70苏，过夜80苏。在里昂，客栈女主人满脸笑容地迎接了我们，那微笑是我在德国和瑞士从来没有见到过的。"在加莱有名的德森客栈，有人指给我们看了劳伦斯·斯特恩①住过的房间，"当时吃饭的人有40多个，其中七八个是英国人，他们很想把法国转个遍，嘴里不停地嚷着：'拿酒来，拿酒来，要拿最好的啊！'香槟酒被倒入一个个大玻璃杯，而不是高脚香槟杯。"

　　我无不焦急地等待着那一天的到来：丽兹大酒店、克利翁酒店和银塔酒店都重新被命名为"小旅店"。

---

①　劳伦斯·斯特恩(1713—1768)，18世纪英国感伤主义小说家。——译注

平庸化（Banalisation）

那些将食品咒为"猪食"、"盘中毒药"、"餐桌杀人犯"的人靠食品添加剂获得巨额收益已有多年，尝到了甜头。而这些"猪食"、"毒药"、"餐桌杀人犯"则向我们预示了后来的食品日趋一日地愈加可怕，最终被添加剂的暮色所淹没。对于生态环境的敏感显然提醒了人们从新的角度对那些令人焦虑的"质疑"进行重新思考，其中包括辐射红薯、转基因玉米，还有掼奶油中的氧化亚氮。

我当然不想就一个如此令人担忧的沉重话题去嘲笑谁。但事情明白得如岩间流水，无论天赋和技术水平如何，最大限度地在产品和烹饪上弄虚作假，是每个时代都有过的事情。在法国，用大写字镌刻在历史上的"舞弊黄金时代"是 1870—1914 年间，那是一个过渡期，化学研究的长足进步使那些最不可思议的操作成为可能。

比如，在 1878 年的国际博览会上，人们看到制造商展出他们用咖啡渣或用根本不含巧克力的"巧克力"生产咖啡豆的机器。那时候，也已经有专门用来将母牛的子宫或母马的乳房切成做一种法国特色菜①所需要的形状的机器了，还有一种机器能将处理过的牛肺绞成蜗牛的样子。凡士林成了用木屑做饼干的上光料，笋瓜成为制作杏酱的原料，而水萝卜则被用来酿制橙子酱。

在1909年的日内瓦第二届惩治食品欺诈国际大会上，面对一些令人震惊、但普遍采用的做法，竟没有一个人提出抗议。这里就有一个例子："每公斤面包中偶尔被检出几克铜的面包应被视作纯面面包。"至于"可靠商家"的黄油，则更是有权加入18%的水和20%非黄油物质；换句话说，就是可以随意加入任何东西，比如比例不确定的羊奶或山羊奶，还有5‰的石硼酸。

距我们今天不远，曾有一家著名餐馆叫做"里昂老妈"，与其类似的几家餐馆曾一度引发文学创作的热情，催生了几部具有传奇色彩的美食著作。在上世纪60年代，我遇到了一个证人，是位演员。他跟我说："那时，如果被发现把还能吃的东西扔掉，那你就等于犯了不可饶恕的罪过"。那位可亲的"里昂老妈"就很会再利用客人吃剩的龙虾：将龙虾用水冲洗后又卖给里昂市的一家肉食店。而这家肉食店也是一家名店，被食客细心吮吸过的螯虾骨架又被做成奶油比斯克熬虾汤，还备受欢迎。

我承认，在某些尖端领域的确发生了非常严重的欺蒙现象，但从整体上讲，我们这个时代的弄虚作假现象与任何一个其他时代比较起来既没有过分，也没有不及。

但是，有一件事情之前的确从未发生过，至少与欺诈一样令人担心，那就是餐饮业的平庸化。

首先是餐馆的平庸化。荒诞的是，导致餐馆平庸化的原因竟然是好厨师、杰出厨师的数量达到了法国历史上前所未有的高度！厨师数量的大幅增加，使人们对他们的天赋司空见惯，渐渐不以为奇了。

---

①　一种用牛、羊、猪等动物的下水做成的菜肴。——译注

再就是厨师自身的平庸化。他们让人在船型糕点上烙上自己的名字和肖像，并能让名字和肖像周围的东西神奇地消失。只需在微波炉转一下，你就可以在家里吃到阿兰、保罗或者若埃尔了。

普通食品长驱直入精品柜台也导致了精品美食的平庸化。当不知情公众的餐桌被端上了以熏鲑鱼、鲟鱼子酱、鹅肝酱或鸡肉为名、但实际价钱只是这些菜的二分之一、三分之一、四分之一，甚至五分之一的菜肴时，如何才能让食客明白这些菜完全不具备那些名菜的独到之处呢？我曾在一个市场听到一个家庭主妇在得知一只泛着珠光的鲜美的布雷斯鸡①的价钱时，大喊道："什么?！这简直就是打劫！"

就连季节也被平庸化了：冬季能收获草莓，一年四季可以有豆角吃。这种变化扰乱了我们对想吃的东西的渴望和胃口的自然循环。

异国风情也变得没有了吸引力。在小超市里，来自地球尽头、并且因运输而提前采摘的水果和蔬菜、甘薯堆放在一起，也失去了它们的神秘、它们奇特的芳香，更重要的，是失去了它们独有的滋味。我亲历了那段距现在并不遥远的时光，那时，那些穿越整个世界、在亚洲和南美洲深处寻找稀有甚至不知名水果的人一直是《费加罗报》小广告宣传的对象。

对于名酒平庸化的问题我们又该说什么？名酒，只要看到它的标签，就会让人立即跌入令人眩晕的极乐世界！当您被一群大司铎围在中间作祈祷时，可能体会到那样的快感，他们的神态和手势都如同品尝美酒一样。而今天，无论是在苹果笔记本电脑屏幕上，还是在大超市刺眼的光线之下，到处都可以看到名酒。它们被

---

① 产于法国东部布雷斯地区的鸡种，鸡冠鲜红、羽毛雪白、脚爪钢蓝，与法国国旗同色，被誉为法国"国鸡"。布雷斯鸡自然养殖，鸡肉肥美但成本高，法国人也只在节日才吃。——译注

整齐地排列在柜台里，就像囚禁者等待被释放，酒之杰作就这样与酸奶杯和卫生间用纸混在一起，沿着超市购物小车的运动路线走向它们的自由之路。

是的，远甚过化学剂的是这种让我们窒息的平庸化、大众化。如果我们不去为捍卫别致、稀有和独特的东西而斗争，我们的生活就必将跟这个卡迪小推车一样，各种东西交错混装于其中，到头来，搞不清还有什么东西是重要的。

皇家盛宴(Banquet impérial)

赶路 23000 公里，就为吃点海边小硬骨鱼、睡莲藕和白鹭肉，是否有点太不划算？

第一次产生这种荒唐想法是在香港，我给奥森·威尔士[①]当助理的时候。他当时正在一部乏味的电影里扮演主角，因为烦闷得要死，就自己拿起胶片拍着玩，在那些或风景如画或奇奇怪怪、有时甚至危险的地方，见什么拍什么，竟然用掉了数千米的胶片。那些地方都是他让我去选的，好不容易才找到。

我们曾经一起策划了一个重构皇家盛宴的计划，就是康熙皇帝以及后来他的孙子乾隆皇帝统治时期的那种宴会。但由于时间不足，我们不得不放弃了这个计划。

13 年后，有一次途径香港，短时停留，一位中国美食家向亨利·高和我保证说，他的档案馆里藏有中国古代官员的怪异菜谱，这些菜谱是他们从 18 世纪皇帝的宫廷宴会上抄来的。在那个年代，贪爱美食的皇帝完成历时一年对帝国的巡视后，就会召见他的厨师，并下达命令："这里有一个菜单，上面都是我此次出行路途中

---

①　奥森·威尔士(1915—1985)，美国电影天才，集演员、导演、编剧、制片人于一身。——译注

最喜爱的。我还想再吃。"但列在菜单上的菜太多了，不可能一次宴会全上完，至少要连续3天摆6次宴席，先后两个宴席间则有音乐和其他歌舞娱乐活动助兴，其中包括与三宫六院寻欢作乐，餐桌的欢愉又以床笫之欢得以延长。

重构皇家盛宴的计划在香港文华酒店老板的帮助下逐步落实。这家酒店的大厨梁思（音）先生回忆说，1914年战后不久，他本人就为类似的宴会工作过。

就这样，一部真正的美食史诗拉开了序幕。时间是1970年。这可不是一件小事，还须向毛泽东时代的中国大陆派一些密使，以便采购香港买不到的配料和食材。有些稀罕货需要付出昂贵的价钱才能买到，比如黄鹿尾，差不多跟犀牛角一样贵（中国人派给犀牛角的用场非常可笑）；有些皇家菜肴只得放弃，比如狗肉（那时在澳门还能见到狗肉，但香港禁止销售狗肉。感谢上帝！），还有活猴子，有些残忍的美食爱好者用一把小勺食用猴脑。还有呢，有人可恶地把白鼠跟做奶汁鳟鱼一样烹熟了吃；还有大象的生殖器，其象征意义看上去有些粗俗。

经过几个月的研究、布置及大量不可思议的装饰工作（用米面团雕了数十个龙和神灵，并上了彩，美不胜收），大戏终于可以开演了。这是一出六幕剧（三天的午餐和晚餐）。要知道，一个这样的宴会从来都不只是接二连三地上菜，而是一种布局、一条活动链，眼神、智慧、体魄和灵魂无一不在其中发挥作用。西方人认为，决定一道菜肴价值的基本因素是味道、香气、清淡和外观，中国人则在此基础上，又附加了一些不为我们法国人所熟悉的、甚至看上去有可能互为矛盾的其他因素。燕窝、鱼翅或是其他类似外表柔软的食材满足了无味、无色、没有香气这三个条件，因此成了上乘的菜肴！

这类菜肴因美味的酱汁而无比可口，更重要的是它们具有相当的药用价值（延年益寿、壮阳、增强生育能力，甚至提高智力），而且能够表达重要的象征意义。它们配以其他菜肴就足以搞出一个重要的仪式,类似于"弥撒"。我们不也是赋予基督最后的晚餐或某些谷物饭食以象征意义吗?

这次在以红丝绸装饰的奢华私人餐厅里举行、有打击乐伴奏的宴会获得了巨大的成功。毫无疑问,这是我以前从未参加过的、不同寻常的一次宴会。狭长的祭拜厅里摆满了祭品、水果、凉掉的只为了摆给人看的菜品,还有几条神话中才有的龙。在祭拜厅前,有两张可供六人坐的红色圆桌,用来接待以我们的名义邀请的外交官员、中国达官贵人、来自全世界的记者。每顿饭接待的客人都不同。

中国服务员留给食客的印象是,上菜时面带微笑、一声不响、动作快捷。他们将上桌的菜放在餐桌中央,然后用一个长把银勺和筷子在每位客人身旁躬身为其盛菜。他们身着丝质长袍,详细地为客人报告菜品的成分,虽然菜单上已经用汉语和英语解释得非常清楚,并且连烹饪方法也都有详尽说明。就是这样,还是有一道菜竟被女秘书在匆忙中译成了"有毒的蘑菇"!实际上那是一种无害的海藻。

这6顿饭,每顿约3个小时,我们吃了大约70道菜,这些菜可以分为以下三大类:

1. 食材稀有、怪异或昂贵的菜肴,被赋予象征意义甚至魔力。

2. 传统大菜,就是身在巴黎的中国人试图仿制的那些菜肴,但他们的手艺难以恭维。

3. 外表看上去没什么特别的菜肴,菜名甚至颇显俗气,却称得上真正的烹饪上品,是简单而味美的佳肴。

所有稀有而昂贵的菜品都值得大书一笔,这倒不是因为无论您还是我都不会很快就能再吃到这些菜。给我们上的第一道菜就是象征着"皇权在握"的熊掌。那是一团放在有点让人恶心的胶状物上的厚厚的褐色肉块,强烈而经久不散的味道非常近似牛尾或鹅油。为这样一道菜就杀死一头熊实在令人悲哀(顺便提一下,中国人只吃熊的左掌,因为熊用右掌挠臀部……)。

法螺是一种体形很大的蜗牛,肉呈粉红色,生长在温水海洋。在这里,它被切成薄片,佐以精致的云南熏火腿食用。法螺肉在中国享有能令女性保持年轻、活力和美貌的美誉。

远东海参或者叫海参,是一种来自南部海域的可怕动物,样子像一条巨大的毛虫。海参的口感很像牛头肉,也有点像炖鳖。在那次宴会上,我们还吃到了鲨鱼翅。那东西其实没有任何味道,但坐在我旁边的一位70岁的中国人对我说,他每天早上要吃鱼翅,而非牛奶咖啡。他看上去像40岁,不时地向满桌的女性奉承,有点过分。

那天晚上,我们还吃了一道中国鲟鱼,它长着罕见的黄鹿似的尾巴,味道很像鳎,精致且余味无穷。

下面要说的还是第一类稀罕菜肴。第二天宴会的午餐非常棒,有味道鲜美的羽冠鹤浓汤,这道菜因其能够增强人的腿部力量而受到青睐。炖野猫有点类似我们酒汁炖兔肉的味道,但真没必要为了这道菜而牺牲这么漂亮的动物(要是在法国,恐怕是让炖兔子肉有炖猫的味道了吧……)。一种生脆的菊科①白色花瓣对我来说应该是一个珍贵的发现,而"海熊"实际上不过些海蛞蝓,用它做成的菜也有兔肉的味道。烤云雀非常美味,虽然不及我们的雪鸫柔软。最后是告别晚宴上最别致的一道菜——青蛙肚肉。酥脆而有嚼头的小块青蛙肉码在盘子一周,中间是柔软鲜美的虾肉,二者相得益彰。

以上就是我关于那些不同寻常的古怪菜肴所要说的。这些菜因其昂贵、罕见和益于健康而表达了对于贵宾们的崇高敬意。

几乎每顿饭都至少有一道中国传统名菜。第一道就是具有传

---

① 疑为作者之误,应为百合。——译注

奇色彩、只吃鸭皮的烤鸭。那顿烤鸭对我来说真有"除却巫山不是云"的意味，后来我再也没有吃过那么好吃的烤鸭。在法国的那些"中国厨师"中的绝大多数，真应该被送回中国去学学到底什么样的烤鸭才称得上烤鸭。

晚饭有一道菜是清蒸鸡，鸡肉柔软而有弹性，下面垫的是虾肉片。这道菜绝对是一个宴会杰作。

第三场宴会上有一道烤乳猪，其脆皮使它成为一道无以比拟的美味佳肴。那是一种不多见的烤肉，配以用烤箱烤过的新鲜火腿，吃法是满族式的，佐以加了杏汁的酱汁。

其他"传统菜"一般是海蜇、鲍鱼、肉馅鸡、盐腌火腿、松花蛋和咸菜等拼成的凉盘，摆成蝴蝶或熊猫的样子，并饰以色彩。山鹑汤、美味的细嫩母羊肉浓汤、黑木耳扇贝、竹笋炒鹌鹑、香辣鸡，最后是一道清蒸鱼，那鱼非常罕见，带有黑色斑点。这道菜使整个宴会功德圆满。话说到此，也应该提一下中国传统菜的两大不足，那就是饮品和甜品。无论是盛在漂亮青铜小酒杯里、有着最不可思议颜色的烈性米酒，还是大规模种植的葡萄酿制的葡萄酒，都不尽如人意。至于甜食（晚餐时才有甜食，午饭的末道菜是一道咸汤），如果不是类似制模用的粘土，或是婴儿吃的糊糊，或是类似纸浆的东西的话，大多数也都有一股卸妆霜的味道。

我把几个烹制方法比较简单（煸炒或蒸）的菜肴放到最后来记述，这些菜肴的精妙之处在于那些共同产生作用的食材的相互照应和对比。正是这些菜构成了这个盛宴的一个个高潮。首先是正餐前的一份看上去很一般的清淡肉汤馄饨，馄饨馅是由虾仁、蟹肉、鸡冠，甚至还有诱人的龙虾混合而成的，而且龙虾是炒过的，还混有油浸过的鸡肝。再就是炒淡水大虾，虾的旁边搭配了炒鸽肉小方丁。还有一道菜叫作炸鲜奶，不可思议、令人叫绝。

作为压轴戏的最后一道菜终于上来了，这是一道以橘皮作香料的大杂烩汤菜，由松花煎蛋、多种薄肉片、带有牛肝菌味的蘑菇末烩制而成。

第二天,我们每个人的肝脏都安然无恙,而我,刚登上飞机竟然就觉得肚子饿了。这架飞机将要飞行 25 小时才能到达巴黎奥里机场。

我的话还没说完。

15 年后,庆祝在世界范围内引发了 600 多篇文章发表的宴会举办整整 15 周年之际,文华酒店的新一任老板邀我到香港,同时还邀请了一批香港大富翁和众多从各地赶来的记者。

这 15 年间,中国已经全面开放,食材的获取变得非常简单容易。然而,本来计划三天的宴会准备时间居然延续了数月,因为每一道菜都要被一再试吃,宴会的装饰也如同一场大型歌剧的剧场装饰一样细致入微,用水果、蔬菜、面包和猪油做的各种雕刻样样精美,来回穿梭的服务员的服装也很复杂:带有白边的红色上衣、笔挺的白丝裤上还围有一条开了小衩的蓝短裙。也许是因为这次宴会每人要花 3 万(1985 年的)法郎,所以,只安排了三顿晚餐……

我就不给您细讲了。不过,我还是得跟您说,同样的,这次给我留下最深刻印象的不是那些最古怪的、最昂贵的菜肴,而是外面裹有一层翠绿色酱汁,汁里有绿茶叶,又筋道又柔软的炒大虾、松仁蟹黄和炸鲜奶,小山鹑脊肉配龙虾,一种细腻到令人惊讶的汤面,还有一道令人叫绝的素菜混炒,里边有西兰花、带荷兰豆、芋头、芹菜、莲藕和竹笋。

在给我们上的 30 余种菜肴中,有十来种本足以组成美妙的一顿饭了……所以,在我恳切要求下,人家给我们上了一瓶绝佳的施洛斯·弗拉德白葡萄酒,一瓶令人赞不绝口的匈牙利托考伊城白葡萄酒和六瓶由雷米·库克本人亲自护送来的库克香槟。这些酒与菜肴的搭配和谐得近乎完美,虽然这顿中国晚餐被佐以香槟显得有些古怪。

刚才我对您说起一道妙不可言的素菜,请允许我继续说下去。若有人认为我对待中国人的做法有点夸张,请这些人接着读下文。

那么,让我们再回到4年前,1981年秋的一个晚会上。一位能讲流利汉语的英国朋友为我作翻译,我们应邀来到达北京钓鱼台国宾馆①,那里是接待外国元首的地方。乔治·蓬皮杜和弗朗索瓦·密特朗都曾在那里下榻。此刻,比利时博杜安国王就正住在这里。有人邀请我们吃晚饭,并恳请我们谅解,因为很多职业厨师在红卫兵时代的风暴中流失掉了。那个时代,以任何理由在餐厅搞庆祝都是被禁止的。有些人甚至创造出了什么"革命饭②",那是一种勉强算得上能吃、必须强迫自己才可猛吞下去的食物,吃这种饭在于不忘"旧社会的苦难"。

在等待我们并没有寄多少希望的晚饭时,驻地负责人执意要带我们参观毛夫人以前住过的房子,尤其是她的浴室。那是一间带有浴缸和坐浴盆的浴室,这些东西对于西方人来说再普通不过了,但显然,在接待我们的人眼里,那个坐浴盆是死心塌地效忠"四人帮"的恶行的象征。"她在监狱里可没有这个。"那人说着竟笑出了声,就像有些中国人每逢碰上微妙话题时所表现的那样。这个插曲之后,我们来到一个宽敞的大餐厅,20多位中国官员已经在等着我们。这让我们吃惊不已。

承做这餐饭的工作人员显示了他们烹饪素食的特别天赋。

要知道,在中国,没有任何饭菜比素食做得更精美,其价格也比其他菜还要贵。在1900年代,慈禧太后就酷爱素食,每顿午餐要为她一人准备一百多道素菜,少了一道,她的厨师就有掉脑袋的危险。

从鱼翅到燕窝、从油炸虾仁到金鱼形鸡肉馅鸭脚、从姜香鲤鱼

---

① 原文为"钓鱼台的颐和园",显然是作者搞混了地名。——译注
② 即"文革"期间的"忆苦饭"。——译注

到烤鸭,所有这些大菜都只是想象,因为全是用蔬菜做成的。

但你却真的会有一种在吃鱼和肉的感觉,因为用鱼或肉做成的调味汁使这些魔术般的技巧和花招得以实现。

就这样,20多道"伪造的"菜马上就要列队上场了。

我建议,我们法国那些毫无价值的素食餐厅的老板应该打发他们的主厨到北京走一趟。

比利时(Belgique)

我热爱比利时,并且不想改变这一点。

比利时是法国人不遗余力嘲弄的邻居,糟糕的是,他们还装作不认识他。当然,如果他们有巨款放在比利时就不会这样了。此刻不是告诉你让我爱上这个国家所有理由的时刻,比利时人眼下正疯狂地、不求回报地赞赏法国文学呢!

我们还是来聊美食吧。一天,比利时的一位旅游局局长说了句令人吃惊的话:"最好的法餐在比利时。"(我最近在读一份美国报纸,上面说:如今,……是在东京)。这句话或许是一个很不错的广告词,但实在太不严谨了。卢布松最好明天就把绿菜烧鳗鱼(Angwille au vert)写进他的菜单,那样的话,就轮到我们法国人宣称:"最好的比利时绿菜烧鳗鱼在巴黎才能吃的到……"

因此,或许话还是应该说得诚实一点:比利时的确是一个奇妙的国家,那里的法餐做得最好。

然而,就烹饪而言,让我说比利时是一个特别的国家却是一件令我为难的事。中国、英国和西班牙都有对它们各自来说非常独特的烹饪理念,而比利却时却不属于此列。实际上,比利时菜系跟波尔多或勃艮第菜系一样,只是一个重要的地区级菜系,正是这些地方菜系之和,或者更严格地讲,是它们各自的精华构成了这个妙不可言、被人称作法国菜的整体。但这并不是说比利时菜就由任自己局限于地方菜的范围内,它无不机智地将地方菜的魅力与那些受到我们大菜系启发的菜肴的亮点融合在了一起。

比利时人对于吃有着不可思议的兴趣,甚至甚于法国人。对于上流社会,吃饭是一个绝对平常的话题。身处不同社会阶层的医生、律师、企业主和政治家们还谨慎保留着享受美食和优雅聚会的传统。当然,跟在法国一样,也有一些贪吃的人,无论什么,他们都能狼吞虎咽地吃下去,而且不讲究吃法。不过,我曾在比利时餐馆里呆过多年,深为笼罩在这个王国高雅餐桌周围的气氛所吃惊。有品位的人对于美好事物的喜爱充满敬意,但不会过分,不会显山露水。

比起法国,比利时有一个很大的好处:产品一般都免税,不同于她的邻国荷兰。虽然比利时的鸭子大都来自荷兰,是用鱼粉喂养的,但布鲁塞尔的小母鸡却是自然放养的,十分肥美,珍珠鸡的肉质嫩软,野禽更是上等佳肴,鲜嫩的蔬菜水果也丝毫没有眼下常见的问题。令人惊讶的是,比利时人并不大喜欢海鱼,平均每人每年消费海鱼不足 15 公斤,这个量在西欧海鱼消费者中倒数第一。但是,如果你要享受厚肉大菱鲆和肉质细腻到难以置信的鳎的美味的话,那就一定得到比利时去。可有意思的是,比利时人疯狂喜爱的却是牡蛎和螯虾。

泽兰①的牡蛎是最棒的,而奥斯坦德②的牡蛎则多少有点类似我们法国的贝隆牡蛎。关于牡蛎的故事也很有意思。20 世纪初,一位法国牡蛎养殖者养殖的牡蛎非常小,找不到销路,后来在奥斯坦德好不容易遇到了一位买家,此人决定将牡蛎抛向比利时市场。这些牡蛎因此得了它们所抵达的火车站的名字:奥斯坦德牡蛎。

---

① 荷兰一省名。——译注
② 比利时西部港口城市。——译注

人们当然有足够理由喜欢法国牡蛎和不列塔尼鳌虾,但也必须承认,只有在比利时才能吃到最新鲜的软体和蟹虾等有壳海产。四周都是海,且距人如此之近,在餐盘中都能感受到海的微波涟漪。在布鲁塞尔、布鲁日、根特或无论什么地方,很容易就可以吃得非常好,也很容易吃得糟透了。但在这些地方,最难的是吃得简单又吃得好。其实,非常棒的餐馆还是有的,比如位于布鲁塞尔市及其郊区的让·皮埃尔·布律诺餐厅、布鲁塞尔冈斯荷伦区的如家餐厅(米其林在其天才新大厨让-皮埃尔·里格莱掌勺时,无不愚蠢地处罚过这家餐厅)、半个世纪以来持续荣耀的洛林别墅餐厅、还有称得上比利时最佳鱼类餐馆的格里尔海洋餐厅;位于根特地区的霍夫·范·克拉夫和皮特·古森斯餐万的老板是被誉为"比利时第一厨"的克鲁斯豪坦(Kruishouten)和与之齐名的吉尔特·范·亨克,后者曾是阿兰·夏贝尔(参见该词条)的学生,而阿兰·夏贝尔在布鲁日的卡美里特餐厅掌勺。在布鲁日尤其值得一提的是我后面还将谈到的德·斯尼普餐厅的卢克·于桑特吕和庞德雷杰餐厅的居·范·韦斯特。接下来是奥利维·施里辛格,在赫姆(Heme)的科克亚纳(Kokejane)餐厅供职,还有斯塔尔布鲁克(Starbroek)的高阿普旺德瑞(Kooapvanderj)餐厅一位年轻厨师,我记不得姓名了。

在英国媒体慷慨推出的"世界最佳餐馆"排名中,西班牙、英国、美国、日本等国均在列,唯有比利时被莫名其妙地遗忘了。

是的。我是说,在比利时,想要吃得稍微好点是不容易的。

布鲁塞尔"大广场"四周挤满了廉价小饭馆。在那里,随处可见人们狼吞虎咽地大吃牡蛎,吃炸薯条的就更满目皆是了。但吃薯条十有九次你都会碰上灾难,那些巨大的薯条不是软塌塌,就是半热不凉,而且没什么味道。整个比利时王国都存在一个问题,就是太缺餐馆,就是那种被比利时人叫做"小饭馆"、"小客栈"的地方,人们可以在那里享受一顿用心烹饪、不同于日常、又不是高级盛宴的饭菜。除了豪华餐厅和廉价餐馆,几乎没有其他选择。

最后,还是那些移民到布鲁塞尔露易丝大街的法国富豪们说得对:有钱永远是硬道理。

美好年代(Belle Époque [La])

一阵呼喊声响起。1889 年 5 月 16 日,巨大的人群蜂拥到耶拿桥畔,人们已经远远看到了共和国总统萨迪·卡诺①的汽车。一会儿,他就要宣布世界博览会开幕了。一个月前,三色旗被悬挂上了居斯塔夫·埃菲尔设计的铁塔顶端,为此,还为 300 个参与这项工作的工人提供了一顿工间餐,有面包、香肠、奶酪和葡萄酒。

虽然在色当战役中遭遇过惨败,但今天的法国在工业、科技、武器和艺术领域展现了毋庸置疑的优势,雄风重振,而世界之都巴黎也已经登上了娱乐的列车。"美好年代"的说法当时还没有出现,所以,也就没有人在萨迪·卡诺经过时高呼"美好年代万岁!"但是,有些与之极其相像的东西已经在塞纳河两岸悄然萌芽了。

在经历了吃"鼠围猫"②和巴黎被围困时期③吃烤单峰驼肉的短暂困难期之后,法国又一次成了美食的俘虏。

上流社会

说起来滑稽,"美好年代"对英国极尽不敬,还将攻克了苏丹首府喀土穆的基奇纳伯爵说成"屠杀妇女的刽子手",将自己的女眷

---

① 萨迪·卡诺(1837—1894),法兰西第三共和国第四任总统,1887—1894 年在任。1894 年在里昂博览会上,被意大利无政府主义者刺杀身亡。——译注

② 19 世纪末为饥饿所迫,法国人也不得已而吃猫和老鼠,通常是一只整猫,周围有 6 只鼠。——译注

③ 指 1870—1871 年的普法战争时期,巴黎被普鲁士军队所围困。——译注

献给威尔士亲王,在布洛涅的树林里,经常出入"奢华"场所,过着"上等"生活。在世纪交替的时刻,上流社会继"午餐"之后的活动就是"下午茶",华丽的水晶灯下,俨然一派宗教节日的庄严:对寻欢作乐的追捧达到了极点。

博尼·德·卡斯兰①家几乎每个周日晚都要举行晚会,地点是位于布洛涅树林入口处的玫瑰宫。晚会要准备 250 人的晚餐。晚宴上,当为客人斟香槟酒的司酒官附耳对俄罗斯弗拉基米尔大公夫人说"这是皇室香槟"时,竟使大公夫人吃了一惊。伊尤伯爵夫人,即废除奴隶制的巴西公主,每周一都会提供午餐。每周二公爵夫人阿兰·德·罗昂,在位于荣军院大道上的府邸接待共和国院士和部长。周三在画家玛德莱娜·勒麦尔家,她的画当时每幅能卖到 500 法郎。去她家吃晚饭的人当中有演员巴尔泰和雷雅娜。客人们围在钢琴边,年轻的雷纳尔多·阿恩则在一旁歌唱。还有一个脸色苍白的年轻人,额前垂着几缕头发,他已成功进入男爵夫人罗贝尔·德·菲茨-雅姆的家门。此人就是马塞尔·普鲁斯特。此前,他为了跨越"美好年代女皇"格勒菲勒伯爵夫人的门槛,花了三年时间。他也曾令伯爵夫人不快,但恰恰是他使伯爵夫人以盖尔芒特公爵夫人②的形象永留青史。

与塔列朗(参见该词条)的侄孙萨冈亲王和被视为巴黎最会穿衣的女人的公主同餐桌的还有威尔士亲王和路易十五的后人、人称米西的莫尔尼侯爵夫人。米西常以只邀请一些女性伴侣,或者在晚饭开始前撩起短裙注射吗啡的方式来冒犯上流社会,并且乐此不疲。80 人以上的大型晚宴变得少见,这么大规模的宴会被认为已经过时。同样,带有很多奇异服务的英式服务传统也逐渐被

---

① 博尼·德·卡斯兰(1867—1932),法国政治家,出身普罗旺斯望族。——译注

② 普鲁斯特小说《追忆逝水年华》的主要人物,格勒菲勒伯爵夫人是其原型。——译注

抛弃。白色餐桌、精致的桌布以及与桌布同色的瓷器、简单的花朵和花枝被普遍接受,没有过多装饰的水晶玻璃杯比"见得太多了"的兰花高脚杯更受青睐。

当那决定性的"夫人准备好了"的声音响起,就见男主人走在前边,将女主宾款款领入坐,并安顿她坐在自己右边。其他客人随后过来,女主人则最后入场,将男主宾带过来,安排在她的右手入座。男主宾在门口碰见一个身份同样尊贵的男人,那人问道:"谁先入座?"。他经过这人面前时,丢了一句:"太没教养了!"

对于7点以后的邀请,男士们自然都会穿正式晚礼服:带有精致细褶的或浆得笔挺的白衬衣、黑色或白色呢背心、镶有白色绣花的钮扣眼(可能是栀子属的花,但不很确定,或者是兰花、白石竹),外加白色领带。若是普通晚宴,女客们一般会穿一条半袒胸的连衣裙,袖子长及臂肘,手执一柄羽毛扇或画了画的罗纱扇。若是大型晚会,比如在歌剧院,女客则应戴长筒手套,保证臂膀不露出来,手套面料无关紧要。或者,如果有人露出了一点皮肤给人看到,那她至少得是位公主,否则就是有意卖弄。哎,女紧身胸衣、女内衣、连衣裙的上身部分都会对这些可怜女人的胃部和腹部造成压迫。她们只能一动不动、笔直地坐在椅子上,心中急切地希望这种折磨尽快结束,而那结束的一刻,只能是宴会结束的时候。

在这种高级别的盛大晚宴上,根本谈不上正式吃饭,不过是东衔一口、西衔一口。一个巨大装置上有金属保温餐盆罩、加热盘和托盘,承担了三个功能。这个装置很大程度地简化了上菜程序,俄式上菜方式代替了法式服务。从此,菜都是在厨房切好的,放在每位客人面前的菜也都是一样的。然而,在费里耶尔城堡的罗斯柴尔德男爵家,或者在格罗布瓦城堡的瓦格拉姆亲王家,依然保持着传统的排场,菜单上依然有至少15道菜,这显然令人吃惊,却被视为很正常。

炫耀和卖弄的意义大大超过了美食能带给人的快乐。人们吃到嘴里的话语远远多于酱汁和家禽肉。到这里来只是为了交谈，为了引人注意。

资产阶级

卖水果的女贩对正在抱怨她老师的小叙莱特说："没有保姆，你们可能也就不是资产阶级了！你们这种人也许宁愿靠着面包皮度日，也不愿意雇佣人。"在资产阶级和无产阶级之间，其实并没有多大不同，都谋生不易。但小资产者就不一样了，他们是要有个保姆的，可以装门面呀！哪怕为雇保姆不得不减少外出，甚至省吃俭用，他们也要把一笔钱给那些叫做"玛丽"或"阿泰尔"什么的女人（30 到 50 法郎，一个全职保姆的月薪大概在 1900 法郎左右）。保姆早上 6 点起床，晚上 10 点前她是不可能上床的，如果有客人，还要更晚。

一连几个星期，大家都可能只吃土豆和一点白水煮肉，但当碰上"大事件"，餐桌上肯定会丰盛些，会有一道浓汤、一道鱼：一条黄油煎鳎鱼或者菱鲆、一份羊腿或烤鸡、一两道蔬菜，甜品是李子布丁和卡迪纳尔式糖水煮梨。一旦跻身资产阶级，不用说，就得增加佣人。如果是医生、军官、工程师或处长，你就有了一种身份，必须雇佣一位女厨，每个月得给他 60—100 法郎；还得有一个贴身女佣，她的工钱比厨师少一点；一般情况下，男主人还应该有一个随身男仆。雇佣全部佣人的费用占到家庭全部预算的 5—10％，因此，女主人必须要精打细算。面包得省着吃，还要从书本上学习如何利用剩饭，比如如何将剩得有点久的鱼变"新鲜"，如何延长肉类的储藏时间……总之，任何东西都不能浪费。但是，若是请人吃饭，就不能考虑节省了。

比如，好吃的有钱人家一顿重要晚餐的菜单上会有这些内容：克雷西浓汤、贝亚恩三文鱼、胡椒盐鹰肉、煨炖小母鸡、雪鹀、一点奶油芦笋、内卢斯克冰冻甜点、那不勒斯蛋糕。也会根据情况另加一两道菜（若有雪鹀，其后会加鹅肝；煨小母鸡后则会加一道小羊排）。如果不想那么复杂，也可能只有一道汤，一道鱼，两道肉菜。但圣诞夜的晚餐一定是一顿非常丰盛的大餐。如果有 12 个人吃饭，菜单会是：作为开场的香槟浓汤，然后是青蛙肉酱、肉馅鲷鱼、波尔多鳌虾、配有块菰的鸡肉香肠、乳猪肉包腊肠、樱桃酒冰糕、奶油菊芋、普罗旺斯牛肝菌、荷兰酱汁芦笋、餐后冰甜品。大家应该明白这一点：这可不是上流社会那种疯狂的朋友聚餐，而是一场"合理"的节日宴。但您要知道，这节日宴过后随之而来的便是真正的贫苦。为了保住在社会上的"排名"，资产阶级也得准备勒紧腰带了。

文学界、艺术界和演艺界

如果拉斯蒂涅克[①]刚从外省来到巴黎，对上流社会的活动地点不熟悉，他只需要花 6 法郎在洛朗多尔夫书店买一本《全巴黎指南》就行了。所有热情接待时下名人的沙龙都应该在这本书里有详细信息说明。每周日和周三，是梅福拉伯爵夫人招待客人的日子，而每周一则归格尔察克夫公主或沃格伯爵夫人，所有法兰西学院院士都纷纷前往她们家作客。登门拜访一下阿尔芒·卡亚韦夫人是适宜的，她曾给过法国作家阿纳托尔·法郎士不少灵感，睿智且爱美食的修道院长米尼耶也是她的常客。一天，有个不算漂亮的女演员前来问她，在镜子里看自己的裸体算不算原罪，她答道："不算，夫人，但这是个错误。"

不过，说来说去，最美好的事情，是应邀去奥贝侬·德·内尔维勒家赴晚宴，她每周三邀请 12 个人，其中必有阿纳托尔·法郎士，当然还有保罗·布尔热、于勒·勒麦特、波尔托-里什、亨利·

---

① 拉斯蒂涅克，巴尔扎克小说《高老头》中的主要人物。——译注

贝克，也有埃迪雅尔·帕耶龙。而奥贝侬夫人则像小学教师一样
训斥道："帕耶龙！一会儿就轮到您说了！"

那些想要"露头角"的女主人可以向法兰西喜剧院的保罗·穆
奈、小科克兰，或者伊薇特·吉尔贝尔这样的知名艺术家求助。

餐馆一样，也都有各自有名气的常客。福兰和他那位从离不
开加糖牛奶的朋友卡兰·达谢就经常在晚上 10 点后光顾皇家街
21 号的韦伯餐馆（这家餐馆的一条广告说，著条是他家的特色
菜）。年轻的普鲁斯特"裹在呢大衣里活像个中国古董"（莱昂·都
德①语）。他每次只点一串葡萄和一杯水，这就是他永远的晚餐。
在这家餐馆，还能见到科农斯基（参见该词条）和他的邻居、诗人图
莱。还有德彪西，一只半生的鸡蛋和一块带汁小牛腰就是他的一
顿饭。当然也有出身名门的美食家莱昂·都德，他发现韦伯餐馆
有着一种其邻居马克西姆餐馆所不具备的气度，后者因薯片、寻欢
作乐的顾客和轻佻的女人闻名。

对于其他显赫人士来说，自己家的餐桌才是最好的。萨拉·
伯恩哈特②夫人家的吃饭方式非常优雅，著名厨师于尔班·迪布
瓦曾专门为她烹制过一种虾仁芦笋浓汤。无论在哪里，都很难有
谁能够超越埃德蒙·龚古尔对美食的贪爱。左拉（亨利·巴比
塞③称，左拉是一个"庸俗而伟大的人"）的说法令埃德蒙·龚古尔
眉开眼笑，让他以为自己是个美食家，实际上他不过是贪吃而已。
不管怎么说，如果对某个人来说，烹饪是一门艺术的话，那非亨
利·德·图卢兹-洛特雷克④莫属。他办过多次美食节，创立菜

①　莱昂·都德(1867—1942)，法国作家、记者、政治家，《最后一课》作者阿
尔丰斯·都德之子。——译注
②　萨拉·伯恩哈特(1844—1923)，法国演员。——译注
③　亨利·巴比塞(1873—1935)，法国作家，其反战小说《火线：一个步兵班
的日记》获 1916 年龚古尔文学奖。——译注
④　洛特雷克(1864—1901)，法国后印象派画家，近代海报设计与石版画艺
术先驱，人称"蒙马特之魂"。——译注

谱,组织即席烹饪表演,而这一切都远不是为着故作优雅。这些活动有时在他的画室进行,有时则在《白皮杂志》(la *Revue Blanche*)负责人塔代·纳坦松家举行,在那里他还遇到了他后来的朋友维亚尔[①]和波纳尔[②]。由他所创造、也是他最为骄傲的一款菜是橄榄小野鸽。有一次,他向一位自称绘画爱好者、却很不讨他喜欢的人展示画作,他低声说:"这个人永远也别想吃到我的橄榄小野鸽!"

高档餐馆

在那个世纪之交,巴黎餐饮业被普遍认为已"不及当年"。

那些在第二帝国时期充分展现一个春风得意的社会阶层轻浮与奢华的餐馆,不是一家接一家地关闭了大门,就是在碌碌无为中苦苦挣扎。巴黎歌剧院大道这种现代化道路的铺设,以及大型酒店的建设大大改变了城市交通状况,也往往伴随着昔日辉煌传统的加速衰落。烹饪变得大众化,菜单上的廉价菜品也占到了很大的比例。中档餐馆、供应啤酒的便利餐馆和只供应汤的普通餐馆如雨后春笋般涌现。那些总是喜欢留一手的美食专栏的作家们,每当想起一去不复返的黄金时代,无不叹息连连。就连位于林荫大道上那些享有盛誉的布雷邦餐厅也陷入了窘境,托尔托尼甜品店成了出售旅游纪念品商店,而金碧辉煌的金房子餐厅则变成了暗淡的小酒馆。林荫大道上的另一大荣耀——"英国咖啡"曾是一个高档时尚的休闲场所,里面停满了汽车:它的饭菜还是一流的,酒窖也十分奢华(很快就要被银塔餐厅接手了),但已经没有了消遣玩乐,1913 年,餐馆曾被迫关门停业。而今天,人们却蜂拥至王子廊街的彼得斯餐厅(即后来的圣诞彼得斯)。皮埃尔·弗莱斯从

---

① 维亚尔(1868—1940),法国画家。——译注
② 波纳尔(1867—1947),法国画家,世称"印象派最后一抹光辉"。——译注

芝加哥回来后,有了一个绝妙的想法,他要在那里用一道叫做"美式鳌虾"的菜肴好好款待一桌美国顾客,这道菜的做法在法国南部赛特地区早已为人们所熟知。

在1840年代,意大利人大街24号的"巴黎咖啡"曾是纨绔子弟出入的上等咖啡馆,后虽衰败,但它的招牌1878年又重新在歌剧院大道上挂了起来。实际上,正是在那儿及其周边,一批新的"大餐馆"承继起了餐馆的历史。有着奢华装饰、位于歌剧院出口处的"巴黎咖啡",是当时重要人物和著名演员"华丽、纯洁而时尚"①的约会地。他们去那里是为了吃"热月大龙虾"和"乔治·桑鹌鹑"。到了1950年代初,我来到"巴黎咖啡"的一个餐厅,里面3/4的座位是空着的,那景象令人想到节日后的圣诞树(由于不堪负担过多工作人员的压力,餐馆已于1953年倒闭)。我记得在那里吃了一顿午饭,还见到了安德烈·马尔罗②,他就坐在距我不远的地方。自从法国人民联盟③在卡普西那大街设立了办事处,马尔罗便是"巴黎咖啡"的常客。戴高乐将军时期的骑士勋章获得者巴亚尔与一两个"伙伴"一起(其中一个就是写了巨著《希望》④的冒失鬼)也会到"巴黎咖啡"用餐。在那里,在那些淡水鳌虾汁鳟鱼和成箱的去骨鹌鹑中间,他能让一些本来一言不发、但对命运惴惴不安的人无拘无束地谈论各种话题。应该说,来这里捡拾刻有吴哥窟贝壳的人,还是因为喜欢漂亮的银器、精仿布料和在餐桌边来来往往的"企鹅"提供的服务,以及波尔多葡萄酒的上酒仪式——就像举行圣餐礼,由一个胖乎乎

---

① 原文 urf et copurchic,后一词由 pur"纯洁"和 chic"时尚"结合而成,19世纪诞生的新词。——译注

② 马尔罗(1901—1096),法国作家、艺术评论家,戴高乐时期担任过新闻部长和文化部长。——译注

③ 戴高乐创立于1947年4月的法国资产阶级政党。——译注

④ 马尔罗完成于1937年的巨著。作品描写西班牙反对佛朗哥的斗争,语言华丽、抒情、生动。——译注

的小丑像梵蒂冈的瑞士侍卫队那样庄严地将酒送上来。但是，如果像巴尔扎克所说的，"一个国家人民的命运取决于他们的食物"的话，那个时候，比起蛋黄酱煮蛋、牙鳕鱼或洋葱回锅肉，马尔罗更有信心让法国人短时间内就习惯"金融家酱"①鱼肉香菇酥饼、杜格莱鳎鱼和罗西尼腓里牛排这样的菜谱。

玛德莱娜广场位于大街的一个拐角处，"美好年代"将三家最好的餐馆都集中在了这里。

位于大街 2 号的是杜朗餐厅，被誉为"生活艺术第三大奇迹"。据奥古斯特·吕歇所说，1889 年 7 月 27 日那天，布朗热将军没有像他的朋友们那样千方百计想挤进爱丽舍宫，而是选择在这家餐厅吃晚饭。也是在杜朗餐厅，左拉写出了他的著名檄文《我控诉！》。大厨瓦龙新创的干酪白汁②就是在这里问世的，主要成分是奶油酱和瑞士格律耶干酪。位于街道 3 号的拉鲁小饭馆看似不讲什么排场，但 1904 年爱德华·尼农接手后成了巴黎最棒的餐馆之一。爱德华·尼农是一位非凡的实践者，他还著有《美食七日谈》《法餐颂》以及《餐桌的快乐》等作品。这些书均被视为烹饪文学的重要著作。总是将自己包裹在皮毛大衣里的普鲁斯特简直就像住在了拉鲁餐厅，而那位才华横溢的画家塞米也是拉鲁的常客。然而，拉鲁也没能抵挡住新时代的洪流，于 1954 年被淹没了。

最后是卡普西那大道 4 号。"金领"及政界人士都选择在卢卡斯家刻有"马若莱尔"名字的细木餐桌③上，而那些精英先生们则乐意拾级而上，楼梯的每一阶都有一个小铃铛以提醒他们所到的

---

① 一种用小牛胸腺、蘑菇等制成的调味汁。——译注
② 又译"莫尔奈酱"。一种法式奶酪酱汁，味道浓厚，可用于调制蔬菜、鱼和禽肉。——译注
③ 马若莱尔(1859—1926)，是法国著名室内装饰家及细木工艺大师。使用刻有他名字的餐桌足见该餐厅的品质和档次。——译注

层数,这样就能避免在小隔间狭小的入口或出口与人碰撞,可见,面对面吃午饭的小隔间是多么热闹。1918 年 11 月 10 日,就是在卢卡斯(1925 年更名为卢卡斯-卡尔东)餐馆,福熙、霞飞、潘兴和弗伦奇①坐在油炸牙鳕鱼和酒精烧山鹬中间决定了第二天停战②。

距那里不远就是普吕尼耶餐馆,在杜弗特街上。普吕尼耶能成为巴黎首屈一指的海鲜餐馆,全因了老板阿尔佛雷德·普吕尼耶的果敢,他预见到海产品将会风行,因此,开了让人用储有海水的水槽将活鱼直接运到餐馆的先河。

但巴黎最具吸引力的地方显然是皇家大街 3 号,那里以前是伊莫达冰激凌零售店。这家冰激凌店的老板突发奇想,将一面德国国旗悬挂在店面正前方,于是,该店 1890 年 7 月 14 日遭到了洗劫。可那个想法也的确令人感到匪夷所思。酒吧职员马克西姆·加亚尔通过烧酒酿制者工会得到了 6000 法郎,在那里开了一间面向出租马车夫和小职员的咖啡馆。由于生意不好,马克西姆将店铺转手给了一个叫做欧仁尼·科尔尼歇的人。此人以前在杜朗餐馆做过。他将餐馆彻底翻新,装修成当时正在风靡的"面条"风格③。马克西姆在他的姓后添加了一个 s,让招牌更具英国风情。1893 年,新店开张了。

亲眼见证自己的"马克西姆餐厅"被出名顽主、糖业大王马克斯·勒博迪认可,是马克西姆的一大运气。他的秘诀就是由任"金色青年"④不断增加赊账。"金色青年"是纨绔弟子们为自己起的名字,这帮人常常不付账就溜之大吉,毫无节制。这却为马克西

---

①　此四人均为一战期间著名将领。——译者

②　第一次世界大战停战日为 1918 年 11 月 11 日。——译注

③　1900 年前后流行的一种装潢风格,属于新艺术。其特点是从传统艺术中汲取灵感,以植物的纤细、婉转为线条特征,与面条相像,故有此名。——译注

④　指 1874 年支持热月党人的大资产阶级纨绔子弟。——译注

姆做了一个绝佳的广告。1900 年,正值世界博览会,人人都对"马克西姆餐厅"迷信有加,那里不仅有博尔迪的茨冈管弦乐队,更有"当日最美味菜品"——就是那些被叫做"半上流社会的女人"。作家科克托就曾说过:"这些神圣的金龟子,装备了夹取芦笋的前爪",他还说,"脱掉这些女人中其中一位的衣服是件成本很高的事儿,所以,要像搬家一样,得有充分的准备。"

不久,人们就发现,马克西姆餐厅与"巴黎咖啡"以及拉鲁餐厅非常相像,是一间"诡计多端"的餐馆。二战后,自阿莱克斯·安贝尔掌勺,它就已经如此了,但在"美好年代",它还远不是这样。客人去那里不是为了吃饭,而是为了豪饮。那些已经停业、被叫做社交餐厅的餐厅推出了 5 法郎价格的菜单,其中就有位于拉菲里耶尔街 17 号的巴黎导游餐厅。马克西姆餐厅与这些餐厅的不同之处在于,在这艘无以比拟的放荡"潜艇"里,消费只是事后之事。先得让美国"棉花大王"放开了庆祝生日:有人会用巨大的银盘把一个漂亮的裸女送上来;接着,得让大富豪伊万在突然倒下之前,喝光 8 瓶玛姆香槟。

这便是罗贝尔·德·孟德斯鸠所形容的时刻,他将那些经常光顾马克西姆餐厅但债台高筑的寻欢作乐者的普遍感受经典地概括为:"没有钱真是太惨了。但也不能一个子儿不花啊!"

今天,当你将"美好年代"几个字与"逛豪华夜总会"联系在一起,你就想象得出,那帮寻欢作乐的富豪是怎样出了一家娱乐场所又进了另一家,一次比一次更加醉醺醺。实际上,正是这种在 1900 年代非常流行的新式旅游,将旅游业推向了堕落的深渊。

午夜 12 点起,不顾及任何危险和后果(实际上,富人是有权利要求警察局派一个负责安全的警察陪同的),从蒙马特开始溜达,那里到处是下等酒馆、小偷和靠妓女生活的人。然后,在皮鲁埃特街的"天使加布里埃尔"小店略作停留,店里的大理石桌上刻有被送上断头台处以斩刑的罪犯的姓名。接下来到位于圣马尔丹街的弗拉丹旅店，那是一家 4 个苏的廉价客栈，一座五层的楼房，可以收住七八百人，流浪汉们花上 20 生丁就可以得到一碗汤，4 个苏就可以在桌子或长凳上睡一晚。在那里可以见到 10 岁的孩子和一些工人，多数是外省人。6 点钟声一响，所有的人都被撵出门。每晚老板能有四五百法郎的收入！

最后来到位于天真者街上的"大菜场的小酒窖"，夜游到此结束。顺着弯曲的楼梯来到一个有拱顶的酒窖，酒窖墙壁上刀刻的字迹清晰可辨："去死吧，条子！"，"去死吧，给条子通风报信的人！"。在正在费劲干活的"煮锅"（姑娘）周围，那些靠妓女过活的男人一杯接一杯喝着苦艾酒或很一般的葡萄酒。一个半盲的钢琴手正在演奏《抢劫者进行曲》。

美好年代，就是这样一个我们像傻子一样为之落泪的温柔时代……

现在再来说说高级餐馆（当然，别忘了，银塔餐厅的弗雷德里克早在 1890 年就为他的鸭子编了号；同在左岸的拉佩鲁斯餐厅则与马克西姆餐厅正好相反，是靠它并不舒适但具有吸引力的小隔间保证了食客的绝对放松。小隔间的镜子上写满了女人的名字，都是用钻石尖划上去的，那是些机灵女人，她们的钻石是在吃完鸽子肉、等候帕尔米尔舒芙雷①甜点时，在长沙发上赚来的，可我要向大家坦承的是另外一件事。

再没有什么事比在著名餐厅里读菜单更无聊了，尽管他们的名字直到今天还令我们神往。

除了事先预定的重要宴会，每一家餐馆所供应的菜品差不多都一样，无非是莫尔奈菱鲆、佐以杜格莱雷沙司的大菱鲆、赫雷斯

---

①　一种点心，法文发音"舒芙蕾"（soufflé）。——译注

白葡萄酒火腿、用谷物喂养的良种鸡做的辣酱烤鸡、罗西尼腓里牛排，等等。当有人把这些与19世纪上半叶或者与今天餐馆供应的菜品比较，它们的表现则显得有些令人沮丧。但我可不想那么绝对，我又没有生活在那个年代。我倒觉得，共和国的美好已经不再需要那些贵族式的精致和品味了。

工人阶层

自1890年起，饥荒的幽灵悄然远去。工业革命为"无产阶级"（工人阶级并不以该词为耻，相反，他们甚至为之骄傲）的菜汤添加了一点荤腥。1911年，3900万法国人口中，工人的数量约为700万。其中一些人的生活已与小资产阶级相差无几，还有一些人甚至已经有能力使其子女越过"分界限"，获得一些重要岗位。但对于大多数人来说，生活依然是艰难而无情的。

从1910年起，情况才有所好转。并且，在临近战争、人们即将奔赴前线战死沙场那段时间，工人的情况还要更好些（1906—1914年间，工人的购买力提高了20%）；而在战争期间，生活又陷入极度的贫困和艰难。

每天工作10多个小时，工资没有保障，住所简陋而杂乱，一小块面包、一片猪肉就是午饭，随便找一条长凳就是餐桌。晚饭虽然在家里吃，但通常也就是一碗热汤，一点蔬菜；蔬菜一般也只是土豆、豆角或小扁豆，配一点价廉劣质的肉和奶酪；奶酪也不是天天吃；再就是面包；当然，还有会有猪油。黄油是很稀罕的东西。然而，在1907年，就是这种营养极不均衡的食物，对于巴黎一个已婚、有两个孩子、月薪2350法郎的工人来说，也要"吞掉"他收入的62%。而当他厌倦了这种生活，就一定会钻进小酒馆借酒浇愁。那些家境不特别窘困的人则常常光顾廉价小饭馆，那里的饭菜往往也差到令人难以形容。

比如在巴黎中央大市场周围，就有一些如同牲口或家禽食槽的小吃店，"粗盐牛肉"、"美味浓汤"或是著名的"马松大妈"（这家的特色菜是薄片母牛乳房），都属于这类。这些餐馆食材来自其他餐馆的残羹剩饭。人们把卖这种饭的人叫做"首饰拼凑者"。什么都能拿来填饱肚子：肉店老板扔掉的不新鲜的肉、食品杂货店老板降价出售的涨了盖的罐头。几年以后，当工人的钱包开始鼓了起来，在小区那些诚实厚道的小餐馆里，可以看到他们带着妻子就餐的身影，他们的妻子也应景地戴起了帽子，而她们的帽子，恰是上流社会的太太们刚刚丢弃不戴的。

不无悖论的是，对有些工人来说（战争开始的前夕，失业人数已经达到1800万！），当他们被鼓励到专业岗位上工作、能够比较从容地获得生活所需，并且也因此成为职场的"贵族"时，才可以说真正的美好年代开始了。

饮食与幸福生活(Bilan de bonne vie)

关注健康早已成为人们的生活习惯，然而，有谁想过对自己的幸福生活做一个总结呢？在《高米约》（参见该词条）的那10年间，我们的想法几乎疯狂，他们二人被认定就是我们的代表。巨幅照片上，他们坐在用食物和饮品堆成的金字塔前，这大堆的吃喝象征着10年间我们可能饕餮过的东西。

有一份不甚精确的报告，记录的是餐馆或其他饮食服务点供应过的餐数，在下文我们会看到这个基本真实的记录。30多位供应商，包括法国糕点之王贾斯通·雷诺特的团队参与了"快乐"餐厅的食材供应，被填得满满当当的食品柜看上去甚至有了某种令人吃惊的神圣感。

实际上，我们两家的消费不止16吨固体食物和2万升酒水。

高以9.5吨食物和11000升酒水比6.5吨食物、9000升酒水赢了我。以他的身份，他当然比我的胃口大，也比我的酒量大。逐

一说出具体食物和饮品实在乏味,但给出一个参考数据还是可以的:

食品名	高	米约
红葡萄酒	2500 升	1800 升
白葡萄酒	2000 升	1000 升
香槟	150 升	200 升
水	3500 升	3500 升
咖啡	1800 升	1800 升
鱼	500 公斤	550 公斤
牡蛎	800 打	400 打
鹅肝	60 公斤	40 公斤
牛肉	400 公斤	250 公斤
家禽	350 公斤	300 公斤
绿色蔬菜	800 公斤	900 公斤
鸡蛋	600 打	1200 打
面包	2000 公斤	250 公斤
新鲜水果	650 公斤	600 公斤

太过分了? 令人反感?

然而,这份 10 年的份量(我们对其做了统计分析,并请营养学家进行了评估)大致等于甚至还要略大于有运气吃饱肚子的所有法国男人所需食量之和。

因此,无论从哪个角度讲,您都可以得出与我们一样的结论:地球 3/4 的人有理由羡慕剩余 1/4 人的运气。

小饭馆(Bistrot)

我们吃遍小饭馆,我们爱这些小饭馆。单从"餐馆"一词的法语叫法来看,小饭馆数不胜数,最典型的要算"bistromania"了。然而，我们地从这家跑到那家，一顿好找却不见其踪影，因为它实际上已经不复存在。

我不想让人觉得我锱铢必较，但不管怎么说，我们难道真不能让语言表达和饮食都更严谨规矩一点？

当我在居·萨瓦(参见该词条)美味的星星小馆吃午饭，或者在米歇尔·鲁斯唐的隔壁小馆吃晚饭时，虽感到非常惬意，但对不起，这些名为"小馆"的餐馆并非小饭馆。相反，当我在拉图尔·德·蒙雷里家大嚼粗盐牛肉、在里布尔丹格家大吃用猪或牛下水做的美味菜肴、在布拉斯特·迪·巴拉丁家享用菱鲆鱼，或在贝特朗·欧布瓦诺的保罗·贝尔小馆贪吃配有家常骨髓油炸薯条的牛排骨肉并佐以当地令人心醉的美酒时，没错，那才叫在小饭馆吃饭。

关于法语"小饭馆"一词的起源究竟是 bistro 还是 bistrot，至今说法莫衷一是。一个颇为独特但也颇值得怀疑的说法是，俄军1814—1818 年占领巴黎时，被禁止在公共场合喝酒，但由于俄国人生性嗜酒，士兵们每天还是要去小酒馆，人多得把酒馆围得水泄不通，可又害怕撞上巡逻兵，所以，总是催促酒馆老板快点拿酒给他们，而俄语的"快"字就是"bistro"。巴黎酒馆的老板们经常听他们喊"Bistro! Bistro!"，就学会了这个词，接下来的情况您懂的。只有一点，巴黎人不明白，为什么俄语将字母 o 读作 a。

还有，bistro 一词是在帝政之前就出现的，因此，有人认为这个字应该更接近 bistrouille，这是法国北方人将咖啡掺入劣质酒精配成的一种劣等烧酒；还有人认为 bistro 更接近 bistroquet，这个词在法国南方就是葡萄酒的意思。实际上，除了知道 bistrot 一词1884 年被收入词典，表示饮品的意义以外，再没有任何更细节的信息了。

这也正是我想要说明的。

小饭馆(bistrot)既不是小客栈，也不是小餐馆(restaurant)，甚至不是咖啡馆（虽然现在小饭馆也卖吃的，有时甚至还卖正餐），它就是一个酒吧台（即酒吧或咖啡馆的"柜台"）。一开始，这个柜台是卖下酒猪肉制品、当地特产和奶酪的，有时候也会卖点外卖菜肴，也就是那种"能干女人"甚至"老板"家的家常菜。大家喜欢小饭馆就因为它们招待风格直爽、不拐弯抹角，服务简单，卖的东西朴实，价格便宜实惠。

总之，街角的这么一个小饭馆几乎对所有人来说都是一份快乐。

一眼看上去，小饭馆似乎与"小餐馆"没什么区别。朋友聚会、家人聚餐一般都只会去小餐馆。但也有例外，在小餐馆里，总是缺少那么一个重要的东西——柜台或吧台。而且还不能是随便什么样的吧台，那得是一个雅致、精工细作、有时候也不妨是件高级木器的杰作，就像以前在巴黎旧市场和以下这些餐馆所能见到的那种：勒诺布尔老爹、已彻底停业的格丽叶餐馆，以及蒙泰伊餐馆，当然还有今天的沙尔德农餐馆。那里到现在还保留着 1900 年的老柜台，一点没损坏，特别棒！顺便说一句，若能在蒙泰伊家先来点儿兔肉酱和能在嗓子眼儿里发出愉快的咕嘟咕嘟声的梭鲁特酒，再登上他家的螺旋楼梯坐到餐桌边的话，我是不会拒绝的……

政府总是热衷于干预那些无伤大雅的事情，我若是政府，就严格规定，这类餐馆必须留用"bistrot"这一称呼：它是那样一个地方，进门就能看到一张漂亮的柜台，且无论如何得是一个被岁月和喝酒人的胳膊肘包了浆的、绝无仅有的柜台。在那里，悄声低语的嗡嗡声构成了一种十分不同的气氛，里面混杂着种种唯有饭菜与葡萄酒的亲密结合才能带来的小故事。如果说"bistrot"这个词还一直没惹我恼火，我可能会说因为它是一个"记忆之地"，是值得不时重温的旧梦。

我得告诉您，我可从来不拿这个话题开玩笑，我是个虔诚的教徒，不会无中生有。著名餐馆"朋友路易"有一个"排烟管"装饰，这个饰物完全有资格进入纽约现代美术馆。但我得抱歉地说,"朋友路易"不能算小饭馆,因为它没有让顾客用来支撑臂肘的吧台,另外,它的菜品太过精美,会让人有一种身处"被重拍的电影"中的感觉,就好像在丽兹酒店什么都可以随便吃一样。我也还未停止为圣-马克街上那些亲爱的"里昂人家"的命运而哭泣,它们正借助日本摄影师镜头下的杜卡司沙司东山再起。

要我说,一家最可靠的小饭馆,即"纯粹的、顽强维持的"、我所捍卫的那种原汁原味的小饭馆:它应该没有什么喧嚣,而且,周围还要有弗朗索瓦·维庸①时期遍布巴黎的"小吃摊",比如"松果"、"飞鹿"或"小桶"那种。在那里,你会喝到来自夏乐、美丽城(Belle ville)和蒙鲁日②的葡萄酒,可以咔喳咔喳地嚼着小块儿杏仁饼干。

想要让这一切重现,我们还缺一位巴尔扎克,这位《人间喜剧》的作者曾一度计划在巴黎中心地带的林荫大道上开一间"绝妙的小酒馆,我要让乔治·桑坐在酒馆吧台的显要位置。您觉得怎样?乔治·桑绝对是一个受欢迎的吧台女郎!泰奥菲勒·戈蒂耶不会拒绝给我做跑堂侍者。您就别指望看到他腰上围着白色围裙的样子了,他要是做菜,一定是人间地狱!"

这个厨师的角色让伯纳德·亨利·列维③来充当应当不错,不是吗?至于吧台女郎么,马扎里娜·潘若④应该合适。您说呢?

保罗·博古斯(Bocuse [Paul])

保罗·博古斯是个什么样的人,没有人能比他自己更清楚该

---

① 弗朗索瓦·维庸(约 1431—1474),中世纪末法国著名诗人。——译注
② 此之处均为巴黎地区地名。——译注
③ 乔治·桑、泰奥菲勒·戈蒂耶、伯纳德-亨利·列维均为法国作家。——译注
④ 马扎里娜·潘若(1974—),法国演员、编剧。——译注

怎样评价了。所以，我更愿意省略这部分。先不说其他，他说过一句重要的话，并将这句话题在了他的一个餐馆菜单上："保罗·博古斯的烹饪天赋使法国烹饪美誉天下。"这句被镌刻在青铜板的话一出，便终结了喋喋不休的争论。

我问您，我们还能说什么？

"小"波尔多 (Bordeaux [Petit])

在餐馆里，如果有人建议我喝点清淡的、什么都能配的'小'波尔多，那我会一如既往地这样回绝他："不！给我来点浓烈的、什么也不用配的'大'波尔多。"

我只喝过朋友和客人们送的"大"波尔多（"浓烈"一词在这里可能有点挑衅的味道），所以无法想象其他波尔多酒会是什么味道，于是决定到处去看看。卢瓦尔河、贝里区、罗讷河谷、勃艮第（普通人而非富人喝的葡萄酒）、朗格多克-鲁西永、阿尔萨斯、被严重忽视的萨瓦省、依然令人惊喜的普罗旺斯产区，就包括奥弗涅产区的葡萄酒，都能让那些冥顽不化的家伙没话可说。

就葡萄酒而言，我生长在整个法国被分成两大阵营的时期，就跟对待"雪铁龙"和"雷诺"两个汽车品牌的情况一样，法国人要么爱好"波尔多"，要么喜欢"勃艮第"，兼爱两种酒的人很少。

一般来说，爱上葡萄酒都是从喝"勃艮第"开始的。对于一个缺乏经验的初尝者，这无疑是最简易的方式。勃艮第葡萄酒以"讨人喜爱"和"迷人"享有盛誉，您只需直接享用它即可；而它的对手波尔多酒却"庄重朴素"而"复杂沉郁"，必须经过艰苦学习才能品得其中之味。

与大多数选择沉醉于勃艮第葡萄酒魅力的朋友不同，不知为何，我决定攀爬"波尔多"这座险峻的山峰。我 40 岁左右开始悄悄离开了夜丘、伯纳丘以及其他夏龙丘产区的勃艮第。"勃艮第"因拥有全世界消费者而变得越发昂贵和稀有，我的离开显然会令我的这位"情人"大为失望，在此之前我们一直关系和睦。

我来到一个默默无闻、被人遗忘但却令我感到非常舒适的地区，希望余生都能在那里度过。我的酒友都是在路上、酒馆里偶遇的人。作家塞巴斯蒂安·拉巴克的作品《葡萄酒的小拉巴克》（南方文献出版社）真是一汪甘泉，我推荐所有偏爱《美酒家族》①而非派克的好酒友阅读这本书。保罗·贝尔酒馆的老板贝特朗·欧布瓦诺也是"天然"（甚至是超天然）葡萄酒的捍卫者，他让我步入既隐秘又人数极少的纯天然葡萄酒酿造者王国。他们尊重土地、葡萄园和葡萄酒，既不在乎赚钱，也不在乎葡萄酒是否被评定为原产地命名控制酒，同时也不会沉醉于用化学手段制作葡萄酒。他们仅仅满足于酿造出口感好又健康的葡萄酒，价格通常也非常合理（大约十几欧）。

少数无政府主义者、特立独行者、海盗以及天然葡萄酒酿造者都喜欢自由。既然这些天然葡萄酒酿造者不用为广告出钱，他们也不会因一些免费广告而感到反感。以下是小部分范例：

鲁西永区：洛伊克·鲁尔（"嫩草"、"意外的收获"、"嘈杂声"、"没什么大不了"）66720 朗萨克；爱德华·拉菲特（"美丽的逃脱"、"铜锣"、"随着岁月流逝"、"岁月的泡沫"）66720 朗萨克。

郎格多克区：让-弗朗索瓦·尼克（"红色十月"、"弗里达"）66740 蒙泰斯基厄代阿尔贝雷。

科尔比埃：马克西姆·马侬（"德玛兰特"）1515 佳丽酿。

---

① 我想起著名美国酒评家罗伯特·帕克喜爱酒体浓郁、口味偏甜、过度成熟、橡木味厚重、经过加热酿造、发酵且经二氧化硫处理的葡萄酒，而著名电影《美酒家族》的导演乔纳森·诺西特并不喜爱这种运用加工技术酿造出的葡萄酒，相反，他偏爱口感自然的葡萄酒。——原注

　　加亚克：罗伯特·博雷若埃尔斯（"百花酒"、"甜白酒"）81140 韦尔河畔科扎克。

　　埃罗：阿克塞尔·普吕费（"樱桃时节"）34260 乐马斯布朗克。

　　米内瓦：夏洛特和瑟纳（"奇迹之林"）11160 特罗斯·米内瓦。

　　巴斯克地区：布拉娜酒庄的伊胡蕾桂白葡萄酒，64220 圣让-皮耶德波尔。

　　朱朗松：克洛·裕鲁拉酒庄的夏尔·时刻，64360 莫南。

　　普罗旺斯产区：让-皮埃尔·法亚尔（"拉隆德桃红酒"、"圣-马尔盖里特"）83250 拉隆代勒莫勒。

　　隆河丘：格哈姆浓酒庄，26770 蒙布里松；达尔里博酒庄（圣-约瑟夫葡萄酒，26600 梅尔屈罗）；凡尔多（塞居勒的"阿曼达干红葡萄酒"）84110 塞居勒。

　　卢瓦尔产区：勒内·莫斯酒庄（安茹莱昂丘的"上等白葡萄酒"）49750 圣-朗贝尔-迪-拉泰；德斯普拉和德维斯（安茹樱桃酒庄的"银河"）49750 圣-朗贝尔-迪-拉泰；里布杰拉酒区（谢维尼的"图博夫葡萄园"），41120 莱斯蒙蒂尔；布尔丹酒庄（索米尔山谷）49730 蒂尔屈昂；艾维维莱马德酒庄（舍维尼的"磨坊"）41120 赛利特；克里斯汀·梅娜尔（安茹撒布洛内特酒庄的佳美葡萄酒"同伴"）49750 莱翁河畔拉布莱。

　　奥弗涅海岸：佩拉酒庄（"持续的号角"）63800 阿利耶河畔圣若尔热。

　　勃艮第：维兰（布哲宏的勃艮第白葡萄酒）71150 布哲宏；摩尔（夏布利"贝艾"）89800 柯芝；让-马克·鲁洛（勃艮第白葡萄酒）21190 默尔索；让-马里·查兰（维尔克莱塞）71260 维兰。克洛榭特葡萄园（马贡内）71960 米利-拉马丁；爱丽丝·维利耶尔（弗泽莱）89450 皮耶尔勒-佩尔蒂伊；乔温特-

肖邦酒庄(勃艮第红葡萄酒)。

科西嘉:多哈西亚酒庄(夏卡雷罗红葡萄酒)莱奇 20137
韦基奥港。

超级波尔多:法国著名画家洛特雷克在马尔罗美城堡出
生并逝世,人们花费不到 10 欧就能享用到城堡里的白葡萄酒
和红葡萄酒(33490 圣-昂德雷-迪-布瓦)。

里昂家常饭馆(Bouchon lyonnais)

难道里昂再也没有家常饭馆了吗?是谁竟敢说这样的话?在
网上就能找到 300 多家:真正里昂家常饭馆、正宗里昂家常饭馆、
从前的家常饭馆……甚至有一家饭馆直接宣称:"我们的经营理念
是将里昂家常饭馆的用餐氛围与美食完美融合"。晚上,饭馆老板
伴着吉他放声歌唱……

您若在看到餐馆招牌上有"真正"、"正宗"的字眼,一定要敬而
远之。莫尼克·杜索要是也把同样的大字刻在她古老又美丽的木
板招牌上,必会立刻引起骚乱。您想想看,旺多姆广场的大珠宝商
有必要大呼"这里有真正的钻石"吗?

只有那些个来自日本、美国明尼苏达州或乌兹别克斯坦的记
者还会相信"里昂家常饭馆"的说法。那些历史悠久又独具特色的
家常饭馆是如何在一座美食之都逐渐消失的呢?

拱顶餐厅老板蕾雅的话依旧在我耳边回荡。她一周内第二次
在餐厅见到我时,说:"你怎么又来了?里昂有那么多家好饭馆
呢!"蕾雅现在恐怕正为当初给我推荐了那几家家常饭馆而感到懊
悔吧。其实,要求不高的话,那几家饭馆还能配得上它们的名字。

这究竟是谁的错?其实谁也没有错。不是家常饭馆的老板变
了,而是社会变了。我刚才跟您提到了莫尼克·杜索,她在皮泽街
12 号开了一家杜索餐厅,如今每天每晚上依然还有一个吉他手在餐

厅里弹奏。在于贡餐厅，人们总能美餐一顿，女老板阿莱特在大厅里笑脸迎客，她的儿子埃里克也很能干，他烹制的牛肚、猪肠肚包、红酒炖猪肉和香酥煎炸牛肚包的均口味纯正，但是……

20 年甚至 25 年过去了。早上 9 点的钟声刚刚敲过，我们，您与我一起去推开漂亮的莫尼克家常饭店的大门吧。挂在天花板上的 3 盏霓虹灯下有十几张桌子和一个约 2 米长的柜台。莫尼克在灶旁仔细检查着新鲜蔬菜，灶台上的生铁锅里正烹着美食。莫尼克已经工作了 2 个多小时。她从 7 点开始，就为早起的邮递员、送货员、道路管理员供应快餐。他们放下手中的蒙塔格尼厄酒，开始品尝猪头肉和猪皮制成的萨博代香肠①、牛肚包和鹅肝馅饼，又享用了理查老妈奶酪。一句话，能吃的好东西真多。

到了 9 点钟，第二波食客又涌来了。我们两人现在正处于台风眼之中，非常宁静。坐在旁边的先生在热情地跟他的嫩煎小牛肉"聊天"，他就是一高兴就说自己是历史学家的布尔迪耶·德·博勒加尔先生。每天早上他都在这儿，大家要问，这可怜的家伙周末该如何打发呢？毕竟，餐馆周六、周日是要关门的。每天晚上也要关门，跟其他有自尊的小餐馆一样。还有整个八月份，什么都不能安排。很难，但必须这么做。大家也都会这样做下去。②

收银台旁那位穿灰衣正在喝苏士酒③的先生是本区的区长。靠那边，正跟肉店伙计聊天的那位，是共和国街上那家银行的收款员。

有人把门推开了一半："莫尼克，昨天的红酒洋葱烧牛肉还有吗？"

"剩下的还够五六个人吃，多了没有。"

---

① 一种里昂菜食。——译注
② 法国绝大多数商家周末歇业。——译注
③ 一种黄色龙胆开胃甜酒。——译注

"够了,我们就四个人,大概中午12点过来。"

"好的。罗歇,把菜放在窗边的台子上。"

"莫尼克,今天都有什么菜?"

"爆炒小羊肉,牛肉卷,一点红酒洋葱烧牛肉,还有小牛肝。是的,米约先生,都是硬菜,反正您喜欢。头道菜可以是酸辣汁小牛舌、小牛头肉,然后跟平时一样,有凉拌生菜、土豆、小扁豆、羔羊蹄。是的,还有去骨猪蹄。对了,还有芦笋,今年的新芦笋。"

您得有点耐心,因为您看得很清楚,莫尼克已经不知道该如何应付所有这些不停进进出出的人了。我们得让我们的莫尼克说点什么了。她喜欢回忆童年。她的父母在阿尔代什经营一家旅店兼餐馆:"那个时候有鳟鱼和淡水螯虾,还有蘑菇。猎人还会给我们送来带毛的野味。这些东西现在都没有了。""那您应该觉得很不幸了?""没有啊,您知道什么事情最令我高兴吗? 就是当门被半推开,有客人对我说:'哎,莫尼克,你家饭可真香呀!'是的,当然了! 当您做一份炖肉、做一份牛肉炖胡萝卜、做一份小牛腿肉,当您看到围坐在餐桌旁那些人脸上满意的神情,您就会在心里感受到一份温暖。您瞧,我并不是个爱夸口的人,但我所拥有、而那些上了电视的大厨们却没有的,就是您在这儿看到的这些人。那位正在吧台干活的太太,您肯定猜不到,是的,她是我们的一位顾客。那位打着红领带的先生,他过去在一家企业工作,那可是一家大企业,现在退休了,太太也去世了。他是我们的常客。您知道他午饭后做什么吗? 来搭手帮我清洗玻璃杯,然后擦干。他喜欢干这个。他说在这儿有在家的感觉。"

"莫尼克,明天午饭菜单是什么?"

"是您最喜欢的周五菜,牙鳕。对了,您的狗找到了吗?"

这就是家常饭馆的时代,最后的家常饭馆,也是最后的家常早餐。听听老人们怎么说,即便是在25年前甚至30年前,他们也会说:"过去可不是这样,从前。"

　　他们所说的从前,是指里昂还有丝绸批发商代理人的年代,这些人在两次发货中间总要来喝一杯,甚至三杯;从前,是指那些最胆大的人勇走"苦难之路"的年代,要得冠军就必须走完全部 12 站,而每到一站,他们都会停下来喝干一杯博若莱葡萄酒(按照当时的规定,一杯应该是 46 厘升而非 50 厘升);从前,是指"以米为单位"畅饮博若莱葡萄酒的年代,即一个人要把吧台上排了一米长的酒杯里的酒喝光,也没有太多,杯数应该不超过一打;从前,是指记者兼好吃嘴皮埃尔·齐泽能够这样赞美美食的时代:"各种浓汁、果酱、鱼汁、浓缩肉汁,低调不拿捏,热情而含蓄,是一朵象牙雕成的玫瑰,精美巧妙而富于启发性,也会带给人温柔的懊悔和微妙的苦恼,这就是里昂烹饪,一种拉辛①风格的烹饪。"

　　对了,都快聊完了,我想起来还没回答您刚才问我的问题:"准确地说,'家常饭馆(bouchon)'一词源自哪里?"我得承认,我也不是很清楚。有人认为这个词可能出自"一串松果",那是古罗马神话中酒神巴克科斯的标志,小酒馆的门前通常都会挂一串松果,而这个"串"字在过去一直用的是"bouche"这个词,经过几个世纪后,演变成了"bouchon"。但也有人认为,"家常饭馆"这个概念应该追溯到有邮政驿站的时代。那时,当驭手在屋内吃饭,有人会用麦草给马匹"bouchonner"(擦刷)身体。房间里有温柔的玫瑰花结,餐桌上有加了开心果仁的猪头肉卷或"煮肉",就是一种蔬菜炖肉。但这一切都已经没什么意义了……什么? 您想知道在今天里昂烹饪的趋势是什么样子? 50%普罗旺斯风味,50%泰式风味。您今晚就想去一家餐馆? 不要犹豫。就去"里昂的雷昂",以我的名义向让·保罗·拉孔布预定个位子。这家餐馆既不是家常饭馆(bouchon),也不是小酒馆的分店,没有"四顶厨师帽",也不是"三星"餐馆,很简单,它就是一家有着新名字"供应啤酒的便餐店"的

---

　　①　拉辛,法国 17 世纪古典悲剧作家。——译注

老式、但永远会让人感到快乐的餐馆。

普罗旺斯鱼汤(Bouillabaisse)

到最后,无论是在港口,还是在城市或村落,男女厨师都会声嘶力竭地、但毫无用处地大喊大叫:"唯一真正正宗的普罗旺斯鱼汤在这里,过了这村没这店了!"

说句玩笑话,可不是我吹,我真的是唯一能够揭开这款独一无二的、真正的、正宗的普罗旺斯鱼汤菜谱神秘面纱的人。您在下文将会看到,普罗旺斯鱼汤与人们通常所想的没有任何关系。

但至少大家应该知道这享有盛誉的鱼汤是谁发明的吧。马赛人对历史真相的要求很严格。很久以来,关于真相众说纷纭。一开始,人们认为普罗旺斯鱼汤是由维纳斯本人发明的,后来这个说法又几经修正,最后确定了下面这个版本,虽然对于这个版本所达成的共识也多少有些牵强:最早有了这个煮鱼汤想法的是地中海当地的渔民。中午时分,在某个小海湾或海滩上,他们将煮锅架在柴火上,把他们认为最不好的、卖不出去的鱼放进锅里煮成汤权当作午饭。

随着时间的推移,普罗旺斯鱼汤逐渐成了普罗旺斯美食的"灯塔",备受"膜拜"(我也是不巧,赶上了这个莫名其妙的现象)。19世纪初,普罗旺斯鱼汤甚至在巴黎登场。来自马赛的"普罗旺斯三兄弟"实际上并非直系血亲,他们在皇宫,也就是今天的维富大酒店不远处开了他们的普罗旺斯三兄弟餐厅。餐厅菜价昂贵,是波拿巴和巴拉斯子爵经常光顾的地方。1808年起,餐厅换了装饰,巴黎上流社会纷纷前往享用橄榄油大蒜鳕鱼羹、鲱鲤、普罗旺斯羊排,当然还有普罗旺斯鱼汤。格里莫·德·拉雷涅尔(参见该词条)对此有过这样的记载:"在那儿很难找到座位。想要吃上鱼汤简直得进行一场战斗。"遗憾的是,鱼汤里究竟有什么内容,他只字未提。

那汤里是否只有鲱鲤或用小墨斗鱼、西红柿和红酒做成的"睡鼠"，或跟马蒂格餐馆的一样，只有鳕鱼？或者，像在距土伦市不远的勒雷维斯特-雷-欧餐馆的一样，汤里只有普丁鱼、沙丁鱼、真骨鱼和索科莱鱼这样的小鱼，再配以菠菜、牛皮菜和酸模？或如在阿格德镇那样，要加苦艾酒和龙虾，使这道原属于贫民的菜变成了阔佬菜，并因此深深惹怒了谙熟小人物生活的作家马塞尔·巴纽尔？还是就像马赛人那样，在汤里放土豆？这种做法一直令不少纯粹主义者所不悦。普罗旺斯鱼汤里放的究竟是什么鱼呢？难道都是鱼类"贵族"：豪华鲷鱼、狗鱼、大菱鲆、海鲂、鮟鱇，或者是其他更为罕见的鱼类，比如海鳗或海鳝吗？甚至，为了保持原始汤的简朴特色，专门用鲉这类岩礁鱼？这种鱼淡而无味，用它做什么菜都不大合适。还是用了鲂鮄类鱼、红鲂鮄、魟、鲷鱼或鮟鱇鱼？或者是 1895 年伟大的勒布尔在其《普罗旺斯食谱》中提到的那些不可或缺的章鱼、沙丁鱼和鲭鱼？再或者，是马赛人不肯轻易放过的涂了大蒜和锈红色酱汁的面包块或家常干面包片？

我在前面提到过的那些早期渔民，假使他们有橄榄油、西红柿、牛奶和洋葱，也不可能有藏红花。当然，也许人人都会对您说，普罗旺斯鱼汤缺了藏红花，就好比马赛缺了"好妈妈"牌肥皂[①]，虽然大仲马有一天没头没脑地说过"它的味道可能招来死神"……

最后，马赛一些抱有美好愿景的餐馆签署了一份"契据"，目的就是保护和捍卫"正宗菜谱"。但这份契据需要像对待"堵住了港口"的沙丁鱼那样认真执行。

不，还是忘掉这一切吧。20 世纪 80 年代初，也就是在摩天大楼和高速公路如雨后春笋般出现之前，我在上海早已不是旧时模

---

　① 马赛肥皂颇为出名。——译注

样、令人感怀的原法租界吃到过地道的普罗旺斯鱼汤。

当时有人给了我一个地址，那是上海市最后一家也是唯一一家法国餐馆，我赶紧去了一趟。餐馆正门上挂着一盏红灯笼。全然是不期而至。我和旅伴推开了那个昏暗的、无人问津的简陋建筑的门。空荡荡的餐馆里，只有孤零零一位涂了脂粉的老太太，她正在调节一台老式留声机，里面传出的声音勉强可闻，是伊迪丝·琵雅芙①的歌。是的，那一刻，我们真的仿佛置身法国，甚至有在马赛的卡内比埃尔大街的感觉，因为老板娘把浓重的马赛口音也带到了上海。

应该说，那个时候鲜有法国人光顾她的餐馆，但我们的到来似乎并没有引起她多少对于祖国的怀念之情。她叫罗西，"罗西太太"，更早以前也有法国人去过她那里，对她来说，那才叫"大场面"。

"今晚，很平静。"说完，她打开一瓶开过的陈年茴香酒，简要地讲述了她来到"天子之国"的这个旮旯儿的原因。被占领时期②，她在马赛的帕尔耶区开过一间"店铺"，"那是一间非常漂亮的铺子，应有尽有，卧室、浴房。你们应该看见过那种地方。有一帮很棒的客户和一群热情的姑娘。从来没出过什么事。道德问题么，就免谈了。"

法国解放时，她因"个人原因"离开了法国。在印度尼西亚短暂停留后，到了上海，然后与一个中国人结了婚，或者姑且说"结了婚"。他们开过一家酒吧，楼上设有卧室和"法国风情服务"。从街上找来的一个皮尼昂③女人和一个来自堤岸④的姑娘提供"服

---

① 伊迪丝·琵雅芙(1915—1963)，法国著名歌手，《玫瑰人生》的演唱者。——译注
② 指1940—1945年德国占领法国时期。——译注
③ 法国东比利牛斯省省会。——译注
④ 越南胡志明市的一个区，最大的华人区。——译注

务"。在当时法租借官署的庇护下,他们的生意一度兴隆,生活美满,但到了第二年,解放军到了这里,罗西太太只好搬出她妈妈的拿手菜,改行干起了另一个"法国风情"行当。后来,男友死了,剩下她一人,在这里孤苦地支撑着她的法国美食。烦闷无聊从此无情地腐蚀着那间殖民者建筑原本漂亮的门面。

故事讲完,她向我们提议说:"我昨天做了个普罗旺斯鱼汤,剩下的足够两个人吃。你们想吃吗?"

什么?! 在"小红书"的国家居然能吃到普罗旺斯鱼汤! 怎么可以拒绝呢?

不大工夫,普罗旺斯鱼汤冒着让人期待的热气上桌了。30 年过后,罗西太太关于海的记忆已经发生了奇妙的变化。她端上来的是一种说不上是什么颜色的浓汤,比起藏红花,那颜色更近似鱼露①,散发着一股明显的五香粉味道,还用了潘诺茴香酒提味,汤里煮了黑木耳、生菜叶、西葫芦片、红萝卜丁,还有面条。汤里的海货一看就是鲍鱼,还有一些无法辨认的肉丁,老板娘很高兴让我们知道它们的俗名:鲶鱼、鲨鱼和鲤鱼。

我们不迭声的称赞一看就是真心为了让这位大胆的烹饪大师高兴。她说:"我很高兴跟懂行的人有交集。在这儿,除了几个外交官,多数人对法国菜一无所知。"

实惠的饭菜(Bourgeoise[Cuisine])

饭菜有宫廷级别的,也有深得人心的。家里的饭菜不是妻子做的就是妈妈做的,怎会有不喜欢的事情呢? 这种简单可口的饭菜在很大程度上属于我们的历史,属于我们赖以生存的土地,属于我们的集体记忆。可口的饭菜总是与温柔之情协调并进,因为二

---

① 越南一种用盐水浸泡鱼获得的调味汁。——译注

者是一个人用来表达爱的最具说服力的两种方式。

　　但是，我们可不能轻易上当。实惠的饭菜确实已经消失（包括"实惠大餐馆"，这一点我将在下文关于安德烈·吉约的章节里细谈）。话说回来，我们可能应该说实惠的饭菜基本上消失了（也可能不会永远消失）。就从女守门人开始说吧，她们过去曾是供奉女灶神的人。我们已经很久不能在楼梯间里闻到邻居家飘出的洋葱回锅牛肉的香味了。只有在家里，这唯一没被攻克的最后一方底盘，还在忠实地敬重着焖肉、白汁肉块、蔬菜烩肉、红酒洋葱烧野兔、蔬菜烧肉、去骨小牛头肉、牛舌肉、苹果蛋挞和克拉普蒂蛋糕。大超市里大获成功、包装上饰有名厨头像的食品半成品，终于让我们丧失了从容运时间的能力。由于大家都"没有时间"，可口实惠的饭菜原本稳固可靠的位置已经被这些半成品抢了去。"新小酒馆"的浪潮大受追捧，这种餐馆接受了一种更有抱负的、却不可能达到顶峰的餐饮模式，但非常可能落得丧失一切。

　　深受启发的作家阿兰·热尔贝说得非常正确："十之有九，实惠可口的饭菜总是要求人借助各种方法，努力达到完美，而且那些方法也都不是固定不变的。现在，这种饭菜已经变成小资产阶级的了。"如果这都不算什么，那就更糟糕了。像马塞尔·普鲁斯特的女看门人，或者说像他的弗朗索瓦兹（看门人现在也被一个号码替代了）那样在家做饭，如今已经不是什么愉快的事情了。随着历史前进的步伐，穷人吃的饭逐渐变成了富人家的饭菜（只要想一想什锦砂锅①和普罗旺斯鱼汤就能理解了）。我最近读到费兰·阿德里亚的一个表白，他可是一位家产万贯的大厨师，他说："我才不管我妈做的啥呢！"我理解他这话想要说什么，他是那种专心致志研究最前沿烹饪的人，但同时，我也很高兴得知，当他坐下来吃饭时，也很享受火腿、美味家常老菜。实际上，一个懂得美食的人是

---

　　①　一道法国菜肴，用扁豆、鹅、鸭及猪肉或羊肉炖制而成。——译注

不可能忘掉对母乳的记忆的。

对于实惠可口的饭菜,最有名气的厨师也往往由于缺乏与一种艺术精神的默契,而每每尝试失败,那种精神是他们根本不具备的。安德烈·阿拉尔告诉我们:"一个名厨要做一道萝卜土豆烩羊肉,他会非常犹豫到底该不该放有肥油和骨头的下水。从美味角度讲,只有肩膀肉和腿肉,是永远不可能被称为烩羊肉的。有的人会给它配上非常讲究的酱汁和精心拌过的蔬菜,这样做出来的烩羊肉也完全不是那回事。"一道菜也许并不具有最高贵的灵魂,但它却拥有自己的精神。

一说起实惠饭菜衰落的原因,就立即会有人说食材不足是罪魁祸首。这种托词充其量只能说明一半问题。那些非常好吃的食材的确很贵,而且也比以前更难买到了。但我们还是不要太夸张了吧。食材并未到无法触及的地步,人们最缺乏的是发现它的天赋。这是一个应该把年轻的孩子们带到市场教给他们的事情。

说到这里,我想起在圣芒代我常去的那个小市场。有一位优雅的突尼斯太太,她那卖肉的案子就是一餐盛宴,既能让人饱眼福,又能满足味觉享受。她所有的东西都好吃且不比其他摊位贵。我问过她的货源,她说跟别人一样,都来自汉吉斯批发市场①。但怎么会这么不一样呢?她回答说:"是因为我丈夫,他的鼻子很厉害。"

事情也不会比这再复杂多少,这完全可以学得来,除非是个傻瓜。因此,我想,并非所有的事情都是损失。

我还得举阿拉尔的例子(哦!她太太费尔南德的拿手菜鸭肉炖芜菁简直没的说!)我记起很久以前他提到的一个想法,应该是有点预知性的,希望是吧。他说:"是生态学将实惠的家常菜又带了回来。"他又说:"我们很高兴看到,随着我们逐渐远离家常菜,而

---

① 位于巴黎南部世界最大的食品批发市场,1969 年建立。——译注

去模仿美国人,反而使美国人放弃了他们自己的饮食习惯,去追求那些不久前还属于我们的菜品。"

您一定会说是的,但所缺乏的一是女人,二是时间。

实际上,"妈妈们"总是会屈指计算的,而且,与有些媒体想要我们接受的胡言乱语相反,多数年轻女性,即便出生厨师世家,也绝不愿意从事这项艰辛的工作。在那些老板娘亲自下厨房的餐馆,一般会请一位不大有名气的厨师,受聘的厨师虽然干的仍是本行,却会有被降低了身份的感觉。

去法国南方圣特罗佩郊区一个葡萄种植园温馨的小农舍吃了顿晚饭,我才注意到,直到那时,我长久以来唯一引以为乐事的晚餐菜单已然面目全非。除了一份披萨拉叠点心,普罗旺斯菜已经荡然无存。当然,披萨拉叠点心倒是美味依旧,但其余的东西简直糟透了。用糖、蛋黄、面粉做的带状甜点仿制得极其拙劣,却不乏玛丽·安东尼·卡雷姆式的过分殷勤和高明的遮遮掩掩,此人曾侍奉过数任皇帝和塔列朗(参见该词条),是个非常精于此道的人。晚饭吃到最后,厨师来到我们桌旁。一开始,是位勇敢的妇人在为我们做晚饭,后来这位厨师替代了她。他说:"我得跟您说一下,米约先生,我在里昂和巴黎的大餐馆都做过。这儿么,我准备把一切都彻底更新了。我之所以留着披萨拉叠点心,是想为以前的厨师留一份快乐。不过,您不用担心,我已经想好能替代这种点心的东西了。那是一种圣-雅克烘摅奶油,您会赞不绝口的!"

又有一次,是在上瓦尔省,我踩着正午 12 点的钟声,来到迷人的乡村广场喷泉前的一家小客栈,《高米约美食指南》曾经宣传过这家客栈饭菜美味,服务诚恳。我在客栈外墙上的菜单上读到:"鱼子酱鸭脯肉",我向您保证这个菜很棒! 但见新来的厨师站在门口,双臂交叉在胸前,正在等待顾客。不用多问,我逃掉了。正如法国作家罗兰·巴特在提到"表面浇汤汁"的饭菜时所精妙指出的那样:"人们想尽办法要在菜品表面加上酱汁、要将食物掩盖在流淌的酱汁、奶油、融化的肉冻之下。(……)由此诞生了一种有保护层、能'补救'的烹饪,这些保护和补救实际上是在竭尽所能篡改食物的原始属性、美化肉类的野蛮和掩盖甲壳类动物的粗糙。"

还是来说说我们的女士们吧。当她们进入餐馆的厨房,脑子里就只有一个想法,那就是,欲与男人试比高,甚至超越要他们,成为维拉、罗瓦索或卢布松①那样的厨师。这对我不会有什么影响。如果她们当中有人取得了三星资格,或者技艺出色到足以在索邦②开课,我甚至会为她们感到高兴。但是,就我个人的想法,我倒认为,她们没有必要像追溯历史一样去追随那些有着传奇色彩的家庭主妇,而应该向若尔热特·德卡、奥迪勒·昂热尔、费尔南德·阿拉尔、阿德里安娜·比亚赞③的灵魂祈愿,向这些女性所钟爱的烹饪之道祈愿,对她们来说,只要愿意,女人完全可以是无以比拟的。您完全可以是独一无二的,为什么要想着去与别人争高低呢?

而在家里,如果女人们甘愿认输,她们会说,那是因为没有时间,也因为越来越少的妈妈们会将烹饪的薪火传递给女儿。是的,我们同意这种说法,但还是不能完全被说服。家里香喷喷的饭菜,事先做好,第二天再加热后只会更好吃。说老实话,难道真不能时不时花上一个晚上的时间,少看一集《欲望岛》或《急救中心》④,去做一份白汁肉块(一定不要加面粉!不加面粉!),好让全家人第二天美美吃一顿吗?难道真不值得吗?

---

① 维拉、罗瓦索、卢布松均为米其林三星顶级厨师。其中罗瓦索因星级可能被降,于2002年自杀。——译注
② 现在巴黎一大、三大、四大等名校所使用的校舍,曾经的索邦神学院所在地。此处有"级别高、影响力大"的比喻意。——译注
③ 此处6位均为法国著名女厨师。——译注
④ 《欲望岛》和《急救中心》均为法国系列电视剧。——译注

实际上，还是有理由报以希望的。烹饪学习班座无虚席，烹饪书籍的数量和销售量均达到前所未有的程度。难道这只是时尚效应？我不想妄加推测。我们肯定无法回到《追忆逝水年华》里弗朗索瓦兹的时代了，也回不到品尝科莱特的美食的年代了。但是，香奈儿说"时尚，就是会不断过时的东西"是否有道理？我的朋友热贝尔说"时尚，就是有一天又复为时髦的东西"是否有道理呢？

时尚 (Branché)

时尚的餐厅、时尚的烹饪、时尚的美食、时尚的大众以及时尚的点评……

人们很爱翻阅最新的美食期刊、时尚杂志、餐厅的菜单和期刊杂志内附的广告。刊物上使用的是实时更新的流行语。这些新的表达方式都可以构成一部词典了，就连法国著名学府索邦大学都可以据此开设讲座了。以下是我碰到的一些流行表达，挺有意思的，只不过顺序有点乱，里面没有任何我自创的成分。其完整的表现形式及内涵之美简直是一门原生态的艺术。

> 沙丁鱼在甜菜中退化
>
> 汉堡配三角巧克力
>
> 亚甲蓝鲁斯杜克鲁小贝壳面①
>
> 鹅肝鸡蛋蒸碗
>
> 半只剃毛鸽子
>
> 金属装饰的香草和水果
>
> 冰火、冷热、生熟、固液两极烹饪法

---

① 鲁斯杜克鲁 (Lustucru)，法国知名食品公司。——译注

　　时尚花椰菜、时尚沙丁鱼、时尚牛肉……

　　斜直造型的甜点

　　灵感大厨

　　传统与现代烹饪结合法的缔造者

　　小酒馆式社交环境

　　热情饱满的法式时髦餐厅

　　雅致的"商务 70"食堂

　　新概念

　　矛盾烹饪法战士

布里亚·萨瓦兰(Brillat-Savarin)

　　美食界大佬让·安特勒姆·布里亚·萨瓦兰是个很大的庸才吗?

　　大是肯定的,因为他个头高。尽管很多人说他是庸才,但1825 年,他去世的前一年,他的《厨房里的哲学家》一经出版,便立刻热卖,至今畅销不衰。他曾在法国最高法院任职,爱好美食,外号"启蒙运动的老实人",会讲四门语言,广泛涉猎各种知识,包括化学、政治经济学、医学、天文学、考古学并且还会一门乐器——1794 年巴黎"恐怖统治"[1]时期流亡到纽约,在剧院担任首席提琴手。他真的是庸才吗? 他还发明过一种奇怪的工具,比"喷香阀"[2]好一点。

　　该书受到德国社会学家霍夫曼的高度赞扬:"这本'美食圣经'为吃的艺术带来灵感"。巴尔扎克也对该书赞不绝口,认为可以与

---

　　① 法国大革命时由罗伯斯庇尔领导的雅各宾派统治法国的一个时期(1793—1794),又称"雅各宾专政"。——译注

　　② 可使香水喷出的小机关。——译注

法国作家拉·布鲁耶和拉·罗什富科的著作相媲美,他说:"只有他深谙读者的心理"。话不是原话,意思是一样的。他还说:"他虽然个子高,见识却不短。"

除了对他及其作品的褒奖,当然还有批评。法国诗人波德莱尔认为他只不过是个肚子圆滚滚的无用之人,只会抄袭别人的名句。法国大厨卡莱姆讽刺他不懂吃:"布里亚·萨瓦兰和冈巴塞雷斯①一样,他们吃只是为了填饱肚子。"巴尔扎克的朋友、美食记者夏尔·蒙瑟莱指责说:"布里亚·萨瓦兰思维一点也不严谨。他只不过是个爱喝汽水、哗众取宠的人罢了,而且还抢走了属于格里莫·德·拉雷涅尔(参见该词条)的所有荣誉。"

晚宴东道主屈西侯爵认为该书没有太大价值:"布里亚·萨瓦兰虽然吃得丰盛,但吃和没吃一样。他不会选菜、不会说话、没有朝气。"爱德华·尼农对此书懒得予以评论——《厨房里的哲学家》一书中"四菜合一"的做法让布里亚·萨瓦兰这个烹饪骗子很感兴趣。他将金枪鱼煎蛋卷、鲤鱼鱼精煎蛋卷、鸡蛋汁以及奶酪火锅合为一道菜,并把它置于美食的巅峰。爱德华·尼农对此无奈地说:"他对烹饪艺术真是一窍不通。"

人们对他在"神圣同盟"②中起的作用也深表怀疑:他只不过是在夹缝中求生存罢了。他爱吃鸡肉,吃前,会让人把鸡血抽干净。然而这样做的话,肉汁就不鲜美了。他认为火鸡的肉是家禽中最好的,其次是小肥母鸡和阉鸡。他在书中写道:"火鸡无疑是新石器时代的尤物……"

为什么布里亚·萨瓦兰成为众矢之的? 与酒有不解之缘的波德莱尔指责他是因为书中缺少红酒的介绍,卡雷姆是因为书中没

---

① 冈巴塞雷斯(1753—1824),法国政治家、律师。——译注
② 1815年9月由俄国、奥地利、普鲁士三国君主结成的反法同盟。——译注

有提到他的大名而耿耿于怀,其他人则是把对象身份搞错了:布里亚·萨瓦兰既不是厨师也不是真正的美食家,他是仓促之下被选为"美食教皇"的,所以不能用对外交大臣塔列朗(参见该词条)和男爵布利斯的标准评价他。他也不像美食记者格里莫·德·拉雷涅尔、约瑟夫·法夫尔或夏尔·蒙瑟莱那般专业,因而屈西侯爵所著的《烹饪艺术》能让人口舌生津,他的《厨房里的哲学家》则没有这种效果。其实,他是非常善于表达的,书的第二部分《杂篇》就讲得非常好,最终成为经典。而当他所谈事物比较新颖的时候,就不太会描述了,这一点在书中也很明显。

书的另一个标题《超验美食遐思》就表达得清晰明了。作者希望和他的读者达成关于吃的合理共识。他既没有教读者如何做饭,也没有谈论就餐感受,有人怀疑他压根就没经历过这些,所以那道熏人的"四菜合一"的"佳肴"备受质疑。

尽管如此,他的一些名言仍口口相传至今:"告诉我你吃什么,我就能知道你是什么样的人"、"上帝让人必须吃饭才能生存。因此他给予人类食欲,让人在吃饭中感受快乐"。有的句子则颇具争议:"厨艺是后天培养的,但人天生就会烤肉。"还有的就是变着花样说些陈词滥调:"贪吃是我们更关注好吃的食物而非难吃的食物的一种判断行为"、"渴是一种想喝水的感觉"。更别提那些荒谬的言论了:"金融家必定比他的职员胃口要好……"

这些都不是重点,重点是他的新意。

布里亚·萨瓦兰是理智剖析美食第一人,他使美食成为一门语言。

我不确定这本书能否满足所有读者的需要,像教授、研究员和社会学家铁定能在其中找到兴趣点。据此,社会学家罗兰·巴特完成了《厨房里的哲学家》(注解版),由赫尔曼出版社出版。他在书中写到:"本书字里行间都透露出'人的特性',即人的欲望(原文中有讨论),不同的人有不同的欲望。"所以,布里亚·萨瓦兰不是昙花一现的美食爱好者,而是美食的理智分析者。

他去世前就曾预言过"分子美食":"化学能够揭示味道产生的基本元素,这一点毋庸置疑。后来人会更清楚这一点。"

的确,"未来派烹饪"先驱于勒·曼卡夫在1914年说过:"我们追求的是一种符合现代科学观念的烹饪方法……"

烤鸭(Canard laqué)

这恐怕是世界上最为昂贵的烤鸭了,价值 10 万美金。《高米约指南》是一本发行于美国纽约地区的美食杂志,其中某期介绍了纽约市内一家颇受欢迎的中餐厅,并将它批得一文不值,由此惹祸上身。杜鲁门·卡波特向我讲述了整个事情的经过……实际上,这家中餐厅的主人姓周,在伦敦也开了一家分店,那里的菜品姑且尚可,但纽约这家的食物却味同嚼蜡、不值一提。

北京烤鸭早在中国宋朝代(公元 10—13 世纪)就闻名于宫廷,清朝的乾隆皇帝更是对此青睐有加。但周先生店里的招牌烤鸭却名不副实,与历史上的名菜相去甚远。传统的北京烤鸭本有三种吃法,他们能做的就只有一种,不仅如此,本该轻蝉翼的薄饼也被弄得跟煎饼似的,又厚又硬,这种低级错误简直不可原谅。

然而,周先生凭借这雄厚的财力和宽广的人脉,竟一纸诉状,将我们告上法庭,以杂志损害其餐馆名誉为由,提出高达 10 万美金的经济赔偿请求。这样的事情不仅在美国,就是在全世界也是闻所未闻、见所未见的。为了避免在诉讼中出现偏袒之嫌,狡猾的周先生还雇了一位在纽约和巴黎都开有事务所的法籍律师。

随后,也不知怎么的,布鲁克林法院竟然受理了诉讼请求,并开庭审理此案。陪审团大部分成员都是波多黎各黑人,他们对烤鸭应该有独到的品味吧？庭审中,起诉方慷慨陈词,矛头直指两个法国撰稿人,控诉他们傲慢无礼,不仅夜郎自大地教美国人怎么去吃,还敢班门弄斧地指点中国人怎么去做。随后,他们又要求当庭演示,以证明中餐馆主厨高超的技艺,陪审团遂即允准。

一场精彩的"马戏杂技"随之登场。只见两名中国人拖着一张桌子和一小罐煤气进入庭中,桌子上摆放着一个小炉子,一口平底锅,一大碗用来做薄饼的面糊。这时,一位大腹便便、头戴高帽的厨师走上前来,摆开架势干了起来：他的手臂开始夸张地挥动着,活脱脱一个拿着指挥棒的托斯卡尼尼,着实令人捧腹不禁。二十几张轻如烟纸般的薄饼凌空而起,不断的翻腾着。最后,厨师将薄饼盛在盘子里,邀请陪审团、法官及其助理品尝。

这场闹剧的确精彩,但结局就不那么尽如人意了。法庭宣布支持原告主张,并判定《高米约指南》罪名成立。所幸的是还有上诉的机会。

后来,《纽约时报》发表评论文章,声援我方主张。正所谓一石激起千层浪,全美600多家媒体也纷纷响应,联合支持我们提出上诉,形势开始好转。实际上,这些传媒势力之所以如此积极,并非真是为我们鸣不平,而是在维护公众的话语权和评论权,因为一旦杂志社败诉,这对自由评论权将是极大的打击,美食界如此,其他领域亦然。

诚然,上诉律师费就差点让我们破产,所幸的是这钱倒也没白花,这一次法官没有同意他们再搞什么当庭烹饪,周先生最终败诉。

从那之后,我几次路过纽约都收到中餐馆的诚挚邀请,皆以事务缠身为由婉拒。直到有一次再难推诿,只得应邀赴宴。周先生敬我如座上宾,热情之至,仿若多年老友。这一次,他们准备了三种吃法的烤鸭，薄饼也轻如蝉翼，更重要的是，周先生向我道出了当年诉讼的隐情："米约先生，谢谢您送给我了一件最好的礼物。虽然我并没有赢得那次诉讼，但也正是因为如此，我们餐厅受到了媒体的广泛关注，您看看这成千上万的评论，还不算电视和广播的报道，我现在也算是家喻户晓的名人了。再没有比这更好的宣传手段了！如今，全美国都知道周先生的中餐厅，我马上就要开连锁店了，您真是帮了我的大忙啊！"随后，他又惬意地补充说："这也是我对您提出诉讼的理由。实际上您的评论字字珠玑，有理有据。"

烤鸭这件事使我变得更加的谨慎，我再也不会去那些"正宗"的中餐馆挑刺儿了，因为当我们了解北京烤鸭的制作工序后，就知道这些所谓的"正宗"都是名不副实的。

首先，鸭子的饲养是颇为讲究的，特别是北京、天津和内蒙古地区的养鸭方法尤为特别。鸭子养到大概两个月，体重达到 3 公斤时就会被宰杀。其饲料主要是玉米、黑麦、黑米和碎谷等，喂养剂量也得控制得当，这可使鸭皮光滑、肉质细嫩。这还不算，烹制一步才是最为关键、最为重要的。将鸭子宰杀后，遂将其浸泡在 60 摄氏度的温水中，并以姜末入味。然后用小镊子去掉鸭身的毛茬，再用特制的气筒，从放血口处向里面吹气，直至鸭身膨胀。接着在鸭身上开一个约 5 厘米的小口，小心地将内脏取出，并用净水冲洗三遍，再用滚水浇淋。等这些都完成之后，在鸭身上涂满蜂蜜，并将其置于阴凉通风之处，风干 12 小时。最后，从鸭尾部注入半腹滚水，然后将尾部封住后置于特制的烤炉内，这样，鸭腹中的水蒸气就会由里而外地使鸭子熟透。

烤鸭烘制有几种不同的方法，电烤箱便是其中之一，既是最现代也是最蹩脚的方式。其他几种都是传统的做法。另外一种是封闭的烤炉，事前经过玉米棒子生火预热。还有一种砖砌的开口烤炉，炉顶安置金属钩，将处理后的鸭子悬挂其间，炉内温度亦应控制在 250 摄氏度左右。至于烧火用的柴火，大多使用梨树或枣树枝,因为此类果木燃烧时少有烟尘,不会对肉质产生影响。此外,炉内的火苗亦不能接触到鸭身,而应让炉壁散发出的高温持续烘烤,即可使得鸭皮焦香松脆。在此期间,还需适时地翻转鸭身,保证其受热均匀。这可不是个简单的活计,烤炉里面可不只一只鸭子。炉火一定得精确把握,多一分则鸭皮干瘪,少一分则肉质油腻。

你们现在应该明白为什么欧洲不会有正宗的烤鸭了吧,如此复杂的制作工序绝非普通餐厅能轻易掌握的。法国市面上那些所谓的"烤鸭"大多都是油炸的,涂抹的也只是一种带蜂蜜的酱料,难免有些东施效颦的意味了。其味道也许尚能差强人意,但与正宗的"全聚德"烤鸭相比,则绝不可同日而语。北京"全聚德"创建于130多年前,以经营烤鸭为主,该餐厅占据几个楼层,可容纳800名顾客同时就餐。近年来,"全聚德"已经发展成为一家大型国际化餐饮集团,其分支机构遍布世界各个角落。不论怎样,北京烤鸭的吃法大致有三道程序,巴黎十三区的某些中国餐厅就是这么做的。比如乔伊兹大街(Avenue de Choisy)上的"丰顺餐馆",以及雅弗洛街的新唐人街餐馆,离陈氏超市①很近。在我看来,中餐馆是这座城市最"善变"的建筑,不管是老板还是主厨都跟走马灯似的来来往往、换个不停,所以我可不敢保证您以后一定找得到这家餐厅。

回到正题上来,北京烤鸭的吃法是有所讲究的,并不是我们经常在中超里面看见的那种鸭肉块。"片鸭"是门技术活儿,通常都是当着食客现场进行的。首先将鸭皮、葱丝、大蒜或黄瓜条卷在一起,包裹近乎透明的荷叶饼里,并放入一种带些许咸味的甜酱中,鸭皮的松脆与荷叶饼的松软相得益彰,入口甜酥;然后,鸭肉必须

---

① 法文名"Tang Frères",当今西欧最大华商企业,在巴黎有多家连锁超市。——译注

薄而细,每一片肉都须带皮,一般是和着青菜炒面一起食用;最后,做烤鸭时留下来的汤汁会被制成蔬菜汤,清新可口,不失为另一道美味。此外,我还要告诉你们一个惊人的窍门,把烤鸭和夏隆堡的阿布瓦白葡萄酒配着吃会别有一番风味。

如果你们想品尝烤鸭,其实并不用非得千里迢迢地赶去北京,陈氏超市里面就能买到,或者也可以去乔伊兹大街上的利口福餐馆(Li Ko Fo),那可是十三区最有名的中餐馆之一,至于味道么,也就说不上有多正宗了。

北京烤鸭是中国古老的传统美食,就连历代帝王将相都对其赞不绝口。我就不再一一赘述了。

既然都说到中餐馆了,我想问诸位一个小问题:你们知道大巴黎地区一共有多少家中餐馆吗?需要说明的是,这里所说的中餐厅不包括那些越南、老挝、柬埔寨或泰国餐厅。不知道?让我来告诉你们吧,答案是有一些,或多或少,上下浮动。中国人的"计数方式"颇为独特,同一个问题,站在不同角度就会有不同答案。前些年,十三区还是著名的"暴力街区",区政府曾公布某年的死亡人数为3人……很多人都没有明白,这3个中国人究竟是怎么死的。

不过我倒是确实知道第一批中国人是怎么到达巴黎的,这段历史鲜为人知。

人们通常以为中国人是在第一次世界大战后才来到巴黎的,事实并非如此。早在1910年,卡尔姆街上就出现了第一家中餐厅,服务的对象主要是中国驻法国的外交官员,而且后堂还专门设置了吸食鸦片的场所。20世纪20年代,一大批支援法国的中国劳工[1]并没有踏上返航回国的轮船,而滞留在巴黎里昂车站(Gare de Lyon)[2]

————————

[1]　一战爆发,以英法为首的协约国兵力吃紧,北洋政府同意派遣劳工协助作战。——译注

[2]　位于巴黎十二区的巴黎七大列车始发站之一。——译注

附近阴暗的小巷子里，比如拉古诺街和布鲁诺瓦巷。他们挤在破旧不堪的小旅馆中默默无闻地生活着。后来，这些人开始从阿拉伯人手中收购小型皮革商店，并在倒卖中获取利润。

1923年，里昂车站尚属边缘街区，第一家中国饭馆开业，随着时间推移又陆续开了两三家，主要以经营汤品为主。实际上，这些中式小店还挺出名的，因为许多上层人士经常会派自己的仆人或司机去那里买鸦片，让·科克托就是其中之一。后来，该街区被拆除重建，那些中餐馆也随之销声匿迹了。第二次世界大战时，尽管巴黎早已沦陷，仍有100多个中国人顽强地生活在法兰西岛①上，他们不愿意就此放弃自己的法国梦，但也一直默默无闻，并没有继续经营餐厅。1940年后，以前的"中国劳工"摇身一变成为了餐厅业主，也是从这个时期开始，东南亚餐饮逐渐进入法国，甚至在拉丁区都有店铺。尤其是在奠边府战役之后，越共控制了越南北方地区，大批难民逃亡法国。在此之前，交趾、堤岸和西贡②三地都是中国人的聚居区，因此巴黎的东南亚餐馆或多或少都有些中国味道。

20世纪60年代以后，中国爆发"文化大革命"，相当一部分人经由香港来到法国，他们在安定下来之后，陆续将国内的亲人和朋友也接了过来，并聚居在意大利广场（Place d'Italie）和美丽城附近，逐渐建立起了巴黎"中国城"。当然，他们的势力并不只限于上述两个街区，就连拉丁区的维克多·雨果大街上也有许多中国人开的小卖部或咖啡厅。在诸多移民中，中国人一直谨守秩序，从不寻衅滋事，即使出现矛盾，大多也只是在内部解决。

然而，我仍旧想说，巴黎的中国街区远远比不上纽约、旧金山

---

① 法兰西岛是法国的一个行政区，以巴黎为中心，俗称"大巴黎地区"。——译注

② 交趾、堤岸和西贡均为越南旧地名，后来三地区合并为今天的胡志明市。——译注

或是伦敦的"中国城",更不用说以华人为主的新加坡和中国香港,餐厅也是如此,我们和别人还有相当大的差距。

菜单（Carte［Lire une］）

以前,当我穿梭于法国的大街小巷,搜寻着各种美食珍馐时,我喜欢光顾一些陌生的餐厅,天知道那里面会有些什么样的东西,这种冒险的兴奋每每使我欲罢不能。当然其中不乏糟糕透顶的小饭馆。我窃以为这甚有必要,若未历于糟粕,又何能品于精华?

渐渐地,我不再那么随意地乱闯,而会更注重餐厅的外观,有时这很能说明问题。我也会一边走一边阅读餐厅外墙上悬挂着的餐牌或菜单,这确实让我邂逅了一些不错的去处。如坐落在维克多·雨果大街上的克洛德·佩罗餐厅,刚刚开张,鲜有人知,离我家也就 3 分钟路程。

有时,我也会碰见一些稀奇古怪的餐厅。一次,我在欧兹瓦-拉菲里附近意外地发现了一家小餐馆,门口上的餐牌写着"老板牌熏鲑鱼"。嗬!看来这家餐厅卖的鲑鱼,一定是老板亲自到山涧中抓回来,又亲手熏制而成的。我迈着谨慎的步伐走了进去,刚一坐定,便迫不及待地招来侍应问道:"贵处这道鲑鱼和'老板'有何关系?"他朗声道出了原委:"因为鲑鱼是我们老板亲自操刀片的。"接下来的菜品却也算不上糟糕,只是兔肉酱中有根羽毛,牛肉汤里有只苍蝇。我遂即叫来了侍应要求撤换,谁知他们竟然将苍蝇挑出去后,又把牛肉汤原封不动地端了回来。最滑稽的是,苍蝇虽然被请走了,可是它的表兄又来了。只见一只硕大的蚊子浮在汤面上,在绝望中不停地扑腾着、挣扎着。

很显然,仅仅依靠读餐牌是不能辨别餐厅好坏的。因为很少有餐馆会在菜单上注明,自家厨师是否有向汤饮中添加飞虫的癖好。只有通过仔细的识别,才能避免遭遇那种啮檗吞针的感受。

首先。切记不要相信那些冗长的菜单,当然菜色丰富的大饭店除外。我在此给出的建议主要是针对那些不为人知的饭馆,或是一些老旧指南上推荐的餐厅。

说到大饭店菜单长度的问题,我们就不得不提美食家布里亚·萨瓦兰(参见该词条)了。在他看来,菜单自是越长越好,不可或缺。餐厅里至少得提供12种汤品,24种开胃菜,15—20种牛肉头盘,20种羊肉头盘,30种家禽头盘,30种野味头盘,16—20种牛肉,24种鱼肉,15种烤肉,12种糕点,50种甜食,50种点心,差不多总共275道菜品。可是,面对如此纷繁复杂的选择,顾客恐怕也早已晕头转向,食不知味了吧,这样的餐厅还是餐厅吗?

我从自己的收藏中翻出一些老菜单,分属巴黎4个不同的饭店,他们在1815年前后曾盛极一时,可谓家喻户晓,久负盛名。其中普罗旺斯兄弟有226道菜,勒杜扬223道,卡康尔岩石188道,维里190道。然而,时至今日,巴黎著名的银塔餐厅也不过出品了不到100道菜,其中定做的菜品只有寥寥20几道。要是布里亚·萨瓦兰还活着的话,那他还不气得去跳塞纳河啊?

好了,回到我们的正题上来。首先,不要相信那些花花绿绿的招牌,这种夸夸其谈的宣传手段大多都不知所谓,言不符实。此外,一些人打着"美食协会"的旗号粉墨登场,却亦不过是些浪得虚名的跳梁小丑。还有那些五花八门的"手册指南",其中的观点亦非完全公正,实则多有偏颇。最近一段时间,餐厅招牌的数目开始减少,但不管怎么样,都不要轻信这些商业伎俩。

如果您在菜单上看见某些菜品旁标注了"仅在时令季节供应",而且后面亦无价格,那这就是个好现象。相反,反季节扇贝可以说是一文不值。记得有天晚上,我在罗杰·拉罗格鲁耶用餐,菜单上写着"新鲜扇贝",这让我颇为吃惊,因为当时并非时令季节,何来新鲜一说?我向老板询问道:"您确定你们家的扇贝是新鲜的?"他生气的叫嚣着:"当然!",并把一个塑料袋扔到我面前:"看见了吧？这就是新鲜的扇贝！"嘀，倒也难为他有勇气这么说。塑料袋里装的确实是扇贝没错，但却是那种去壳后冷藏起来的陈货。同样地，如果某个餐馆在星期一向您推荐他们的鱼肉，那也最好别接受，因为周一是没有鱼市的，餐馆做出来的鱼也必然不会新鲜到哪儿去。此外，那些上等的鱼肉餐厅都有在周一歇业的惯例。

　　谨记，美味的食物都是即时烹制的。在很多餐馆的菜单上都可以看见"已备"的字样，其标注的菜品有可能是早上就做好的，也有可能是前一天或更早。比如说回过火的肉汁，尝起来简直就是灾难。相反，如果菜单上标明某些菜品需要一定的准备时间，如"烤鸡，30分钟"，那么您不仅没必要抱怨，反而应该暗自庆幸，因为这至少在一定程度上保证了菜品的质量。一些"周末餐馆"会在周三或周四推出20多道菜品，千万别上当，这些菜都是前几天没卖完储存在冰箱中的剩菜，所以，最好还是点"当日主菜"①吧。如果老天开眼的话，说不定这还真是当天现做的。还有，如果晚上的菜品和中午一样，那么也不要接受，因为这些很可能是重新加热过的剩菜。当然，像焖肉、煨汤等菜品除外，因为即使回过火，也依然美味。

　　然而，某些毫无名气的小酒馆或街头饭馆，也会提供一些价格昂贵的菜品，如龙虾、牛肝、牛胸等。虽然价格不菲，但多都是冷藏的陈货，其质量亦令人堪忧。有些没有经验的顾客，想要一饱口福，享受上等生活，却一不小心被弄个食财两空。我不否认这些小酒馆和街边饭馆可以做出简单可口的饭菜，但也得找准自己的定位，他们生长在底层的土壤里，却迷失在奢侈的幻象中，就算是做出了像梭鱼肠、酥皮馅饼和皇室野兔等菜品，也不过只是东施效颦

罢了，只会贻笑大方。

　　最糟糕的是一些所谓的"新潮餐馆"，往往都是些名不见经传的小厨师负责掌勺，他们大多自诩为某某大厨的弟子。为了面子上能够过得去，这些餐馆也会提供一些诸如"猪肉头冻"、"龙虾牛排"、"鞑靼海藻"、"至尊鳕鱼"、"杏仁奶油千层糕"和"鸽肉果仁"等"名菜"。然而，这些传统菜"大师们"所做出来的"瓦莱夫斯卡酱"和"马扎然龙虾"，总是失败得那么彻底，简直不知所谓、一文不值。那些越是吹得天花乱坠的餐馆就越是臭不可闻。

　　如果经济条件允许，到大餐馆就餐时，最好点那些现做的菜品，因为它们往往是最便宜的。从某种程度上说，高档餐厅里的龙虾价格甚至要比柚子或沙拉便宜。诚然，龙虾的食材成本是相当高的，但也正是因为如此，餐厅方面增收的附加费用虽然高，但却未必离谱。这与沙拉一类小点就不可同日而语了，沙拉成本低，商家的加价幅度也自然就大。所以在高档餐厅里，点一些普通的果蔬还不如吃昂贵的鳌虾来得划算。特别是有些酒水，成色普通不说，价格还高得荒唐，明明进价也就四五欧的样子，却要卖到30—35欧左右。

　　此外，菜单上的字迹和拼写也是不可忽视的。当然，我们也理解，厨师毕竟不是什么文人墨客，但作为一个领域的专业人士，他们起码得知道"soufflé"（舒芙蕾）有两个"f"，"navarin"（萝卜土豆烩羊肉）只有一个"r"；还有，也总不能老是把"Rothschild"（罗斯柴尔德）写成"Rotchild"吧。这些细节上的微妙之处虽不能让餐厅客似云来，却是基本格调之必须。

　　最后要说的是，阅读菜单还可以让我们预先知晓菜品的大致价格。有不少人从高级餐厅里出来后都是抱怨连连，一个个好像被抢了似的。其实，他们只需要提前看看门口的餐牌不就行了。比如说，我们到雅典娜广场的杜卡斯饭店，或者是维耶迪拉克附近的马克-维耶拉特餐厅就餐，如果餐牌上写了一顿饭300或380

欧,那么两个人的餐费就绝对不止 200 欧啊。与其事后徒劳无功地歇斯底里,还不如一开始就不要进去。

一次,一位巴黎的古玩店主气愤地向我抱怨:"昨晚去维富大酒店吃饭,你知道那里的菜贵得有多离谱吗?简直要上天了!"其实,他去的维富大酒店还不是巴黎最贵的餐厅。当时,我实在没忍住,回敬道:"您店里的古玩有的卖到 40 万欧,可连个价签也没有,人家至少是明码实价吧……"

说到这里,你们知道怎么去估算一顿饭的大致价格了吗?当然这得包括头菜、正餐、甜点和酒水。其实很简单,这大约相当于主菜价格的 3 倍。

法国什锦砂锅(Cassoulet)

达拉斯的什锦砂锅是不是最好?这或许还有待商榷,我们最好还是到达拉斯之后再探讨这个问题吧。

我曾被《巴黎时刊》派驻达拉斯,跟踪报道杰克·鲁比一案的审讯过程。1963 年,美国总统肯尼迪遇刺身亡,案发两日后,嫌疑犯李·哈维·奥斯瓦尔德在警察和媒体的严密戒备中当场被杰克·鲁比开枪击毙。当时,与我同行的还有《费加罗报》的同行詹姆斯·科奎特。这位来自波尔多的绅士是一位资深的媒体人,也是一位美食爱好者,他曾做过各种各样的新闻报道,并能在复杂的时事中找到关键所在,就如同从山鹬或羊腿羹中吸取精华。

每天我们都要列席庭审,繁琐的德克萨斯法律程序让人头昏脑涨、烦不胜烦,晚餐就成了难得的休闲活动。那段时间,我们俩结伴把当地的餐厅挨家吃了个遍,反正不论好坏,照单全收。

有天晚上,身心俱疲的我们迈着蹒跚的步子走进一家名叫"法兰西小屋"的餐厅,路易十四下次巡幸达拉斯的时候一定得来这儿用膳,保证我们的"太阳王"感到宾至如归。17 世纪的装修风格使得大厅"不是城堡,却胜似城堡"。两位瑞士侍者将我们"护送"到餐桌前,眼前仿佛正在进行着一场"头盘游行",各种菜色整齐地封在保鲜膜里,琳琅满目,令人眼花缭乱……旋转餐桌上铺着金色的桌布,精致的陶瓷盘中装着馅饼、鱼酱、野味、肉食和甜点,下面的冰柜冒着丝丝白气,让顾客不禁食指大动、垂涎三尺。我们被眼前的景象惊呆了,谁能想到在遥远的美洲大陆还保留着如此传统的法式大餐? 突然,詹姆斯用手指着前面,惊喜地叫了起来:"不会吧! 那边……那是法国什锦砂锅么?"

旁边的服务员应声回道:"是的,法国什锦砂锅。"当然,其中必然融合了一些德克萨斯地方菜的元素。最让人惊讶的是,餐厅的厨师居然在这道法国菜中加入了些许四季豆,多么大胆的做法!

这道法国什锦砂锅在四季豆的衬托下煞是好看。不管怎样,这让我们不禁想起古老的"什锦砂锅大战"。

众所周知,"什锦砂锅"是法兰西美食帝国中一场永无休止的战争,各个派系针锋相对,寸步不让:奥德和上加龙、卡斯泰尔诺达里和图卢兹、卡尔卡松和蒙托邦、阿尔丰和卡斯塔内-托洛桑①。当然,我在并不想拿这些陈词滥调来搪塞诸位,但了解一下各派主张却是绝有必要的。于塞勒派坚持只有用土制砂锅进行烹调,这道美食才能尽显其味;卡斯泰尔诺达里派则认为什锦砂锅中只能放鹅肉或鸭肉肉冻,尽管科农斯基(参见该词条)强力推荐腌肉、猪蹄、小香肠,而普洛斯贝·蒙塔涅②觉得羊肉块也不错,但这些都没有动摇卡斯泰尔诺达里人的观点;图卢兹派将那些没有羊胸肉和小香肠的什锦砂锅都视作"异教徒";卡尔卡松更是固执己见,砂锅里一定要有猪排和山鹑;科比埃则要求加入猪耳朵和猪尾巴。

---

① 这些均为法国地名。——译注

② 普洛斯贝·蒙塔涅(1865—1948),法国名厨,卡尔卡松人,《拉鲁斯美食大词典》作者。——译注

要知道,在哥伦布发现美洲大陆之前,欧洲地区并没种植四季豆,什锦砂锅里面通常放的都是蚕豆。此外,什锦砂锅也是以前的苦工们喜爱的食物,他们习惯蘸着里面的酱料吃干面包。在美食"圣战"中,各方都是公说公有理婆说婆有理,难辨是非,然而这种精神不正是法兰西饮食文化的精髓所在么?

因此,什锦砂锅并非仅仅是一道普通的菜肴,更是法兰西"炉台"上舞动的精灵。

在这方面,詹姆斯·科奎特绝对算得上是个"百事通"。

据他所说,巴黎瓦万街上有一家小酒馆,那里的克雷芒斯什锦砂锅颇为出名,曾受到阿纳托尔·法郎士[①]的赞赏:"卡斯泰尔诺达里什锦砂锅,这道简单的菜肴竟会如此的美妙,简直是惊为天人!里面有鹅肉肉冻、四季豆、熏肉、小香肠……浓郁的锅底至少熬制了 20 年,如此古朴而珍贵,那种香气仿佛是出自名家手笔的古画,又好像美人胴体上细腻的肌肤。"我补充一下,什锦砂锅不宜吃得太多,过量会对女性的皮肤有所损伤,可见这些文人对美食真是一窍不通。因此最好在法郎士的话后面再加上一句"那些戏剧演员可不能吃太多砂锅,小心皮肤"。

著名的悲剧家穆内·絮利出生于贝尔热拉克,特别喜欢什锦砂锅。他曾经在巴黎地区举办过年度竞赛,旨在评选出最具创意的什锦砂锅。参赛者往砂锅中添加了一系列东西,比如阿马尼亚克烧酒、高级红酒或松露块。这就是人性,总以为什么都是越多越好,哪管是不是会物极必反。后来,一位目不识丁的厨师为这种盲目的行为设下限制。文化艺术也好,美食餐饮也罢,任何事物都有自己的界限,洛可可风格之所以成功,很大程度上是因为它继承了古典主义内敛的精髓。

---

① 阿纳托尔·法郎士(1844—1924),法国作家、文学批评家、法兰西学院院士。——译注

关于什锦砂锅中是否应该放羊肉,詹姆斯和我产生了分歧。他坚称羊肉更能突出什锦砂锅的味道,而我却认为这种"异味"破坏了炖菜的温和。尽管这场争论并无最终结果,但詹姆斯却将探讨的重心推向了另一个更高的层面。在卡斯泰尔诺达里和图卢兹两个菜系之间,并没有什么模糊的争议空间:"撇开羊肉一事不谈,这并不是最重要的。关键是里面有没有四季豆泥。"让我来解释一下有无豆泥的区别,如果没有,砂锅里各种食物的味道就会相互吸收,滋味倒也不错,但却不够精细;如果加入豆泥,各种味道就会像"乐队里的管弦一样,琴瑟和鸣,相得益彰"。从这种饮食文化中我们便可管窥整个欧洲:"如今的欧洲,从某种角度讲是统一的,而在另一些层面上又是分立的。就像法国什锦砂锅一样,图卢兹人追求味道的融合,而卡斯泰尔诺达里人则主张连而不合。"

鱼子酱(Caviar)

两个渔夫在里海边相遇时,您知道他们会说些什么吗?

一个渔民说,我今天运气真不错,一上午就钓到了一辆凯迪拉克!

另一个回答道,我就只钓了一辆福特。

我在1972年的时候去到了里海地区,这样的事情在巴列维港随处可见。那是果戈里的故乡,一个美丽的地方。银色的白桦伫立在寒风中。瑟瑟颤抖;远远近近的木屋,炊烟袅袅;满脸通红的农民,脖子上都围着毛巾。这一派宁静与祥和,不禁让人沉醉其中。忘却了这里曾是盛极一时的沙赫①们的帝国。

伊朗渔业公司曾隶属于帝国王室,其麾下的渔民都依靠鱼子

---

① Shah,又译"沙阿",古代伊朗高原诸民族的君主头衔。——译注

酱为生,但他们自己却从来没有吃过。渔民们总喜欢将自己捕获
鳟鱼的价值,比做美国的汽车。1953年,渔民们曾捕获一只巨型
白鲸,足有1吨重,收取鱼子250公斤,斩获颇丰。当然,这仅是例
外。平常所获皆远不如此,尽管这样,每一网下去总也有20公斤
之数,亦不算少。在当时,皇家渔业旗下有大约300多只渔船在伊
朗海岸作业,这还不算那些非法营运的渔船。船上的渔民都脚踏
长靴,头戴着裘皮软帽或者俄式大盖帽。

俄罗斯留给我的印象颇为奇特,那是个广袤无垠的国度,领土
两端,太阳此升彼落。我受邀参观当地的一个大型渔场,该渔场主
人是一位名叫法里德的工程师,矮小,圆脸,一副莫斯科人的穿着
打扮。他曾求学于莫斯科大学,尝遍了里海周围所有类型的鱼子
酱,无论大小,无论咸淡,无论颜色,灰的、白的,甚至是黑的,他都
尝品尝过。

那得是一份多么难能可贵的经历啊!每一种鱼子酱都独具
特色,各不相同,令人心驰神往,垂涎三尺。我至今还记得有一种
名叫塞路加的鱼子酱,能与最优质的大白鲸鱼子酱媲美。还有一
种同类鱼子酱,鲜美无比,被列为俄国沙皇御用,后又为伊朗帝国
王室所青睐。另有一种白姆鱼子酱,味道虽不算啥上佳,但贵在
稀有,弗西翁将之作为特供,专门用来招待那些出手阔错的亿万
富翁。话说回来,那些暴发户哪懂品鉴,只知道什么贵就吃什么,
真是不知所谓。

因此,俄国在当时的鱼子酱产业链中占据着举足轻重的地位,
十月革命之后仍旧保持着垄断优势。直到二战结束,雅尔塔协定
签署后,他们的行业优势才遭到逐渐削弱。1953年,伊朗王室决
定自行经营出口鱼子酱,结束了俄罗斯的垄断。但尽管如此,20
年后,在里海地区鱼子酱生产商中,俄罗斯人仍旧雄踞一方,我们
前面提到的那位工程师就是个例子。

然而,里海地区的鱼子酱产业前途堪忧。海水污染的恶果开

始逐渐显现。特别是在里海北部，靠近前苏联海岸线一侧，那里厂矿林立，工业排放不受任何管制，大量的化工残渣沿着伏尔加河注入里海，对鱼类生存繁殖环境造成了极大破坏。此外，10万条鲟鱼才能出产20吨鱼子，而鲟鱼鱼苗的孵化概率本就只有千分之一，污染问题更使情况雪上加霜。工程师法里德半开玩笑半认真地调侃道，以后这鱼子酱啊，说不定还得跟粮票一样，限量按票供应。那可不是有钱就买得到的。鉴于这种情况，他未雨绸缪地在萨菲德河口处建立了一个鲟鱼养殖基地，并在其中投放了300万尾鱼苗。当鱼苗长到两三克重时，将其放归大海。

35年过去了，情况不仅未有好转，反倒每况愈下，越发糟糕。污染空前严重，人类又毫无节制地滥采滥渔，与此同时，世界各地的富人阶层相继崛起，致使鱼子酱需求出现井喷，市场供不应求。突然之间，仿佛手工劳作让步于机械生产一般，鱼子酱产业在短短5年之内由渔业捕获转型为人工养殖。以前，市面上85%的鱼子都是野生的，而现今情况早已相反，鱼子大部分都靠人工培育。伊朗每年只能出口44吨鱼子，但国际市场的需求则高达250吨，断不可同日而语。其中，鲟鱼鱼子最为稀缺，价格自然不菲。尽管其质量并非最好，但物以稀为贵，这种鱼子竟也千金难求，颇具"战略性"价值。在那时的俄罗斯，尽管是"计划经济"，但在莫斯科和圣彼得堡的街头仍旧有商贩私自倒卖鱼子，就好像巴黎皮加勒红灯区，到处可见小贩兜售色情明信片一样。

正如三文鱼和肥鹅肝那样，鱼子酱最终也得以从阳春白雪变为下里巴人，或者说被大众化和"民主化"了。

为什么这么讲呢？虽然豪华餐厅在节假日特供的鱼子酱依旧价格高昂，1公斤就能买到1000欧元左右，当然偶尔会有买一送一的活动，就跟超市洗衣液促销似的。然而，如果你去到如鱼子酱屋、普鲁涅·玛德莱纳、卡斯皮亚、鱼子酱馆或者佩特罗西昂等餐厅时，鱼子酱也并非那么的望不可及。不过实话说，产自阿基坦地区的优质人工鱼子，根据地区不同，能卖到 1 公斤 2000—4000 千欧元。

鱼子酱之所以得以大众化，这得归功于渔业养殖的迅猛发展，渔场培育出来的人工鱼子与野生鱼子在质量上确已不相上下。

在很长一段时间里，我对此嗤之以鼻，不以为意。在 21 世纪头几年，阿基坦地区的鱼子年产总量也不过 6 吨，到 2007 年时增产到 20 余吨。我曾经抱着怀疑的态度品尝过这种鱼子，果不其然，并无特别，勉强尚可。卖相上还过得去，可那味道就不敢恭维了。这可不能和在让·巴尔纳格德家 1960 年时买的那种相提并论，两者简直是云泥之别。让·巴尔纳格德的店主曾吹嘘他们家的鱼子是最好的。虽然这话确实有点夜郎自大，却也并非言过其实。1950 年时，他们家年产鱼子 5 吨，且大多依靠野生捕获，几乎垄断了整个吉伦特地区的鱼子市场，1970 年时下降到 200 公斤，但味道确实相当不错。然而，随着吉伦特地区采石工厂的过度挖掘，造成河流冲积层大面积严重受损，加之滥渔偷渔不加节制，且愈演愈烈，曾在阿基坦繁衍了数百万年的鲟鱼先已濒临灭绝，野生鲟鱼数目不过数千条，早已是岌岌可危。所幸的是，波尔多港口整修工程遭到了鲟鱼保护组织的抗议，这才引起了人们的重视，并开始保护鲟鱼的繁殖环境。

值得注意的是，人类捕食鲟鱼的活动已持续了数个世纪，此前只知其肉质鲜美，殊不知鱼腹内竟藏匿着价值不菲的财富。甚至在 16 世纪的时候，人类也只是捕杀鲟鱼以炼制鱼油，并未做他想。1925 年，渔民曾捕获一条身长 5 米，体重 490 公斤的巨型鲟鱼，收取 70 公斤鱼子。20 年后，渔民又在塞纳河内伊桥下捕获了一条重达 200 公斤的鲟鱼。

实际上，是流亡的俄国贵族让法国人明白了，鲟鱼不仅仅肉质鲜嫩，肥美多油，其腹中鱼子更具价值。在上个世纪 20 年代，埃米尔·普鲁涅凭借产自吉伦特地区的鱼子一鸣惊人，他经营的普鲁涅餐厅①更是因此成为巴黎最高档的餐厅。俄国十月革命胜利以后，其鱼子产业开始衰退，市场供应萎缩，鱼子几近消失，但上至俄国皇室，下至街头车夫，都对这种美味念念不忘。

在吉伦特地区，人们开始并不知道如何去烹制鱼子酱。埃米尔凭着直觉聘请了一个俄国人做厨师，此人原是沙皇亲卫队的侍卫长，对烹饪之事一窍不通，只是他妻子精于此道，貌似还是沙俄的某位皇室成员。也正是有了她的帮忙，鱼子质量越来越好。到埃米尔·普鲁涅的儿子从他父亲手中接过餐厅时，他们家做的鱼子酱已经能够与里海原产相媲美了。到了上世纪 60 年代时，随着俄罗斯以及伊朗鱼子产业的发展，法国也加大了此方面的进口数量，面对激烈的国际市场竞争，普鲁涅终于落败下来，最终销声匿迹。

如今，阿基坦地区出产的鱼子酱被吹得天花乱坠，号称是鱼子酱中的上品，可这些广告性的豪言壮语却使我们望而却步。实际上，这种说法也并非完全是无的放矢，因为只要细心甄别，也确能品尝到佳品。比如普鲁涅家的鱼子就不错，都是春渔和秋渔中收取的新鲜货，并在 70 小时内送到餐厅烹制。

普鲁涅餐厅在后来被皮埃尔·贝尔热接手，重新开张经营。他与瑞士知名鱼子酱屋建立了合作关系。贝尔热曾对熏鲑鱼的行销模式做出过创新性的贡献，现又将重心转移到鱼子酱市场上。农业及环境工程研究所在圣瑟兰省建立了一个洄游鱼类研究中心，该中心从西伯利亚地区引进了当地的西伯利亚鲟，试图以该种鱼苗为基础，重新培育出欧洲鲟。我在前面提到过，欧洲鲟生活在吉伦特地区，现在存数不过千条。除此之外，现如今还有其他几大养殖场，如卡萨多特磨坊等，他们都在利斯尔开设有专门的水产养

---

① 1872 年，阿尔弗莱德创建普鲁涅餐厅，埃米尔·普鲁涅将其转型为一家专门经营海鲜的特色餐厅。该餐厅于 1989 年被法国政府评为"国家历史遗产"。——译注

殖场。以我的经验，就目前而言，虽然俄罗斯和伊朗仍旧是主要的鱼子产地，但普鲁涅家的鱼子酱才是最好的，这毋庸置疑。

但是，鱼子酱的魔力在逐渐退去，世界各地皆是如此：美国、加拿大、意大利、希腊、土耳其、罗马尼亚、保加利亚、中国，以及其他我不知道的国家。最近，在阿联酋阿布扎比的沙漠深处，当地人将从西伯利亚引进的鱼苗投放到恒温为 20 度的池水中，要知道室外温度高达 50 摄氏度。据说这个项目可收取 32 吨鱼子。恐怕在以后想吃最好的鱼子酱就得去阿联酋了。

每公斤 6000 欧元的白鳇几乎灭绝，俄国亲王和车夫们都消失了，卡尔罗斯的珍藏、曾经盛满鱼子酱的白银碗具在佳士得和苏比富进行拍卖，约瑟夫·凯瑟尔也已辞世，我们这个时代还剩下什么？就只有那贵死人不偿命的佩特罗西昂[1]还在喳喳叫卖，为了吸引顾客，他们推出了一种 12 克重的小份鱼子酱，即便如此，一对鱼子也高达 60 欧元，至于味道就更不值一提了。

你们可能不相信，一次偶然的机会，我发现吃鱼子酱的时候，如果能配点梦拉榭葡萄酒，那真是别有一番风味。这种白葡萄酒入口香醇，其甜味与鱼子的酸涩相得益彰。此外，上布里昂出产的白葡萄酒也是个不错的选择。至于红酒方面，首选勃艮第红酒，其独特的木香能将鱼子酱的肥美衬托到极致。

我是不是在前面说过会为各位节省开支？

玫瑰香槟(Champagne rosé)

香槟并非美食之必需，但在两种情况下却是不可或缺的。一是高兴的时候，另一个是不高兴的时候。

---

[1]　佩特罗西昂(Pétrossian)：法国食品杂货连锁企业，主要经营鱼子酱及相关海产品。——译注

如果是玫瑰香槟①，那一定是欢乐之时，我们不是老说："幸福如瑰"吗？

其实我应该向玫瑰香槟忏悔。上世纪 60 年代，玫瑰香槟问世。当时我抱着先入为主的观念，对这种新酒嗤之以鼻。在那个年代，甚至可以这么说，整个法国都是泡在玫瑰香槟里面的。一些开在蔚蓝海岸(la Côte d'Azur)附近的低档餐厅，硬是凭着这种酒发家致富。此外，当时的年轻人更是对此着迷，他们喜欢那种酒后上头，云里雾里的微醺感。实际上，那个时候我们对于饮品的选择并不多。而当时的香槟酒质量确是不敢恭维，大部分都相当低劣。喝完之后，总是弄得你头昏脑涨，苦不堪言。但即便是这样，大多数人还是为之疯狂。就好像有些小报上评价的那样，"玫瑰香槟，节庆之祝贺，日光之饮"，当然这说的得是那种高档的玫瑰香槟。

因此，上世纪 60 年代末，香槟人②开始通过火车向外地运送玫瑰香槟，那时我仍旧对此没有任何兴趣。

40 年过去了，我开始喜欢起这种酒来。瑰丽的气泡晶莹剔透，醇厚的浓香如绽放的玫瑰，令人如此心醉。是我自己的品味变了，还是玫瑰香槟更醇了？我只知道，不管在法国还在世界上，玫瑰香槟颇受追捧。30 年前，玫瑰香槟只占酒类出口的 2.5%，如今该比例已上升到 10%，并仍旧拥有很大的增长空间。除了我们法国人之外，英国人、美国人、日木人都对玫瑰香槟青睐有加，相信不久以后，中国人也会为此着迷的。

玫瑰香槟确实是一个巨大的成功，但这种成功却也限制了他的发展。以前，香槟被称为节日佳酿，而如今却被定位成娱乐饮品，这令我有些摸不着头脑，谁来给我解释一下，节庆之际不就是娱乐之时么？

---

① 一种玫瑰色的香槟。——译注

② 香槟因产自法国香槟地区故有此名，此处指香槟地区居民。——译注

　　现在,我们已经从传统的中产阶级酒文化中解放出来了。以前,饮酒需在正餐之后,还得是时逢重大场合,如埃内斯特和埃内斯特纳结婚时,亦或是家中幼子受洗之际,再或是阿尔弗赛娜阿姨的葬礼上。如今,一切繁文缛节皆已免去,好好享受吧!

　　什么时候才应该喝香槟呢? 我认为何必自寻烦恼,只要随心而动,随性而至就好,想喝就喝吧!

　　浴盆中,我若想小酌一杯,罗兰百悦盛世、唐培里侬香槟王、路易斯伯瑞、路易王妃干香槟、或亚历山德拉玫瑰香槟,请"砖家"们莫再喋喋不休,让我静静地享受佳酿。若兴之所至,就算用廉价的贝尔瓦耶(37 欧)①招待总统,用昂贵的 96 型 S(295 欧)犒劳我家的水管工,甚至拿出天价的 82 型库克罗斯(2500 欧)又有何妨? 我可不管那些"行家"怎么说,他们迂腐至此,整天除了讲规矩,其他什么也干不了。

　　闲话少叙,回归正题,继续说我们的玫瑰香槟。

　　这一切都要从一位传奇人物说起。此人名叫贝尔纳·德·诺南库尔,他在香槟业界的地位是不言而喻的。1938 年,贝尔纳的母亲收购了一家小型香槟工厂,即罗兰百悦集团的前身。时值纳粹入侵,贝尔纳加入了"法兰西抵抗运动",并于勒克莱尔②麾下担任中士。1945 年,贝纳尔随盟军攻入巴伐利亚,并占领了希特勒于此地设立的"鹰巢"③。在城堡的酒窖中,贝纳尔发现了数十瓶沙龙香槟④,这些东西都是纳粹党卫军从别处搜刮来的。自此,他

　　　① 这种酒是一位《观点报》的记者朋友向我推荐的。——原注
　　　② 菲利普·勒克莱尔(1902—1947),法国著名将领,"自由法国"军事领袖之一,后担任法军太平洋战区司令。1952 年,法国政府追晋其为元帅。——译注
　　　③ 鹰巢位于德国南部巴伐利亚州的阿尔卑斯山脉上,为希特勒的私人别墅之一。——译注
　　　④ 香槟沙龙是一家 20 世纪初法国著名的酒庄,其创始人为尤金·沙龙,以经营"白中白香槟"闻名西欧。1943 年沙龙先生去世,该酒庄由其侄女继承,并最终转售给贝纳尔的罗兰百悦集团,成为其旗下子品牌。——译注

与香槟便结下了不解之缘。战后,贝纳尔回到法国,他放弃了条件优越的领导岗位,却深入基层,在朗松和德乐梦等香槟场中当起了学徒。1948 年,贝纳尔开始执掌罗兰百悦,他夙兴夜寐,励精图治,终将这个家族式的小工厂打造成享誉世界的香槟集团。

作为业界的引领者,贝纳尔承前启后,不断创新。1980 年,罗兰百悦推出了一款极干型香槟,其中未添加任何糖分,并通过不锈钢酒槽酿造。1957 年,贝纳尔经过数年钻研,研制出著名的"盛世纪元"。1968 年,罗兰百悦再向市场投放了一款无年份干型香槟,这并非由红白两种葡萄酒简单勾兑而成,而是使用"放血法"调制,通过三日的精酿,香槟的醇香会愈发的厚重,其色泽略显绯红,并挥发出清新的果香,兼具草莓、覆盆子和樱桃的芬芳。不仅如此,该款香槟的酒瓶更是采用了亨利三世时期的复古设计,更加存托出酒的高贵典雅。

无论甜点、水果冰激凌、禽肉还是奶酪,这种玫瑰香槟都能与之配食,其兼容性是众所周知的。我曾吃过一道清蒸野生鲑鱼,鲑鱼、奶酪和玫瑰香槟的味道相得益彰,异常美妙。此外,令人惊讶的是,即使对于喜欢亚洲菜系的朋友,这亦是上佳的选择。

这就是为什么威尔士亲王会将罗兰百悦指定为其唯一的香槟供应商。

然而,在罗兰百悦所有的佳酿中,真正的精品莫过于亚历山德拉玫瑰香槟。1987 年,在女儿亚历山德拉的婚礼上,贝纳尔拿出了一种储藏了 5—10 年的年份型香槟,并以女儿的名字为之命名,其工序之复杂,原料之丰富,令人咋舌。将其与苏格兰松鸡一起食用,别有一番风味。这种香槟在市面上极少出现,价格自然也就不菲。

总体而言,玫瑰香槟的价格比普通香槟要高出 50 欧左右。自然,其中也不乏精品。比如沙龙皇帝,其味精妙,具有樱桃和草莓两种香气;汉诺和库克的味道极尽完美;瑞纳特将酒的浓烈与精致发挥得淋漓尽致；皇家干型酩悦、奶油慕斯朗松、名品泰庭爵等，依据层次高低，名气大小，价格各有不同。当然，市场上也有些性价比较高的品牌，一开始，帝宝旗下的极干 D 型玫瑰香槟售价在 35 欧上下，进入大餐厅（比如阿兰·巴萨尔或安娜·索菲·皮克等著名餐饮企业）后价格有所上涨；皮埃尔·拜耶尔酒庄的布伊干型玫瑰香槟，带有淡淡的香草味和幽幽的果香，单价亦不过 17 欧左右；勒内·杰弗里或屈米埃莱等酒庄的产品是赠送亲朋的上佳之选，价格不贵，仅 22 欧。

于我而言，面对佳酿，若不能随心而欲，畅所欲言，还不如就此作罢，缄口沉默。

街边的蘑菇（Champignon des trottoirs）

罗兰·萨巴捷是"精灵百科全书"《小妖精比多谢》的创作者，曾为《打瞌睡的猫》绘制插图。我在《高米约》杂志社与之有过合作，于我而言，他是一位了不起的画家，执着于画笔，沿着巴黎的街道采集路边的蘑菇。

他只吃自己亲手采集的蘑菇，出发点颇为简单：无论巴黎还是其他地方，到处都生长着蘑菇。

罗兰·萨巴捷小时候与父亲在弗朗什-孔泰采集蘑菇；成年后，移居奥弗涅，却仍旧保持着这个习惯。他能够在枯叶之下，那些不为人知的地方发现蘑菇。为此，萨巴捷还写就了一部有趣的著作《蘑菇烹饪法》，该书由格雷纳出版社出版。

巴黎人都知道，我们可以在奥什大街行道树的护栏下采到长毛鬼伞菌，在蒙苏里公园里采到多孔菌，在植物园中能采到几种稀有的外来菌菇，甚至自然历史博物馆梁顶上也生长着蘑菇。透过萨巴捷的描述，我认识了大肥蘑菇，这是一种生长在道路边的食用伞菌，是城区菌类中颜色最为深的一种。春季来临时，这种蘑菇生长于沥青层下,大量繁殖,破开路面,从缝隙中伸展出来,可以说是马路的破坏者。

大肥蘑菇是双孢蘑菇的近亲,17世纪时,拉坎提尼将其种植在凡尔赛宫的菜园中。如今这种菌类是世界上最为广泛种植的蘑菇,被称为"巴黎蘑菇",更为确切地讲,应是"图赖讷蘑菇"。该类蘑菇产量占法国菌菇年总产量的3/4,其中又以巴黎街边蘑菇为主。所以,诸位以后得当心了,也许您狗狗小便的地方,蘑菇就会从那里破土而出,最终成为您餐桌上的一道美味。

当然也别想太多,大肥蘑菇的菌盖是肉质的,菌环双层,菌肉呈灰白色。新鲜的大肥蘑菇,无非就是浓郁的蘑菇味,但随着时间的推移,会变得愈发难闻。还有,千万别去采摘那些生长在马路沥青层下面的蘑菇,这将是个不可饶恕的错误。

相对于牛肝菌、羊肚菌、鸡油菌、伞菌和凯撒菌而言,双孢蘑菇只能算是他们的一个穷亲戚,在餐桌上虽也有一席之地,却始终只是可有可无的小角色,就像巴尔扎克笔下霍顿斯·于洛小姐的贝蒂表妹一样,无足轻重。科莱特曾对这种孢子类隐花植物嗤之以鼻:"这种东西寡淡无味,就像那些街边小贩兜售的鸡冠花。"就像当年安德烈·卡斯特①罗用蓖麻油、锦葵、硫酸钠、氧化镁、橙花水等调制出一种鸡尾酒,大仲马也是一副拒之千里的态度,都还没怎么品尝,就急吼吼地称其为"毒药"。这和备受指摘的双孢蘑菇不可谓不同病相怜。

这些暴殄天物的家伙!我记得曾在圣埃米里翁的嘉德纳酒店吃过一顿饭,招待我的是当地一位颇有名望的葡萄种植者,谢洛先生。他夫人准备了一道我从未尝过的香芹蘑菇。那种胖乎乎的小蘑菇品质优良、味道鲜美。我不知道那些蘑菇种植地是否还在,但从90年代开始,市面上充斥着大量的外来杂交品种,这对法国本

---

① 安德烈·卡斯特罗(1911—2004),法籍比利时作家、记者、编剧。——译注

土蘑菇种植造成了不小的冲击。当然,所幸地是我们尚存有一些名副其实的种植基地,如奥恩河畔的弗勒里,卢瓦尔河河畔鲁勒,卢瓦尔河和谢尔河的交汇处蒙特里夏尔。

有的人说,灰色或金色的巴黎蘑菇比白蘑菇味道更鲜美,也有人认为二者无明显差异,各执一词,并无定论。但有一点是明确的,那就是买蘑菇时一定要挑那些短柄的。帕克托勒的主厨雅克·马尼埃尔能够做出最好的开胃沙拉,将蘑菇去柄后,只留菌盖,不经漂洗就将其擦净,不必剥皮,直接切称薄片,再撒上柠檬汁。然后在蛋黄酱中加入芥末,亦撒上柠檬汁、番茄酱、伍斯特酱、小葱和胡椒。

阿兰·夏贝尔(Chapel [Alain])

"下周我能上你那儿去一下吗?我有些事必须得给你说。"

"当然可以,阿兰,你打算什么时候过来?荣幸之至。"

12年以来,我几乎每年都会去一两次米奥奈,但这是阿兰·夏贝尔第一次到巴黎的办公室拜访我。对我而言,主厨到访并不是什么新鲜事,要么是觉得我的评价有所偏颇,要么就是为了"厨师帽"或"马卡龙徽章"而来。当然,这些都显然不是阿兰来访的原因。1973年阿兰酒店在我们杂志拔得头筹,取得19/20的高分,1987年又以19.5分摘得桂冠,而且那0.5的减分并不是因为他们有什么做得不够,而是我们觉得这世界上就没有什么十全十美的事物,包括上帝也有打盹儿的时候,并非绝对一丝无瑕。

因此,阿兰的到访另有原因。实际上,他刚到我办公室还未坐定,我就发现他有些不安。

前段日子,他被选为罗讷-阿尔卑斯区赴美厨师团的领队人,但最近却被主办方以粗劣的借口排除在外。据他所言,这是因为代表团里另一位杰出的同行不甘屈居人后,私下运作所致。我认识那个当事人，就其性格来讲，确有可能作出这样的行为。

阿兰对此颇为震惊，愤怒之至，"我也知道"，他继续说道，"我不想像他那样老是暴露在闪光灯下，宣传力度不够，也就被人遗忘了。现在该怎么做才好呢？"

我回答道："阿兰，老实说，你就不是那种夸夸其谈、爱出风头的人，你厨艺精湛，令人难忘。我第一次在你餐厅里遇见皮埃尔·佩雷时，他就对你赞不绝口。因此，我希望你不要为这些细枝末节烦恼不甚。能继续品尝到你做的珍馐美食，我们荣幸之至。"

话虽如此，他却很难立即释怀吧。阿兰身形健硕，面色红润，喜欢骑车运动，比起那些只知散步遛狗的人可健康多了。然而，就是这个魁梧的人却有着羞怯敏感的个性，从他对音乐的喜爱就可见一斑。他可是萨尔茨堡音乐节的忠实粉丝，我曾在现场碰见他几次。虽然不敢说他把莫扎特看得和厨艺一样重要，可是每次在他们酒店用完餐，我都感觉像是参加完一场音乐盛宴，欣赏到《费加罗的婚礼》或是《女人心》的烹饪版。

还记得多年前，我曾与亨利·高一起用餐，席间发生了一件颇为戏剧化的事情，至今想起尚有些令人心惊。

当时，我们正吃完松露龙虾沙拉，觉得世间珍馐莫过于此，应该不会有更加美味的食物了吧。但侍者又端上来一盘金栗色的肝糕，关于这道菜，吕西安·坦德雷在其著作《布里亚·萨瓦兰的美食》中有所介绍。原料有：布雷斯鸡肝、牛脊髓、鸡蛋、牛奶、黄油，用筛子过滤后，放在贻贝中烹煮一小时。酱汁的原料有：红爪鳌虾、原汤、黄油、荷兰酱、奶油和松露。

当亨利喝下第一口酱汁，我看见他的脸上浮现出丝丝触动，仿佛听到了天籁之声，那样的心驰神往。我甚至看见他眼睛里泛起泪花，本想恶趣味地递块手帕嘲笑他一下，没想到一阵难以抑制的情感汹涌而来，令我难以自恃。

我不会告诉他们阿兰·夏贝尔是一个多么优秀的厨师，他是第一位获得"年度厨师"称号的人。我曾在《艺术》一书中将"艺术"与"厨艺"区分开来,可阿兰的出现让我对自己的口出狂言感到羞愧。也罢,就算自相矛盾我也不得不说,阿兰·夏贝尔是一位无与伦比的艺术家。他的"作品"并非标新立异,却又独具提色,可谓洗尽铅华、脱去晦涩,简约而明快,就像巴黎世家手下的设计,精确而完美,又像一篇优美的乐章,行云流水。

布鲁美尔[1]曾有言:"让人察觉不到的优雅才是真正的优雅。"这也是阿兰厨艺的真实写照。就像莫扎特的曲调,无需修饰,又如波纳尔的画作,无需代言。

阿兰未通过高考,所受的教育程度亦不高,尽管如此,他并未随波逐流,讲求时髦。在他的餐厅里用餐,就像观赏一幕"旧制度"[2]下的舞台剧,比如菜单中会出现一些俚语或俗语。在米奥奈,餐桌上仍旧摆着鲜花,头盘是炸鱼、牡蛎或香芹,在正餐"开幕"前,一切都在不断地刺激着你的味蕾。

与其他大多数厨师不同,阿兰特立独行,并不迷信权威,对艾斯科非和他的"红宝书"保持着理性的态度。他将艾斯科非比作一个舞台剧的化妆师,过度的修饰与装潢反倒掩盖了本质的美丽。有趣的是,阿兰发明了100多个烹饪"艺术杰作",对于这华丽的名头,他自己又是怎么想的呢?

简单,是阿兰烹饪艺术的"红线",也是所有艺术家的创作"红线"。因为他们深切地懂得,"简单"是一个极难达到的标准,在其著作《烹饪:之于食谱的超越》(罗贝尔·拉封出版社)中,阿兰写下了这样一个美妙的句子:"吃,也要吃得真实"。

他继续写道:"烹饪不是'纯诗',决不能为了创作而创作,创新

---

[1] 乔治·布鲁美尔(1778—1840),曾在英国"摄政时间"担任首相助理,对上流社会服饰颇有研究,被誉为现代男装先驱。——译注

[2] 旧制度(Ancien Régime),法国历史时期,指代从启蒙运动到法国大革命的历史时间段。——译注

亦非毫无限制的凭空想象;相反,它应该是谦逊的,是切实可行的,应能为食客带来愉悦"。

同一时期,另外两位杰出的厨师也践行着同样的信条:米歇尔·格拉尔和弗雷迪·吉拉德。此外,若埃尔·卢布松、夏贝尔、吉拉德等亦是这一信条的忠实拥护者。

猫咪美食家(Chat gourmet)

我就不谈好友弗雷德里克·维杜在《猫的私人词典》①里谈到的猫咪了。这里特别要说说一只叫哈罗德的波斯猫,只是这只猫的某些行为确实非比寻常,值得一提。

所有的波斯猫都称得上美食家吧,我们这位哈罗德先生自然也不例外。他的食盆总得是满满的,还不能带重样儿的!

最近,哈罗德又迷上了火鸡鸡胸肉。上周末我们回到了在厄尔卢瓦尔省的农场。刚到那里,我妻子便将鸡胸肉从袋子里拿出,一股轻微的腐味散发开来。她赶紧用冷水冲洗,又闻了闻,确定肉已经开始变质,没法再吃了,便索性将它们切成小块,放到哈罗德面前的食盆中。哈罗德一如往常,带着轻蔑的表情,一本正经地缓缓靠近,轻轻嗅了嗅盆中的肉,遂即露出一副被恶心到的样子,转身往花园里去了。

在我们的厨房门口有一棵摇摇欲坠的梨树,树上结的梨掉在地上也无人问津。

哈罗德一会儿就从园子里跑回厨房,嘴里叼着一个已经完全腐烂的梨。它停在妻子脚下,将干瘪的梨扔到妻子面前,然后迈着傲气的步子踱进花园,仿佛是在嘲笑人性的卑劣与肮脏。

---

① 《猫的私人词典》(*Dictionnaire amoureux des Chats*),华东师范大学出版社,上海,2016 年 10 月。——译注

主厨去哪儿了？(Chef？[Où est passé le])

美国著名喜剧演员丹尼·凯耶曾在一档电视节目中向大厨保罗·博古斯(参见该词条)提了一个问题："当您不在餐厅的时候，谁负责为顾客烹饪美味呢？"

保罗·博古斯答到："我在或不在，都是同一个人在负责。"

保罗·博古斯的回答看似戏谑玩笑，却也是诚实之言，他可是全世界餐厅中的"缺勤冠军"。每次我找他，接电话的某某大厨不是说他"出国了"，就是在"接受采访"，要不然就在"上电视节目"。

从某种程度上来讲，一位厨师的知名度与他的缺勤次数是成正比的。他越少出现在餐厅，事业就越是如日中天。

大厨的这种经常性"缺勤"是否也可被当作一种犯罪呢？

当你买票去听皮埃尔·布雷指挥的乐曲《大海》，或是花钱去看克劳德·布拉瑟尔出演的《萨莎·吉特里》，如果开幕前才被告知皮埃尔去了日本，而克劳德去了纽约，你会有什么反应？牢骚？吵闹？可这事儿要是发生在餐馆，那可就是另一副光景了。当听见有人说"我今天去×餐馆吃饭了，不好吃，看来主厨是真的不在"的时候，我会给他们解释这其中的原由，可出乎意料的是，他们无动于衷、反应平淡。那些去莫里斯或者布里斯托用餐的顾客，都相信自己的菜肴是出自雅尼克·亚兰诺或埃里克·弗朗松之手，其实不然。很难想象，这些"美味"不仅不是大厨手笔，甚至这些大厨根本就不在餐厅里。自从我在特鲁瓦格罗兄弟餐厅（Pierre et Jean Troisgros)的后厨看见那些小厨是怎么剥虾壳以后，我就再也不相信什么"大厨杰作"了。

实际上，大餐厅与那些汽车组装厂别无二致，本田、雷诺、劳斯莱斯或宾利，车型不同，但生产线却是一样的。每一个生产环节都有专人负责，责任明确，严格划分，既分工又合作。因此，大厨的职责并非亲自掌勺，而是监督协调、品尝酱料、指出错误，对即将上桌的菜肴进行严格把关。

一道菜肴并非某个人的功劳，而是一个团队相互协作的成果。这就是为什么当主厨不在时，其副手能够顶替上来，并顺利完成工作。若每个成员都各司其职，那么总体效果就能得以保证。比如，我曾参加过一场特殊的音乐会，指挥在后半场快结束时出了问题，难以继续，但演奏并未因此中断，第一小提琴手接过指挥棒，音乐会圆满结束。有一次，我在瓦雷讷街用餐，主厨阿兰·赛德伦斯并不在餐厅中，但我对食物非常满意，我忍不住在他们的留言簿上写到："祝贺您，阿兰赛德伦斯先生，虽然您不在，但这儿的菜肴仍旧美味。"

虽只有寥寥数语，但表达的却是我诚挚的问候和衷心的赞美。阿兰非常成功地将自己的团队凝聚在了一起，他们各司其职，而阿兰就像是一根指挥棒，总揽全局。

但这也并非是一劳永逸，若大厨一味缺勤，工作中的小问题就会日积月累，最后质变成灾。剧作家马塞尔·埃梅曾告诉我，尽管他已经看过无数遍自己的作品，但还是得经常去剧院当观众，就是昏昏欲睡，也得小心地盯着。因为刚开始公演时，演员们尚且能够各守本分、尽力去诠释剧本原意，可随着演出次数的增加，大家就开始带入其他因素，剧作也就变了味道。计·阿努伊和吉罗杜在排演话剧的时候都遇到过这种情况，这一点可谓是经验之谈。

在餐饮行业也存在着这样的问题。不管一个团队是多么优秀，一旦餐厅作大——从巴黎到蒙特卡洛，从巴斯克到纽约——这种协作还能保持一直不变吗？不见得吧。

诚然，在现实情况中，各位大厨们都在不停地追名逐利，而将厨房交给自己的副手，这是一种普遍现象。但事情的发展远远超乎了他们的想象。随着全球化的深入，餐饮行业的规模在全世界范围内被迅速扩大。加涅尔将分店开到了伦敦和东京，塔耶旺和卢布松也打入了日本市场,特鲁瓦格罗兄弟进军巴黎,西部斯特拉斯堡出现在了圣路易斯岛上,而普赛尔兄弟则已进驻上海。

这种扩张性发展,有的是源于欲望的膨胀,就像我们永远不会嫌钱烫手一样,有的是想充分利用全球化的经济形势牟取利益,还有的是胸怀抱负,将美食作为一种生活的乐趣和事业发展的途径……但其中有一个共同的原因,那就是随着运营成本的增加,守成不前的状态只会使餐饮业难以为继。通过拓展经营范围,如成立食品工厂、贩卖酒饮、开设分店等,餐厅才能在经济困境中生存下来。从经济效益上来讲,一家高规格的餐厅,其收益总也抵不过一间披萨工厂。

从 20 世纪 70 年代开始,一流的厨师精英便开始逐渐明白,踏实苦干并不是获得名利声誉的有效途径,只有突破厨房这一方小天地,博得世人眼球,才能财源广进、名利双收。以波旁王宫附近的路易斯阿姨餐厅为例,从很大程度上说,如果不是罗瓦索又在博纳开了一间咖啡厅,也许他的名字早就在索略销声匿迹了。

有的厨师倒是活得坦然,比如阿兰·杜卡斯(参见该词条),他拥有整个餐饮帝国,因此他也不必装模作样,也不用西装革履,美食企业家的身份让他摆脱了诸多的俗事烦忧。

有的厨师就喜欢在镁光灯下左右逢源。有一次,我在科洛日见到这样滑稽的一幕。厨师“保罗先生”刚在厨房里忙完,一家日本电视台旋即到访。面对突如其来的采访,这位主厨熟练地从后门溜了出去,急急忙忙换上带三色滚边的白制服,带上高高的厨师帽,双手抱胸,在日本人崇敬的注视下,像帕瓦罗蒂一样闪亮登场。

当然,还有一些厨师属于其他人眼中的“怪胎”。比如米歇尔·格拉尔、奥利维·罗林格、米歇尔·特拉马、盖·马丁、雅尼克·亚兰诺、克里斯蒂安·史奎尔、让·皮埃尔·维加托、勒·迪维勒克、米歇尔·布拉斯等,他们踏实勤劳,坚守厨房阵地,拒绝来自世界各地的邀约,并根据自身的情况拓展经营范围,建立自己的品牌。居·萨瓦(参见该词条)虽然接受了拉斯维加斯的邀请,但这主要是为了子女的前途,至于他自己,大部分时间还是呆在特罗扬街的餐厅中。

不过,我们也不应该老是守着一些不切实际的东西,将自己的事业束之高阁。如今,在利益的驱使下,法国的餐饮业随着资本的流动,呈现出多点开花、辐射世界的态势:莫里斯岛,马尔代夫、曼谷、北京、莫斯科、加利福利亚、内华达……

包菜卷(Chou farci)

所有贪吃的孩子都出生在卷心菜里,也必将在卷心菜里死去,我也一样。

卷心菜是法兰西巨大的财富,曾是乡民们宴会的殿堂,然而这一切已成为往事,掩埋在记忆的最深处。它像婴儿般的光滑柔软,总让人爱不释手。可现在的人都太矫情了,受不了它浓郁的味道和胖胖的外形。

熏肉包菜、包菜肉饼、栗子包菜、香肠包菜、香葱包菜……我爱它的千变万化。餐桌上的事物堆积成山,数位朋友褪下外套,卷起袖子,敞开怀抱地大快朵颐。只要盘子里面还剩一颗包菜,他们一定会摸着胡子,拿起叉了,互不相让地抢夺这最后的珍馐。

从凯尔西的佩斯卡勒里到布尔斯的维欧勒,那里的美食不计其数,享誉全法,相信诸位也颇为了解。然而,告诉我,说起圣-梅德斯-勒马斯这个地方,你们会想到什么?

那儿并不难找,你只需要在塔法雷斯察斯(Taphaleschas,即Saint-Sulpice-Les-Bois)左转,然后沿路而上,经过特鲁萨斯(Troussas),再穿过苏兹乌(Chouziou),就到达了一个名叫普拉扎雷的小镇,就在鲁迪瓦斯附近。我将向诸位介绍的这位太太也叫普拉扎雷,如果不尝一下她做的包菜卷,那真是枉在世上走一遭。阿兰·

桑德朗①的夫人就出生在这里,她在克雷兹森林边上度过了欢乐的童年。也是桑德兰夫妇带我们去到那里。马路边上一座简陋的小屋,四周放着6个木桶,就算是狗窝了。几条强壮的大狗被链子拴着,眼巴巴地盯着墙角的平底锅,大口呼吸着从里面飘出来的香气。

普拉扎雷太太在这儿生活了一辈子,她满头银发,皱纹满面,但嘴角总是噙着淡淡的微笑。今天,她的小酒馆里坐满了人,加上我们一行共有10个顾客。要在平时,只有守林人才会到这儿吃饭:一大盘酱肉、一块烤肉、沙拉、奶酪和自制甜点,一顿饭只要37法郎,还能小酌几杯。但今天的菜式却有所不同,毕竟是周末,我们可以点自己喜欢的东西。

桌上的冰桶中放着香槟,相信我,那可是正宗的瓦凯拉佳酿,菜也陆陆续续地端了上来。首先是两大罐锅贴,当地的乡村特色,在大餐厅里是怎么也吃不到的。然后是一道酒汁花菜炒兔肉,酱汁浓郁,美味鲜香。过了一会儿,包菜卷也送到我们面前。这里的包菜卷和凯尔西的包菜卷并不一样,卢布松也会做,原料主要是菠菜、酸模、生菜和猪喉肉。但普拉扎雷太太的包菜卷用的则是水果、大蒜、洋葱、鸡蛋、香芹、一勺鲜奶油、面包屑、大片熏肉。熏肉的种类不限,但最好是当地的土猪,这些猪生长在森林中,以野生榛子为食。如你所见,包菜卷的做法如此简单。

唯一不方便的是路程遥远,需要去到圣-梅德斯勒乌辛,沿途经过:塔法雷斯察斯、特鲁萨斯、苏兹乌、鲁迪瓦斯、普拉扎雷。此外,普拉扎雷太太年事已高,不可能永远在那儿等着大家光临。

一般情况下,每人可以吃下两个卷包菜,如果真的很饿,也许能吃下三个。接下来是一盘沙拉,一块康塔勒干酪,一块自制蓝酪,最后是一块馅饼。一般的苹果馅饼,没有什么特别,可就是这

① 阿兰・桑德朗(1939—　　),法国米其林三星名厨,曾任法国烹饪艺术协会理事长。——译注

份平凡能唤起我们记忆深处最美好的回忆。

世界前 50(Cinquante meilleurs du monde〔Les〕)

20 世纪 60 年代初,一对来自纽约的夫妇,凭借着对法餐的喜爱,出版了一本介绍巴黎餐馆的小册子,后成为美国赴法游客的旅行"圣经"。一家座落在杜雷特街 28 号的小餐厅大受追捧,被誉为"巴黎第一家"。几年后,在离它不远的福煦大街上,诞生了鼎鼎大名的盖·萨沃伊①餐厅。虽然两位远方来客对这家小店青睐有加,但在本地人看来,其厨艺不过尔尔,平淡无奇。

如果我没记错的话,在 2003 年,一家全球驰名的英国美食杂志《餐馆》发布了"世界前 50 家最好的餐厅"名单,蒙巴纳斯附近的穹顶餐厅入选其中。该杂志以其严谨专业著称,本着公正原则,在圣佩莱格里诺②的赞助下,对全球五大洲的餐厅作出评价,并发表年度排名。此排名在业内就像教皇的谕旨具有极高的公信力。一旦在其中发现法国餐馆的名字,我们的媒体就会竞相报道,业界各方奔走相告,喜不自胜。本人有幸也曾参与评定,在雀巢集团的赞助下,我从好望角到吉尔吉斯斯坦,从马利布到乌斯怀亚,共走访了全球 651 家大餐厅(其中大多数都在英美国家),并向他们请教各种菜式的名称及做法,那些大厨皆是三缄其口,跟斯塔西③的特工似的,守得死死的,毫不让步。当然我们也发现,其中有些餐厅、酒店、食品店的老板十指不沾阳春水,对厨艺那是一窍不通。

---

① 盖·萨沃伊(1953—),法国名厨,创立了法国烹饪学院,萨沃伊餐厅亦被评为米其林三星餐厅。——译注
② 圣佩莱格里诺雀巢集团下属品牌,总部位于意大利米兰,经营范围涉及餐馆、酒店等多个产业——译注
③ 斯塔西,创建于 1950 年,主要负责政治监察、情报收集、间谍与反间谍活动。两德统一后被撤销。——译注

　　无论如何，"前50"排名让我们对食物来源有了更加清楚的认识。一个北京人曾问我："在您看来，谁是当今世界上最优秀的厨师？"这个问题不难回答，我们可以不假思索地给出答案："费兰·亚德里阿。"为什么？因为他任职的那家加泰罗尼亚餐厅已经连续4年蝉联"前50"榜首。

　　相比之下，诸如米歇尔·格拉尔、马克·维拉、居·萨瓦、奥利维·罗林格、弗雷德里克·安东、让-皮埃尔·维加托、埃里克·弗朗松、让-弗朗索瓦·皮耶、雅尼克·亚兰诺、让-乔治·克莱恩等人的餐厅就不值一提了。亚洲餐馆在排名中并不占优势，这片地处地中海和白令海峡之间的大陆，看似广袤庞大，却无它们的立锥之地。不用怀疑，尽管米其林发疯似地不断提升东京餐厅的星级，成就了一个名义上的"美食之都"，但那些参与评审的"愚比王"①们却并不买账，不仅在日本，就连在人口过10亿的中国也无一家上榜。对了，新加坡倒有一家不错的餐厅，可主厨是德国人，招牌菜是松露烩饭。

　　前50的排名是不断更新的，烹饪器具大同小异，食物味道却相差千里。位居榜首的餐厅主要来自美国、英国、南非、芬兰等国家，但许多人并不知道，这些餐厅的主厨大部分都是外籍人士，其中又以法国人居多。正如弗朗索瓦·西蒙所言，他就曾就职于一家外国餐馆："其实没有什么最优秀的50位大厨，只有50万个厨师，50万家餐厅，5000万种美味。"

　　布鲁诺·维尔瑞斯将自己的厨师工作称为"手工产业"，我很欣赏他对行业排名的看法："这些排名是一种数据谎言。"有些一知半解的电视节目不安本分，不去报道疯牛病的危害，却执着于推出

---

　　① 《愚比王》是法国剧作家阿尔弗雷·雅里的代表作品，该作颠覆了传统戏剧结构，引起了轩然大波。作者用"愚比王"形容评审们，不乏嘲讽之意。——译注

各种排名。例如，我曾在一份小报上读到，托马斯·凯勒（全美最优秀的厨师，"前50"排名中位列第五）被誉为能做出"世界上最好鸡排"的厨师。美国《红酒观察》报道说，教皇的葡萄园能酿出"世界上最好的红酒"。这对庄园主人保罗·艾维尔而言确是幸事一件，我也为他高兴，但如果任凭这些"无稽之谈"哗众取宠，那么业界的"排名"最终将失去权威性和公信度。

例如，益普索集团为《法国餐饮》作了一项排名调查，结果显示：若埃尔·卢布松以84％的支持率名列榜首，远超排在第二位的阿兰·杜卡斯（67％），再次则是西里尔·利尼亚克（49％），米歇尔·格拉尔（31％）、费兰·亚德里阿。对于这样的结果，我们只能一笑了之。

媒体具有难以估量的影响力，对于这一点，我深有体会。但某些愚蠢至极的节目真是让人如鲠在喉。

其实我们杂志也做过同样类型的调查，让受访者回答"谁是法国最好的厨师？"雷蒙·奥利维高票当选。可两年之后，桂冠易主，卡特琳娜·郎热取而代之。实际上，她早已离开维富大酒店，而大部分受访者对此一无所知，可怎奈人家在电视上知名度高，支持者就多。尽管奥利维仍旧奋斗业内第一线，然而名气却怎也敌不过卡特琳娜。

后来，《高米约》又做了一期调查，雷蒙的儿子米歇尔·奥利维以微弱的优势击败对手保罗·博古斯（参见该词条），占得鳌头，这其中少不了媒体的功劳。这种现象令人难以置信，却也值得反思。米歇尔和他父亲比起来确实相差甚远，不可同日而语。这场胜利原因有二，其一，博古斯没有借助媒体进行宣传；其二，米歇尔·奥利维应该是占了他父亲的名头，很多受访者对两者的区别并不清楚。因此，米歇尔的崛起必然只是昙花一现，很快便被人忘在脑后。

在我看来，这种情况还会继续下去。"谁是最好的厨师？哪个餐厅最好？哪种酒最好?"这些问题还会被无数遍问起,可受访者真的知道答案吗？

食客(Client)

厨师是一种职业。酒店老板,也是一种职业。酒饮服务生,还是一种职业。那么食客呢？也是一种职业么？当然！怎样当一名食客也是有讲究的,并非一时起意,兴之所至,这需要积累经验,更需要端正态度。有些人根本就不知道,也不想知道什么是合格的食客,还有些人知道却做不到。前一种人是可鄙的,也是可憎的,其"罪行"罄竹难书。比如有些人事先预订了用餐席位,后因故无法前往,却就此作罢,也不主动取消预定。我认识一位餐厅老板,它就遇到过这种情况,有位客人订餐后一直未有出现,预定的位子一直被保留到打烊。凌晨 4 点,这位老板致电客人:"您好,我们为您保留了预定的座位,不知道您什么时候过来?"

还有些人,他们没有预订座位,而是直接去到餐馆里。当侍者解释已经客满的时候,他们便言辞激烈地吵闹一番。还有,某些讲究的餐厅在上开胃菜之前会将餐桌上的面包和黄油撤走,以免客人食用太多影响主餐。这本是好意,可偏有些不明就里的食客不经询问便大加指责。

这种人总是满腹牢骚,没完没了。由于烹饪需要,上菜速度若慢些,他们就不停抱怨。可要是上菜速度快,他们又会嫌菜不新鲜,认为是提前做好的"微波炉二手菜"。

也有人自视甚高,装作聪明。就拿红酒来说吧,他们认为餐厅里的酒水都是漫天要价,强制消费,比外面商店里的贵很多。当然,在某些情况下也确实是这样。一般而言,餐厅都会将酒水的价格上浮 3—4 个百分点,也有餐厅加收比例高达 10 或 15 个百分点。其实那些顾客自己也不清楚餐厅酒水的均价是多少,他们只是习惯性的无理取闹。比如有些食客第一次去诸如勒杜扬、克里伦、拉塞尔、阿佩其等餐厅，没有事先了这些地方的消费层次，也没有浏览门口的价格目录，等到付账的时候才大呼上当，典型的自作自受，还无理取闹。可再贵也不过一顿饭钱，有些人就是不依不饶，你见他买宾利汽车、买艾玛仕包的时候嫌贵了吗？一句到底，明码实价，理所应当。

餐厅最大的难处在于食客能够估算出菜肴和酒水的一般市场价格，可他们却忽略了餐厅的运营成本，如交通运输、食品加工、人力劳动、房屋租金、装修维护等，此外，税费和利润也是价格上浮的重要因素。因为开餐馆是为了盈利，总不能白干吧？相反，因为食客对裙子、首饰、汽车等商品的成本并不了解，所以对这些商品售价自然无话可说。从某种程度上讲，顾客买 LV 包比买龙虾更淡定。

更糟糕的是，有些客人本来对菜肴挺满意，可一到给小费的时候脸就拉下来了，总是扭扭捏捏，躲躲闪闪。我就曾遇见过不少这样的人。我最反感的是那些手头宽裕，却对小费斤斤计较的顾客。还有的人因为对某顿饭不甚满意，便故意夸大那家餐厅的失误，四处宣扬，极尽诋毁之能事。如果我们真的喜欢美食，我们就应该以包容的态度，对主厨偶尔的有失水准给予足够的谅解。

这些年，我也经常出入顶尖餐厅，也遇到过主厨不时发挥失常，某道菜肴不尽如人意，甚至难以下咽。但金无足赤，人无完人，就连上帝也有打盹儿的时候吧。每个人都有犯错的权力。

这都还不算什么，更有甚者，他们会对周围的人讲，头天晚上自己去了某家餐厅（通常是有名的高级场所，这才有得显摆），结果回家后就开始生病，弄得跟食物中毒似的。

我们杂志在"欧洲一台"开设过一档广播节目，每周播出，旨在将发言权交给听众，让他们能自由地反馈意见。有一次，一位医生在节目中对特鲁瓦格罗兄弟餐厅的卫生情况提出了严重的质疑：

"有次,我们同事把人带着各自的妻子在罗昂聚餐。按照你在《美食指南》上的建议,我们去到特鲁瓦格罗兄弟餐厅,结果大病一场,死去活来。我觉得有必要让大家知晓这件事,以此为鉴。"

众口铄金,8位医生证言的影响力不可估量,这将给特鲁瓦格罗兄弟餐厅造成巨大的损失。就本人而言,如此指控,实难苟同。因为对这家餐厅的厨艺、信誉和品质我都深信不疑,但缺乏证据,只好对此不置一词,保留意见,随即承诺在调查清事实真相后,于下一期节目中就该事件向听众作出答复。

3天之后,我搜集齐了所有相关信息。原来这群医生在聚餐前就已经吃过不少东西,他们在特鲁瓦格罗兄弟餐厅点了大量的开胃酒、白酒、红酒、香槟和甜烧酒,另外就是一道夏洛来牛肉,权作了下酒菜。

随后,我就该事件的真相在节目中向听众做了通报,并对原告不分青红皂白的污蔑行为进行了强烈谴责,这种莫须有的指控将对特鲁瓦格罗兄弟餐厅的声誉造成极为严重的影响。听了我的回答,那位医生起先还颇为气愤,但最后也不得不承认他们的不适很可能是饮酒过度造成的。

我觉得应该对这种行为略施薄惩:"医生先生,《美食指南》将在接下来的一年中单方面拒绝您的订单,并将定金如数退换。"

不久以后,他给我寄来一封致歉信,并承认了自己的错误。本着宽容的态度,我回信言道:"既然如此,我可以帮您恢复《美食杂志》的订单。但为了表示诚意,求得原谅,请您再到特鲁瓦格罗兄弟餐厅吃一次饭,不过您得放下自己的架子,低头道歉。"

其后,我收到回复,他对特鲁瓦格罗兄弟餐厅的菜肴相当满意,并保证今后再也不会莽撞胡言。

那么,真正的"好食客"应该是什么样子的呢? 当不能按时就餐,他会提前退订;当发现桌上没有面包,他能明白餐厅的良苦用心,不会满腹牢骚;当上菜速度稍慢时,他可以给予理解,耐心等待；当对菜肴不甚满意时，当老板殷切问道"您还满意吗？"，他既不会违心地敷衍赞扬，也不会得理不饶人，而是抱着专业而谦和的态度，诚实地说出自己的看法，并对厨师的偶尔失误给予一定的理解。烹饪看似简单，可其中所费心力外人并不知晓。

因此，如果我们不能约束自身言行，仍旧我行我素，那便是自寻烦恼，冲突中不会有赢家。

现在，我请大家试着换位思考一下，如果您是一家餐厅的老板，站在您的角度，您能接受"顾客就是上帝，上帝永远是对的"这样的论调吗？其实，在厨师和酒店的专业培训中，我们都知道这样一则信条："让顾客说话，你只须俯首聆听。"简单来讲，就是要逆来顺受，不管客人是据理力争还是无理取闹，我们都要谦和有礼，点头恭维。比如顾客抱怨红酒没有加塞，你就是有再充分的理由，为了维护顾客的面子，也只能温和顺从，甚至顾左右而言他："这不是大菱鲆，是牙鳕"或者"真不是香草冰淇淋"。

你如果去那些大餐厅里仔细观察，就可以发现这些餐厅老板、服务员、厨师是多么可怜：在顾客面前，他们像比目鱼一般谦卑，被迫放下自尊去迎合客人的需要。

感谢上帝！幸好我没有去开餐馆，如果我是餐厅老板，一定向卢西恩·萨拉萨特看齐。当然，我会愉快而自在，但也会死得相当难看。这位传奇人物有些胖，刺猬头，言语中带着些许勃艮第口音。他曾四处漂泊，在温泉疗养院干过，也去过阿尔及尔、开罗，最后在夏洛来省的圣阿兰勒皮安定下来，距离特鲁瓦格罗兄弟餐厅也只有一个小时的路程。卢西恩是一位很棒的厨师，擅长"老式菜"，颇有些怀才不遇。他可是会对顾客甩脸色的，这种无所顾忌的脾气还真让我佩服得五体投地。他的商业信条就一句话："我开餐馆是为了挣钱，不是受气。"

抱着这样的态度，他将那些不懂礼数的顾客全都拒之门外。如果有客人要求将牛排做成"全熟"，他一定会当场发飙："什么？

全熟的牛排,我这儿没有,做不出来!你非要?那赶紧走,你去对门那家吧,他们那儿有全熟的。"

一天晚上,我在没有提前通知的情况下去他餐厅,却见到大门紧闭,门上的小牌子赫然写着两个大字"客满"。然而,微弱的灯光从门缝溢出,间或能听见些许低沉的耳语。我小心地敲了几下门,见到毫无反应,便又继续敲着,直到卢西恩终于从里面探出头来。他见是我,便笑着迎了出来,又转过身冲店里喊道:"萨拉萨特太太,赶紧多准备一副碗筷,米约先生要和我们一起共进晚餐。"

进去之后,我发现大厅里空无一人,可为什么要挂一个"客满"的牌子呢?面对我的疑问,他回答:"今天晚上我不准备做生意的,就自己家人在一起吃个饭。"两分钟之后,一对夫妇推门而入,有些腼腆地询问:"现在不会太晚吧?你们还营业么?""你们没看门上的牌子?"这个"粗人"指着我们的桌子接着说:"你看见了吧,客满了啊!"

那对夫妻没在往下问,赶紧离开了。萨拉萨特一边切着鹌鹑肉一边嘟囔着:"我们也有权安安静静地吃顿饭呀。"

概念(Concept)

过去,我们在做蛋黄酱之前可不用去看什么心理医生。

那时,开餐馆如此之简单,只要愿意,我们说干就能干。要是有人问及餐馆的类型,那答案可就多种多样了。有的想卖鱼,有的想卖野味或烤肉,还有的想卖炖菜,此外,普罗旺斯或里昂的地方菜也是不错的选择。但时至今日,餐饮再不是什么容易的行当,想啃这块硬骨头的人都是些傻瓜。

我认识一位诺曼底小伙儿,他在圣特罗佩斯开了一家餐馆,他们家东西不赖,而且不贵。玫瑰香槟的价格是同类型餐馆的1/3。

正因如此,渐渐地,一些有身份的客人也慕名而来,比如摇滚歌星乔尼·哈利代、制作人艾迪·巴克利等。然而不久,他们也变得和其他餐馆一样,价格陡然上浮,一瓶柏图斯竟能买到2000欧元,并开始拖欠供应商的货款。简单来讲,这位淳朴的诺曼底小伙变成了"时髦"大厨,追求着杂志媒体的曝光率。一天,他对我自信满满地说道:"好了,我决定把餐厅开到巴黎去,这是我的一个概念。"这个"概念"具体是什么并不重要。然而正是新"概念"的出现,我们开始把食物细致切分,装在精致的小盘子里,而顾客们仿佛回到小时候,再次体验"儿童餐"。这就是所谓的"概念"? 概念是什么?根据《小罗贝尔词典》上讲的,概念是"一个物体抽象性、概括性的心理表征"。

所有美食杂志的评论人或撰稿人,只要读过乔治·亚当阿克泽维奇的作品,他们都认可:"一个未能提出'新概念'的哲学家,只能算是哲学领域的史学家。"

那么,一个创造不了"概念"的厨师究竟在想什么? 不敢想象……他们是餐饮界的史学家? 恐怕也算不上吧! 要我说,也就是些不折不扣的可怜虫。

现今,要论服务"概念"的推陈出新,最有活力的应该是多种多样的休闲场所,比如巧克力吧、马苏里拉奶酪吧、酸奶吧、汤品吧等等。最近,在诺曼底多维尔赌场里新开了一家氧吧,由雅克·加西亚亲自设计装修,在那里我们不仅可以品尝到龙舌兰和伊甘佳酿,而且可以呼吸到纯净的氧气。

然而,这种"概念"似乎没有界线。你瞧,什么"面条专卖"、"甘薯专卖"、"冰激凌专卖"(即每道菜都搭配着冰激凌或雪糕)、"甜食专卖"或"烩饭专卖",甚至在赫尔辛基的一所旧监狱中开了一家"囚犯托盘"菜馆。

这种"概念"创新也不乏成功案例。如台湾就有一家餐厅装潢成厕所风格,客人们则坐在马桶圈上用餐。

宾客的人数(Convives [Nombre de])

拿破仑曾对他的外务大臣塔列朗(参见该词条)说道:"你每周应举办 4 次宴会,每次宴会宴请 36 人,并保证所有法国名流和国际友人都要接到邀请。"这位第一执政官给他的国务大臣冈巴塞雷斯也下达了同样的建议。

在一次宴会上,餐桌一头充斥着嘈杂的交谈声,塔列朗或巴塞雷斯(我记不太清楚了)对此颇为恼火,大声说道:"请各位安静一些,否则无法正常用餐。"

诚然,尽管塔列朗和巴塞雷斯都是美食爱好者,却逃不开外交政治的俗务。他们也不知道,为了保证用餐氛围,餐桌上宾客的数目是有限制的。

其实曾经有人对这方面问题做过深入研究。

当 4 个人聚在一起时,个体间交流会出现 12 种可能性;当人数增至 8 人时,交流可能性则上升为 56 种;而人数为 12 人时,其相应交流可能性为 132 种,以此类推。然而,只有当人数控制在 4—8 人时,交流才是有效的。如果超过这个限度,尽管可能性增加了,但对话就会分散,内容亦会变得肤浅。显然,餐桌上的人越多,宾客对食物的关注就越少。伊朗国王在波斯波利斯大开筵席,邀请了 300 多位来自世界各地的宾客,几乎没人注意到自己杯中的是名酒拉斐。

在宾客人数这个问题上,一则古老的格言给出了黄金准则:"别多于缪斯,勿少于美惠"。众所周知,缪斯女神有 9 位,而美惠女神有 3 位。就这个数字,对于家里的女主人来说,已经是个巨大的挑战了。美食家布里亚·萨瓦兰(参见该词条)认为,用餐人数不能超过 11 人。而笔者窃以为最多不过 8 人。如果在宴会中,出于某种原因,两位客人意见向左或互有不满,一定得将他们的位置错开，尤其不能面对而坐，否则针尖对麦芒，场面绝不会好看。要么把他们隔开，安排在同一行上，要么就一首一尾，一边一个，专家认为，这可以维持双方的平衡性。

有人给我说过，我在此重复一下。

在巴黎聚餐时，迟到者可称得上是害群之马。在外省，除了圣特罗佩和库尔舍维勒，其他地方都或多或少保留着这种迟到的习惯。本来定于8点半开始的宴会，总有些人要拖到9点半才出门，而且不以为耻，反以为荣。其他宾客只能用花生和香槟充饥。

美国人就颇为守时，说几点就几点，最多只能容忍15分钟的迟到。如若不然，宾客就自行用餐，不再苦等。在法国我们可不敢如此。

博古斯（参见该词条）50岁生日时，在自己餐厅中举行宴会，共邀请了200多位宾客，并在门口的火炉中准备了几十只烤鸡。此外，他还邀请了国家旅游部部长，部长先生却因为公务缠身，姗姗来迟，博古斯则坚持等待。可等宴会开席时，烤鸡已经干瘪，难以下咽了。

部长先生对此深表歉意，他并没有料到大家会等他到来。尽管如此，为时已晚。

我有几位朋友，他们习惯在邀请卡上注明："晚餐将于几时准时开始。"这种行为似乎十分不礼貌。但对我而言，这却是理所当然。当我们通过电话邀请别人赴宴时，我觉得没必要自讨苦吃，还一遍遍地跟那些"惯犯"强调"开席时间是8点半或9点，而不是一小时后。"

在周末，宴会时间最好提前一个小时，比如7点半。因为周末不上班，交通状况良好，我们可以坐下来慢慢享受美食的乐趣，这是大家所喜欢的。

还有一个办法，那就是只邀请那些真正的吃货，美食当前，他们从不迟到。

保罗·科塞雷(Corcellet[Paul])

美食界充斥着形形色色的人:性格怪异的奇葩、高雅迷人的疯子、温和谦逊的痴汉,这也是为什么我对美食如此着迷。

我第一次遇见保罗·科塞雷是在佩提香街,当时他独自一人待在自己破旧的"实验室"里,面色平静,双目幽深,悠悠地抚摸着一条巨大的河马腿。当天早上,他冲破博博迪乌拉索港检疫局的封锁,从猎人朋友那儿搞到了这条河马腿,并决定当晚就把它切块烹煮,然后用塑料袋封存在冰箱里,这可是专门为社会名流准备的美食,其珍贵程度绝不逊于鱼子酱。

如果在今天,科塞雷定会变得臭名昭著,受尽环保主义者的斥责与唾骂。可在上个世纪70年代,人们还没有这种意识,而科塞雷也只是一个烹煮野生动物的香料商人。

科塞雷出身美食世家,曾祖父曾是国王的御用甜品商人,祖父做的馅饼也受到过巴尔扎克的称赞,而他手上却是这条血淋淋的河马腿,这玩意儿可不是经常能见到的。他满怀敬意地对着砧板上的食材念叨着:"老伙计,我应该把你做成什么呢?不管怎样,我先得剔除你的筋,这可是上好的钢琴弦。哈哈!你看这一堆肉摊在这里,让我赋予你点儿活力吧。要不我把你放进锅里煮一下?火苗可以让你精神兴奋、肉质筋道。加点儿洋葱、香料,浇上赫雷斯酒,再焖上一会儿就是一道美味啦!"

科塞雷在不断烹饪野味的过程中,逐渐把目光转向了大象,在他眼里,这可是一种不可多得的食材。他在"实验室"中研制出了许多奇奇怪怪的食谱。他亲切而深情地把这些食材称作"亲爱的小笨蛋"、"我的孩子们"、"我的小可爱"。

早先,科塞雷从事着油料作物种植。1935年开始转行做香料生意,他在圣奥诺雷市场附近开了一家小店。后来,为了满足母亲对美食的爱好,这位殷勤的儿子开始研究一些简单的菜肴。渐渐地,烹饪从一个不经意的兴趣演变成一种炽热的激情、不竭的渴望。科塞雷关掉香料铺子,开始潜心研究美食。他本对酱料、浓汁等东西一无所知,但后来却如有神助,竟然无师自通,甚至发明了众多食谱,究竟为何?无人知晓,颇为神秘。所有和他交谈的人都想从他口中得知烹饪的奥秘。

科塞雷并不是什么厨师,他是一位术士,一位幸福的术士,因为他找到了别人求而不得的"炼金石"。这个秘密就藏在河马的大腿里,骆驼的驼峰下,大象的长鼻中……有一次,他对一位前来买香蕉的顾客说:"嘿,您知道吗,要做出一道美味的象鼻,关键在于烹调时间的把握。8个小时,不多不少。一定要用那种很深的大锅,加上胡萝卜、洋葱、香料,洒点儿盐和胡椒粉,再多浇些白酒,用文火烹煮八小时,记住,八小时……象鼻就会变得松软可口,切块装盘,挤上芥末后就可以上桌了。"

当我再次造访科塞雷时,他把我领到了"实验室"二层的楼洞中,那里香气扑鼻。在进入正题之前,他和我谈起了上帝和死亡。最后,科塞雷说道:"我们在这儿逗留这么久是为了抓一只地松鼠,这种松鼠以可可豆为食,其肉质异常鲜美。吃完之后,我们再尝尝油炸毛虫。"

和科塞雷呆在一起,所有的惊世骇俗都变成了理所当然。当你见识过炖驼峰和蟒蛇肉排后,再怪异的食物你都能咽下,哪怕是独角兽的犄角、鹰马兽的肉、长颈兽的脑浆……科塞雷所有的自创食谱都申请了专利,这可是一笔不菲的花销,长此以往,很可能会倾家荡产。其实,他在经营管理和财务会计方面很有潜力,但不屑于这些世俗的禁锢,更愿意教人烹饪。虽然食材过于惊世骇俗,但科塞雷循循善诱,告诉自己的顾客如何辨别食物味道。比如象鼻的味道和牛舌一样;蚂蚁酱与鳗鱼味道近似,"且更加鲜美";凯门鳄的尾巴和龙虾的味道很像。对于某些知情人,他则显得有些直言不讳,猴子的里脊和人肉味道相同。

在这场味觉的比拼中,狮子是唯一一个例外。因为狮子的味道就是一股狮子味儿,什么也不像。

几个月之后,我们杂志的介绍使保罗·科塞雷名声大噪,他接受了电视台的专访,并颇受皮埃尔·安德烈·布当的称赞与青睐。

迎着风,科塞雷抱着一条象鼻,在摄像机前谈论其烹饪方法。尽管当时的演播厅前并没有环保主义者的示威与呐喊,可记者还是问出了这样一个问题:"嗯,科塞雷先生,您对杀害野生动物有何看法,您不觉得不妥吗?"

我想他大概是第一次被问到这个问题吧。他有些纠结,有些触动,大滴的泪水顺着脸颊淌下来。抚摸着怀中的象鼻,科塞雷面对这摄影机,用破碎嘶哑的声音答道:"我爱这些野生动物,他们就像我的孩子一样……你们根本就不知道我又多爱他们。"

说完,他平静了一下心绪。最后,科塞雷带着自己的秘密永远的离开了这个世界。

躺着,站着,坐着(Couché, debout, assis)

《迦拿的婚礼》出自委罗内塞之手,巨大的画布上共刻画了132个人物,是卢浮宫所有藏品中尺寸最大的画作,自1992年修复完成以来,吸引了众多游客前来观赏。表面上看来,这幅名画与我们的主题毫无关系,但它却在美食历史上占据了举足轻重的地位,因为它向我们展示了餐桌礼仪的发展历程。

马蹄形的餐桌中央坐着圣母玛利亚,她头戴黑纱,指着桌上的空杯子,请耶稣基督彰显神迹,点水成酒。注意! 所有的宾客都是坐着的。

这幅画作于1562—1563年间,展现了一场威尼斯式婚礼。当时，法国正处于凯瑟琳·德·美第奇①的统治之下，大型笨重的餐桌开始出现，并最终彻底取代原有的支架桌。此外，长凳和矮凳逐渐从教堂、农场和民间消失，取而代之的是手扶椅、折叠椅和旋转椅。

躺着、坐着、站着……坐着、站着、躺着……这不仅仅只是礼仪的流变。用餐者的姿态体现了权力史的发展过程，突出了社会个体的阶级属性。

例如，在古埃及时期，只有法老和亲王才有权坐在装饰华丽的椅子上用餐，其他与会宾客则坐在没有靠背的高凳上，这种凳子有些摇晃，很难保持平衡。至于平民，那就只能坐在地上或席子上吃饭。

在荷马时代的希腊，在克里特，宾客可以坐着用餐，但有的是手扶椅，有的是靠椅，还有的就只是板凳或墙沿。自公元前5世纪起，古希腊人的餐桌礼仪开始演变。受东方国家，特别是波斯地区的影响，国王在自己的卧榻上铺一层紫红色绸布（在波斯，紫红色是王室正色），用餐的时候采取卧姿。而他的大臣们则要么蹲着、要么蜷缩在小凳子上。

最早，古希腊主要采用的是单人床，上面铺着软垫，后来渐渐演变成马蹄形的双人或三人床。然而，女人、孩子和宾客都没有权力在用餐的时候采用卧姿，他们一般都坐着，以显示主宾之间的地位差异。实际上，聚餐是一种分享的过程，但当时却不全然如此，尽管大家都使用着一样的盘子、一样的酒杯，宾客还是要遵循一定的等级制度。相传，亚历山大大帝有位侍从，因未能杀掉野猪被惩罚坐着吃饭。

罗马人在征服非洲、西西里和希腊之后，获得了各地财富，也

①　法国王后，亨利二世之妻，教宗克雷芒七世侄女，出身煊赫一时的美第奇家族。——译注

受到殖民地贵族文化和餐桌礼仪的影响，开始躺着吃饭。起先，这种规范只应用在圣餐礼中，后来迅速大众化，直至公元四五世纪。在君士坦丁堡，甚至到了 10 世纪的圣诞宴会上，所有宾客依然被要求躺着用餐。由此，床成为了贵族们竞相追逐的奢侈品，有的床镶着金银，铺着贵重地毯或绸布。罗马皇帝依拉加巴路斯（卡拉卡拉的堂弟）就要求床上的垫子必须是山羊毛或鹧鸪绒的。一般情况下，用餐者卧在床的左侧，以肘部支撑身体，而一张床能睡 3 个人，这种姿势并不舒服，不便于进食，也不利于食物酒水的消化。然而，男女混卧给予用餐者感观上的刺激，后来又演变成集体狂欢。

　　这种餐桌礼仪与新型基督教文化背道而驰，床也遂即被逐出宴会厅。不仅如此，就连"暴食"也被天主教列为重大"原罪"之一。

　　公元 515 年，法国奥尔良主教会议正式通过政教合一的法令，至此，教堂正中的椅子就成为了主教权力的象征。宫廷贵族们也纷纷效仿，开始坐着吃饭，而椅子也不再是一个可以随意移动的装饰品。到 16 世纪中期，椅子在餐桌礼仪中才确立了永久性地位。《雌雄岛》①中说，亨利三世和两位王子"坐在羽绒椅子上，而其他人的座位是可以折叠或打开的。"

　　到了路易十四和路易十五时期，餐桌礼仪更加精细化，每位宾客都能做在椅子上用餐，但位置是根据血统和职位来安排的。

　　然而，用餐礼仪中宾客位置的规定仍旧不停地演变着。时至今日，还存在什么规定吗？自 20 世纪中期以来，随着自助餐、快餐、烧烤的出现，"礼仪"早被打破。我们甚至直接站在冰箱旁边进食，这是一种礼节上的倒退么？人们又开始重新站着用餐？这种现象在年轻人中最为典型，他们想以此打破社会习俗和礼仪规范

---

　　①　法国第一部反乌托邦札记式著作，作者不详。该文通过主人公在"浮岛"上的荒诞经历，讽刺了当权者亨利三世的无能。——译注

的禁锢与羁绊，而那种交流或家族性的群体聚餐正在逐渐消失。

　　许多营养学家都认为站着吃饭对于健康不利，当然坐在床上或窝在沙发上，手里拿着盘子，盯着前面的电视机，那就更糟糕了。此外，一家人围着冰箱用餐，年轻人在自己的房间里边吃薯条边打游戏，家庭主妇一个人在家吃解冻的剩饭，这些饮食习惯都极为不可取。

　　在阿姆斯特丹有一家名叫"超级俱乐部"的餐厅，客人都是躺着用餐，实话实说，这倒是个不错的选择……

　　所幸的是，餐厅酒馆遍布各个城市的大街小巷，我们只需要推开门就能在愉快而温馨的气氛中享受美食带来的愉悦。

美食评论家(Critique gastronomique)

　　美食评论家算不上什么内行人士，他们和一般的顾客并无差异，只是喜欢装腔作势地摆摆架子，振振有词地长篇大论。实际上他们也没有多高的修养，要不然也不会一边吃东西一边喋喋不休。

　　很惭愧，本人以前就是干这行的，深谙其中门道。如果可以，我绝不敢以"家"自诩，至多也就是个贪吃的"业余爱好者"。何为"专家"？笔画之轻，责任之重。一个"专家"承担着监察、指示、训斥、褒奖的责任，此外还须克己自制、自省自持。这让我不胜其烦，难当此任。以本人40年的从业经验看，"美食评论家"不过是一群拿着公司的钱，享用着免费大餐，还说三道四的闲逛者。

　　对此，我们暂且按下不表。当然，这个职业的存在还是有其必要性的。上世纪五六十年代，报纸专栏在美食界虽占有一席之地，却终究不过是个小角色。除了一些烹饪刊物或食谱书籍之外，餐馆才是支撑美食评论的中坚力量，令人颇为意外。它们甚至为一些著名作家提供了素材，比如勒蒂夫·德·拉布雷东(《巴黎的夜》)、格利木·德·拉雷尼埃尔、库西、大仲马、巴尔扎克(《巴黎招牌指南》、《法国美食家》），还有吃遍巴黎大街小巷的维农、杂志《美食家》的创办人夏尔·蒙瑟莱、弗里德里克·苏利（《大城市》）、阿尔弗雷德·德尔沃（《巴黎的愉悦》）、奥古斯特·卢凯（《巴黎-指南》）、莱昂·都德、莱昂·保罗·法戈，以及不得不提的科农斯基（参见该词条）。

他们用文字为我们留下了宝贵的资料。然而，从严格意义上来讲，这些文人墨客只是一些记录者，还够不上"评论家"。试想一下，一直被视为座上宾的科农斯基，他能一边享用免费大餐，一边还对餐厅的主人说三道四、指指点点？

这些"美食雅客"或"餐桌哲人"为餐馆招徕了不少顾客，这种情况一直持续到二战结束。而新闻媒体介入美食领域开始于"法德占领合作"时期。当时，在德国的控制下，少数记者向法西斯屈服，宣扬反犹太种族主义，诋毁盟军和戴高乐，成为战时"新秩序"的喉舌与附庸，他们也因此获得了社会话语权，并开始介入烹饪界。

罗伯特·库尔蒂纳曾在《帕里泽报》和《拉热尔布报》执笔，后来在拉雷尼埃尔的资助下重开《世界报》，并在该报旗下主持美食专栏。

我本人曾尝试过各种专栏：政治、经济、文学、法律、报道……20世纪60年代初，我重回美食界。这里虽然只是一个小角落，虽然没有广阔的发展空间，却让我邂逅了许多美食行家，比如亨利·科洛斯·尤夫、让·阿纳布迪、弗朗西斯·阿米纳特吉等。其中，弗朗西斯是一位格调高雅、风度翩翩、内敛深沉的绅士。此外，值得一提的是，我还有幸结识了詹姆斯·德·奎特，他本是《费加罗报》法律专栏的作家，但他对美食的热情与研究让我惊叹。

尽管他们的文章给大众带来了许多阅读乐趣，但这些文字描述的都是一些大型聚会的欢乐场景，谨慎地避免着任何批评性措辞，仍旧没能挣脱"记录文献"的窠臼。除了这些杂志上的"豆腐块"外，那些"真正的"媒体也许会对书籍、电影、话剧、芭蕾或展览等作出负面性评论，唯独在餐厅这里手下留情。因为他们觉得大张旗鼓的批评会影响银塔餐厅或佩里戈尔烤肉店在读者心中的形象，这种做法不大合适。此外，除了《世界报》之外，其他正经媒体都没有关注过餐饮领域。

亨利·高和我并不想自讨苦吃，一步不慎便会成为众矢之的，也不打算扭转社会对美食的成见，我们只想守住一个新闻人的本分，并让公众清醒地认清现实，我们所处的时代早已改变——高尔夫长裤、路边小饭馆、胖胖的厨师，这一切都随战争成为历史。我们面对的是一个全新的法兰西，一个只愿拥抱现实的法兰西。站在传统的星空下，她听从"必比登"①的召唤，大快朵颐。

很快，餐厅、美食、红酒，乃至于整个餐饮行业都沦陷在了媒体的"铁蹄"之下：杂志、报刊、广播、电视……出版社也推出了各种各样的指南性书籍，质量却有好有坏，参差不齐。美食评论与媒体新闻融为一体，其影响波及全球，催生了不计其数的"专业美食家"，当然，其中不乏滥竽充数之徒。要知道，这可是个美差，大家都想被派驻到豪华餐厅，比如欧仁尼的格拉尔、拉斯维加斯的萨沃伊、东京的卢布松，既能顶着"特派专员"的殊荣，又能享受免费的美食，何乐而不为呢？

长久以来，作家、音乐家、画家、戏剧家，无论任何职业都会遭到来自各个方面的批评与抨击，这已然成为一种行业规范。比如泰奥菲尔·戈蒂耶在谈到一位一无是处的年轻演员时可能会说："X小姐……完全就是个马路边卖艺的，还自我感觉良好，愚不可及。"即使如此犀利的攻击也不会引起巴黎演员工会的不满与声索。

现在呢？评论家的权力和影响是否有些过分了呢？许多餐饮

---

① 即米其林轮胎人。——译注

业主和厨师都曾深受其害，并对此颇有微词、愤愤不平。

有一次，我到一家新开张的餐厅吃饭。这并非刻意为之，只是出于朋友的邀约。一般情况下，我会等到新餐厅试营业结束后才去品评。然而，令人啼笑皆非的是，并不宽敞的大厅中竟然坐满了美食评论员，他们手上拿着小本子，虎视眈眈地审视着桌上的菜肴。不知道为什么，这种有些滑稽的场面让我想起了罗马斗兽场，一大群"贵族"盯着那将被狮子吃掉的基督徒。

那个时候，餐厅的厨师们一定都心急如焚，恨不得使出浑身解数，想要抓住这个难得的机会一战成名。其实这种做法往往事与愿违，评论员的出现会对厨师造成一种无形的压力，在这种状态下通常都不可能超常发挥，甚至会有失水准。这让我想到特鲁瓦格罗兄弟的做法，当美食评论家光顾时，他们禁止服务员向厨房通风报信，以防对烹饪造成不好的影响。

这真是"出师未捷身先死"啊！当然，真正的强者是无所畏惧的，克劳德·勒贝、菲利普·库德尔克等便是如此。当天，那家餐厅一直处在"兵荒马乱"中，食物尚且马马虎虎，服务却糟糕透顶。我们仿佛在围观一场街头杂耍，总体上还是蛮欢乐的，从这个角度讲，那顿饭也还算过得去。可在厨师看来就有些劫后余生的感觉，庆幸自己没有直接被一棍子打死。8天之后，当我再度光顾那家餐厅时，厨师就已经发挥正常了，一切都无可挑剔。

那么还是这个问题，美食评论人的影响力是否有些过分呢？

在法国、伦敦、美国、德国、意大利、西班牙或奥地利，许许多多的餐厅就因为《高米约》一篇小小的文章而被捧上天堂，这样的情况具体有多少，我们没有详细统计过，总不下数百家就是了。如今，餐饮业的竞争更加白热化、复杂化。美食评论界早已不是一家独大或巨头垄断的局面，媒体维度的多元化分散了这种"至高无上"的权力。然而，某些知名评论的影响力仍旧是立竿见影的，比如《费加罗杂志》的莫里斯·博杜安、《费加罗日报》的弗朗索瓦·

西蒙、《观点报》的普德罗斯基、《玛丽雅娜》的佩里戈·雷佳斯、《新观察者》的菲利普·库德尔克，或者是"欧洲一套"和"法兰西五套"节目中的让-吕克·小雷诺。此外还有一些颇具区域影响力的地方性媒体。

毫无疑问，对于那些新开餐厅而言，一篇出自著名评论家之手的溢美之词，绝对是强有力的敲门砖，其效果可以是直接的也可以是间接的：招徕顾客、提升效益、确立形象……

然而，一篇负面评论的影响力就大打折扣了。根据我几十年的从业经验，除了一些特殊的例外情况，要把一家餐厅捧上天不过举手之劳，而要把它踩下地可就没那么容易了。原因有二，首先，一家餐厅的衰败在很大程度上是源于自身因素，比如厨师不好、区位不佳、经营不善或性价比不高；其次，那些真正出名的大餐厅具有极强的生命力，绝对不是几句负面评价就能动摇得了的。《高米约》曾经针对市场情况变化，给一些大餐厅调低了星级，当然这对厨师自身是个巨大的震动，但对餐厅生意却毫无影响。拉塞尔、银塔、博马尼尔等餐厅都遇到过"降星"的情况，可它们依旧岿然不动。马克西姆是个例外，它的困境并非是因为媒体的批评或者"降星事件"，而是业主将经营的中心转移到了快餐和乡村酒店等行业。

针对前面那个问题，我倒觉得法国三大美食杂志（《米其林》、《高米约》、《普德罗》）在面对这些大餐厅时显得有些过分弱小了。以前，餐厅畏惧我们；现在，我们畏惧餐厅。真是风水轮流转啊！据我所知，《米其林》就遇到过这种"硬钉子"，摸不得碰不得。

最后，我想就"美食评论家的诚信"发表一下自己的看法，这是一个敏感而颇具争议的话题。许多人都认为评论行业存在"暗箱操作"、"红包交易"的情况。"版面费"的存在确实让评论人有些束手束脚。

当然市面上确实有些不入流的"指南"杂志，它们存在的目的只是为了赚取广告费。撇开这些"挂羊头卖狗肉"的假货，凭心而论,我们确实犯过各种各样的错误,但对于"受贿"这顶"黑帽子"是绝对不能接受的。经常有人问:"那这得要多少钱?"每次我都会半开玩笑半认真地回道:"我又不会漫天要价,但确实不大便宜,到目前为止我还没见过有谁买得起我。"事实也是如此。

在几十年的职业生涯中,我从来都没有遇到过餐厅老板向我塞"红包"的情况。

对了! 真还有过,就一次而已。众所周知,巴黎十七区的雷纳奎街上坐落着一家米歇尔大娘餐厅,他们家的白黄油十分出名,广受赞誉,人们对米歇尔太太既崇拜又敬爱,都把她当做自己的奶奶看待。有一次,我带着妻子去那儿庆祝生日,老太太亲自接待了我们。这位和蔼可亲的老人家悄悄往我手里塞了一个信封,我当时根本就没有反应过来会是什么东西,便随手从里面抽出了一张钞票。如果我没记错的话,应该是一张 50 法郎纸币,按照 1965 年的购买力换算,这相当于两顿餐费的价格。我真的不知道怎么办,只好在她脸上亲了两下,并把钞票悄悄地塞进了一个服务员的衣兜。她登时瞪大双眼,有些不知所措。

在这一点上我十分同意佩里戈·雷佳斯的看法:"有邀请,就有收买。"他毫不隐晦地接着说道:"是的,我就曾被邀请过,而且没有付饭钱。但这并不能让我闭嘴,我绝不会在评论中手下留情。"

实际上,我在很久之前就遇到过这种"邀请",但从来都不会产生什么尴尬的后续问题。博古斯(参见该词条)、维杰、拉塞尔都这么做过,可我依旧实事求是,他们也并未有过额外的要求。什么是"收买"? 收买就是心口不一,口笔不一,文实不一。对于那种愿意自我轻贱的人,不来往也就是了,其目的自然也不会达成。

倒是有些同行记者喜欢无中生有,他们不断地对评论人提出质疑,这是一种相当没有分寸的行为。试问哪一个文学评论家没有收到过赠书? 哪一位影视评论家没有收到赠票(而且通常都是非常好的位置)? 哪一位艺术评论家没有收到过博物馆的入场券?

这些人都违背良心胡说八道了么？很显然没有啊！所谓水至清则无鱼，这种捕风捉影的行为是不对的。

其实评论界真正有碍公正的难题在于"人情"，评论人和厨师在长期接触中可能会产生友谊或好感。有些评论家根本就不喜欢烹饪，对厨师也并不在意，对他们而言只是在完成分内的工作。但在我看来，爱好是从事美食评论的前提，没有情感就无所谓评价，当然这种情感也有可能成为"温柔的陷阱"。

一直以来，《高米约》对伊夫·冈德博尔德青睐有加，他的厨艺简约而不失精致，各种味道完美糅合，古典与现代浑然天成，技艺精湛，堪称一流，而且价格合理，童叟无欺。冈德博尔德在任何时候都表现良好，受到媒体的追捧与各界的赞誉。然而，我是再也不愿去他们家餐厅吃饭了。原因有二：首先，如果想在那里吃顿饭，你大中午就得去门口候着，挤在熙攘的人群中，全神贯注地盯着门口，焦急地计算还要多久才能排上号；其次，即使有幸"杀"进去了，你会发觉自己像坐在大学食堂里，嘈杂喧嚣，拥挤不堪，恨不得赶紧将桌上的事物吃完了事，一刻也不想多呆。试问，在这样的环境中用餐还能有什么乐趣可言？我们该怎么办？给冈德博尔德提建议？那一定会不欢而散。什么也不说？要不直接改行得了。

在与厨师打交道的时候，《高米约》对评论文章的措辞非常谨慎。前面提到，许多大厨因"俗事"所累极少出现在厨房里，这种行为无疑是可鄙的。但出于人情关系的考虑，我们在很多时候都选择睁一只眼闭一只眼。当然，从严格意义上讲，评论人的意见并不会有多少实质性的作用。举个例子，我们曾经就此向卢卡斯-卡尔东餐厅提出过批评，但其业主阿莱克斯·阿雷格里并不买账，对这种指摘尤为不满。相反，我们以前为其"歌功颂德"时，他的态度可是截然相反。

此外，美食评论界还有一大敏感问题，即评论员如何对餐厅的服务作出评价。如果只是一家名不见经传的小饭馆，其饭菜平淡无奇或略显糟糕,那么对于一个稍微有些许经验的评论人来说,第一感觉往往都是准确的。相反,如果我们发现其饭菜明显处于中上水平,那么就需要进行第二次品尝,以便确认或推翻既有的第一印象。因为,主观评价受到众多因素的共同影响,比如当事人心情、餐厅装潢或服务生态度等。只有将这些附加因素一一提出,我们才能得到最准确、最客观的评价。最后,如果我们对饭菜的第一印象非常好,但又很难做出具体分析,那就需要反复验证,在多次品尝、综合考量之后,再做出结论。这是我自己确立的一个评论原则,就是依靠这种小心谨慎的态度,我才对卢布松、马克西姆、维吉拉和加涅尔等餐厅作出了适当的评价。

当然,由于经费和时间的限制,并不是所有的评论人都有这样的条件去反复验证。更不用说那些剽窃他人观点的"流氓"指南,它们只会人云亦云地抄袭其他杂志的评论。

不管怎样,所有的评论人都是拿着公司的钱,享受着免费美食,然后用笔记录下自己对一家餐厅的看法。我曾经不止一次要求《高米约》的合作者们在下笔前扪心自问:"如果是自己出钱,我还愿意再去那儿吃饭么?"

这个奇特的行业赋予了评论人矛盾的双重身份,既是崇拜者又是批评者,既是朋友又是敌人,所幸的是,这也是一份充满惊喜与快乐工作。圣佩尔街有一家名叫索维尼翁的小酒馆,其老板曾经在一封挂号信中提到我们的评价有些"言过其实"了:"这些恭维让客人都有些不舒服了。"

吧唧吧唧[1](Croquer)

我"热爱"这个词,他是美食词汇中的"小可爱"。与之相比,另

---

[1]　原文为"croquer",意思是"嘎吱嘎吱的咀嚼"。由于汉语拟声词随食物变化而变化,不存在相应的统一说法,这里使用'吧唧'权且代之。——译注

一些同义词，比如"吃"、"进食"、"吞咽"、"品尝"或"咀嚼"等，都显得过于平庸而蹩脚。"吧唧吧唧"，这是一种身临其境的愉悦，仿佛珍馐当前，不禁垂涎三尺。

"吧唧一个苹果"①……这里指的就是字面意思，别无深意。苹果入口，甘甜多汁，醉人的微酸"按摩"着您的牙床，令您齿间留香、回味无穷。苹果树下，静卧微醺，果香从酒窖中溢出，芬芳扑鼻，产自勒芒和卡维尔的香蕉苹果正在储藏室中慢慢发酵……你们说，"吧唧"葡萄时是不是也有这种体验呢？一口咬下，果汁迸出，生活因此而美丽。

当年夏娃"吧唧"了上帝的苹果，注意！是"吧唧"，不是"吃"，也不是"啃"，世界便随之改变。四季豆、胡萝卜或者巧克力，都是不错的选择，还有松露，沾着盐，那么的小巧而精致，细碎的声音在齿间回荡，将是何等美妙的体验……山姆大叔②的快餐虽不怎么营养，但味道毕竟是不错的。在口腹之欲中尽情的享受生活吧！

在日常生活中，老鼠被猫吃掉，我们兴许会为之感到悲伤，但在动画片里，观众对那种"吧唧吧唧"的音效就会忍俊不禁。

达达尼央的伙伴波尔多斯③喜欢"吧唧"鸡肉，"吧唧"一词使得贪吃鬼的形象栩栩如生、跃然纸上。如果大仲马用的是"吃"或"爱好"，其艺术效果恐怕得大打折扣。如果我们形容一位女士喜欢"吧唧"钻石，其诙谐的效果不言而喻，给人以极强的画面感。还有，我们在欣赏杜米埃绘画作品时说"杜米埃很好地画出了每个人物的特点"，这种评价难免庸俗乏味。但换种说法"杜米埃啊！他把每个人物都'吧唧'得相当到位"，这效果就完全不一样了，仿佛画中人物活了过来，就端坐在你的面前：面如菜色的法官、枯瘦如

---

① 习语，意思是"禁不止诱惑"。夏娃因在蛇的诱惑下偷吃了伊甸园中的"禁果"，而被上帝赶到人间。——译注

② 即美国。——译注

③ 达达尼央和波尔多斯都是大仲马《三个火枪手》中的人物。——译注

柴的律师、肥头大耳的资本家、臃肿不堪的官员……

"吧唧"巧克力,这里就不是字面意思了。在乘坐飞机时,如果旁边坐了一个聒噪的小毛孩,那简直就是噩梦的开始。有时我真恨不得像"吧唧怪物"一样把他们一口给吞掉。当然,现在的孩子越来越皮实,"吧唧怪物"这种谎话早就唬不住他们了。

当然,我的脾气还是相当好的。为了让他们安静下来,我会拿出巧克力,让他们上一边儿"吧唧"去,然后默默祈祷,巧克力可比饼干硬,要是他们把自己的牙齿给"吧唧"掉就好了。"吧唧吧唧",多美妙的词汇啊。

烹饪(Cuisine)

其实我是不打算编写这个词条的,因其含义太深,若勉强解释,颇有些自不量力。

烹饪,其意义何止万千,它起源之悠久,恐怕也只有"人类"一词能与之相提并论。这毫不夸张,"烹饪"见证了人类对自然界的了解、把握、控制,乃至于征服的过程。这也是人区别于动物的标志之一。关于"烹饪"的文字记载瀚如烟海、层出不穷,上至列维-斯特劳斯的著作,下至菲洛梅娜阿姨①的食谱,这个奇妙的词汇站在人类思想的最高峰,却也拥抱着生活的平平淡淡,那么的阳春白雪,又那么的下里巴人。面对这样一个神圣而世俗的精灵,我们又怎能用文字去诠释它呢?

各种词典几乎都给"烹饪"下过定义,比如"做菜的方法"、"准备食物的艺术"等,对此种笼统的解释,本人实难苟同。然而,一次偶然的机会让我终于找到了答案。当时我和让·巴尔代正在他的菜园子里散步。巴尔代具有一种特殊的天赋,只要将脚放进泥土

---

① 菲洛梅阿姨是法国传统美食的象征。

里,即可感知到大地的震动,并能让思维摆脱社会规范和教育体制的束缚,用独特的语言将这种奇妙的感觉分享出来。让-吕克·小雷诺曾评价说:"(巴代尔)的语言就像他的菜一样精致。"换句话说,巴代尔展现出来的是内心的情感,而并非头脑中的理智。

巴代尔为人低调、内敛深沉,绝不会像某些人那样以"烹饪哲学家"自居,他颇喜欢武弗雷(Vouvray)白葡萄酒①。因此,我向他问出了那个一直萦绕于心的问题:"烹饪究竟是什么?"。巴代尔毫无迟疑地作出了回答,他的话语仿佛路边的落英,翩然动人:"烹饪,就是自然向文化的跨越。"我曾经听到过无数个答案,然弱水三千,唯此足矣。其实,对于"法国菜"这个概念我有一些自己的想法。

其实,法国菜并不存在,也从来就没有存在过。

蒙古菜、喀麦隆菜、爪哇菜、阿拉伯菜、乌兹别克菜、拉普兰菜……世界上有几百种菜系,他们都实实在在地存在过。但绝对没有法国菜一说,中国菜、印度菜、意大利菜等亦是如此。

如果在法国只有一种菜系,那将是一件多么悲哀的事情啊。当然,这一点是显而易见的,更是众所周知的。即使是个送外卖的也应该知道怎么区分普罗旺斯、阿尔萨斯、布吉尼翁、加斯科等菜系。但我并不介意在这儿不厌其烦地老生常谈。虽然法国各地菜肴味道颇为相似,但对于我们这个中等面积的国度而言,拥有"十里不同天"的多样性,这是一件多么值得骄傲的事啊!区区50公里的距离,你就能欣赏到不同的风景,体验到迥异的习俗,品尝到纷繁的美食。

举个例子,仅鲁埃格(Rouergue)一个地方就有3种不同的菜系。首先,自由城的菜式接近凯尔西地区,比如酱汁牛蹄,还有元旦的传统菜牛羊肉馅饼;其次,北部菜式与奥弗涅的地方菜相似,比如酱草小山羊等;最后,东南部靠近朗格多克地区,主要以辣汁

---

① 法国卢瓦河地区所产名酒。——译注

羊肉、羊羔馅饼和乳酪煎蛋最为出名。50公里,在古代骑马也就一天的路程,高卢-罗马时期的一个区也就这么大,和现在的省差不多。可就在这么一小段距离里,菜式的多样如此令人瞠目。就这一点,恐怕没有任何国家及得上法国。

中国、印度、意大利亦是如此。广袤的领土疆域造就了菜式的多样性,而剩下的国家就远不及她们了。比如,当我们开车横穿美国或澳大利亚,从东到西,从南到北,不管距离远近,每天的菜式都是一成不变的。在法国,开着车从博纳到阿维尼翁、从勒芒到孔尔卡诺,就算是公路边简陋的小饭馆,你都能吃上不同的菜式。这种烹饪的多样性,反映出族群聚居的特点,这是法兰西的根源,也是上帝的青睐与恩赐。因此,"法国菜"只是一种权宜性的统称,要知道,在这个简单的字眼下,蕴藏着丰富多样的美食谱系,它们之间存在着千丝万缕的联系,却又各不相同,这种既近又远、若即若离的关系,造就了法兰西独特的生活艺术。

正是由于这种多样性,法国的餐饮走了欧盟国家的前列。如果我们的餐饮在工业化的浪潮中随波逐流,如果我们的菜系简而化一,那法国菜也就走到了尽头。

在海外,我们谈到法国菜时,褒贬兼有,毁誉参半。其实,这些"法国菜"通常是指豪华餐厅中的菜品,大部分法国人都没吃过,也不甚了解,亦或许通过电视、杂志等媒体有所耳闻,仅此而已。话说回来,"法国菜"只是一个很笼统的称呼,并不特指某一菜系,表现的应该是法国人的"烹饪天分"。

我不赞同"高级菜"这种暴发户式的说法,如此而言,其他的就都是"低级菜"? 烹饪技术高超,不管做出来的是煎蛋还是沙拉,都会一样美味。然而,现实生活中,菜品确有等级之分。其实"等级"一词源于社会学,主要指的是君主制度下的一种金字塔式的社会关系。君主制已然远去,可"等级"思维却保留了下来。

从根本上来讲,不管名字怎么叫,农家菜、地方菜、高级菜、平民菜……也不管食材是什么,天上飞的、地上跑的、水里游的……烹饪最重要的作用就是填饱肚子,这是人类最基本的生存需求。当然,至于"厨师"嘛,大多都是平凡的家庭主妇。在本能的驱使下,法国人开始研究烹饪,并享受其中的乐趣,并在菜品、技术和味道方面不断地推陈出新。如此,法国菜才能长盛不衰,永远站在潮流的前沿。

然而,事实上却并非如此。烹饪成了权力的附属品。从古希腊到罗马,从高卢时期到法兰西王国,"餐饮业"在权力阶层的庇佑下得以发展壮大,并通过攀附权贵,取得了优越的社会地位。许多著名的厨师就诞生在宫廷王府中。比如:美食界的鼻祖纪尧姆·提赫尔,他起家于瓦卢瓦王朝宫廷;弗朗索瓦·德·拉瓦雷纳,最早的烹饪作家之一,曾任亨利四世的御厨;马林,现代烹饪的先驱,著有《科马斯之天赋》;莫康塞曾受到蓬帕杜夫人的赏识与庇护;拉吉皮埃尔曾是拿破仑的厨师长,安东尼·卡雷姆则依附于执政官冈巴塞雷斯和政治家塔列朗;蒙特米埃发明了酱汁牛排,在命名的时候,用的却是他主人夏多布里昂的名字。

在数个世纪的发展中,随着海外食物的引入,法国烹饪在菜品和烹饪方法上有了进一步的发展。在这个等级森严的体系中,美食早就超出了原有的界定。受贵族风气的影响,高级烹饪越发地穷奢极欲。无论是政权更迭,还是王朝覆灭,美食在权力阶层的地位屹立不倒,依旧奢华。有人对此心心念念,有人对此嗤之以鼻。

法国大革命将国王送上了断头台,而宫廷烹饪却幸存了下来。在王公贵族失势之后,那些"大厨们"便作鸟兽散,自谋出路。有的开始单干,伯维尔就是典型代表,他穿着王公服饰,戴着佩剑,像模像样地开起了餐厅;也有的另谋高就,为革命社会的新贵阶层服务。由此,直至第一次世界大战爆发,美食业的发展在整个19世纪一直都是顺风顺水。

诸如维里、维富大酒店、富瓦咖啡、普罗旺斯兄弟餐厅、金色饭店、巴黎咖啡、英国咖啡，以及后来的拉鲁餐馆、马克西姆餐厅等地方，都继承了宫廷烹饪的奢华之风。当然，美食的质量确得以大大提升，菜品一如既往地丰富，而且更加精致；菜单安排趋于合理，顾客可以随到随点；食物也进行了保温处理。然而，烹饪仍旧未从老旧的贵族体制下脱离出来，其思维颇具等级意味，极力将食物打造成社会地位的象征。

美食仿佛一辆华丽的马车，行驶在铺满钻石的大道上。当然，其奢华程度远不及特里马尔奇奥的晚宴①或路易十四的宴会厅，但法国人对繁琐的礼节和隆重的装饰似乎有种天生的狂热，因此，我们也乐此不疲。

1918 年后这种情况已有所改变。战争的洗礼使经济遭受重创，社会风气随之转向。大餐厅脱去华丽的外衣，放下身段，开始亲近平民阶层。随着汽车的普及，外省的地方菜品开始逐渐兴起，并获得巨大成功。一些地方餐厅，如布雷热、盖伊和费卢克等，因其独特的风味特色声名鹊起，对杜梅因、波因特和皮克的传统餐厅造成了不小的冲击。战后，新的餐饮文化开始成形，虽仍有些许浮夸，但也更加谦逊谨慎。只剩那些豪华的大酒店，还拥抱着丝丝残存的贵族余香。时间转到 1973 年，我们再来看看新时期的餐饮文化。

35 年之后，餐饮业再次披上华丽的外衣，奢侈之风卷土重来。大型餐厅在世界范围类迅速发展。新时期的"王公贵族"财力雄厚、一掷千金，而新时期的"大厨"，颇受追捧，自视甚高，在"金主"的支持下，不管鱼子酱还是松露，他们再也不用关心食材的价格。

显然，一切都已改变。精致的摆设、奢侈的装饰，还有对"饮食

---

① 《特里马尔奇奥的晚宴》出自罗马帝国时期讽刺作家佩特洛尼乌斯的戏剧故事《萨蒂利卡》，特里马尔奇奥是一个获得自由的富裕奴隶，宴会则是富人生活的通俗写照。该作品成书于公元 61 年前后。——译注

美学"的疯狂追求,恐怕路易十四或塔列朗都会自叹不如。有些饰品可能连博物馆藏品也赶不上。觉得我的评价有失公正?那又怎样?在我看来,事实如此。

科农斯基(Curnonsky)

他是一位放浪形骸的花花公子、一个时代的象征、阿尔封斯·阿莱斯①的挚友、《威利》一书的捉刀人、科莱特②的第一任丈夫、苹果挞的发明者,1927 年,曾被《住宿与美食》杂志推举为"美食之王",并受邀担任专业评审。饮食营养学的先驱、法国餐饮文化的代表,这就是科农斯基。关于他的讨论已经非常之多,因此我在这儿也没有什么特别要补充的。总之,他留给世人的印象,绝不仅仅是一个美食评论家,他的音容笑貌必定在历史的洪流中,在法国饮食文化史上,永不褪色。

科农斯基在美食界从业 60 余年,81 岁生日时,受邀去贝隆河畔的梅拉尼餐厅用餐。为了表示感谢,他对老板说道:"烹饪,就是要保持食材的原味。"我曾经在各种场合都听到过这句名言,可我不大明白,因为这句话没有任何意义。比如蛤蚶馅饼、奶油龙虾、酒酿小山鹑,这些菜味道鲜美而浓郁,令人口留余香,但不管是蛤蚶、龙虾,还是山鹑,经过烹煮调理,绝不会保持其本身的味道。

要保持食材的原味,要么生吃,要么水煮,要么烧烤。正是这种模棱两可的态度,这些自相矛盾的格言,使得饮食文化未能找准自身定位,最终难逃消失的命运。

---

① 阿尔封斯·阿莱斯(1854—1905),法国著名幽默作家、记者。——译注
② 科莱特(1873—1954),法国女作家。被誉为"20 世纪法国最伟大的散文家"。——译注

装饰(Décor)

科农斯基曾说:"我到餐厅来是吃东西的,不是看展出的。"这种说法不无道理。然而,在上世纪 70 年代以前,铁锈灯、钓鱼线、威尼斯灯、旧式车轮等,都是法国餐厅中的常见摆设,也确有其用,至少为用餐环境增色不少。

我非常喜欢那种朴素的小饭馆,简单的折叠椅围着大理石桌子摆放着,墙上画着鸣叫的小鹿,搪瓷餐盘散发着比特酒的幽香,挂衣钩上挂满了衣服,柜台边挤满了买酒的顾客。这是多么幸福的景象!注意!我是感到幸福,而不是所谓的"宾至如归"。如果真是"如归",那我干嘛不直接回家,出来吃饭不就是为了换换环境、换换口味么?这种小饭馆给人的感觉并不是生硬的矫揉造作,而是一种自然的浑然天成,一切都是独特而随性的。现在,或许一些小县城或海滨浴场附近还能有几家这样的餐馆。当你置身其中,看着简陋的"战前"风格,并不华丽,却很平静,就好像躺在羽绒软被中,淡淡的怀旧感徐徐地从心中涌出……也许某天,联合国教科文组织会将它们认定为人文遗产。

回望上世纪 70 年代,餐厅的装饰做作而浮夸,一心追求感官上的奢华:在那种城堡式的餐厅里挂满了红色的围账,下面点缀着精致的小绒球,地毯和家具都是路易十五时期的仿制品。说实话,这些装饰噱头有余,看头不足。大厅里唯一让人赏心悦目的,恐怕就只有那些美丽的女士了。

如果我对某家餐厅颇有好感,即使饭菜不尽如人意,我也会耐心而友好地给他们指出不足,比如"鱼肉火候过了"、"火锅太咸",等等。然而,就算店里的装修再糟糕,我也不会明确地说出来,因为这有可能会伤到他们的自尊心。

你们当中有谁能够接受这样直言不讳的评价么?比如"你们的地毯丑得可怕,椅子叽叽嘎嘎不停地响,还有墙上的画,我都不知道说什么好了"。有一天,我和勒内·塔维扎克面对面共进午餐,他是一家连锁酒店的老板,并加入了"城堡驿站"协会。实话实说,他旗下的酒店装潢极为浮夸,毫无品味。当时,我鼓起勇气对他说道:"您作为一个连锁产业的业主,怎么能允许自己酒店的装潢如此不堪呢?"他顿了一下,俯身到我面前,相见恨晚似地道出原委:"朋友,我们真是英雄所见略同。可这装修是我太太负责的,我可不敢在她面前说三道四。"

在那个时候,我经常去美国出差。纽约、旧金山、洛杉矶,甚至是达拉斯的饭店,其装潢风格在很长时间都跟随法国步伐。然而,随着时间推移,我发现那些餐厅开始迅速改变,设施越来越现代化,风格也越来越优雅,特别是他们的灯光设计,简直美不胜收,令大洋彼岸的我们汗颜。自从马克西姆餐厅开始使用小彩灯,其他法国餐厅也趋之若鹜。可这么多年过去了,还是这一套,毫无发展,何谈新意?

其实,法国在艺术和创新领域正在不断地被边缘化,若长此以往,必会败给美国,甚至是亚洲国家。

我对读者的意见一向持开放态度。有些同行认为,我们的评论给了某些餐厅涨价的借口:"好吃的总比难吃的要贵"。

不管如何,口舌之争很快便被淹没。而随着时间推移,装潢已成为餐饮行业一个至关重要的成功因素。所谓一分耕耘一分收获,那些曾经花大力气提升品味的餐厅都获得了回报。比如欧也妮·莱班的格拉尔餐厅,还有孚日广场附近的朗布罗餐厅,他们或自己动手,或请行家帮忙,提升餐厅环境的格调与品味。此先例一开,其他同行也纷纷效仿。一位外行人士曾说道:"精致的美食是餐饮业的制胜关键,这是先决条件,却不是唯一条件,仅食物精致还远远不够。"

从卢布松到杜卡斯,从维吉拉到加涅尔,从维佳托到特鲁瓦格罗,所有餐厅都十分重视内部装饰。在世界其他国家,这也是大势所趋。不管是拉斯维加斯、北京或上海,还是曼哈顿、新加坡或纽约,甚至是在遥远的莫斯科,那里的大餐厅都是由最优秀的建筑师或装修团队承建,其效果令人赞叹,受到诸多媒体的追捧。

在某种程度上,上述地方的餐厅已经变成了一种现代艺术展览厅。当然,凡事都有尺度,切不可买椟还珠、本末倒置。这里的"珠"和"本"就是"美食"。

记得我曾在纽约参与过一家大型餐厅的设计,项目负责人制作出了如下施工程序:一、保证餐厅选址的区位条件;二、与装修团队确定设计理念;三、做好相应的公关工作。

由于他对"厨师"一事只字未提,我便问道:"那厨师呢?"他毫不迟疑地回答说:"厨师?过段时间再说吧,这并不是最重要的。"

最后,这个问题一直拖到开业前几天才得以解决。开业典礼颇为盛大,当然花销也不少,几乎整个曼哈顿的社会名流都出席了仪式。第二天,杂志报刊竞相报道,相关信息充斥着各路媒体。然而好景不长,粗糙的食物让其生意每况愈下,厨师换了一批又一批,该餐厅仍旧惨淡经营,3个月后终于难以为继,只好关门大吉。

在巴黎,类似的事情亦不少见,特别是在娱乐业和影视业,这种舍本逐末的经营方法都遭到失败。就重要性而言,"厨师"一职本是关键,却并未受到足够重视。除非是行业翘楚或师出名门,否则他的地位可能连泊车小弟都比不上。我不止一次听到过这种抱怨:"他们家味道不错,但停车太麻烦,算了吧……",或者是"食物嘛,还行,不过停车服务真心挺棒。"

并非每家餐厅都能请到大师为之设计。菲利普·斯塔克、皮埃尔·伊夫·罗松、克里斯蒂安·拉克鲁瓦、克里斯蒂安·德·波特詹姆巴克、奥利维·加涅尔、艾德·塔特尔、雅克·加西亚……这都是一些久负盛名的建筑师,尽管人数不少,但仍供不应求。许多业主不遗余力地想让自己的餐厅改头换面,因为他们很清楚,内部装饰是现代餐饮的决胜因素之一,并试图以最小的代价(几幅画、几个装饰品),迅速改善用餐环境,提升顾客的服务体验。至于风格什么的,他们不甚关心,好看就行。当然,这种趋之若鹜的"跟风"行为也是有风险的,如果缺乏独立的设计理念,只是一味地复制粘贴,最后必将导致装修模式僵化:不同的餐厅,同样的颜色、同样的氛围,都是什么"蚕茧式"、"真态度"、"最低限"……美食之妙在于其多样性,若千篇一律,终将失败,装饰亦是如此。

猜猜你吃的什么(Devine quoi tu manges)

康丁斯基、蒙德里安和马洛维奇等人大师已逝百年,在绘画艺术已经从抽象主义中抽离时,烹饪却开始向其靠拢。实际上,从庞贝古城的壁画到塞尚笔下的苹果,乃至荷兰及弗拉芒艺术中的静物作品,美食一直是绘画的主题。比如:威廉·克拉斯·赫达笔下的桌子、小彼得·勃鲁盖尔笔下的教士晚宴、威廉·凡·艾斯特笔下的牡蛎、加布里尔·梅特苏笔下的鲱鱼、弗兰兹·斯尼德斯笔下的鱼摊、杨·戴维茨·西姆笔下的火腿、格奥尔格·弗莱格尔笔下的糖果、委拉斯凯兹的《煮鸡蛋的女人》、米歇尔·奥诺雷的《火锅》、弗朗索瓦·德波特笔下的野味、路易·马农笔下的樱桃、夏尔丹笔下的圆面包、库尔贝笔下的鳟鱼、马奈笔下的芦笋、詹姆斯·恩索尔笔下的花菜、雷诺阿笔下的南方水果、达利笔下的牛排……可以说，美食是一种具体的现实性艺术。

桌子、面包、盛满食物的盘子、篮子里闪闪的鱼、珍珠般的牡蛎、蔬菜、红色的山羊皮或狍子皮、堆积成山的水果……绘画能将日常转化为艺术，现在却倒过来了，实实在在的食物就是一种艺术。艺术从墙上来到盘子里，一份食物就像一件作品似的，变得如此的赏心悦目。

"艺术家"（厨师）不再挖空心思地去思考怎样才能将食材变成最美味的菜肴，他们更关心的是菜品摆放的方式，试图给顾客以美的享受。

他们追求的并不是现实中的颜色、形状和结构，而是透过这些因素，以寻找抽象主义在思维中的映射——盘子中的鲮鱼、牛脊、鸡翅、西红柿、沙拉、大蒜，甚至鹅肝酱、山羊奶酪或香蕉片，都和实物相差甚远，从而展示出多种艺术的潜在性。曾几何时，我们把食物当做装饰品，现在，我们却把装饰品当做食物。

因此，最重要的不再是我们吃什么，而是怎么吃。一道菜肴变成了一个谜题、一件乐高玩具、一场游戏，更确切地说是一种"趋势"、一种"装置"。从这样的逻辑出发，我们在大餐厅中用餐时，就好像蜜蜂采花粉一样，可以自由地组合自己的食物。

这时，我们就像一群看见玩具和水彩笔的小孩子。

手指(Doigts [Avec les])

年轻人讲的什么"世界食品"、"路边食品"、"合成食品"，法语词典中连这些东西的对应名称都找不到，现在又出来个"手指食品"。在法兰西学院里边，他们管着叫"手指食品"。你们可别误会，我们的院士们可不会刚用手抓完饭吃，就马上油油地去修订字典。不过爱莲娜·达罗兹的顾客们倒颇喜欢这么干。她可是位世界驰名的美女大厨,其之技艺精湛,什么样的烹饪难题到她手中都会被轻而易举地解决。

她做的美食小巧而精致,顾客可以用牙签或者手指尖捏着吃。当然她也不是唯一一个做"手指食品"的厨师。

你们也许会说,斯堪的纳维亚半岛上的居民就喜欢小巧的开放式三明治。但在法国情况就不一样了。对我们而言,任何的东西都要有其存在的价值或意义,要产生什么影响? 有什么内容? 或者要传达怎样的信息?

自圣拉德贡德①以来,法兰西民族的饮食习惯一直处于禁锢之中。对于我们这样一个文明而开放的社会而言,是时候打破这些枷锁了。相传,正是这位拉德贡德突发奇想,我们现在才会用勺子进食。至于叉子的来历么,这在历史上还真有迹可循,具体时间可一直追溯到亨利三世统治时期(1560—1574 年)。其实,早在 14 世纪时,威尼斯人就已经开始使用叉子了,后来法国的宫廷贵族和王公大臣发现,用叉子可以避免把衣领弄脏,于是在国王的倡导下,规矩便立了起来。当然,法国永远不乏追求自由的反对人士,比如蒙田就对这种约束性的规矩提出过抗议和质疑。直到 17 世纪晚期,邪恶的叉子开始入侵我们的餐桌。然而,还是有一些富有个性的人拒绝屈服,比如路易十四就用手抓饭吃,然后在桌布上擦拭油迹。作为礼仪之邦的英国在很长一段时间里都在嘲笑这种新礼仪,看哪! 那些吃青蛙的法国佬居然用叉子吃东西,真是荒谬至极!

到路易十五时期,各个社会阶层都开始接受使用叉子。随便提一下,这和法国社会 19 世纪无聊的道德宣传没有任何关系。

①　圣拉德贡德(520—587),图林根公主,后成为法国王后,普瓦捷圣字修道院的创建者。——译注

当麦当劳进入国内后,餐桌上掀起了一场"手指解放运动"。年轻人一直是法国社会的生力军,1968年的"五月风暴"便是其实力的最好证明。他们以积极而开放的姿态拥抱着外来的新文化。因此,我们终于获得了解放,可以自由地用拇指和食指拿东西吃。很快,这种习惯席卷了整个法国,就连老年人也不例外。什么? 不相信? 当你推开法国任意一家麦当劳的大门,你会发现很多爷爷奶奶都用手抓着吃汉堡。

这是至关重要的进步。我们能在小店里面用手抓着面包圈津津有味地啃着。但在当时,这种行为仅限于小店,仅限于非正式场合,仅限于一般的平民阶层。

今天,一切限制都已被打破。在"食物哲学"的大旗下,那些"未来信使"们以实际行动声援着这场"解放运动"。现在,用手指吃东西已随处可见,就连巴士底狱附近的老餐厅也不例外。

啊! 我永远不会忘记巴黎十七区的库贝酒店,当你走进"冰吧"的时候,仿佛被扔进了冰箱,那里的温度只有零下5度。酒吧会赠送一份"手指食品",去那儿玩的顾客都穿得厚厚的,他们在"南极舞会"上,像爱斯基摩人一样地吸食鹅肝酱。我还听说一些大的餐厅,比如正在装修的埃菲尔银塔餐厅,准备作大改变。这一次,我们可以像路易十四那样,在公开场合用手指吃东西,还可以把油汁擦在桌布上。

阿兰·杜卡斯(Duccasse[Alain])

一位住在巴黎的外科医生曾给我们致信说道:"太棒了,阿兰·杜卡斯不愧是法国顶尖大厨。"我在1980年向他授予了"美食金钥匙"奖。如今他名声大噪、飞黄腾达,也许早就不记得这件往事了。

在他24岁的时候,年纪尚轻的杜卡斯只不过是一个名不见经传的小人物,当时他刚被乔安娜酒店聘请为厨师。某天,我接到了弗朗西斯·梅里诺的电话,他是我们杂志聘请的"星探",专门为我们寻找那些颇有潜力的厨师,比如雅克·马克西姆和雅克·希布瓦就是因他举荐而成名的。他在电话中让我放下手中一切事物,赶紧前往朱安雷宾去见一位厨师,否则就可能会被其他人捷足先登。我立马跳上飞机直奔"蔚蓝海岸"。在尝过两次杜卡斯的美食后,我便向他授予了"金钥匙"奖。这是一个大胆的决定,甚至是从未有过的草率,但其精湛的技艺,奇妙的灵感,以及对味道的掌控与把握深深打动了我,使我并不后悔自己的决定。

这位来自朗德省的小伙子具有丰富的从业经历,他从17岁开始便陆续在格拉尔、夏贝尔、雷诺特、维尔吉、穆然磨坊等餐厅当学徒。当然,这并不能说明一切。杜卡斯并非那种亦步亦趋、按图索骥的"优等生",他的成功源于自身的天赋与灵感。香葱鳌虾浓汤、黄油照烧绯鲤、普罗旺斯小馅饼、红酒葱油烤鸭……他就像一位魔术师,穿梭在味觉的世界里,能将任意味道完美组合,创造出全新的味蕾冲击,那是一种优雅的格调,一种难以言喻的回韵,天赋使然,绝非技艺可达。

1984年,杜卡斯受聘于比布鲁斯餐厅,飞机在前往库尔舍维勒途中失事坠毁,唯他一人生还,脸部和腿部皆受重伤,其余两名乘客当场丧生。劫后余生的杜卡斯并没有自怨自艾,而是决定用尽全力去生活,绝不辜负这来之不易的重生。1987年,他重新回到蒙特卡洛和巴黎酒店,并在那里创造出了美食界的奇迹。

时隔数年,我在摩纳哥国王雷尼尔三世的见证下,第三次向杜卡斯授予"厨师帽徽章"。当时,授奖大厅的桌布由金线织就,彩釉盘子包在名贵的丝绸中,整个装潢透着路易十五时期的风格。杜卡斯的胜利,代表着"新兴美食"对"宫廷烹饪"的一记重拳,为"法国菜"注入了新的活力。杜卡斯的菜式被命名为"地中海菜"。该菜传到美国后,受到加利福尼亚地区顾客的疯狂追捧。

其实，杜卡斯的成功还有些不为人知的"秘辛"，只有亲近的人才能窥得一二。他的助手弗兰克·塞鲁迪从佛罗伦萨带回一本19世纪食谱，名曰《佛罗伦萨大餐厅》。这可是个"大金矿"，弗兰克一度想要单干，并在尼斯开了家餐馆，但由于水平有限，最终只能带着食谱回到了杜卡斯身边。

香芹龙虾、百合水饺、酱汁猪蹄、杆菌玉米粥、羊酪菠菜丸、针松葡萄嫩煎小牛肉……每一样都无比精致。

可是精致中总觉得些许无聊……

本来美食当前可谓幸事一件，即使欢天喜地、手舞足蹈亦不为过，然而一切的欢乐都被所谓的"格调"掩盖了。当你走进餐厅，大堂经理便迎上来鞠躬行礼，大厅中间摆着花，布置得比灵堂还要严肃。每位顾客都板着一张"麻将脸"，认真仔细地埋头苦吃。等位的食客将自己的脸贴在橱窗上，不停地向里面张望探寻。那场面要多阴森就有多阴森。何以竟会如此？原来《纽约时报》和《法兰克福汇报》对此做过专题，并警告读者"美食大师的才华值得敬仰，并非为大众取乐，请保持虔诚恭敬之心"！不过，餐厅每天都是高朋满座，门庭若市，还有那些慕名而至的游客，从远方赶来，只为一品杜卡斯的手艺。当然，杜卡斯也赚得盆满钵满。然而，我却为他感到些许悲哀："相对于这种络绎不绝的人潮，你不觉得普罗旺斯的农舍更适合你么？那里有葡萄架、橄榄树，有山羊、野兔，从某种角度讲，我觉得你正在失去一些东西。"

诚然，杜卡斯亦有同感。后来，他还是在普罗旺斯的穆斯捷开了一家属于自己的小餐馆，虽然他也并不在那儿常驻，而是更喜欢在摩纳哥公主们的资助下穿梭于世界各地，重整家业。此后，杜卡斯便将自己的美食推向了全世界，各种各样的奖项如雪片般纷至沓来。他开始渐渐发现，尽管大型酒店行业被各大财团或巨头所垄断，其间仍旧存在着巨大的商业空间。为了提升企业形象、制造噱头，这些酒店通常会邀请一些歌舞明星进行演出。餐饮行业同样具有明星效应，一位知名大厨往往会成为报纸或杂志的舆论焦点，虽然聘请费用不菲，可回报将会相应地更加的丰厚。就是凭着这种想法，杜卡斯建立起了自己的商业帝国。

现今，杜卡斯旗下有 1500 名员工，20 多家餐饮店铺，并仍在不断扩张，5 家乡村旅社，1 个连锁酒店集团，1 个职业培训中心，1 家出版社，销售额高达 9500 万欧元。他还在西伯利亚投资了石油钻井平台，并建立的一家跨国企业，进军航天航空领域。巴黎、纽约、东京、拉斯维加斯……其产业遍及世界各地。不仅如此，他建立的媒体集团，每年收录文章数目多达 200 余篇。杜卡斯就像卓别林喜剧中的"大独裁者"，他的办公室也放了一张世界地图，上面密密麻麻地标着餐厅的位置。许多大厨为了和他合作放弃了成为"美食官员"的机会，当然他们也获得了相应的回报。

当然，阿兰·杜卡斯绝不是希特勒式的"独裁者"，旗下员工对他十分忠诚，甚至可以说是爱戴。杜卡斯年轻的时候脾气火暴，一点就着，所以有着"炮仗杜"的外号。现在，他也可以像司令官一样，沉着冷静地巡视检阅他的"部队"。不过有一次，由于心情不好，他曾解雇过一整个团队。好像最近在银塔餐厅又开除人来着。如果说康莱德·希尔顿开创了现代酒店业，那么阿兰·杜卡斯就是美食企业的缔造者。实际上，杜卡斯并非是第一个从事商业活动的厨师，可与他的"美食帝国"相比，其他人根本不值一提，充其量也就算个小店主罢了。

那么，这样一个人，有没有值得批评的地方呢？

他穿着笔挺的西装，打着领带，戴着雪白的厨师帽，脖子上挂满了奖牌，在摄影师的环绕下，其公司股票指数一路坚挺……

如果我坚持要问："这样一个人，有没有值得批评的地方呢？"

答案很简单："没有，绝对没有！"

可是这样的完美又有什么乐趣呢？

餐桌上的无聊(Ennui [à table])

二战结束不久,法国人对美食的欲望便如吹气球一般再度膨胀起来。到上世纪70年代,我们不再一味地狼吞虎咽,而开始轻尝缓味,真正地享受美食。食物的味道也越发精细、高雅,有时甚至些许做作。总之,在那个年代,我们可以开几个小时车,只为去阿尔萨斯的黑柏林吃顿饭,或赶几百公里路,只想到罗昂品尝一下特鲁瓦格罗的美食。

那是法国餐饮业的黄金年代,美食行业涌现出许多大厨,餐厅里也开始设置多人大圆桌,这在以前可是相当少见的。今天,我们在任何地方、任何角落都能品尝到令人满意的菜肴。在美食界,想要成为万众瞩目的焦点,就得有舒伯特或雨果一样的才华。只要厨师有名气,顾客是不大在乎花多少钱的。

相反,如果一道菜肴并非出自高档酒店或业界大厨,即使味道不错,顾客也会以为上当受骗,当然,除非真的很好吃。也就是说,美食已经不是我们去餐馆的理由了,至少这个理由不大充分。

其实,我们去餐厅除了享受美食,也是一种消遣方式。所以我不大明白,为什么会有人愿意花钱去某些无聊的餐厅,还不如干脆就待家里面看电视。也许那儿食物的味道不俗,但毫无情调。为什么不去那些气氛融洽、装饰优雅、价格适中的小饭馆呢?在那里你可以感受到一种特别氛围,度过一个美丽而快乐的夜晚。

美国人并不擅长烹饪,可他们的餐饮业却比我们发达。因为,很久以前他们就已经明白,餐厅是顾客消遣的场所,矫揉造作的排场、装模作样的讲究,只会让那些社会新贵们反感不已,更会让我们的下一代敬而远之。因此,那些曼哈顿、洛杉矶和伦敦等地的餐馆都会费尽心思去讨好年轻人,而不是我们这些"老古董"。

近些年来,法国餐饮业也在不停转变。但总有些餐馆老弄不清形势,他们主要的服务对象不是我们,是我们的孩子,甚至是孩子的孩子,所以不要总一幅无趣的样子,话说回来,我们也没有那么的古板好吗?在餐厅用餐就得像过节一样欢乐。

我记起了一件小事。自从雷蒙·奥利维转战日本之后,维富大酒店的生意便一落千丈。你可能会说,怎么可能?那可是法国最漂亮的餐厅。但事实确实如此。因为当时的维富年久失修,环境有些糟糕,再加上顾客较少,大厅里颇为空旷,越发显得冷清。

现在一切都变了。今年4月1号,我接到奥利维的邀请,让我务必到场,说是有什么惊喜。当天晚上,我如约而至,发现换了一个大堂经理,有些眼熟,但怎么也想不起来究竟在哪儿见过。整个晚宴他都表现得很好,几乎没有什么不当之处。

当我们开始吃甜点时,我看见那个大堂经理走到桌子边,拿起桌上的盘子,一个接一个地朝自己额头上砸去,盘子砸完又砸玻璃杯。满地的玻璃碴触目惊心,其他顾客都倒吸一口凉气,认为这人是个疯子,并开始犹豫是不是要叫救护车或消防员。这时,奥利维的儿子走进大厅,向我们介绍这是维富新来的大堂经理。众人才恍然大悟,都开始笑起来。原来这只是一场表演,这人以前只是个名不见经传的酒保,后来因为表演碎盘子,才开始慢慢的出了名。

巴黎从来不乏艺术家。我曾经向银塔餐厅、拉塞尔、丽兹等大餐厅推荐过艺术家,可气氛还是太沉闷了。虽然生意不错,顾客往来如织,但日子长着呢,他们必须得想些什么新花样。

当然,这种无聊不仅餐厅会有,家里也是如此。

我又记起了一件事,至于时间么,还要早一些,当时罗伯特·希尔施和雅克·卡伦①尚未在法兰西剧院出名。我有一个女性朋友,住在雨果大街,丈夫是著名的出版商。有一天,罗伯特和雅克去她家排戏,事先她并没把这件事告诉丈夫。凑巧的是,他先生当晚邀请了一些生意上的朋友到家里共进晚餐。这些客人全是普罗旺斯的业界名流,很少来巴黎,一个个都很严肃拘谨。当然,他们当时也不认识罗伯特和雅克。

当罗伯特和雅克到我朋友家时,虽然一身侍从打扮,她的先生还是一眼就认出了他俩。我朋友上前说道:"他们在下部剧里面要扮演餐厅侍从,刚刚给我说想看看效果,所以就让他们招待客人吧。"好心的男主人也没多想,便随口答应了下来。他们便开始为客人倒香槟酒和威士忌,一切都似乎非常顺利。可当大家坐在桌子前准备用餐时,情况却急转直下。

希尔施端着盘子走出厨房,却在桌子附近踉跄了一下,盘子里的鱼直接扣在了其中一个客人头上。我朋友惊呼一声,赶紧不停道歉,并慌忙地拿毛巾帮客人擦拭油渍。希尔施重新为客人上了菜,四季豆烩羊腿,味道马马虎虎,服务也还过得去。然而,当雅克端着鸡蛋上来时,又在地毯上绊了一跤,把桌子上的沙拉酱给打翻了,弄脏了一位女士的衣服。

我那位朋友当场就发作了,代这俩"极品"不停地向客人致歉。当事人勉强扯了扯嘴角,有些抽搐地笑了笑,然后整个桌子都陷入了尴尬的沉默中,直到希尔施再次端着甜点上来。谢天谢地!这一次总算没再出什么乱子。

---

① 此二人均为法国演员。——译注

餐后,客人们准备换到客厅去喝咖啡。门一打开,他们就被眼前的景象惊得说不出话来,只见刚才那俩"极品"毫无形象地摊在沙发上,身上的衣服随意地敞开着,一手拿着白兰地,嘴里还叼着雪茄,好不惬意。我那朋友带着迷人的微笑,指着沙发上的两个家伙向客人解释到:"请允许我向你们介绍,他们是罗伯特·希尔施和雅克·卡伦。"客厅里鸦雀无声,众人颇有些摸不着头脑,并未有多大反应。见状,我朋友接着说道:"他们都是法兰西剧院的演员!"客人们随即爆发出阵阵惊叹之声,开始交头接耳:"啊!法兰西剧院,天呐!"大家都觉得荣幸之至,回想起刚才的"表演"皆是一片称赞。

在所有的客人都离开之后,我的朋友花了大概15分钟才渐渐平复下来。然而,她先生却斩钉截铁地说:"我再也不要请这些无聊的人来家里吃饭了,实在不行,就去餐厅好了。"

实话实说,希尔施和卡伦还真是个例外。法兰西剧院那群家伙,十个有九个都是无聊得要死。他们当中极少有像希尔施和卡伦那样有趣的。

西班牙(Espagne)

1992年,法国《高米约》美食杂志进入年度终审阶段,我的办公室来了一位不速之客,他急急忙忙地闯了进来,兴奋不已地叫到:"停一下,你停一下!在稿件里再多加一个餐厅的名字。"我问:"什么餐厅?在哪儿?""西班牙!""什么?你开什么玩笑!我们做的是'法国'美食指南,关西班牙什么事?""我没开玩笑,你要不加绝对会后悔的。"

来人名叫让·梅森纳夫,我们杂志社的合作人之一。此刻他正手舞足蹈地说着。那家餐厅位于布拉瓦海岸上,在罗塞斯和卡达凯斯之间。沿着小路往里走去,道旁栽满了桉树,一边是红色的悬崖峭壁，一边是蔚蓝的大海，那里可是潜水爱好者的天堂。他接着说道："在路的尽头，你能看见两块发光的招牌，那就是著名的斗牛犬餐厅，加泰罗尼亚的美食'集中营'。餐厅的大厨兼老板名叫费尔南多·阿德里亚，另外一位是胡利奥·索勒，大堂经理兼酒保。"

斗牛犬餐厅？我好像在哪儿见过这个名字。我在书架上翻了一下，找出一本袖珍版的高米约指南，1977 年出版的，题为《西班牙最好的 700 家酒店和餐馆》。我随手翻了几页便找到了斗牛犬餐厅。不错的得分（15/20），作者对其评价甚高，而且当时的主厨曾经在阿兰·夏贝尔（参见该词条）的餐厅干过。

"嘿！人家早就榜上有名了。"我打趣道，"下次可看准了再说。"

实际上我们俩的看法都没错。斗牛犬餐厅并不是什么业界新星，但从 1984 开始就已易主，主厨换了，菜品自然也就不同了。费尔南多·阿德里亚对法国烹饪怀有一种近乎狂热的崇拜，他曾经仔细研究过格拉尔、马克西姆、夏贝尔、卢布松等餐厅的菜谱，并尝试着模仿，进而摸索出一些菜式，比如维希岩贝、西红柿脆虾、土豆烩螯虾、松露鸭肝酱等。

毫无疑问，法国已经不是第一次以这种方式"入侵"西班牙了。这家西班牙餐厅离法国边境不过 35 公里，因此被错误地划归到勒布卢①地区，从而进入了"法国"美食指南，并且夺得了 17 分的好评。次年，阿德里亚百尺竿头更进一步，获得了 18 分的绝对高分。他将当地菜的特色发挥到极致，并积极地吸取其他菜式的优点，食物的味道与芬芳融为一体，使得他的烹饪愈发地与众不同。15 年过去了，"斗牛犬"几乎成为全世界美食家们的朝圣之所，可该餐厅每年只营业 6 个月（4—10 月），每晚只接待 50 位顾客，并需要提前 6—12 个月进行预定。真正能成为其座上宾的少之又少，他们

---

① 法国东比利牛斯省的一个市镇。——译注

怀着狂喜的心情，入迷地享受着盘子里的珍馐：火腿鳕鱼、炭烤鳎鱼、牛舌香肠、火酒烩墨鱼……

49 位厨师、23 位服务员，他们要从 4000 道备选菜中挑出最终的 30 个主菜。该餐厅不接受顾客点餐，每顿花费在 165 欧左右，共计 28 道菜肴。开始是 12 道小吃，紧接着 9 道塔帕斯[①]，再有 3 道主菜和 3 份甜点。当然，上菜的速度较慢，一餐饭即使花上四五个小时也不足为奇。尽管这样，我觉得也还是值得的。因为"斗牛犬"并不是一家传统意义上的餐厅，而更像是一个实验室，"教授"们将你对美食的一切认知全都打碎，然后在废墟上重建你的味觉世界，那是一种形而上的超验，像达利、高迪和米约一样，徘徊在失常与疯癫之间，攀上思维的巅峰，享受着当地最原始的韵味：生菜华夫饼、坚果金枪鱼干、甜瓜果粒鱼子酱、冰糖威士忌、苋菜鹅肝酱、杏仁芝麻可可汁烩饭、竹蛏柠檬慕斯、鲜海、巧克力果酱兔肉、生煎墨鱼、焦糖鹌鹑蛋、蒜蓉果汁冰……都出至费尔南多·阿德里安之手。

再看看下面的菜单：

……猪脑奶酪鱼汤、橙汁鲆鱼排、玫瑰汁羊脑；

……醋渍袍肉，配菜有覆盆子、蜂蜜、柠檬、胡萝卜、芹菜；

……柠檬汁羊肉、甜瓜鸡汤、牡蛎羊肚炖鸭、杏子冻羊排、覆盆子鸡肉饼、杏仁奶酪桂皮饼；

……帕尔马干酪牡蛎、冰糖萝卜粥、橙汁小野兔、鳀鱼蛋黄酱炸小火鸡、开心果炖野鸡、梭鱼酱炖野鸡、冰糖牛髓圆馅饼、黑加仑烩牛腰（配黄香李、黑樱桃）、醋栗炒羊胸；

……奶酪熏羊腿、啤酒干酪牛肝菌、番茄肉酱煎蛋、巴尔马小野鸡。

---

① 西班牙美食国粹，是一种带奶油乳酪的轻便小食，兼具快餐和甜点性质。——译注

上面的 5 份菜单并非出自阿德里安之手，作者分别为：罗曼·阿比休斯；纪尧姆·提赫尔，又称塔耶旺，生活于中世纪，写出了世界上第一份食谱；皮埃尔·德伦，路易十四时期名厨；大仲马，《烹饪大辞典》的作者，代表着美食文学的最高峰；爱德华·尼农，20世纪前期名厨，曾经在拉鲁餐厅担任主厨。

我之所以列这份清单，并不是为了证明美食界缺乏创新，只是想让大家对阿德里安有一个客观而理性的认识。虽然他发明的酸奶牡蛎、西红柿面粉团和盐味巧克力美味无比，可他却算不上 21 世纪的先知"摩西"。因为摩西孑然一身，为整个世界传递福音，阿德里安的成果绝非凭空而来，而是对前人成就的升华与革新。面对媒体的吹捧，我希望他能坚守住自己。他并不讨厌镁光灯，非常乐意接受任何采访，决不错过任何一个机会，尽力在媒体前增加曝光率，宣扬自己的美食主张和烹饪理念。在这里，我并不是要去指责什么，因为这无可厚非。只是他从来不公开发表建议，永远一副中立自持的态度，这让我觉得他不会是美食界的"摩西"，因为先知的使命是传道授业。

阿德里安喜欢经常和一些科学家呆一起，但并非如外界传闻的那样是为了研究什么"分子烹饪"，只是因为他求知欲强，对科学技术有着强烈的执着，并想借助这种研究，一方面获取创作灵感，另一方面在美食工业链条中实现利润最大化。

"什么是前沿技术？那就是技术的唯一性和不可复制性。"在美食领域，阿德里安算得上是前沿"专家"，代表着烹饪行业发展的方向。但他的"作品"展现出来的却是一种疯狂的无序，一种经过深思熟虑的精细。这既是他的长处，又是他的短处。许多反对他的人表示，阿德里安的美食源于其思维和理性，缺乏来自内心深处的情感与本能。最近，吉尔·普德罗斯基在《观点报》中犀利地指出"世界上最好的厨师？那会不会只是一个天才作弊者？"这种自问自答的语气已经表明了他的看法。不久前，米其林三星主厨尚提·尚塔马利亚也炮轰阿德里安："我十分尊敬这位同行"，但他给顾客吃的是"实验室里的胶化剂和乳化剂"，"我们面对的是一个实质性的问题，比如6岁以下儿童是不宜食用甲基纤维的，这种人工合成物与垃圾和毒品又有什么区别？"

一次，阿德里安受一位记者朋友邀请前往他家吃饭，席间，这位记者问道："您最喜欢怎样的食物？"阿德里安答道："我喜欢那种美味而简单的食物，比如火腿、沙拉、煎蛋或浓汤。"就这点而言，他是值得盛赞的。

因为他在任何情况下都不会自诩为西班牙美食的化身。

近几十年来，很多法国人都还固执地认为，到了比利牛斯山的另一边，食物就会变得糟糕透顶①。这是一种饮食文化上的沙文主义，但也并非毫无理由。以前，在西班牙的布拉瓦海岸、巴利阿里群岛、南部沿岸等地区，餐厅里大多卖的都是油腻的明虾、黏糊糊的什锦饭、大瓶卡萨红酒。此外，长期以来，西班牙都没有美食评论这一行当，更别说美食杂志了。后来的"西班牙奇迹"②，振兴经济，规范道德，也使他们的美食得以重生，发挥出无穷的魅力。

似乎在一夜之间，西班牙餐饮业完成了蜕变，人才不断涌现，媒体杂志纷纷介入，顾客品味不断提升，这种井喷式的迸发得到了良好的疏导，并迅速转化为经济、社会效益。在法国，我们仍在利益与愿望之间徘徊，试图找到一个联合的平衡点。而西班牙却充分利用自己的商业天分，将烹饪、制造、旅游和媒体等几大行业完美地结合起来，将我们远远地抛在了后面。不仅如此，他们还在荷塞·卡洛斯·卡贝尔的倡导下，成立了西班牙美食学院。法国没有这样的组织，而法兰西学院中也从来都没有一个美食界代表。

---

① 比利牛斯山是法国与西班牙的界山。"另一边"显然指西班牙。——译注
② "西班牙奇迹"包含三个时期：1953—1973年，西班牙现代经济快速发展，1975—1982年，确立民主政治制度；1986年之后，西班牙加入欧共体。——译注

（我多么希望能看见哪位名厨能获此殊荣，穿上绿色的院士服。）每年1月份，马德里都会成为世界餐饮业的焦点，来自美国、日本、中国、英国、澳大利亚，以及世界其他各地的名厨们汇聚一堂，或召开行业研讨会，或组织国际比赛，或进行美食展览。短短5年的时间，"马德里峰会"在烹饪界享誉全球，其地位绝不逊于出版界的"法兰克福书展"。一位美国记者曾在独家新闻里宣称："西班牙已经将法国踢下了'美食王国'的宝座。"实际上，这种说法还是过于夸张了。

此外，虽然西班牙在烹饪行业迅速发展，但他们仍旧谦逊自持，并没有被胜利冲昏头脑。11月份，圣塞巴斯蒂安市召开了一个为期3天的"顶级厨师大会"，邀请现代烹饪各流派代表出席，在受邀的嘉宾中，除了费尔南多·阿德里安之外，还有3位法国人：若埃尔·卢布松、米歇尔·格拉尔和阿兰·杜卡斯。

诚然，西班牙也有一些久负盛名的明星厨师，比如阿德里安、圣塞巴斯蒂安市的大厨们、即将退休的胡安·玛丽·阿扎科、阿扎科的女儿艾莲娜，以及马丁·贝拉特赛吉等。除此之外还有一些颇居潜力的青年厨师。如果我们按照西班牙的评价体系，计算每位厨师的马卡龙徽章数量，我们依旧可以发现，西班牙与法国在美食领域仍然相差甚远：在西班牙，马卡龙三星厨师有6位；二星，9位；一星，109位。在法国，马卡龙三星厨师，26位；二星，65位；一星，436位。

对西班牙而言，这种差距未尝不是一件好事。在法国这样名厨辈出的国家，"太阳"的光芒将所有的"星光"都掩盖住了，换句话说，人才的上升通道被"明星效应"所堵塞了。在纽约、伦敦、悉尼等地，我们理所当然地认为，美味一定出自名厨之手，其他的菜肴就只能是一般、马马虎虎或者糟糕。

西班牙拥有大众型的美食文化。尽管旅游业飞速发展，城市化进程不断提升，那些小餐厅、小饭馆依旧享有一定的发展空间，也可以烹饪出高质量的美食。除此之外,西班牙的原料、食材极其丰富;独一无二的火腿、别具特色的野味——巴塞罗那和巴伦西亚等地的海产品种类齐全、量多质优;加利西亚、巴伦西亚和穆尔西亚等地的蔬菜新鲜无比,天然无害,行销全国,蜚声海外。知识渊博、周游列国的您,请告诉我,世界上除了西班牙之外,还有哪个国家客人不用上桌就能用餐?

塔帕斯!如果没听过阿尔贝托炉子里冒泡的声音,是很难说出这个词的。巴黎人对阿尔贝托·赫莱兹应该并不陌生吧,胖胖的身体,头发有点少,满嘴的胡子,他对法国和法国菜都有近乎偏执的喜爱,穿梭于巴黎各大餐厅,细细地品味各种美食,并把米歇尔·格拉尔(参见该词条)当作偶像,最后还在塞纳河左岸的奥古斯丁码头定居了下来,开起了餐厅。

巴黎的海鲜饭糟糕至极,如果您也曾经遭受过这种荼毒,并一直对此耿耿于怀,我建议您去阿尔贝托的弗贡餐厅,品尝一下真正的西班牙菜。其中最值得一提的,便是西班牙的国民小吃塔帕斯,法国可从来没有这种东西。阿尔贝托是卡斯蒂利亚拉曼查地方菜的第四代传人,西班牙现代菜系的代表者。他和阿尔扎科(西班牙现代美食先驱)、阿德里安等名厨都有极好的私交。此外,他将佩雷斯(现代艺术家、著名出版商)作为自己的精神导师。总之,阿贝尔拖是个胆大妄为的家伙,但却不是个傻瓜。

塔帕斯可算得上是西班牙的饮食国粹,一份小吃就能带您领略异国风情,其主要的食材是火腿(猪大腿的上半部分),它外观精致,小巧玲珑,种类繁多,比如西柚辣椒火腿卷、菠菜鸡蛋火腿卷,表面烤得像面包一样,金黄松脆。

品尝完塔帕斯之后,主菜是6种不同的海鲜饭,顾客可根据需要自行选择。鸡肉、兔肉、香肠、猪肉、贻贝,不同的味道在一起相互摩擦、碰撞,刺激着您的味蕾。

为了保证顾客能迟到原汁原味的异国美食,阿尔贝托使用的是传统的西班牙铁锅,原料都是优质的珍珠米,用博尔赫斯[①]的话来说,就是:"每一粒米都具独立的个体。"有些品种的海鲜饭带有配菜,比如枪乌鱼或龙虾,细细地切成小块,涂着焦糖,松脆可口。还有些品种的配菜较为大块,比如兔肉、山羊肉、鸡肉等。又或者做饭的米是黑米,火腿较为大块,这样吃着比较筋道,更有嚼头。

至于甜点,最常见的莫过于加泰罗尼亚的奶油饼,表面涂者酥脆的焦糖,而里面则是松软的面饼。

塔帕斯,香甜可口,小巧精致,给人无限愉悦。

西班牙万岁!

美国(États-Unis)

30多年前,我在纽约、洛杉矶、旧金山、波士顿和达拉斯见证了"法兰西美食帝国"的覆灭。

在很长一段时间里,美国都像一个青涩而自卑的孩子,怀着对法兰西烹饪的崇敬,甚至不惜东施效颦,蹩脚地模仿着法国的经典美食:茴香烤鲈鱼、皮诺酒烩鱼丸、奥洛夫小牛肉、火烧可丽饼等。而当地餐厅里用的也是勃艮第的红酒杯,服务员的衣着打扮都是法式的,并且还操着一口浓重的英语腔,生硬地往外迸着法语单词:"晚上好,女士!"、"先生,您对我们的服务还满意吗?",那场景就像是阿道夫·门吉欧的喜剧,令人啼笑皆非。

美国商贾巨富或社会新贵的家里,大都摆着路易十五时期的家具,挂着勒鲁瓦或毕加索的艺术作品。而那些老资本家更是如此,他们对法国文化一直青睐有加。其他的社会阶层注重生活品质,怀抱未来期许,更加痴迷于法国现代建筑,无论是在古根海姆

---

① 博尔赫斯(1899—1986),阿根廷著名作家、诗人、翻译家。——译注

博物馆①,还是在现代艺术博物馆,展厅中都有大量的法国作品,并且都价值不菲,我们甚至能在美国艺术中找到法兰西痕迹。

可这一切的一切在"法国顶级美食"面前都不值一提。我们甚至可以说:"美国可以造出雄伟的大厦,也可以作出新潮的绘画,还可以刻出美丽的雕塑,但在烹饪领域绝对不可能与法国同日而语,只能戚戚自叹。"

1957年,我头一次去纽约,在下榻的酒店安顿好后,习惯性地打开了电视机。不到一个小时,我便了解了美国人的饮食结构:番茄酱、混合蛋糕、果冻、花生酱、可乐,还有勾兑的橙汁。每个家庭日复一日地吃着这些垃圾食品,那感觉真是比在医院灌肠还难受。

还有那些用食物胶、果冻粉调制出来的鱼,连一点儿"鱼味儿"都没有……这仿佛是一部不伦不类的色情片,既令人捧腹,又使人沮丧。他们可是这世界上最富有的国家啊,怎么能够忍受这样糟糕的食物,并对此满心欢喜、乐在其中?美国餐饮界最大的悲哀并不是缺乏美食,而是沾沾自喜地将垃圾当作珍馐。任何餐厅只要打出"新菜"的字样,大众就会盲目跟从、趋之若鹜。美国的食品检疫部门也有些不知所谓,他们一方面呼吁抵制添加剂、预防致癌物质、控制汉堡大小,另一方面又对那些人工合成食品不闻不问,只要味道不错,其他的就可以得过且过。食品工业通过营销策略控制着美国社会的消费习惯,操纵着顾客对食物的味觉体验,"强迫"他们远离"自然"食品,远离真相。因此,餐饮界怪相丛生。一份水果冰淇淋如果不放糖精,绝对无人问津;一种番茄酱如果不放添加剂,注定不受欢迎。这是为什么?因为那些"化学成分"能够更好地提炼出食物"原本"的味道。此外,美国人不仅将垃圾当作珍馐,并且还自认为拥有世界上最健康的饮食习惯。一种食品的添加成

---

① 著名私立现代艺术博物馆,总部位于美国纽约,是全球唯一一家连锁经营的博物馆。——译注

分越多，广告就吹嘘得越厉害，他们从小就被汽水、食物胶、人工维他命所荼毒着，却不自知。这就是为什么美国的牙科是最先进的，而肠胃科则是最忙碌的。一切绝非偶然。

在美国的餐饮行业中，巴斯灭菌法使用异常广泛，即使是大餐厅、大酒店也不例外。冰箱、婴儿食物、汤品，甚至水果都要经过消毒处理，也正是因为如此，美国人从来都不知道何为季节的清新、何为泥土的芬芳。如果我们把德古拉①关进豪生大酒店里，6个月后，他的犬牙一定会脱落，最终只能用吸管喝酸奶。

上世纪30年代，纽约地区开始出现"高级烹饪"的热潮，当时尚未波及全国。1939年，第20届世界博览会在纽约落幕，一位名叫亨利·苏雷的厨师负责法国展区的餐饮服务。二战爆发后，他便留在纽约开起了餐厅。到了50年代，随着美国经济的腾飞，亨利开始进军高端餐饮。在他的引领下，一系列法国餐厅相继在纽约开张：哥特巴斯克、格雷鲁勒、卢特斯、卡拉维拉等，他们都是美国现代烹饪的代表，其地位相当于巴黎的拉塞尔、银塔餐厅或勒杜扬。当时，亨利·苏雷在餐饮界享有极高声望，直到70年代才渐渐地退出历史舞台。这个时期，纽约餐饮界人才辈出，涌现出许多颇居潜力的厨师，他们一方面继续向法国学习，另一方面又开始迎合本地需求，就像当时的美国社会，在"附庸风雅"与"追求品质"之间来回摇摆。诚然，美国现代烹饪在当时确实获得了迅速的阶段性发展，但真正接受它的人仍旧是少数群体。当然，这已经相当不错了。

随后，媒体作为重要的参与方开始介入餐饮行业。各种报刊、杂志、书籍、电视节目都把焦点对准餐厅和酒店，集中报道业内的发展和竞争情况。

克莱伯恩是《纽约时报》旗下最为出色的美食评论家，他曾经

---

① 指吸血鬼德古拉伯爵。——译注

一餐饭花费4000美元，一度成为新闻头条。而朱丽娅·柴尔德写就的《法国烹饪》一书吸引了至少近2000万读者，该书搜集整理了众多法国美食的菜谱，从奶油烙鳕鱼到苏瓦松地方菜，从四季豆到芝麻饼，可谓种类齐全、应有尽有。在出版界，烹饪书籍受到美国社会广泛的追捧。此外，烹饪培训在美国遍地开花，发展得如火如荼，在任何一个小城市都能看见"法国餐馆"的身影。美食俨然已经成为了一种社会文化象征。

最开始，美国人最感兴趣的便是法国的高级烹饪，执着于那种豪华而复杂多样的制作工序，为什么呢？因为对于他们而言，美食不仅仅是对味蕾的挑动，更是视觉上的冲击。试想一下，服务员在菜肴上浇上白兰地，然后用火柴将其引燃，火焰的热度与食物的香味交相辉映，好不精彩。美国的美食节目往往整得跟好莱坞大片似的，务求场面刺激。因此，为了迎合这种感官需求，一些法国厨师便和德国、瑞士等同行一道，开起了国际豪华餐厅，并通过技术手段，将烹饪手段夸张化，在博得顾客盛赞的同时，实现经济收益得最大化。

在芝加哥附近有一家法国餐厅，为了吸引顾客，每天晚上都会推出烹饪表演，当地媒体竞相报道。该餐厅的老板来自法国里昂，是业界一位相当不错的厨师。我曾经见过一次他们的表演：餐厅里所有的盘子都用彩色玻璃纸装饰，在上菜的时候，服务员当着客人的面，将几十道菜肴以"飞盘"的形式扔到餐桌上，直到客人用餐才会停止。这种表演颇受顾客喜爱，并吸引了媒体关注，增加了曝光率。该餐厅也一跃成为行业新贵，日日客满，客人需要提前3—6个月进行预定。

当然，有些所谓的"法国餐厅"其实是当地人开的，我记得纽约有一家名叫"克洛地尼斯"的饭馆便是如此：特里亚农风格①，7盏

---

① 特里亚农原为凡尔赛附近的一个小村庄，1668年消失。此处指法国以特里亚农宫为代表的建筑风格。——译注

水晶吊灯，一个有些神经质的法国服务员。那里的食物可真不怎么样，生番茄、老虾、鱼肉酱、牛肝、肉排等。而另一家"绿苑酒廊"就完全不一样了，该餐厅位于纽约中央公园内，在一个巨大的玻璃穹顶之下，仿佛好莱坞电影中的大蛋糕，可容纳近千人同时就餐，那里的食物是相当不错的，可在此之前，我对它的印象却不怎么好。当时的餐厅里装着吊灯，中间立着几根摩尔柱子，墙上用石膏雕着鹿，桌上的菜肴根本就看不出是什么东西。头盘好像是洋葱煎蛋，一些不明飞禽的翅膀，长得跟狗耳朵似的，还有烤糊了的羊角面包。然后是不新鲜的培根，大块的薯条，连皮都没去。最后是一块不幸的芝士蛋糕，味同嚼蜡。

渐渐地，情况在悄然改变。

在长达几十年的时间里，美国对法兰西美食极尽崇拜之情，奉承恭维，自叹不如。然而随着餐饮行业的发展，美国"现代烹饪"逐渐成型，"黛安娜牛排"、"罗西尼牛排"等本地美食涌现出来，新一代美食评论人也开始从更加客观的角度看问题，甚至毫不留情地对某些法国名厨的"作品"进行抨击。面对法国餐饮，以往那种"低人一等"的复杂情绪逐渐消逝，取而代之的是一种明显的"优越感"。特别是那些曾有旅法经历的年轻人，他们对法式烹饪有了自己独到的见解，比如菜肴较为做作，形式大于内容，酱料的味道比较重等。

"现代烹饪"为美国餐饮业注入了一剂强心针，其效果却十分复杂，并非一片风光雾月，而更多的则是外行人士的异想天开，业界厨师的功败垂成，完美主义者的自以为是。在纽约、加利福利亚，那些骄矜的"美食艺术家"自认为已将各种菜系融会贯通，何其幼稚。诚然，我们也有自己的问题，某些厨师一味追求形式上的创造和感观上的刺激，固执地认为只要是"新"的，就是最好的。

为了做好《美食指南》，我和合伙人安德烈·加约穿梭于世界各地，我们曾见到过许许多多颇具天赋的美籍厨师，他们满腔热血,代表着行业发展潮流,引领着"美食业"向自然化、精细化、创新化不断迈进。大量的高级餐厅在美国遍地开花,虽然服务质量参差不齐,但却摒弃了矫揉造作的形式主义,将餐厅打造成轻松自在的娱乐场所,这对当地的法国餐饮造成了巨大的冲击。在很长一段时间里,许多法国餐厅都纷纷倒闭,面对这种情况,法国厨师们都有些忧心忡忡。法兰西的行业垄断随之解体,美食帝国的"殖民优势"亦分崩离析。当然,这种趋势是我们乐见其成的。

烹饪是一种社会文化的体现。就美利坚民族性格而言,他们是不可能让自己的餐饮业被其他国家所垄断的。美国培养了自己的艺术家、建筑师、学者,当然也会有自己的一流厨师。

此外,还有另一个原因。以前,美国人习惯性地以为精美的食材一定来自远方,当地餐厅也不断鼓吹法国食物的质量。现在,美国厨师们不再舍近求远,都倾向于就地取材。我们曾是食材的输出者,如今有没有可能反过来向美国伸手呢?当然,这种观点对于法国人来说似乎很难接受。

缅因洲的龙虾,用小火烹调更加鲜美,那里的小扇贝与布列塔尼地区不相上下;亚特兰大的海鱼种类繁多、品质优良,就是海鲂和火鱼较为少见,而红爪螯虾和野生香菇更是价值不菲;蒙大拿州和新泽西州的小牛肉香嫩无比,就算与法国特级牛肉相比也不遑多让;长岛地区的鸭子肥而不腻,其肉质十分可口;此外,新泽西和宾夕法尼亚的鸡、奥尔巴尼的鸽子都是上等的食材原料……

曾几何时,蜗牛、青蛙、肥鹅肝几乎被法国餐饮所垄断,后来,美国生产企业也相继涉足。我曾经亲眼所见,密西西比州在培植野生松露,而加利福利亚市场上的水果蔬菜新鲜质优,比从法国进口的更胜一筹。不仅如此,拿帕河谷的红酒行销世界,盛名远扬,这一切的一切都标志着一个新时代的来临。

这是不是意味着当地的法国大厨们得卷铺盖走人了?这种观点似乎有些极端,美国土地广袤,人口众多,为餐饮业的发展提供了多元化的市场。只要服务过硬,所有的餐厅都有其生存空间。

如今,烹饪已成为舆论的焦点,各种各样的声音此起彼伏,甚至有些歇斯底里。自 2005 年起,米其林进驻美国四大城市:纽约、旧金山、洛杉矶和拉斯维加斯。仅纽约地区就授予了 3 颗三星、4 颗两星、31 颗一星。其实,《米其林红色指南》的知名度远不及《萨加特》,该杂志的创办者是一位律师兼商人,他建立了一个"读者评价"体系,将话语权留给顾客。从个人角度而言,我对这种做法不敢苟同,一旦操作不当,就会贻笑大方。在职业生涯中,我收到过成千上万的读者来信,并一直坚持亲笔回复。他们的意见层出不穷,或鞭辟入里,或平淡无奇,或有失偏颇,抑或出言不逊。对于这种不辞辛劳、提笔建言的态度我深表敬佩,但我从来不会把读者的建议直接写进我们的专刊。作为一名记者,一名美食评论人,我必须去承担自己的义务,发表客观的见解,而不是一味地人云亦云。

然而,事实证明我错了。这种评价体系不仅合理可行,而且颇受欢迎。评论人退居二线,只需收集各方意见便可赚得盆满钵满。从历史的角度而言,这种模式就像开放性"论坛"或者是酒吧前台,人们可以在此毫无顾忌的畅所欲言:"先生,我给你讲……","如果我是政府首脑……"。

尽管美食评论人具有多年的从业经验和丰富的相关知识,这一切在"公众"二字前都会显得如此的苍白无力。

这种"自由评价体系"带来的后果是什么呢?指南类书籍受到巨大冲击,就连《纽约时报》、《华盛顿邮报》、《洛杉矶时报》等报刊上的美食专栏也难以幸免。媒体不再是游戏规则的制定者。那么这些"顾客·专家"究竟是否能够胜任此项工作呢?在读相关评论文章时,我能明显感觉到,他们并不是在分享经历,而是在试图论证观点。更糟糕的是,他们会武断地作出一些毫无根据的结论,比如前面提到的"西班牙把法国从美食帝国的宝座上踢了下来"。一些奇谈怪论借助社交网络迅速传播。其实,就葡萄酒行业而言,不管读者意见如何,一些大型杂志(《红酒观察者》)的评价还是值得一听的。在美国,网络与微博已成为信息的主要来源之一,公众不再相信商业广告和媒体观点,一方小小的手机屏幕就能决定一家餐厅的兴衰存亡。至于美食评论人,他们早已成为商业网络的附属品。

诚然,法国的情况虽尚不至此,可互联网的威力仍旧不容小觑,这些"自由法官"的言论无论好坏,都深切地影响着我们的社会生活。在这方面,法国正朝着美国的方向奋起直追。

互联网上曾推出过"全世界最好的50家餐厅",我承认在一开始对此抱有偏见。然而,在这份名单上,有8家美国餐厅、7家英国餐厅和12家法国餐厅分别上榜。这要在二三十年前是想都不敢想的。美国烹饪天才托马斯·凯勒拥有两家米其林三星餐厅,分别是拿帕河谷的"法国洗衣房"和纽约的"本质",其影响力绝不逊于任何一位好莱坞打牌儿明星。此外,冯杰里奇登(他出生于法国阿尔萨斯,曾在路易·乌提耶手下任副职)、丹尼尔·布鲁德、高山雅方(马萨烧烤的主厨)、艾里克·鲁伯特(伯纳丁餐厅的主厨)、戴维·布莱,上述5人集中在曼哈顿;还有芝加哥的查理·特洛特、格兰特·阿卡兹,加利福利亚的爱丽丝·沃特斯,这些名厨都是现下的业界先锋。

他们的成功之路绝不会止步于此。别忘了,美国人天生就不安于现状,资金回笼后,这些大厨们便着手建立自己的"商业帝国",将连锁餐厅开遍全世界,签订咨询协议,发展衍生产品,出售冠名权,最终高居福布斯财富榜首位。

我曾在比弗利山庄遇见过一位年轻的奥地利小伙子,他是位聪明而友善的厨师,名叫沃尔夫冈·帕克。他曾在法国巴曼尼尔乌斯托酒店工作,师从雷蒙德·蒂利耶。在他来到洛杉矶后,被帕特里克·泰拉伊(巴黎银塔餐厅主厨的侄子)看中,受聘于我家餐厅。那是一家全美驰名的餐厅,常有好莱坞明星前来用餐。帕特里克在短短数周内声名鹊起,加利福利亚各大媒体竞相报道,溢美之词,不绝于耳。此人厨艺精湛,为人忠厚,我曾在《加利福利亚美食指南》中对他进行了高度评价。一年后,帕特里克名声大噪,在媒体的聚光灯下,他提出了一个"革命性"的概念:"鸭肉披萨",这道美食受到美国公众的高度关注和大力追捧。后来,他在东京开了第一家分店,由此便一发不可收拾,逐渐建立起庞大的商业美食帝国。

帕特里克·泰拉伊曾是白宫的座上宾,并领导了"反对家禽填喂"运动。那个来自比弗利山庄的"小妖精"俨然已是美国最富有的人,名列福布斯财富榜第 88 位。

撇开美国人夸张而自负的本性,他们在美食领域取得的成绩是前所未有的。

事实证明,我的担心完全是杞人忧天,法国菜并未因此在美利坚销声匿迹,反而从"正门"杀将回来。美国新一代厨师中有不少法国人,而且许多豪华酒店都在法国人麾下。

虽然开始不大顺利,杜卡斯重整旗鼓,再次回到纽约,并以此为据点顺势夸张。现在如果你想品尝卢布松或萨沃伊的拿手美食,你只需要去到拉斯维加斯即可。凭借着久负盛名的声誉以及技艺精湛的厨师班底,法国餐饮在美利坚的星空中光芒闪烁。

在这本词典的开头,我曾保证过每一章节的篇幅不会太长,因此,我在这里就不在介绍美国的民族美食了。但不得不说,这些都是美国餐饮界最为宝贵的财富。

你能在纽约、洛杉矶、旧金山、华盛顿、波士顿,或美国其他地区找到世界上所有的菜系:中国菜、印度菜、墨西哥菜……当你去过了旧金山的中国城,就再也瞧不上巴黎十三区了。你不禁会问,同是中国餐厅,为什么差距会如此之大?

杀人的星级(Étoiles qui tuent)

2005 年,三星名厨阿兰·桑德朗对外发表了一份放弃米其林三星的声明,并宣布改组卢卡斯-加尔东餐厅。消息一出,业界哗然,有人唏嘘不已,斥其为"疯子",也有人对这个"大胆的举动"表示惊叹。

新的经营模式取得了巨大成功,这次改头换面为卢卡斯-加尔东餐厅带来了广阔的发展前景。那我们能否就此认为"米其林三星"对他没有任何用处呢?其实不然,桑德朗之所以如此坦然,原因是他曾经拥有过,而放弃的不过只是个形式而已。

桑德朗早年经历坎坷,他曾混迹于战神广场附近的小餐馆,后进入卢卡斯-加尔东餐厅任厨师。让·费尔尼奥离职后,桑德朗遭到解雇,直到 1985 年才重新回到那里。凭借着高超的烹饪技艺,他很快便在业界崭露头角,两次摘得"厨师帽"徽章,并取得 16 分的不俗成绩。不久,他又以 19 分夺得第三枚"厨师帽"徽章,并问鼎"米其林三星名厨"称号。

无论对谁而言,放弃"米其林三星"是需要极大勇气的。但时过境迁,卢卡斯-加尔东餐厅为盛名所累,价格水平极高,大大超过了食客的消费需求。在审时度势、权衡利弊之后,桑德朗毅然决定推行改革措施,对餐厅的类型、价格和目标人群作出调整。

实际上,这个看似"胆大妄为"的举措在业界引起巨大反响,受到全世界媒体的竞相报道,无形中增加了餐厅的曝光率,桑德朗也因此获益颇丰。

桑德朗早就已经功成名就,声名远播,具有广泛的公众认可度。因此,对于他而言,放弃"米其林三星"既是一个机遇,又是一个噱头,并不会对他的职业生涯造成任何负面影响。

自此之后,其他一些餐厅相继借鉴其改革经验。比如斯特拉斯堡的布雷塞尔酒店便是如此，业主马克·维斯特曼对餐厅菜单进行修正，减价幅度接近50％。当然，他之所以敢这么做，无外乎是因为该酒店盛名在外，根基稳固。我们不难看出其间的规则，只要一家餐厅享有相当的知名度，并培养出较为固定的客户群，那么"美食指南"对它就失去了影响力。

那么"米其林星"是否就此走到了尽头？胡扯！事实远非如此简单。撇开其合理性不谈，这种评价体系对于烹饪界和顾客都是至关重要、不可或缺的。取消"美食指南"？那我们还剩下什么？整个业界都会陷入无知的黑暗中。

如果没有"美食星探"穿梭于全国各地，如果没有"烹饪猎手"慧眼独具，诸如夏贝尔、罗瓦索、维尔吉、特鲁瓦格罗、维吉拉、马克西姆、卢布松、格拉尔、杜卡斯、布拉斯、罗林格、萨沃伊等世界名厨又怎能功成名就？如果没有"指南"杂志的肯定，如果没有评论人的褒扬，诸如让·弗朗索瓦·佩吉、提耶里·马尔克斯、帕斯卡尔·巴博特、让·保罗·阿巴蒂等明日之星又怎能为大众所接受？这些人也许有一天会对"美食指南"挑三拣四，甚至忘记是被谁提携至此，但现在他们中的某些人还是战战兢兢、夜不能寐，担心某天功败垂成，一无所有。

当然，这种美食评价体系也造成过悲剧。米其林三星名厨马克梅诺在家乡圣佩恩·弗泽莱经营着一家酒店。《米其林红色指南》以其负债为借口，有失公正地降低了对他的评价，他的生活因此受到巨大打击。所幸地是，梅诺并没有一蹶不振，他凭借着高超的厨艺和顾客的信任坚强地挺了过来，并最终顺利渡过难关。塔耶旺餐厅的主厨让·克罗德受到惩罚，丢掉了"米其林三星"称号。不久之后，他又病魔缠身，罹患癌症，生活一度跌入谷底。这似乎给我们造成一种幻觉，《米其林》所给的都是些"杀人的星星"。事实正好相反，让·克罗德虽然错失米其林三星，但塔耶旺餐厅的生意却增长了7个百分点。无独有偶，与克罗德遭遇相似的盖·马丁,维富大酒店的主厨,尽管被《米其林》所放逐,仍旧每日高朋满座,客似云来。

1965年,波克罗勒驿站的老板结束了自己的生命,媒体在此次自杀事件中扮演着重要的角色。该餐厅位于圣米歇尔山附近,以普罗旺斯鱼汤而远近驰名,但却丢掉了第12颗米其林星。消息很快便穿越大西洋传到了美国,并在公众中引起了反抗浪潮。但实际上这并不是《米其林》的错,人们后来才知晓真相,原来齐克先生由于夫妻关系不睦而患上了忧郁症,一时想不开便自杀了。

40年后,悲剧再次上演。美食评鉴《高米约》杂志将黄金海岸餐厅降为了米其林二星,我当时已离职,对降星的具体原因不甚了解。谣言不胫而走,各大媒体都认为该餐厅主厨贝尔纳·罗瓦索将面临摘星的危险。这对当事人的精神状况造成了巨大的冲击,最终,他不堪重负,用来福枪结束了自己的生命。事后,博古斯(参见该词条)义愤填膺地指责道:"《高米约》就是杀人凶手。"短短的一句话便将贝尔纳的死算在了一本美食杂志的头上。面对科洛日"国王"①的无理指摘,《高米约》并未屈服,而是据理力争。

当然,也并非所有人都因悲伤而失去了理智。记者、作家兼美食评论人弗朗索瓦·塞雷萨终于站出来直言不讳地指出:"得分降低绝对不能成其为自杀的原因。用夏多布里昂的话来讲,贝尔纳拥有刚毅的灵魂和脆弱的性格。至于他为什么会作出这样的选择,我们永远也不会知晓。"

在这件事情上,最有发言权的莫过于当事人的妻子罗瓦索。她庄重而谨慎地回应道:"贝尔纳的忧郁症已经持续了数月。"后来的一些事情也证实了她的说法。任何流言蜚语、信口雌黄都终将

---

① 名厨博古斯是科洛日人,故有此说法。——译注

烟消云散，只剩波澜下的真相，或许永远都不会浮出水面。

当让-皮埃尔·哈柏林与其弟弟保罗一同摘下米其林三星桂冠时，我曾经向他们发去贺信，哈柏林在回信中这样说道："谢谢！但我们的麻烦也开始了。"

餐厅里的幽灵（Fantômes〔Restaurants〕）

怀旧，记忆中最柔软的天鹅绒。每个人都有回忆，当我们回首往事，总有一些时候会情不自禁、泪眼朦胧。对我而言，那些餐厅中幽灵总是在脑海里挥之不去，它们徘徊在生死之间，承受着阴阳轮回的煎熬。

那是 1947 年布达佩斯特的一个晚上，整个城市已经被苏联红军占领，废墟一片，满目疮痍。匈牙利山河破碎、风雨飘摇，即将落入苏联之手。莱茵河两岸，无家可归的人们露宿街头。在火炮和硝烟里，一些咖啡厅和餐馆仍旧苟延残喘地开着门，仿佛要在末日降临前呼出最后一口气。我漫步在城市街头，经过一家餐厅门口时，从昏黄微弱的灯光里传来一阵幽泣，是谁在用小提琴低述着哀思。在朋友的陪同下，我走进了这家小店。厅中只有一张桌子，边上坐着唯一的客人，他穿着礼服，领带上镶嵌着钻石，独自一人喝着劣质的香槟酒。三位音乐家耷拉着脑袋，像开败的花朵，垂头丧气地演奏着小提琴。

当他离开时，步履蹒跚、身形踉跄。我没敢问他以后有什么打算，提枪饮弹？还是怀恨沉水？年迈的欧罗巴洲昏昏欲睡，战争的创伤再难抚平。

　　60年过去了，幽灵们仍旧在餐厅里游荡。当我走进皇家大道上的马克西姆餐厅时，历史穿越时空的罅隙，全然地浮现在我眼前。大厅就像尼莫船长的潜艇，渗透着上世纪初的曲线风格。一群年轻的女人倚墙而站，身着轻纱，丝绸般的肌肤在暧昧的气氛中显得更加妩媚，她们放荡地追逐嬉戏，搔首弄姿，分外妖娆。玫瑰色的灯光略带情色，桃色的螺旋木越发殷红，女人们在庞大的落地镜前，毫无顾忌地抖动着自己的臀部和胸脯，散发出一种酣醉般的疯狂。幻象一闪即逝，我仿佛又看见盛大的"皇家宴席"。大厅左侧入口处，摆着五张桌子，并不相连，但也间隔不远。宾客们盛装出席，女人们凑在一起，交头接耳、窃窃私语，她们穿着迪奥或巴黎世家的裙子，脖子上镶嵌着璀璨夺目的宝石、青玉或玛瑙。而国王、皇帝或王子们则端坐在自己的位置上，优雅地享受着雪茄。

　　时光在万花筒中扭曲，所有的面容都相互交叠，融为一体：卡拉斯、奥纳西斯、伊丽莎白·泰勒、查理·卓别林、萨尔瓦多·达利、杰克·肯尼迪、罗斯柴尔德、洛克菲勒、爱德华七世……

　　门僮和侍从恭敬地立于门口，对宾客脱帽行礼，并殷勤地上前为他们打开车门，不是劳斯莱斯就是宾利。

　　在衣帽间的外廊上，博莱特夫人将楼下的宾客尽收眼底，都是些熟人。

　　忽然，我从幻觉中惊醒过来。

　　眼前，两对夫妇在舞池中旋转起舞，另外六对散落在大厅各处。"皇家宴会"的旁边空无一人，只有一块生日蛋糕上闪着微弱的烛光。远处，侍女在桌子前打着转儿，痉挛的姿势仿佛在哀悼自己的尊严。一群白领围着桌子不知道在庆贺什么。

　　《费加罗报》曾刊登过弗朗索瓦·西蒙的一篇文章《忧伤与怜悯》，文中说道："并非如歌中所唱，马克西姆在悄然死去，但没有人来，也没人在场。"

1949 年 5 月 31 日的一场舞会上，让·科克托预言般地说道："只有在马克西姆消失后，巴黎才会毁灭。"

因此，马克西姆餐厅消逝之前，一切都会美好如出。

快餐（Fast-food）

听说里昂新开了一家快餐店，老板是一位有名的大厨，而且前期反馈还是比较不错的：他们家的三明治味道还行，热菜也值得一尝。

Fast-food（快餐）？鬼知道为什么会用这个词！一种营销手段？法语中没有对应词汇么？非得跟美国佬学？实在不行就重新造一个词儿呗，要不然也可以用短语进行对译啊，比如"Bouffe rapide"（快食）。其实，里昂当地有一个非常合适的说法：Mâchon（便餐），这都是些不错的选择，干嘛用一个外来语滥竽充数？

这些年来，我们杂志每 3 个月就会推出一期关于"法式快餐"的专刊。每一期我们都会向读者介绍一种汉堡包，当然，也不仅限于"法式"。

法国第一家快餐店问世于 1972 年，地点在兰斯，店名叫做"小鸡工厂"；第二家则是举世闻名的麦当劳，同年于克雷泰伊开张。快餐主要指的是汉堡包及其边缘产品，自诞生以来，吸引了巨额投资，其融资能力远远超过酒吧和商场。在法国，快餐曾遭到公众的忽视、冷落，甚至是诋毁，可如今却若涅槃之凤，浴火重生。既然快餐在法国由来已久，为什么我们还要引进那些冒牌货？

我们站着领受圣餐，却坐着吃面包、喝酒。何以如此？文化使然！用餐的方式与社会地位和经济状况息息相关。除了坐着，其他的方式都可以反映出当事人生活拮据，甚至是捉襟见肘。比如工人会用破旧的饭盒或布包，打字员在公园的长凳上敲打面包的硬壳，销售代表蹲在柜台的角落里啃着三明治，几百万的亚洲人都站在大街上，狼吞虎咽地吃着碗里的饭。

从19世纪开始，餐厅不再紧盯高端食客，而迅速实现了平民化。刚开始，杜瓦尔、夏尔蒂、杜蓬等餐馆并没有因为客户群的变化而改变服务方式，他们摒弃了华丽的装潢，一切从简，节约成本，却也保留了传统餐厅中的基本摆设：桌子、椅子、餐巾等。如此一来，餐馆的服务便更加的经济实惠，顾客能在合理的价格范围内享受到不错的美食。大厅中的装饰简约而别致，有的流传至今，成为摄影师和美学家的宠儿，剩下的则淹没在了时间的洪流中。后来，三明治和薯条的出现开始改变人们的用餐习惯，许多人都喜欢在中午12点半，去咖啡厅、小吃店等地方用快餐。

当然，披萨饼也是大众喜爱的快餐食品之一。你还可以花十四五欧元点一份寿司，细嚼慢咽，悠闲地享受下午茶时光。

作为一个美食评论人我并不反对快餐，某些情况下我甚至是支持的。在美国开车出行时，跟所有人一样，我也会吃沿途的快餐。其实汉堡味道还不错，薯条炸得金黄可口，面包也松脆香甜。然而，实话实说，作为一个法国人，我的内心深处仍旧深藏着贵族情节。就算别人说得天花乱坠，快餐仍旧上不了台面。不仅我这么认为，那些企业家也是这么想的。当然，这可并不妨碍他们从中牟利，要知道，快餐、快餐，快点儿用餐，也就是快点儿付钱。

如果我们把自己想象成一位特殊的艺术大师，走进美食画廊，你会感到举棋不定，失去理性的判断，甚至对自身的需求感到迷惘。麦当劳正是抓住了顾客的这种心理，以美式思维强势进驻，获得巨大成功。

随着时间的流逝，快餐行业确实在不断进步，而三明治、咸蛋挞、面包片已经成为法国饮食文化的一部分。其实在汉堡包、法兰克福香肠等泊来食品出现前，"蔚蓝海岸"地区就已经有了"尼斯生菜三明治"，当时，人们尚不知快餐为何物。我真切希望里昂的快餐点能获得成功，而马克·维吉拉、提耶里·马尔克斯等大厨也都乐见其成,但最好能换个不那么倒胃口的名字。"fast-food"总让人感觉是"装着糟糕食物的盒子"。

关于快餐,很多大厨都曾表示愿意一试,如今,却全都沉默不言、没了下文。如果卢布松、杜卡斯、格拉尔、罗林格、拉巴内尔、勒贝克等大厨愿意挽起袖子,从事快餐行业,那我们真得为其鼓掌了。勇气可嘉啊!

女主厨(Femmes chefs)

有一天,我打开了吉尔·普德罗斯基的著作《她们是主厨》。

可怜的人儿……她们从远方归来。

"'他'创造美食,而'她'做饭。"这句话是几个世纪以来,妇女在烹饪界地位的真实写照。格里莫·德·拉雷涅尔(参见该词条)曾辛辣地讽刺道:"不能让女人上桌子! 在重要的场合下,就是最蠢笨的鹅也比最聪明的女人要强。"这已经是最有礼貌的说法了。你能想象维富大酒店和维吉餐厅的主厨是女人? 如果真是那样,我们还不如直接去死。

女人当主厨? 那历史岂不是得重写? "2000 年后,阿比休斯女士的《烹饪概论》流传至今,其中记载的古罗马时期的古菜单,仍旧令人叹服;中世纪,塔耶旺夫人编撰了第一本法国美食书籍;大孔代(路易二世)的御用厨师长瓦岱尔夫人因为海鲜运输的不及时,用佩剑结束了自己的生命。"

直至现在,各大词典里都清楚而简洁地写着:"主厨(阳性名词)、厨师长(阳性名词)",其中都只采用了"cuisinier"的阳性形式。而"女厨师"(cusinière)这个词条也是有的,但别浪费时间去找"女厨师长",绝对不可能有。此外,如果你翻开 1984 年版的《拉鲁斯美食大辞典》,在第 348 页上会看见:"cuisinier,阳性名词,特指在餐厅和酒店中从事餐饮服务的烹饪专家;cusinière,阴性名词,一种使用煤气或电力的烹饪工具，属于现代炉具的一种。"看吧，cuisinière 词条下，连"女厨师"这个解释都没有。

如果我们继续往前追溯，还是可以发现女厨的身影。《今日厨师》一书在对"蓝绶带"（里昂传统菜之母）进行介绍时，曾提到过"女厨"这个概念。但上面所记载的主厨全是清一色的男性。翻阅其他相关文献后，我们发现在路易十四时期的巴黎一共有 82 家餐饮场所，其中有数家小旅馆和小酒馆是女人开的。这些女人中最为有名的分别是：拉克菲，其餐馆位于孚日广场附近德巴德·穆勒街；波义塞利尔，她的生意相当不错；吉什，她曾与路易十五的儿子打赌，并在 12 分钟内吃完了整只羊腿；杜韦，其餐馆位于圣·克劳德，那里的食物味道"完美"，堪称"极品"。这位女士有些放荡，私生活不大检点，曾与塔勒门·德雷奥私相授受、苟且厮混。需要指出的是，上面提到的这些女士都只是店主，她们不会亲自下厨。18世纪，路易十五的王后波兰公主玛丽·蕾捷斯卡曾经钻研过厨艺，并发明了一些菜肴，并用自己的名字命名，比如王后肉汤、王后炖鸡、王后一口酥。但这些都不能说明她是个女厨，因为烹饪只是她的爱好，而并非职业。

1765 年，一位名叫布朗热的汤料商人在巴约尔街附近开了一家"汤馆"，这是法国"餐厅"的原始雏形。1782 年，第一家真正意义上的现代餐厅在巴黎开业，名叫"伦敦大酒店"，位于黎塞留街，主厨是博维利耶尔，他曾任普罗旺斯伯爵的厨师长，也是宫廷御用厨师之一。在接下来的 20 多年里，该酒店垄断了巴黎的烹饪业，没有任何竞争对手。从那个时候开始，餐厅中的女性大多是收银员，充其量也只能到厨房里打打下手，从来都没有担任过主厨。

"七月王朝"建立后，新兴资产阶级取得政权，"女厨师"成为了"中产家庭"里一个必不可少的元素。拥有"女厨"是一个家族社会地位的象征。维农每天晚上都要在他的城堡里宴请 30 位宾客，大仲马、圣伯夫、特鲁索医生等社会名流都是他的座上宾。他们对厨师苏菲的服务赞不绝口，大仲马还言道："在我看来，苏菲是第一个当得起厨师称号的女士。"然而，在上流社会的高级场合中，正牌的厨师长一定是男人，女人还是只能打打下手，削削土豆皮。

自此以后，女人的角色逐渐得以改变。也不知究竟为何，越来越多的女厨师辞掉工作，开始出来单干。其中最有名的是1985年的"梅耶阿姨"餐厅，位于瓦万街上，在巴黎艺术圈内享有盛名。同一条街上，还有一位叫克莱芒斯的女厨，她只会做什锦砂锅，但仅这一道菜就让法朗士赞不绝口："惊为天人！仿佛是深藏地底的经年佳酿。"此外，女厨萨热那就更不用说了，许多文人墨客都慕名而至，希望能一尝珍馐：雨果、缪塞、大仲马、巴尔扎克等。萨热有两道菜最为出色，小香肠和烤子鸡，皆是拉马丁的最爱。

当时，"蓝绶带"本来是旧制度下，元首授予骑士的一种荣誉，大革命后被取消。在市民阶层，人们开始将这种称号送给那些格外出色的女厨师，无论她是在餐厅工作，还是为私人服务。杰诺夫人便是其中之一。莱昂·都德曾在《活在巴黎》一文中对其大加称赞："她是烹饪界的贝多芬、波德莱尔、伦勃朗。"一次，餐厅中某桌客人吃完头盘后就开始抽烟，杰诺夫人对此颇为气愤，因此直接端了4杯咖啡过去，下了逐客令。餐桌禁烟的规矩也许就自此而始的吧。

在里昂，有些"蓝绶带"从主人家退休后自己开起了小酒店、小饭馆，其中几个女厨因此名声远播，享誉全国。实际上，当地的民众将这些女厨亲切地称为"大妈"，她们算得上里昂传统地方菜的"母亲"，比如里让大妈、比葛特大妈、菲尤大妈、布里古斯大妈、蓬蓬大妈、布拉兹大妈、布朗大妈、盖伊大妈、莉亚大妈等。这些女厨们在20世纪后半期彻底退出了历史舞台，所幸的是，她们的烹饪技术和美食特色大都被后人继承了下来。总的来说，里昂地方菜的基本样式有：黄油螯虾脆皮肠、百合鹅肝酱、骨髓苋菜、黑蘑菇嵌馅鸡……菜肴千变万化，其间漫溢出的真诚与坦率让每一位品尝着都能感到宾至如归、不虚此行。

　　从巴黎到加斯科涅，从普瓦图到阿尔萨斯，从普罗旺斯到佛兰德，在法兰西大地上出现了许许多多的女厨，我就不再一一列举了。她们用勤劳的双手为后世留下了宝贵的财富，其价值并非仅限于几道美味的菜肴，而是一种以女性为中心的饮食文化和家庭观念，正是这样的共通联系，才让这个多元化的地中海社会紧紧地团结在法兰西旗帜下。女厨们开的餐馆虽小，她们却把客人当成了自己的"孩子"、"家庭中的另一位成员"。

　　如果你愿意，我可以带着你，以后继者的身份，去拜访这些早已淹没在历史中的女厨们。她们或许小有名气，或许名不见经传，但绝不会像塔列朗（参见该词条）那样的叱咤风云，名动欧洲。她们就仿佛一群逐渐老去的"大妈"，静静地看着"孩子们"慢慢长大；又像是一位威武的军官，坚守着自己的世界，用"钢丝球"洗涮着道德与原则。即使有一天偶然地被推上名利的巅峰，她们仍旧宠辱不惊，绝不会狂妄自夸。这些味觉的女祭司以谦逊的姿态拥抱生活，愿上帝保佑她们，愿她们在世纪的飓风中依然安详。

　　我曾在前面提到过昂热尔夫人，关于她我还有话要说。奥迪勒·昂热尔夫人声如洪钟，身型魁梧，说起话来就像阿尔萨斯鼓一样掷地有声："什么时候到我这儿来，我给你弄些吃的。"多亲切的话语！你们谁听说过哪个星级大厨扯着嗓子大咧咧地向客人嚷嚷"我给你弄些吃的"？

　　首先请允许我向你介绍一下这位夫人，奥迪勒出生于诺曼底的伯弗龙-奥格，她曾自述到：

　　　　母亲生我的时候躺在两个柜子之间，一个衣柜，一个食品柜，都是双开门的，里面装满了吃的。我的父母都是莫泽尔省的农民，同时在黛安娜-卡贝尔镇还经营着一家小酒馆，经常有许多船员光顾。我仿佛现在还能闻到那里的果香，还能听见树上坚果落地的声音⋯⋯烟囱里烤着猪肉、熏着香肠。果园和饲养棚就是天堂,我们可以尽情的奔跑玩乐。在小酒馆里,顾客总是把盘子里的菜吃得干干净净,我们也是一样。

昂热尔家慷慨又实惠,这或许就是家庭烹饪的基本理念吧。

厨师们都喜欢用食物取悦我,请我品尝,仿佛那是他们的得意作品。妈妈做的东西就大不一样。女人做的食物不是为了让人艳羡,而是为了吃着开心。

一天早上,奥迪勒刚从睡梦中醒来,仿佛被一种神秘的渴望驱使着,她走进厨房,做了一道腌酸菜和一道白酒鸡。后来,奥迪勒和她先生一起在镇外的小树林里,用水泥和木头搭起了一家小餐厅,店中鲜花盛开,美丽的景色让奥迪勒心驰神往,仿佛置身于普鲁斯特笔下的景致中,浮日山脉啦,阿尔萨斯啦,至少他们能够随遇而安。

这就是一位诺曼底女厨的成长历程。奥迪勒的生活颇为典型,光靠想象是难以体会的,你需要走进卡昂,去观察、去触摸、去呐喊、去经历:河边的渔民开着玩笑,水中的鲮鱼拖着肥硕的身躯游来游去,螯虾不时地跃出水面。要是给鲮鱼涂点鲜奶油,浇上苹果酒⋯⋯再来一锅苹果酒烩牡蛎⋯⋯"您还要再来点儿香肠沙拉么?还是热的呢!"——"什么?一点儿?您在开玩笑吧,奥迪勒夫人。"

一天,奥迪勒将我带到她的"工作室"里,向我展示了早上才采摘的新鲜蔬菜。"看呐,这些蔬菜多新鲜啊!我亲爱的孩子,一定有很多人喜欢你的!泥土的芬芳⋯⋯"

像所有女厨那样,奥迪勒也喜欢谈论自己的菜肴和厨艺:"我遇到一件很怪的事情。一次,我和一堆主厨在一起吃饭。相信我,他们每个人都很有名气。上桌后，这些男士便开始攀谈起来。他们谈论的话题多种多样：同行、合伙人、顾客、汽车、自己上的电视节目、接受采访的杂志、在美食指南中的得分，还有钱，谈得最多的就是钱。他们对于名利有着永远满足不了的渴望。然而，没有任何一个人的任何一句话是关于烹饪的，好像这一点儿都不重要。其实，我更想和他们讨论一下我们店里的兔子、鸭子和鸽子，还有勒格朗夫人酿的苹果酒、我在树林里做的咸黄油，真的很好吃……但是我没有这么做，很明显，他们对这些东西毫无兴趣。"

后来，奥迪勒也搬去了城里，最终在鲁昂安定了下来。因为小树林的生意不是特别景气，特别是周中，餐厅门可罗雀。再加上冬天气候寒冷，用餐的人就更少了。从那以后，我就再也没有过她的消息。

像奥迪勒这样的厨师我认识不少。但随着生活方式的改变，社会节奏的加快，经营融资愈发困难，冷冻科技的发展使食物的保鲜更加容易，大型超市的出现让顾客有了更大的选择空间，再加上人们消费观念的转变，这样的餐馆逐渐消失了。陈旧的法兰西就像一个皱巴巴的蔫苹果，随时可能被抛弃，何况那些女厨们。然而，事实却截然相反。随着妇女解放运动的开展，美食评论界开始重视妇女的存在："餐厅里从来没有这么多女厨！"因此，媒体将聚光灯对准了她们，杂志授予她们徽章、星级，电视台为她们作专访。面对媒体，她们像影视明星一样有问必答，满足观众的好奇心：在哪儿买衣服、香皂是什么牌子、最喜欢的演员、最难忘的假期、最近读的书、家庭住址、即将出版的食谱，当然，也有些谈到了烹饪，但都会冠上"哲学"的名号。烹饪界的女人和男人已经没有区别了。

前面讲这么多，这才是我真正想表达的。亲切的"大妈"已经不在了，取而代之的是时髦的"女儿"，烹饪界的女人开始变成了男人，或者变成了主厨。她们胸怀大志，信心满满，不愿意在小酒馆里继续扮演"大妈"的角色，不愿意整天对着那二三十个顾客，不愿意一辈子被禁锢在狭窄的厨房中,不愿意过着那渺小而低微的生活。当然,她们追逐着一飞冲天的梦想,也放弃了那颗火热而挑动的心。

以前,一个烹饪班底的主厨绝对不会由女人来担任。首先,从来没有人这么要求过;其次,一个男主厨都不一定完全压得住下面的人,你能指望他们对一个女人俯首帖耳,任其指手画脚? 再则,大餐厅,尤其是豪华酒店里面的烹饪工作强度极大,异常辛苦,女人不一定能胜任。就拿卢卡斯-卡尔东来讲,在皮尔卡丹接管马克西姆餐厅之前,他的休息室小得跟利比亚难民舱似的,其余厨师只能在楼梯间换衣服,他们向老板反映过多次,都被无视了。

不仅如此,以前没有空调的时候,厨房的温度大都在 60 摄氏度以上,卫生条件也颇为堪忧。还有那些烹饪设备,庞大笨重,就连那些五大三粗的男人都会搬得腰酸背痛。

因此,我们理所当然地认为,厨房烹饪工作并不轻松,不适合身体柔弱的女人。

后来,烹饪业终于开始面对这个问题,各大餐厅(特鲁瓦格罗、博古斯、格拉尔、夏贝尔、维吉拉、马克西姆等)都开始寻求解决之道,厨师的从业环境得到了巨大的改善。因此,许多年轻的女士也纷纷出现在餐厅中,法国、日本、美国都是如此,她们逐渐融入男性队伍中,并接受了行业的既定规则。

在这种情况下,女厨们加入了激烈的行业斗争中,凭借高超的厨艺,开设餐厅,组建起自己的烹饪班底,甚至引领了行业潮流。

吉尔·普德罗斯基在《她们是主厨》一书中介绍了 35 位欧洲女性名厨,这些人都是当地的烹饪女王,当之无愧。但书中还提到了艾莲娜·达罗兹,我对此不大赞同,她热衷媒体的吹捧,追求商业上的成功,人的精力是有限的,厚此必然薄彼,她的心不在烹饪上,却自诩为"新一代的大妈厨师"。

现在您应该明白为什么奥迪勒做的是"饭",而艾莲娜做的是

"演员"。其间含义,不证自明。

农庄菜肴(Fermiers〔Produits〕)

让·费尔尼奥在佩里戈尔省的萨利尼亚克附近开了一家农庄餐厅,生意兴隆,利润丰厚。我曾受邀前去参观,那里的氛围让我忆起了远去的童年时光。那时,我们家住在萨尔特省的一个小镇上,屋子旁边堆满了肥料,一墙之隔的就是赫维家的农庄。

这个农庄以前的业主是一位萨拉镇的书商,庄园内铺着青石板,旁边有一家养殖场和一片菜园,家禽在里面任意地跑来跑去。他们家做饭时都是就地取材,鸡蛋是刚下的,个头顶大,一个就能装满整个杯子;做肉冻用的鸭肝或鹅肝都是最新鲜的;肉汤里面的鸡油菌和牛肝菌是头天晚上采摘的;蛋挞中的水果是自家果园里种的;羊肉也是现宰现烤的……还有,你一定得尝一下他们家的牛奶咖啡,热气腾腾,香浓粘稠,就像奶油一样丝滑无比,泛着淡淡的甜香,那可是罗布斯塔和阿拉比卡两种原产咖啡豆混合出来的味道,令人心旷神怡。那里真是乡村美食的殿堂,为此赶多远的路都是值得的。

那个时候,许多公路边上都有卖"农庄食品"的摊位,旅途中的司机们会停下来,品尝一下这种原始而神奇的美味。我曾抱着好奇的态度也去试吃了一下,那种微醺的滋味刺激着我的神经,往事一幕幕地在脑海里回放。小时候的一天早上,那是我第一次学挤奶,也多亏了那头牛性子温顺,奶罐渐渐被装满了,我悄悄地把手指插进牛奶中,触感丝滑,浓香四溢。到现在我都还记得那种味道。这就是过去农庄上生产的天然食品,就如现在所说的,这种东西具有"身份",具有"灵魂"。

从上个世纪五六十年代开始,"农庄食品"就逐渐从人们的餐桌上消失了。近年来,随着逆城市化现象的出现,怀旧情绪的滋长,农庄食品、乡村住宿、绿色旅游等行业逐渐兴盛起来。城里人都兴致勃勃地往外面跑,去到郊区超市或高速公路服务站品尝农庄食品。瞧,多好呀! 我们可以吃到"从前的食物",一切都是纯天然的、无公害的、传统的、真实的。然而不久我便发现,这些号称是土生土长的"怀旧美食"来来去去也就那么几样:果木烤面包、大碗肉冻、私房猪肉。可你用谷歌搜索一下,仅"农庄食品"的相关词条就高达199000多个。这算怎么回事儿? 不行,这次我们还是直接去农庄里面吃饭吧。法国的农庄不少,你只要开着车沿着国道或省道行驶,沿途总能看见农庄的广告牌。从佩里戈尔到普罗旺斯,从中部高原到郎德,我在拜访了几十家农庄后发现:首先,农庄要比高速公路边上的小店好很多,当然这不是绝对的,部分小店也是相当不错的;其次,大部分农庄食品不过尔尔,盛名之下其实难副,有的甚至味同嚼蜡、难以下咽。记得有一次在加斯科地区,有人极力向我推荐了一家农庄的鸭肝,我开车跑了20多公里的村道,结果摆在我面前的却是一盘干瘪不堪的颗粒物。这种成色的鸭肝,皮卡冷冻超市里面的陈货都比它好太多。

当然,这种东西是不能一概而论的。那些真正的"手工作坊"生产出来的食品还是值得大力肯定的。然而,由于卫生防疫部门的严厉监管,再加上欧盟相关法令的限制,传统作坊的发展可以说是举步维艰,甚至入不敷出,难以为继。其实,我们都是受害者。一些诡计多端的无良奸商,利用顾客的怀旧情节,以及对食品生产认识的不足,打着"农庄食品"的旗号,做着挂羊头卖狗热肉的勾当,扰乱市场秩序,对"手工作坊"的生产造成了极大的损害。

"过去的月亮比现在圆",这种观念何时才能转变? "过去的,就是好的、干净的、自然的",这种偏见何时才能纠正? 以我几十年的从业经历和丰富的旅行经验,我可以很负责任的告诉大家:无论过去还是现在,无论城市还是乡村,食物的质量都是有好有坏,优劣不等,参差不齐的。农业上使用钾肥、家禽喂养饲料、果蔬使用农药，这些都不是从今天才开始的。黄油不天然、猪肉没味道、水果不新鲜，糟糕的食物在哪个时代都有，与之相较，不过五十步笑一百步。就像阿尔封斯·卡尔[①]所说的那样："糟糕的东西实在难以下咽。"

在有些人看来，"妈妈的菜肴"是神圣不可侵犯的，"奶奶的果酱"一定是美味至极的，这些字面上的成见从何而来？要知道，在上一辈人中，有多少"妈妈"是不会下厨的？又有多少"奶奶"是做不来果酱的？

实话实说，在食品生产领域，那些传统的"良心"作坊不但没有得到社会的扶持，其发展甚至遭到阻挠。前段时间，针对政府出台的一项关于"农庄奶酪"生产的法令，科西嘉岛的牧羊人们进行了联合抗议。法令中提到："农庄奶酪是一种传统工艺食品，生产者大多在自己的农场就地取材。"这一段是没有什么问题的，接下来就不对了："随着产品认证系统的开发运营，农庄奶酪的加工可以由第三方完成。"

换句话说，任何一家加工企业都可以向奶农或农庄收购鲜奶，自行加工，然后以"农庄奶酪"的名义贴牌出售。这样一来，谁能保证"农庄奶酪"的制作还是传统工艺，而牧羊人或奶农就被完全架空，变成了单纯的牛奶供应商。

大家想想有没有这种可能，号称"原装鲜奶制作"的"手工"卡门贝干酪，其实是全自动机械化生产的结果，不然一天的产量怎么可能达到 20 万块？

怀旧情节人皆有之，可厚古薄今却是愚蠢至极。我们不得不承认，现代技术的发展使产品质量得到飞跃性的提升。生产技艺（风干、熏制、腌制等）的革新是优良品质的保证。肉冻不就是人工技术合成的结果么？味道比家禽的原味可是要好上许多。

[①]　阿尔封斯·卡尔（1806—1890），法国 19 世纪小说家、记者。——译注

那我们从这种矛盾的关系中可以得到什么结论呢？

首先，原则上讲，不要让怀旧情绪影响我们对食物的品鉴；

其次，现代厨师的烹饪技艺是相当可靠的，而美食杂志也在为我们保驾护航，指导我们作出明智的选择。这无关于时代，也无关于地点。我们对现代的教会、公证处、银行都有信心，为什么不能也相信现代厨艺呢？

最后，美食这东西就像处对象，试了才知道。

肥肝(Foie gras)

我的受洗仪式是在圣克鲁瓦大教堂进行的，站在圣桌前，我伸出舌头，第一次领受圣体。其他的细节早已忘记，但我却清晰地记得当天在蒙特斯庞餐厅吃的那块肥肝。

确切地说，这只是一家位于奥尔良附近的小旅馆，不过在当时还是挺出名的。一是因为他们家的食物不错，再则，不少社会名流都在这里私会情人。我受洗之后的庆贺宴会就在此举办。其实我一直没想明白，父亲为什么会选择这样一个亵渎神灵的地方为他的小儿子庆祝受洗？况且宴会当天，来自巴黎的艺术家居里先生也应邀到场。站在父亲的角度讲，也许是为时局所逼，不得已而为之吧。当时德国占德里安将军的机械式已经兵临城下，抵进巴黎。而当天晚上，在宴会结束之后，我的父母、兄弟、祖母、姨妈，还有家里的厨师、山羊、鸭子，一家老小都要乘车撤出巴黎，一直向南，移居到法国与西班牙接壤的边境地区。

匆忙之中，我的父亲并没有时间去仔细考察受洗宴会的地点。

回到正题。记得那是我第一次吃肥肝，之后又上了一道卢瓦尔冷鲑鱼。在那个年代，对于一个加斯科或佩里戈尔地区的农民家庭而言，肥鸭肝已算得上是奢侈的享受了。如果你去到当地一些稍微有些档次的餐厅就餐，肥鹅肝则是必点之菜。

1989 年，丽兹大酒店在旺多姆广场附近开业了。老板凯撒·丽兹聘请奥古斯特·埃斯科菲为主厨。当时，到丽兹大酒店就餐的都是上层人士，而埃斯科菲并未在菜式上作什么改变，以烹饪匈牙利菜为主。如果说巴黎人的嘴刁，那么匈牙利的肥肝一定能满足他们。

匈牙利普斯塔平原上的家禽养殖业发达，为肥肝提供充足的原料。随后，法国阿尔萨斯地区也开始养鹅，虽然养殖方式和填喂技术上与匈牙利尚有差距，但也颇受好评。

50 年过去了，我们也有了肥鹅肝和肥鸭肝两种选择。1980 年，夏尔·丽兹接管餐厅，并诚挚地邀请我去品尝了辣椒炒肥肝和香槟烩肥肝两道菜肴。由于此前纳粹在阿尔萨斯实行种族主义政策，大量犹太人遭到杀害，他们从事的家禽养殖业也遭到重创。而逃回以色列的犹太人在内盖夫沙漠中艰难地重拾旧业。渐渐地，我们在法国市场上开始看到以色列进口的鹅肝（"斯特拉斯堡肥鹅肝"就是以此为原料）。然而，在这个时期，肥鸭肝一直占主要地位。在西南部、朗德省、洛特·加龙省、佩里戈尔，以及凯尔西地区，生产肥鸭肝和种玉米都是赚钱的好营生。

面对这两种不同的选择，《高米约》杂志也怀着一种传教士的热情加入战斗，并旗帜鲜明地站在了肥鸭肝一边。开始，局势还不甚明朗。在巴黎，豪华餐厅或高级酒店大都将肥鹅肝作为圣诞晚餐或大型宴会的主菜之一。相比之下，鸭肝就显得有些土里土气，庸俗粗鄙，难登大雅之堂。不仅如此，在那些农庄饭馆中，肥鸭肝一直都是卖相难看、凝结成块、干瘪无味，绝非上品。然而，这位"穷亲戚"却占有一个很大的优势，其价格要比肥鹅肝便宜 30%—40%。此外，随着烹饪加工技术的发展，肥鸭肝的质量也得到了迅速提升，一些著名餐厅和传统的作坊也逐渐接受了它。比如：莱昂·拉菲特、克劳德·杜佩里、玛丽·克洛德·加西亚等。

随着半烹技术的应用,肥鸭肝的味道被推向极致,受到广大食客的纷纷追捧,《高米约》就更加坚定自己的立场,读者们亦从善如流,甚至发展到最后,肥鹅肝被排挤得几乎无立足之地。各种媒体和饮食杂志将肥鸭肝吹上了天,鸭子随之"变得"更加"现代"、"漂亮"、"美味"、"自然"、"真实"。

待时间将一切争论抚平后,我开始反思自己的观点是否有些过火。在不断地推敲和反复地比较之后,我不得不承认鹅肝远比鸭肝更加精致、细腻、鲜嫩。我之所以得出这样的结论,并非一时冲动地想要哗众取宠,挑战主流认知,而仅仅是在陈述一个不争的事实。在很多正式场合、高级餐厅,甚至是农家小店里面,最好的鸭肝比不上最好的鹅肝。

诗人巴勃罗·聂鲁达是拉丁美洲著名的进步诗人,其抒情诗激情洋溢、荡气回肠。1973 年,他曾受邀访问匈牙利。起程回国时,他获赠了满满一箱的肥鹅肝。为了表达对东道主的诚挚感谢,聂鲁达赋诗一首,其文如下:"啊! 美丽的肥鹅肝,你是天使的礼物,欢乐的源泉,神圣的珍馐,珍贵的财富,如此动人心魄! 温润的幽香,仿佛从圣殿传来的天籁之音;柔和的味道,好像舌尖上舞动的精灵,你穿梭在我那因欢愉而颤抖的身躯。"好了,让我们冷静一下,冷静一下。他的抒情诗果然名不虚传,令人沸腾。

踏着诗歌的旋律,我愈发觉得鹅肝比鸭肝更加鲜美可口、精致入味。只要烹煮得宜,它一定会比鸭肝更受欢迎。然而,理想是美好的,现实却是残酷的。据我所知,法国目前鸭肝的年产量高达18000 吨,主要集中在阿奎坦、南部比利牛斯、都兰和布列塔尼等地区。而鹅肝的年产量不过 536 吨,也集中在阿奎坦、南部比利牛斯,以及布列塔尼的少数地区。两者之间相差 3 倍不止。当然,需要说明的是,匈牙利每年向法国出口的鹅肝大约在 2400 吨左右,几乎是他们全国的总产量。

就这样,匈牙利的鹅肝又杀回了法国,并逐渐出现在一些豪华酒店和高级餐厅的菜单上。一些"经验丰富"的顾客为了卖弄一下自己的"与众不同",在点菜时会故意强调:"你确定是鹅肝?产自匈牙利的鹅肝?"这么多年过去了,我们又回到了原点,埃斯科菲的肥鹅肝再次出现。其实,在某段时间里,萨拉镇的市场上买的全是鹅肝,鸭肝根本就不在顾客的考虑范围之内。

法国并不比匈牙利差,但我们不得不承认匈牙利的家禽养殖业就是更为发达,从 15 世纪开始,这项传统技艺便代代相传,发展至今,饲养方式和填喂技术算是炉火纯青,相关从业人员也具有丰富的养殖经验。除此之外,匈牙利出产的玉米品相极佳,而黏性土壤使水体包含矿物质,有利于小麦的生产和软化,这些都为家禽的填喂提供了优质的饲料。

另外还有一个不容忽视的细节,从市场营销的角度来讲,法国的鹅肝和鸭肝并没有多大差距,因为两者的餐桌价格仅相差15%—20%。

法国有句俗话:"跟鹅一样蠢!"对此我不敢苟同,建议诸位也不要当真。为什么不说"蠢得跟人一样"?莫名其妙。其实关于鹅这种动物,有很多东西都值得一提。

比如,图斯坦·萨玛特夫人在其所的《食物的自然与道德史》(博尔达出版社)一书中对鹅和大雁(野鹅)的传奇历史进行了介绍。古埃及人最早发现大雁肝的滋味美妙无比。在季节迁徙之前,大雁都会像疯子一样进食,以储备体力,它们的肝脏随之变大,达到原来的 10—12 倍,当然也会更加美味。现在,我们只需要以相同的方式对家养的鹅进行填喂,然后在适当的时候取出鹅肝即可。希腊人和罗马人便是如此做的。

说到这儿,我得告诉你们一件事,准备大吃一惊吧。准备好了吗?从一开始我就深信不疑地认为阿比休斯发明了家禽填喂的方法。其实完全不然,这仅仅是个谣言。那个自以为是的博学家布封竟敢信口雌黄地大放厥词,他连阿比休斯的著作都没读过吧!

如若不然,他就该知道阿比休斯根本就没提过什么肥肝。布封!
嘘! 谁会想到他竟是谣言的罪魁祸首?

那么填喂技术究竟是谁发明的呢? 无人知晓。

还有一个疑问,恐怕历史学家也回答不了。为什么埃及人、斯
拉夫人和斯堪的纳维亚人都在同一历史时期开始将大雁驯养成家
鹅? 你们可知道为什么?

我斗胆假设一下,也许是因为他们在这个时期同时遇到了大
规模的饥荒。通过图斯坦·萨玛特的著作我还了解到,亨利四世
所青睐的内拉克馅饼,其原料并非我们以为的松露和肥肝,只是一
般的野味。许多美食作家将"松露"和"肥肝"戏称为"神圣同盟",
我却不以为然。要知道,美食历史上的第一道菜是"奶皮馅饼",创
造者是阿尔萨斯执政官的御厨克劳斯,他为了纪念路易十六特地
发明了这道美味,但其中并没有放一点松露。实话说,我不赞成这
种毫无根据的"拉郎配",那些肉店商人倒是极力赞同,因为他们可
以以此为借口疯狂抬价。把肥鹅肝放在烤面包片上,撒上一把粗
盐,把松露放在另一片上,然后左一口右一口,两种滋味在口腔中
碰撞,这才是最好的结合。我们在市面上所看到的"全肥肝"并不
是指"百分之百的鹅肝"。不管是新鲜的、冷冻的、半熟的、盒装的、
瓶装的,任何"肝"都带有一点肝叶,但绝对不是纯粹的。至于其他
标签,比如"完美"、"纯净"、"肝块"等等都没有什么具体意义。就
如罗马皇帝埃拉伽巴路斯所言:"吃您自己的狗。"(他最后吃自己
的狗了吗? 历史没说明。)

总而言之,"全肥肝"指的是质量最好的肥鹅肝。匈牙利还是
法国? 现在不是计较这个的时候。尽管肥肝颇受追捧,但按照传
统习惯,这道菜应排在主餐之后,介于奶酪和甜点之间。因为只有
在这个时候,肥肝的味道才能发挥到极致。

众所周知,吃肥肝时一定要配上一瓶上好的葡萄酒:索泰尔
纳、阿尔萨斯的托卡依、武佛雷都是不错的选择。德国摩泽尔河畔

的雷司令也可以，那里的葡萄质地优良，酿出来的必是佳品。

　　当然，还有一些价格适中的酒也能和肥肝搭配出惊人的效果。比如卢皮亚克的陈酿、马尔奥梅城堡的赛米翁、蒙巴兹雅克，这种酒以前质量粗劣，近年来已经跻身尖端行列，还有味道更加柔和、价格稍贵的莱昂丘。

　　如果你喜欢比较"刺激"的酒品，我不知道这个词用在这里合不合适，你可以去巴拉顿湖畔的酒窖中，尝一尝那里珍藏已久的奥地利"冰雪酒"，感受一下帝王般的享受。此外，匈牙利的托卡依和南非的雷司令也不错。

　　下一次，换个口味，试一下波尔图红葡萄酒，它会将你带上九重天。如果你想多享受一下这种微醺的感觉，再来一块慕斯或巧克力蛋糕，便能体会到不一样的感觉。

饮食商业 (Food business)

　　当谈到"钱"这个话题时，好像世界上就只有一种通用语言：英语。没有什么好奇怪的，法国是一片古老而传统的土地，是天主教道德的起源地，我们曾将金钱视为肮脏的货物、罪恶的源泉。当我们说一个人"赚了一笔钱"，潜台词就是说这个人"不谋正道"、"偷鸡摸狗"。这些都先按下不提。商人和银行家会帮我们赚钱，而那些做证券交易的骗子会让我们赔钱。

　　随着时间的流逝，这些成见都在不断转变。总统、总理的工资怎样变化，我们都可以缄口不言；然而一些小人物，比如小丑、表演者，如果他们收入不错，我们反而会喋喋不休、指手画脚。

　　自从餐饮行业从上流社会分离出来，厨师变成了普通人，当他们赚得盆满钵满时，有些人就坐不住了，开始嚷嚷起来。相反，对于那些名不见经传的小厨师，又是另外一回事。在公众眼里，厨师就应该时时刻刻都忙碌在烹饪第一线，随叫随到，每周休息一天，年假另算，一直干到退休后，每天牵着狗休闲地散步。

总的来讲，餐饮行业中有两类厨师，一类动口，一类动手。

从某种角度上说，第一类人已经差不多已经转行了，他们的餐厅只是一个幌子，一个能让他们在其他地方安心敛财的幌子。在高级时装行业亦是如此，他们不再关心设计的创新和品质的提升，而更在意广告的效果和附属产品的盈利，比如首饰、香水等。我们应对此感到不快吗？从过去的旧观念出发，我们当然有理由对这种"背叛"行为进行谴责。站在传统美学的角度，艺术与商业之间有着不可逾越的界限，一旦僭越就等于"丢掉了灵魂"。然而，在法国烹饪历史上，那些名家大厨们并非都视钱财如粪土，他们对物质财富亦有追求。诚然，卡莱姆晚景凄凉，死于贫穷，但他在大餐厅中担任主厨时，生活并不拮据；艾斯科菲亦是如此，身为威廉二世的御厨，自是过得风光无限；爱德华·尼农也不例外，他先后服务于俄国沙皇、奥匈帝国皇帝弗兰茨·约瑟夫，以及美国总统威尔逊，可谓腰缠万贯，一时无两。这样的例子还有很多。那么如今又有什么不同呢？当然不一样！现在的厨师并不仅靠手艺赚钱，而更倾向于用名声敛财，相当于"空手套白狼"。第一个明白这个道理的是雷蒙·奥利维，他在一些大型食品企业中担任烹饪顾问，赚取额外收入。和现在相比，这点"外快"并不丰厚。

随着法国烹饪在全球范围内声名大噪，特别是美国餐饮市场的需求日益旺盛，美食"三巨头"（博古斯、维吉、雷诺特）独辟蹊径，开创了新的生财之道。他们以加利福利亚为据点迅速打开了美国市场，并越走越宽，逐步拓展附属产业。从东京到纽约，从伦敦到曼谷，从马德里到远方，他们穿梭于世界各地，担任着各种各样的职位。当然，这也不是什么轻松的行当，他们需要展现自我、传授知识，或在当地的高级餐厅中掌勺。

我们的世界正处于一个新兴的商业时代，餐饮业跨度极广，最基本的便是成立连锁餐厅，开设分支机构。待品牌成熟、客户群稳定之后，他们就会开始向各大企业提供"顾问"服务，并通过与媒体合作迅速实现美食产品的商业化，最后以"贴牌"营销的模式赚取巨额的品牌利润。显然，并不是每个厨师都能这样做。俗话说"没有金刚钻别揽瓷器活"，如果没有相当的知名度作为支撑，如果没有足够的勇气与魄力，这条路是绝对行不通的。此外，也有部分厨师不愿涉足商业活动，当然，这属于极少数情况。比如三星名厨贝尔纳·帕科就比较安于现状，一心一意地守着安布罗西的一亩三分地；同样还有阿兰·帕萨德，艾佩吉的利润颇丰，他不愿意再开分店。面对这两种截然不同的选择，我们可以赞扬也可以谴责，但现实并不会因此而改变。经济全球化的浪潮中，每个人都有对未来做出选择的权力。因此，对于那些忙于生意的主厨们，我们只能质疑："您能保证旗下餐厅的美食还是一如既往的好吃吗？"

注意，这个问题没有任何意义，其答案不言而喻。这些"老板"旗下的餐饮机构如此之多，即便想管也是分身乏术吧。如果你想品尝杜卡斯（参见该词条）的厨艺，应该去哪儿？雅典娜酒店？普吉岛勺子餐厅？摩纳哥分店？拉斯维加斯分店？随便你了，哪儿都有他的店，可哪儿都没他本人。

众所周知，杜卡斯是最成功的餐饮商。根据《费加罗金融报》最近的一项调查数据显示，在所有同行中，杜卡斯以 93 亿的营业额高居榜首，接下来依次是：卢布松、普赛尔兄弟、皮埃尔·加涅尔、保罗·博古斯（19 亿）、皮埃尔·爱玛、乔治·布朗、米歇尔·特鲁瓦格罗（15 亿），其他的我在此就不一一赘述了。

我们唯一能够做的就是祝福他们在新的职业生涯中顺风顺水。

如果上面这些"有钱人"让你眼花缭乱，那么我们现在来刺激一下你的食欲，看好了：

……在东京附近的筑地鱼市上，一条重 250 公斤的红色金枪鱼价值 35000 美金；

　　……在伦敦的鱼子酱屋和普鲁涅餐厅，1 公斤阿尔马斯鱼子酱能卖到 37000 欧元。他们将鱼子酱装在涂有金箔的盒子里面。

　　……在一次佛罗伦萨的拍卖会上，一位亚洲的亿万富翁以 37 万美元的高价拍下了 1.5 公斤白松露。这种松露是由一位农民发现的，后来作为慈善品进行捐赠性拍卖，其价格自然也就大幅上扬。

法国食材之源(Français〔Manger〕)

　　"都给我走开……"穆鲁吉①嘲讽道。

　　法国是世界美食之都，名菜之乡：松露、肥肝、青蛙、蜗牛……胡说八道！一派胡言！在法国，一半的松露都产自西班牙，斯特拉斯堡的肥肝进口于匈牙利或保加利亚，青蛙来自土耳其或印度，就连贴着"本地"标签的苹果，实际上都是从意大利、新西兰和西班牙等地运来的。此外，美国的龙虾、中国的蜗牛、安达卢西亚的樱桃、南非的四季豆、哈萨克斯坦的小麦，充斥着我们的餐桌，支撑着法兰西饮食文化。而法国本土产品逐渐销声匿迹，不知所踪，其他农耕国家便趁虚而入，抢占市场。如果没有这些外来资源，法国的烹饪及餐饮也不会如此发达。

　　我们是否应该将这些外来资源收归三色旗下，把它们当做法兰西餐饮文化的一部分呢？根据调查结果显示，这种饮食民粹主义还颇有市场，人们只关注购物车里有什么，却不在意商品究竟来自何处。这一次，法国要吞下的不仅是欧洲，而是整个世界。长期以来，法国一直都是粮食出口大国，也是食物进口大国。

---

　　①　马赛尔·安德烈·穆鲁吉(1922—1994)，法国 20 世纪歌手、作曲家、演员、画家。——译注

　　我们餐桌上的小牛肉大多来自英国、新西兰或爱尔兰；野味来自中欧或大不列颠；法国已经不产龙虾，而市面上的95％的货源都来自南非、马达加斯加、塞内加尔，特别是加那利群岛附近。布列塔尼的红葡萄酒其实产自英国，通过远洋货轮运至菲尼斯太尔港，其产量近年来不断下降，可能很快就要断货；此外，当地的牡蛎也是从海峡对岸的苏格兰和爱尔兰进口的，加拿大也是牡蛎的供给地之一。至于水产鱼类，比如大菱鲆、鲛鳒、火雨、红色金枪鱼、鳎鱼等来自兰吉、比利时、荷兰、塞内加尔、摩洛哥等地。70％的扇贝产自日本，30％的肉制品依赖进口，1/3的四季豆源于非洲，45％的西红柿和35％的胡萝卜都产自摩洛哥、西班牙、意大利、荷兰和以色列等国。大蒜来自墨西哥和阿根廷，就连著名的"普罗旺斯草"都生长在马格里布、希腊和土耳其等地。此外，我们还从德国进口干酪，从意大利进口板栗，从智利和南非进口葡萄。

　　就到这儿吧，再说我怕连胃口都没了。

　　这种情况由来已久，餐饮对外依存度较高，也不是什么新鲜事儿。外来资源造就了法国餐饮业的繁荣，这对一向自负的高卢民族确实是一种无法言说的痛楚。

　　"混合食品"一词，即是你并不明白其真正的涵义，但你一定有所耳闻。它是由一家名为"古巴亚洲"的纽约餐厅发明的，旨在将亚非菜式与地中海的酱料完美地糅和在一起，创造出独特的味觉体验。此概念就像德勒兹的"欲望配置"理论，一经提出便受到烹饪界的广泛关注。其思想主要是在维护菜式多样性的同时，促进不同味道的嫁接与融合。在当前这个时代，就连性别界限都日趋模糊，同性主义、双性主义、跨性别主义充斥着我们的生活，挑战着传统的标准。因此，还有什么理由能阻止美食派系之间的交互与碰撞。同样，这也是人类历史进步的一大体现。

　　为了让大家更清楚地了解什么是"混合食品"，我给你们举几个典型的例子：龙虾热狗、可乐鸡肉、突尼斯混合酱拌西班牙希皮龙沙拉、肥肝寿司、巧克力火腿……

其实这没有什么可生气的。许多人对此虽不是欣然接受，也并无所谓。也有一些顾客、媒体对此进行了抨击和谴责。

仔细想想，如果没有印加人，就没有今天的牛排薯条；如果没有秘鲁人和西班牙人，也就没有四季豆和什锦锅；如果没有阿兹台克人，也就不会有热巧克力；如果没有埃塞俄比亚人，就没有柜台上的"小黑"①；如果没有中国人，普罗旺斯可能现在都不知道什么是茄子；如果没有巴西远航，我们就吃不到大头菜了……

鸡最早出现在马来西亚，传到印度河流域后被当地人驯养为家禽，后通过波斯被引入古希腊，最后成为我们修道院餐桌上的一道美味。中国从四千年前就开始养鸭子，后由葡萄牙人带入法国。珍珠鸡源自非洲，野鸡源自中国，孔雀（曾为皇家御膳）源自印度，火鸡源自美国。

阉鸡是圣西尔维斯特酒店的招牌菜，罗马人发明并使用了阉割技术；火腿的腌制和熏烤技术是由是由威斯特伐利亚地区发明的；鲤鱼是由十字军从中东地区带回的；甜酒蛋糕是由波兰的流亡之君带入法国吕内维尔地区的。

卡洛琳稻米于19世纪初由美洲传入法国，而大米则源自中国，后于亨利四世时期经由叙利亚、埃及传入罗纳河三角洲；波罗的海沿岸在公元前1000多年前就开始食用干面，后通过"琥珀之路"②传到地中海地区；啤酒由巴比伦先传入埃及（法老时代），再经过希腊（伯里克利时代）进入高卢地区……

弗凯亚人将第一株葡萄带到了马西利亚，橄榄树和橄榄油则

---

① 　一种咖啡。——译注

② 　琥珀之路是一条古代运输琥珀的贸易道路，这条水路和陆路结合而成的通商道路，从欧洲北部的北海和波罗的海通往欧洲南部的地中海，连结了欧洲的多个重要城市，维持了多个世纪。——译注

源自巴比伦拿步高王朝。恒河平原最早种植甘蔗,经中国人提炼为蔗糖,阿拉伯人占领克里特岛后,于圣路易①时期将蔗糖传入法国。橙子和杏源自中国,桃子产自波斯,樱桃来自黑海,柠檬传自克什米尔,苹果和梨产自中东。普鲁加斯泰的草莓来自智利,卡庞特拉的西瓜源自埃及,莴苣则是从古希腊传入的。豌豆于 17 世纪从热那亚传入,而洋百合则是由凯瑟琳·德·梅第奇带入法国的。

此外,土豆原产自秘鲁,后经西班牙、德国传入塞纳河-内伊,冰激凌和雪糕是由普罗可布②带入巴黎的,而法国早餐的象征,羊角面包则是从布达佩斯特引入的。

不仅如此,如果没有来自世界各地的佐料和香料,中世纪、文艺复兴时期的法国菜会是怎样的?而当今的法国烹饪业又会是怎样的光景?加勒比和墨西哥的辣椒、克什米尔的藏红花、印度的胡椒和生姜、巴比伦的豆蔻、中国和东南亚的丁香、埃及的肉豆蔻……不计其数的菜肴、食物、甜点和糖果从四面八方汇聚法兰西,而法国人用独特的烹饪技艺将它们融合在一起。因此,我们没有必要对所谓的"混合食品"大惊小怪,因为法兰西美食发展至今天,靠的就是长久以来海纳百川的气势,它是多民族智慧的完美结晶。

炸土豆条(Frite)

比利时人发明了巴黎地跌,但炸土豆条却是我们法国人发明的。

在安东尼·帕门蒂尔③肯定了土豆的营养价值后,炸土豆条

---

①　即路易九世(1212—1270 年),法国卡佩王朝第 9 任国王。——译注

②　拜占庭时期作家,曾追随贝利泽尔将军西征。——译注

③　18 世纪 50 年代以前,人们认为食用土豆会引起中毒,种植则会导致土壤贫瘠,直到后来法国农学家安东尼·帕门蒂尔通过实验证明了其食用价值后,才开始广泛种植。——译注

于 1789 年诞生于巴黎最古老的建筑新桥下。最开始，这种一厘米宽，六七厘米长的小方条被称为"新桥土豆"。后来，人们逐渐习惯将其作为配菜与牛排一起食用。"亨利四世腓里牛排"与"新桥土豆"堪称经典搭配，而且新桥上至今都还矗立着那位"风流公子"①的雕像。明白了吧？炸土豆条谁发明的？这不是秃子头上的虱子——明摆着吗？

拿出证据来？不好意思，这还真没有。

就这样，比利时人跳了出来，不停地叫嚷着："胡说八道，炸土豆条是我们发明的！"在帕门蒂尔之前，默兹河沿岸的居民就特别喜爱油炸食品：炸小鱼、炸鮰鱼、炸欧鲌等。某个冬天，天气极度寒冷，因河面结冰而无法捕鱼。一个渔民便突发奇想地将土豆切成条，做成小鱼的形状后放入锅中油炸，炸土豆条便由此诞生。在那个时候，土豆一直被视为"下作的"贫民食物。1830 年，比利时从荷兰的统治下独立出来，并与法国一道，广泛种植和大量食用土豆。第一次世界大战中，土豆在粮食作物中的地位最终得以确立。战争胜利后，英美士兵将"法国炸土豆条"带回了自己国家。由此，英国便发明了著名的"炸鱼薯条"，而"炸薯条"也进入了纽约的法兰克福快餐店。

比利时人一直对此耿耿于怀，他们只能自我安慰到："至少这些土豆都是源自我们国家。"然而，不幸的是，土豆实际上是从荷兰传入比利时的。

大仲马曾经用牛油来炸土豆条，最后发现味道过重，不如菜油炸出来的那样爽口。哎，大仲马就是那种没事找事的人，总喜欢把一切事情都复杂化。

---

① 法国国王亨利四世的别称。——译注

美食家（Gastronome）

就在《高米约（奥地利版）》（奥地利排名第一的美食指南）发布的时候，维也纳市长在他简短的致辞中特别授予我"Gastro-Papst"①的头衔，或称作"美食教父"，这让我哭笑不得。

美食家 gastronome 一词源于希腊语，由意为"消化系统"的 gastros 和"标准"的 nomos 两部分组成。这个词总是令我恼羞成怒，因为它很容易让我想到令人不悦的词，如：胃炎、胃功能障碍、胃肠炎、胃镜检查、胃肠病学……出于方便的考虑我才会使用它，但是无论如何，我都不希望大家给我戴上这顶"美食家"的高帽子。这个词又让我联想起奶油酥盒，这是一道外表膨胀但内部用料不足的华而不实的法式甜点。"美食家"这个称号还会让人误以为美食学是经过很深奥的研究得来的严肃科学。从这个角度来说，美食家是拥有渊博学识的神，是垂暮之年的女祭司，她的神谕被无知而低头不语的平民百姓虔诚、谦恭地接受。既然我们如此完美，我们就会自问，为什么我们没有成为烹饪大师，尤其是世界上顶级的

---

① 德语，Gastro 意为美食，papst 意为教皇。——译注

大师。

我甚至不确定美食评论家是一种职业,我宁愿将其当作一项舒适惬意又有偿的娱乐消遣,但不管怎么说,进行这项消遣娱乐的人应该保持谦逊。

"美食家"这个词是由一个名叫约瑟夫·贝尔舒的学究创造的,他以为借此可以让自己名垂青史。约瑟·贝尔舒与布里亚·萨瓦兰(参见该词条)同为法官,也都喜欢卖弄辞藻,用亚历山大体胡乱作诗。1801年,他在一本名为《美食或田野之人》的不知名的书中提出了"美食家"这个词。"美食"一词又于1835年被收录进《法兰西学院词典》。因此,随后又出现了其他同样令人不悦的词汇:美食教、美食狂、烹调营养学、游牧民族美食……此外,还出现了既滑稽可笑又热情奔放的抒情诗,例如大仲马的朋友夏尔·蒙斯莱在诗中写道:"美食让你蓝汪汪的明眸中闪烁金色的光芒,在你的唇边留下炽热红珊瑚的色调,让你的秀发迎风飞舞,让你的鼻尖也随着感觉一起跳跃"……

法语中有没有一个对应的词来描述爱女性的男性呢? 不存在。如果真的存在这么一个词,大概所有人都会捧腹大笑吧。但是我们可以说他们是女性的爱好者,这种说法不仅是事实,而且又好听。爱好者就要喜爱某人或某物,这些人总是懂得如何让自己得到大众的理解,也许因为他们的言语更加精准。

我从一开始就一直是个爱好者。只不过我的这些经历亦是喜忧参半罢了。

总而言之,我是一个专业的美食爱好者。

世界美食之都(Gastronomie [Capitale mondiale de la])

在奥林匹克"荒谬"运动会上,金牌便是"世界美食之都"这一个称号。

　　怎样才能摘得这块"金牌"呢？很简单！找几家小媒体，象征性地吹捧一下，然后直接把"金牌"套脖子上不就成了。现实即是如此，不计其数的报刊杂志、电视节目将纽约、东京推上"美食之都"的宝座。但相信要不了多久，上海、拉斯维加斯，甚至是乌兰巴托都会堂而皇之地自行"加冕"。这样还有什么意义？能不能都谦虚一些？究竟是谁发明了这个愚蠢的游戏？

　　就是我们法国人！更确切地说是科农斯基，他在被众多的杂志报刊推举为1934年的"美食之王"，其所在地里昂便顺理成章地成为了"世界美食之都"。后来，擅长推销自己的博古斯（参见该词条）接过了这根"接力棒"，几乎获得全世界的承认。自上世纪80年代开始，高速铁路的开通使里昂交通条件得到巨大改善，一些日本和英美国家的美食爱好者怀着朝圣的心情慕名而来，仿佛每个人都满意而归，这更加坐实了里昂"美食之都"的名声。

　　然而，当时所有人都忽略了一个事实：由于里昂人口规模较小，大型餐厅的数量并比不上波尔多和加纳，就连勃艮第和普罗旺斯的星级厨师都要比里昂地区多得多。

　　里昂的餐饮业和它的商业一样，都只是表面风光，实际上内里平平。如今，里昂的饮食文化日趋没落，根本就不是餐饮业的理想之地，自然也发展不出什么大型餐厅。然而，对于里昂人而言，食物是最主要的生存内涵之一，他们对当地餐饮业寄予厚望，绝不容忍任何轻佻或浮夸的东西混迹其中。即便是一件精致的装饰，他们也会觉得多余，甚至有些反感。里昂人更喜欢置身于一家籍籍无名的小店，在充满热情的环境中体味心灵的平静。他们不愿追求刺激与新潮，而醉心于一种特殊的柔情。人们相信里昂是"世界美食之都"，可这样的称号对于其自身而言并无任何意义。里昂饮食文化之精华藏在那遥远的海洋情结之中，掩于那无数的小餐厅、小酒馆之下。在那里，厨师们用最朴实的方式服务着顾客，不仅可以获取利润，有时还能扩经营，开设分店。

在高速发展、追求名利和刺激的法兰西社会中，里昂，仍旧固守着自己的坚持，执着而勇敢地生活在真实里。

《高米约》(Gault-Millau)

有一次，我太太阿莱特去一家商店买东西，店主上前问候："您好，高米约夫人！"

"我姓米约"，她纠正道，"不是高米约。"

店主满不在乎地回答说："没关系吧，都差不多，一个意思。"

亨利·高离开之后，我便成了《高米约》在法国的唯一代表；同样，他在纽约和东京声名日盛，而我却无人知晓。如果当初离开杂志的是我，情况就会刚好反过来。

我们俩在一起合作了 30 年，这种搭档关系在各个行业都并不多见，屈指可数，就像艾克曼和查特里安、鲁克斯和肯巴卢奇、杰罗姆和塔罗、达布尔·巴特和帕塔西①。

这种搭档关系是怎样建立起来的？当艾克曼决定从事电梯制造业时，他跪求查特里安与之合作吗？这不是罗密欧与朱丽叶，没那种戏剧性的情节。我和亨利·高成为伙伴源于一个很偶然的机会。1959 年，我俩都在一家名为《巴黎时讯》的报社当记者。实际上，无论从内容还是质量上来讲，这家晚报都是相当不错的，可是没几年的时间便倒闭了。行业趋势，非人力可扭转。当时，我和亨利·高不过泛泛之交，仅有点头之谊，最多也就是遇见时问个好，唯此而已。然而，命运让我们有了更多交集。

---

① 艾克曼和查特里安经常共同撰写民族主义文学作品，并以艾克曼·查特里安为共同笔名。鲁克斯和肯巴卢奇则共同创立了制造厂，主营电梯，曾参与艾菲尔铁塔的建造。后人以二人比喻密不可分的合作关系。罗杰姆和塔罗为兄弟，皆是 19 世纪法国作家。达布尔·巴特和帕塔西是一对喜剧演员，丹麦人，主要从事默剧创作。——译注

作为晚报的"资深记者",他承担着整个图片专栏的编辑工作,为了方便读者理解,他需要为每一幅上刊图片配上一大段评论文字,工作是相当繁重和辛苦的。有些时候,他会因为没听见闹钟而迟到。长此以往,主编皮埃尔·夏比便颇有微词,觉得他有些懒散,甚至质疑亨利是否适合图片编辑工作。

我当时在报社任副主编,分管各种专题报道。我知道,皮埃尔其实很看好亨利,并试图发掘其潜力。一天,他想到了一个绝妙的主意,便顺口问亨利他喜欢干什么。这小子回答说:"散步。"

在那个年代,法国人开始从繁重的工作中解脱出来,越来越重视休闲娱乐。为什么我们的晚报不能紧扣这种社会需求呢?亨利不是经常迟到吗?不是懒吗?那就让懒人和懒人直接对话,向读者推荐一些名胜古迹、树荫绿地、饭店酒馆吧。这个主意应该可行。

因此,亨利·高把图片编辑的烂摊子撂给了另一个同事,自己却开着老爷车,穿梭在巴黎的大街小巷。每周五,他的文章就会出现在我负责的专栏里,并获得巨大的反响。渐渐地,我也开始起了转岗的心思。长期以来,我在《巴黎时讯》一直从事着编辑工作,涉猎了政治、经济、文学、影视、社会、战争(阿尔及利亚事件)、司法各个领域,厌倦了每天早上 6 点起床的忙碌生活。想尝试一些新东西,我觉得这种想法无可厚非。

当时,"饮食"已然成为法国人日常生活中的第一大社交主题,却被视作难登大雅之堂的话题,很少有机会出现在媒体报刊上。因为那些所谓的"美食杂志"风格怪异、杂乱无章、滑稽可笑地描述一些宴会场面,跟集体中风似的,毫无可读性。这些杂志缺乏大仲马那种对美食的热情,缺乏作为媒体人最基本的客观与公正,他们对各种餐厅极尽溢美之词,把洗碗槽都能比作红酒池,简直不知所谓。当然,公众也不会傻到去相信这些无稽之谈。如果"烹饪"真的是一门艺术,那绝对不会是相互吹捧、阿谀奉承。因此,亨利·高在文章中会诚实地评价某家餐厅难吃至极，或者说"贝特阿姨"家的东西相当不错。读者对此反响甚好，他便更加卖力地东奔西跑。

一开始，没有人意识到这种报道赋予了我们极大的权力。凭借媒体的影响力，我们可以让一家餐厅高朋满座、客似云来，也可以让它门可罗雀、经营惨淡。就像让·雅克·戈迪埃那样，只要他在《费加罗报》上稍微批评一下哪家剧院，就能影响所有的观众。

令人惊讶的是，亨利·高的第一篇文章便是关于巴黎餐饮的，介绍了一家名不见经传的小饭馆。饭馆的业主是一对年轻小夫妻，因为生意惨淡，他们几乎处于精神崩溃的边缘，整天坐在空荡荡的大厅中自怨自艾。实际上，他们家的饭菜虽算不上什么美食珍馐，但味道还是不错的。出于同情，亨利·高在写评论时给了些"感情分"，并如实地报道了饭馆困境，在加上他的文字颇具渲染力，感染了无数的读者。第二天，当这对夫妻垂头丧气地打开店门，大量食客蜂拥而入，门口还排着老长的队伍。厨师和服务员们都忙得昏天黑地、手忙脚乱。有些等不及的顾客竟然直接去后厨端菜。接下来的日子，该饭馆几乎天天爆满，所幸的是，有了头天的教训，他们从别处请了些帮手，才勉强应付下来。

几个月之后，那对小夫妻以高价将饭馆转让了出去，连"谢谢"都没说一句就离开了巴黎。

每大早上6点，我依旧闻"钟"起舞，开始一天繁重不堪的编辑工作；而亨利·高却仍然酣睡着，在温暖的被窝里回味着昨夜的美食。与此同时，朱利亚出版社的文学编辑将高的专栏文章整理成书，名曰《吃与喝》，由安东尼·布隆丹为之作序，首发15000册。由于销路甚好，该书很快便再版印刷。

然而，高的工作却陷入了困境。随着书籍的热销，其他一些报刊杂志相继模仿，推出同类专栏。此外，单纯的评论性文章很难长时间抓住读者的兴趣。最后，高向我寻求解决之法。

对此，我倒确实有些想法。几年前，我曾与一家大型出版社进行合作,并向其主编推荐了一系列的书籍和项目,其中便有著名的"詹姆斯·邦德"系列。当时,邦德在法国还鲜为人知,我遂承担了该书的翻译工作。由于缺乏经验,我犯了一个愚蠢的错误,并未对译本的著作权进行声索。后来,该系列被改编、翻拍成电视剧《NO 博士》和《俄罗斯之吻》,就连这两个名字都是出自我手,可我本人却一分钱都没拿到。每当想起这件事,我便如鲠在喉,悔不当初。因此,面对高的困境,为了杜绝剽窃抄袭,我建议创立一本指南性杂志,在效仿格里莫·德·拉雷涅尔(参见该词条)的同时,使我们的杂志更加全面——从现代的角度,以媒体人的视角,综合评价巴黎地区的餐饮机构、作坊和店铺。当我们将这个想法告知克里斯蒂安·布尔戈瓦时,他当即便给出了肯定答复,马上给我们开了支票,并祝我们"用餐愉快"。"用餐愉快"? 这可不是一句随口而言的客套话! 因为这项工作对"胃口"提出了巨大的挑战:我们不仅需要品尝 300 家餐厅的食物,还得不断发现新的用餐地点,并对其作出评价。

　　第二天,我们俩去到一家名为拉图瓦的小饭馆,在用完餐之后,凑在一起商量如何撰写评论。

　　在此,我要说点儿题外话。在政治、宗教、音乐、电影、绘画等领域,我和高的看法总是南辕北辙。当两家人在一起聚餐时,我们总会因意见不合而吵得不可开交,两位夫人对此头疼不已,却又无计可施。然而,一旦谈话涉及餐饮、美食、红酒或烹饪,我们的观点就会变得高度一致,可谓英雄所见略同。我们曾分别去到卢卡斯·加东和拉佩鲁斯两家餐厅用餐,得出来的结果,打出来的分数完全一样。我一直都不明白,为什么性格如此迥异的两个人在对待烹饪的看法上竟会分毫不差,就像两个精神"双胞胎",不分彼此。是不是所有的争端和冲突都能在餐桌上找到合理的解决办法呢? 塔列朗(参见该词条)便是如此,他在维也纳会议上如鱼得水,很多谈判都是在餐桌上进行的。

　　回到主题上来。《亨利·高和克里斯蒂安·米约》(后改名为

《高米约》出版后受到社会各界的广泛关注,贝尔纳·皮沃在《费加罗报》的义学版对该书作出了高度评价;《巴黎竞赛画报》则称我们开启了"一种新的模式:美食指南";而德格罗普和迪马耶在他们主持的读书节目中向观众作了重点推荐,这代表着公众对于我们工作成果的认可与肯定。

实际上,"美食指南"存在已久,并不是什么新鲜事物,只是长期以来一直不受重视,甚至被图书馆列为"二等读物"。我和高倒非常喜欢这类作品,特别是18、19世纪的相关文献,那些零星的片段,细致的描写,勾勒出了巴黎地区最生动的社会生活场景。诚然,其中的观点多有局限,但大方向至少是没问题的。

说到这儿,就怎么也绕不开《米其林》,它可是美食界的"大腕",代表着一种不可复制的经典。正因如此,我们从来就没想要与之一较高下,更不会不自量力地妄图取而代之。《米其林》早已是"惜字如金,不言自威",而我们则需要"长篇大论,喋喋不休"。两本杂志所反映的是两个截然不同的法兰西。那时的巴黎在烹饪领域中可谓一家独大,其他地区则长期受到压制与忽视。而我们的杂志恰恰不以巴黎为重点,这并不是说《米其林》落后于时代。前面已经提到,随着经济的发展,自上世纪50年代开始,法国人更加注重休闲娱乐,美食、周末、酒吧俨然已经进入时尚潮流,成为现代主义文化的主要因素之一,我们《高米约》就是要迎合这种公众需求。要知道,美食并不受任何教条主义的约束,它就像爱情一样值得我们去探索、讨论。《高米约》的诞生无疑是往水中投入石子,注定要泛起无数涟漪。公众将信任交到了两个普通人手中,我们只是按照自己脾气,以自己的品味,表达着自己的看法,犯着自己的错误。我们想传达的不是绝对意义上的真理,而是亲身体验的事实。我和高从来都没怀疑过自己的工作,因为我们顺应着时代的潮流。渐渐地,我们进入了行业中心,一种新的生活方式悄然诞生。

"星级评价体系"反映的并非是真实的法兰西,而是一个传统、正式，甚至有些迂腐的社会形象。"三星"，那就是"烹饪神殿"，服务员站在门口迎来送往，主厨统治者整个帝国，各种美食珍馐琳琅满目，位列朝堂；"二星"，那是资产阶层掌权的王国，主厨仍旧处于权力中心，顾客们拒绝奢华，却又追求格调，挺着大肚腩，懒洋洋地端坐在餐桌前享受着精致的甜品；"一星"，味道不错的小型饭馆（公路沿线的快餐店不在此列），总的来说比较经济实惠，但也并不"粗鄙"，受到"平民大众"的喜爱。

这种评价体系宣称将"烹饪"作为唯一的评价标准，然而事实并非如此。餐厅的装饰、舒适度、风格、上座率都极大地影响着等级的评定。就像法兰西学院的候选人一样，必须干净整洁、衣着得体、品行优良。所有的东西都要端庄体面，合乎礼仪，这是法兰西民族的一个共识。然而，我们却不这样认为，桌布是否精致，门口是否有泊车小弟，这与一家餐厅食物的好坏并无直接联系。难道羊里脊的味道会因为餐厅天花板的不同而改变？难道小饭馆的厨师就一定不如大酒店的厨师？

这些年来，许多媒体都叫嚣着要揭开烹饪"神秘的面纱"，我们的目的不在于此，而是要餐厅脱下"神圣的外衣"。说实话，这种理念并不讨喜。勒杜扬的经理曾将我们称作"法国餐饮的掘墓人"。对于这个绰号，我们荣幸之至。什么是法国餐饮？勒杜扬餐厅戴着花环的"肥牛肉"就是法国餐饮？

《高米约》创办不久之后，《巴黎时讯》的合作周刊《新真相》邀请我们品尝外省的三星餐厅，并按照我们的标准给予相应的评价。《高米约》的分刊由此诞生——《被米其林遗忘的角落》。在这个过程中，我们在纳普尔发现了路易·乌提耶，在卡瓦列发现了罗杰·维吉，他后来转战穆然。对了，还有著名的特鲁瓦格罗兄弟。

皮埃尔和让两兄弟在博古斯餐厅任职时只是"一星厨师"，而博古斯（参见该词条）当时已经获得三星。一天，我在博古斯餐厅连着吃了两顿。晚餐时我并不饿，于是让服务生随便上点简单的东西。最后他给我端来一盘四季豆沙拉,入口清脆,美味无比,我从来没吃过这么好吃的沙拉,简直就是用味觉向自然致敬!

我被这种如此简单的食物所震惊,这对那些繁琐的"高级美食"提出了前所未有的挑战。那时,直觉告诉我一切终将改变。当我把自己的感受讲给博古斯时,他向我推荐了特鲁瓦格罗兄弟:"既然你喜欢我的四季豆,你真该去尝尝特鲁瓦格罗餐厅的东西,你会不虚此行的……"

第二天我就去了。两周后,我在《新真相》上对特鲁瓦格罗兄弟的厨艺进行了高度的评价,那种自然而精细的风格让我雀跃不已。3 年后(1968 年),该餐厅终于获得"米其林三星"的荣誉。五月风暴之后,《巴黎时讯》因资不抵债而宣告破产。1969 年 3 月,《高米约》月刊杂志正式诞生,我们大胆地将自己的名字印在了封面上,没人知道这能坚持多久。但 20 年过去了,它依旧如初,已经出版了 247 期。

再次感谢上天的眷顾,我们在艰难困苦中踏上了旅程,因着共同的兴趣爱好组成了一个小团队,一直走到今天,实属不易。如果我们有雄厚的资本背景、完善的组织建构、充足的人员配备,也许我今天就不会在这儿絮絮叨叨地跟你们讲这么多,更不会没完没了地继续说下去。不过这只是一本词典,这一节就到这儿吧,那些忆苦思甜的回忆以后再说。

美食家和贪吃者(Gourmet, gourmand)

听到"gourmet"(美食家)这个词,我一定会手舞足蹈。

在我看来,"gourmet"就是"gastronome"[①],二者并无区别,都

[①] Gastronome 与 gourmet 是同义词,即"美食家",gastronome 是正式用语。——译注

指的是"见解独到、傲气十足的烹饪评论人"。

　　在任何场合，"gourmet"都会炫耀自己的身份。"gourmand"善于"吃"，而"gourmet"则善于"识"；"gourmand"是口腹之欲的奴隶，而"gourmet"却是绝味珍馐的主宰；"gourmand"是食如饕餮的行尸走肉，而"gourmet"却是学识渊博的贵族绅士。"gourmet"目高于顶，鄙睨万物，在他眼里，"gourmand"总是贪得无厌、暴饮暴食、胡吃海塞、狼吞虎咽……我实在受不了这种狂妄自诩的态度，如果"gourmet"敢在我面前卖弄自夸，我一定会指着他的鼻子说："嘿，我对你的底细可是一清二楚！"起初，"gourmet"和"gourmand"本是一个意思。后来，巴黎大学的那群老学究自作多情地插上一脚，非得在两者之间分出个子丑寅卯，形势急转直下，"gourmand"就变成了"贪吃鬼"，指代那些食欲旺盛的平常人，而"gourmet"却摇身一变成了"美食家"，指代那些选择、品鉴、评论美食的专业人士。

　　一堆废话！我其实更赞同拉布吕耶尔的看法："'贪吃鬼'的味觉十分灵敏，他们聪明而狡猾，绝对不会去碰那些难吃的食物或劣质的红酒。"简而言之，"贪吃鬼"既爱吃，同时也知道对事物作出正确的选择。大仲马在其《大辞典》的十四行诗中言到："蛮荒时代，人类为了生存而进食；文明时代，人类因为贪吃（gourmadise）而品尝。"

　　智慧的大仲马将"贪吃"分为以下几类：暴饮暴食，这是天主教教义中七大罪行之一；讲究地品鉴，贺拉斯、拉布吕耶尔、格里莫·德·拉雷涅尔、布里亚·萨瓦兰（后两者请参这两个词条）等人便是这种情况。萨瓦兰对"贪吃"的定义是："'贪吃'，那是一种激情的跌宕，理性的勃发，是对味觉最崇高的致敬……但绝非毫无克制。"除此之外，还有两类分别是病态的"易饥症"和"饥渴瘾"①。

　　在长达数个世纪的时间里，罗马教廷一直将"贪吃"定义为"暴

---

　　①　据《圣经·创世记》记载，以扫是以撒和利百加所生的长子，他因"一碗红豆汤"轻易地将长子名份"卖"给了雅各。——译注

饮暴食"。"嫉妒"、"奢侈"和"贪吃"被当作"三大重罪",甚至面临着死刑的惩罚。教会认为,"贪吃"除了损坏身体健康、亵渎神灵,还会使人变得轻浮、肮脏、饶舌、愚昧、蠢笨……

其实,"贪吃"乃人之本性,即使是虔诚的基督教徒亦不例外。如今,这一重罪早已被教会遗忘在角落里。不信你可以去翻翻教理书,"贪吃"一词已被抹去。只有"暴饮暴食"才会受到惩罚,沦堕地狱。即使这样也有问题,万一有人确实特别饥饿呢? 那么"暴饮暴食"也就理所当然了。

我曾经在《改革报》上读到过一位清教徒的自白书:"作为一个新教徒,我喜欢品尝美食、谈论美食,甚至有时候也会动手做一些食物。基督教里不乏一些'堂吉诃德',他们想要捍卫一切教理。加尔文教派推崇伦理主义,反对'肉欲';激进主义者关注社会压迫和饥荒灾害,反对口腹之欲,这些人都不会赞同我所讲的话。然而,就自身而言,我觉得最纯粹的快乐就是和家人朋友一起围坐在餐桌边,分享食物,分享生活。就像《旧约》和路德所提倡的那样,我没觉得有什么不对。"1533 年,《奥格斯堡自白书》问世,3 年之后,宗教改革的先驱马丁·路德便写出了《餐桌谈话》和《傻子才不喜欢红酒、姑娘和歌谣》。

在宗教改革的发源地维滕贝格,许多餐厅的格言都是"在这里,我们仿佛处于路德时代,毫无顾忌地品尝美食。"(弗拉明鳟鱼、丰盛的火锅、烤猪腿……)

现在,如果你们允许的话,我想重新给"gourmand"下个定义:gourmand 的最终目的是追求完美。

味觉(Goût)

那天,我和雅克·博莱尔一起用餐。

1968 年,雅克·博莱尔取得温比汉堡店的代理权,并以此为基础开创了覆盖全国的"公路快餐"连锁,深深地影响着法国餐饮业的发展轨迹。博莱尔聪明机警、富有激情和远见卓识,却也是个"狠角色"。他经常对身边的人讲:"我需要的不是喜爱,而是服从!"这么多年过去了,博莱尔几乎变成了"全民公敌"。尽管如此,我还是约他在拉塞尔一起吃饭,也想采访一下这位"被大家所讨厌"的法国人。前几年,他在美国的一起交通事故中险些丧生,至今脸上还有车祸留下的痕迹。大堂经理送来了菜单,他连看都没看,却扭头对我说道:"你帮我点几道菜吧,我已经不知道吃什么了。"当时我还以为他在开玩笑,接踵而来的却是个重磅炸弹:"我在那次车祸中丧失了味觉,舌头早就麻木了。"

我简直不敢相信自己的耳朵。在法国,博莱尔俨然已经成为"垃圾食品"的代言人,而他明明知道这点,却向一个记者承认自己失去了味觉!

"幸好你遇见了我",我回答:"你应该能想到明天报纸头条会是什么吧?《雅克·博莱尔向我坦白,称其早已丧失味觉》!"

面对他的坦诚,我心里泛起了丝丝同情,遂继续问道:"你刚才说舌头已经尝不出味道了,那你还能闻见气味么?嗅觉也丧失了吗?"

他惊讶地盯着我:"应该没有吧……这又有什么关系吗?"

我的老朋友雅克·皮赛(Jaeques Puisais)是一位享誉全球的葡萄酒专家,他在图尔开了一所"法国味道学院",我还曾经专门去听过他的课。

一直以来我都不知道,嗅觉对于味觉有着极其重要的影响。布里亚·萨瓦兰(参见该词条)曾用优美的句子这样说道:"嘴巴是实验室,而鼻子是烟囱。""鼻子就像先遣部队一样,用以检验未知的食物"。总而言之,"如果嗅觉被阻断,味觉必将失灵。"

帕特里克·麦克·劳德是一位医生,主持着一个研究味觉和嗅觉的实验室。根据他的研究，"我们所感知的美妙味道中，10％来自味觉，剩下的90％都是嗅觉"。英语"flavor"一词是对上述二者的统称。一方面，舌头上的数百个味蕾能够监测到初步的味道，即甜、咸、酸、苦等，随后，这种初步味道便被口水溶解了；另一方面，嗅觉要比味觉灵敏千倍，承担着味道的主要分析工作。这项工作大致分为三个阶段：第一，在味觉之前，对目标物的气味进行检测，以确定是否存在可疑之处；第二，与味觉同时，通过口腔后部区域将气味分子传至大脑，刺激兴奋神经，产生愉悦感觉；第三，在味觉之后，气味在口腔粘液上聚集，挥发速度减慢，刺激产生"后期味觉"，也就是我们感觉到的"回味无穷"。

我们可以做一个简单的小实验。当你在咀嚼味道较重的食物时，比如羊酪干乳，捏住鼻子后随即松开，重复两到三次，鼻腔里面就会产生气流，你呼出的每一口气都是味道。这和脑神经的反应有着密切联系，其效果也因人而异，因为每个人感知味道的方式都不一样。

我在其他地方曾提到过，由于香水师的嗅觉极度灵敏，比一般厨师或红酒师要强上无数倍，因此他们也是最好的食物品鉴者。香水师能够在众多味道当中"杀出血路"，直达味觉核心。

我还不能肯定，丧失的味觉是否可以通过嗅觉进行弥补，不管怎样，这些东西对雅克·博莱尔或许有所助益。他曾抢在麦当劳之前将快餐食品引入法国，遗憾的是，他的生意最终走向没落，而那次之后，我就失去了他的消息。不知道他在吃汉堡的时候，还能否享受到食物带来的愉悦。

"所有的味道都走开，因为他们已经不知道吃的是什么；如此下去，法国人终将忘记自己是谁！"你们都听过这首歌吧？

法国人的味觉感知大不如前，美国、食品化工、跨国公司、亚洲、税务局、时间……这些都是罪魁祸首。诚然，我们已经习惯把责任推到别人身上，但首先，我不认为麦当劳的快餐能够与传统菜着相提并论;其次,法国味道曾在世界上广受赞誉,如果从此没落,我们只能在自己身上找原因,这与他人无关。在烹饪领域,没有什么是一成不变的。味道的保持在于经久的努力和不断的学习。在面对食物时,法国人之所以能够去粗取精、去伪存真,并非天赋所至,而是母亲长期引导教育的结果,年轻人从家庭生活中了解烹饪艺术,学习相关基础知识。

以前,女孩子在结婚前基本都会煮鸡蛋、做馅饼、煮菜烧肉,因为这些都是学校的课程之一,教育体系的组成部分。那么现在呢?电视媒体上天天播出快餐广告,不厌其烦地重复着快餐的便捷性和好味道,父母也乐得清闲,你们可知道这对青少年的成长具有多大的影响? 一方面,我们炫耀着世代相传的法国菜肴,另一方面又将这些民族财富束之高阁。面对快餐的诱惑,应该由谁来传承法兰西烹饪的衣钵?

法国人号称是"世界上最好的美食家",可现实并非如此。根据一些社会调查报告显示,只有12%的受访者能列举出4种不同的味道;60%表示会做饭,但65%说不出蛋黄酱的原料;77%的人识别不出香草的味道,66%识别不出桂皮的味道,42%列举不出3种土豆,97%的人不知道佳美葡萄酒。在所有的回答中,法国人平均得分9.7分,其中男性8.2分,女性11.1分。

所以,话不要说得太满,还是谦虚点儿好。

值得庆幸的是,和拼写、音乐、舞蹈、绘画一样,对味道的感知也可以通过学习进行提升。

每年10月,法国各地都会相继举办"美食周"活动。近10万名学生、5000名厨师,以及一些食品生产商都会参与其中,他们在几乎所有的学校和医院开设相关课程,提供烹饪培训。此外,"糖果生产协会"每年都会赞助一场"诉讼听证",该活动由让-吕克·小雷诺发起,现已成功举办10年。

众所周知,自出现以来,糖果就具有无穷的吸引力。然而,过量摄入糖分会对身体产生极坏的影响,它也因此受到长期打压。尽管如此,甜品和饮料等仍旧颇受年轻人的青睐。那么"糖果生产协会"究竟为什么要赞助"美食周"呢？其用心不得不令人生疑。我蹭过几次"课",事实完全出人意料。雅克·希布瓦、盖伊·萨沃里、让·巴尔代等名厨受邀出席,他们被任命为"临时教授",戴着厨师帽、背着书包走进"教室",包里装满了蔬菜、水果、香料……他们向在座的"小胖墩儿们"讲述地方美食和饮食习惯,并教授他们如何辨别气味、品鉴菜肴等。值得一提的是,我并没有在活动中发现任何商业推销的痕迹。当然,无利不起早,"糖果生产协会"借此树立起良好的企业形象,并与国家农业部门成为合作伙伴,携手推广"健康饮食"的理念。

虽然国民教育在这个方面表现缺位,但正所谓"亡羊补牢为时不晚",我们也许可以在一些"敏感"街区设立机构,开设相关课程,引导青年人养成良好的饮食习惯。美好的生活从健康饮食开始。

格里莫·德·拉雷涅尔(Grimod de La Reynière)

我曾和布里亚·萨瓦兰(参见该词条)在瓦卢瓦街共进晚餐。我承认在餐桌上有些夸夸其谈,惹人厌烦。但我并不后悔,他可是格里莫·德·拉雷涅尔的狂热支持者。

当你们在去维富大酒店的路上,经过瓦卢瓦街的法兰西银行时,我衷心希望你们能停下匆忙的脚步,欣赏一下面前那陈旧的大楼,5个狮子形的托座支撑着高高的阳台。请闭上眼睛,仔细聆听历史讲述1975年的往事……

白色恐怖①笼罩在巴黎上空,那是一个"不为刀俎,即为鱼肉"

---

① 1793年,以罗伯斯庇尔为首的雅各宾派取得临时政权。在内忧外患的形势下,雅各宾派实行恐怖统治,限制物价,将数千人送上断头台。——译注

的年代,要么死亡,要么杀戮。然而,那也是一个令人心驰神往的年代。当时,巴拉斯子爵①肃清了保皇党势力,宫廷不再是贵族们声色犬马的娱乐场所。上流社会的青年们便转战赌场或妓院,仍旧过着纸醉金迷的生活。他们经常出入"洞穴"或"美色驿站",与里面的"小姐"厮混。在这些场所的地下室,他们会提供精致可口但价格昂贵的夜宵或点心。根据当时一本流行的小册子记载(《宫廷女人价目表》),那里有1500多名"小姐",她们"衣着光鲜、身姿妙曼、随心所欲、休闲慵懒","乔治特娇小动人,醉酒时放荡不羁","苏苏秀色可餐","巴克斯明眸皓齿,肌肤胜雪,一些年龄大的顾客需要付双倍嫖资才能一亲芳泽"。

大量的财富流入声色行业,那些满身铜臭的投机者们左右逢源,欺上瞒下,赚得盆满钵满。巴黎沉浸在一片醉生梦死的泡沫中,而外省人却依旧食不果腹、衣不蔽体。在这个半上流社会中,一切都是那么美好。

"梅欧特"号称巴黎最好的餐厅。其业主曾是奥尔良公爵的御厨。1791年5月26日,这家餐厅在"奥尔良公署酒店"的大厅里正式开业,很快便获得巨大的反响和好评。当时,一些生活在巴黎底层的平民攻占了巴士底狱,但国王路易十六仍旧在位,日子也还算过得去。因此,当人们走进梅欧特餐厅时,立即迷失在一种华而不实的奢侈中。大厅的装饰美轮美奂,洁白的石柱上刻着女体雕像,天花板上画着《赫拉克勒斯的试炼》,廊中两边皆是落地玻璃,巴黎人趋之若鹜,去过的人相互议论着:"在餐厅最里面的包间里,有一个很大的浴池,你可以在那儿享受香槟浴,旁边还有经验老道的按摩师随时候命。"

后来,王权覆灭,国王出逃,社会状况急转直下。而新上台的

---

① 法国大革命时期风云人物。曾屠杀过保王党人,后又参加1794年的"热月政变",在督政府担任督政。1799年督政府在"雾月政变"中被推翻。——译注

革命党人并不是什么清心寡欲的苦行僧,梅欧特餐厅便成为了他们的聚集地之一。1792 年,卡米耶·德穆兰也说道:"我也想庆祝共和国的建立,只要宴会在梅欧特餐厅举行,我就一定会参加。"此外,罗伯斯庇尔、丹东①、圣茹斯特、富基耶·丹维尔等也是"梅欧特"的座上宾。第二年,雅各宾派取得政权之后,实行恐怖政策,诛杀反革命嫌疑人,一时间人心惶惶,商业休市,店铺关门,一片萧条。但梅欧特餐厅依旧迎来送往,并"推出了高级红酒和典藏烧酒",更确切的说是 22 种红酒,27 种白酒和 16 种烧酒。

除了断头台上的亡魂,活着的人都要吃饭。在路易十六的王后玛丽·安托瓦内特被处决的第二天,罗伯斯庇尔、圣茹斯特、巴雷尔等人便举办宴会,宴请同袍。就连判决玛丽的法官安东奈尔也津津有味地大快朵颐。宴席上的珍馐琳琅满目:肥鹅肝、肥云雀、烤鹌鹑、牛胸、米麦,当然还有红酒和香槟。

好了,各位看官,我们赶紧入席吧,别让餐桌上的宾客们等急了。

天啊!那不是萨德侯爵吗?可怜的人……他现在可是债台高筑呢。前段时间他还写了本书,名字叫《不朽的教育者或小客厅哲学》,探讨的好像是一个 15 岁女孩子的教育问题。他刚从绞刑架下逃脱②,能参加这种宴会应该很高兴吧。那边,向我们招手的不是梅耶尔·德·圣保罗吗?他也在这儿啊。他是个戏剧演员,还是剧院的经理,写了本名叫《闲散编年史》的小册子,专门记录一些戏剧界的轶事。尽管如此,他现在仍旧是穷困潦倒,入不敷出。他还念叨要当什么剧作家呢……您可能觉得他对萨德颇有些不满。好了,闲话少叙。去问候一下今天宴会的东道主格里莫·

---

① 法国大革命时期雅各宾派主要领导人。他在大革命中说:"终于轮到我们享受一下生活了。"——译注

② 1793 年,出身贵族的萨德被雅各宾派判处死刑。次年,罗伯斯庇尔被热月党人推翻,萨德于 3 个月后被无罪开释。——译注

德·拉雷涅尔先生吧,他为我们准备了一个惊喜。要知道,雷涅尔对大革命颇有微词:"革命,革命,差点儿连'炖鸡块'的菜谱都给革掉了。"这个狡猾的家伙直到祝酒的时候才告诉我们惊喜到底是什么。"我的朋友们",他脸上浮现出狡黠的微笑:"你们或许不知道,今天的聚会是一次'神秘人晚宴'。也就是说,每一次我们在这张桌子上聚餐的时候,都会有一位客人被恶作剧,但他却不能拒绝。既然我们现在吃的是皮蒂维耶的肥云雀,我宣布,我通过一些关系成功地免除了萨德侯爵的一项重要债务。这是真的……"格里莫带着白色手套,拿起桌上的酒杯,润润嘴唇,随即放下,然后转过头看向坐在另一边的尼古拉。尼古拉和萨德之间有些嫌隙,两人互相厌弃,因此座位也隔得很远。格里莫开口说道:

　　　　亲爱的雷迪夫先生,我听说你当选法兰西学院的院士了?这对在座的各位可是个新闻啊!

　　你能想象雷迪夫当时的脸色么?所有人都知道,他一直渴望得到学术界的承认和认可,并且写了一本名为《尼古拉先生和人类的内心隐秘》的自传性著作,并希望以此进入法兰西学院。哪知还是竹篮打水一场空,甚至被讥讽为"文学界的寄生虫"。恼羞成怒的他准备公开反对院士,却不料在宴会上被格里莫戏弄了一番。

　　餐桌上的菜肴颇具风味,但并不丰盛:奥利鱼脊肉、菱鲆烤馅饼、山鹑肉冻、橙汁鸭里脊、千层糕。格里莫解释道:"督政府不是提倡我们节食么?"

　　好了,各位读者,请睁开眼睛吧!

　　现在是21世纪,法兰西银行的长期扩张改变了老街区的面貌。这里是梅欧特餐厅的旧址,在它旁边是一家"时尚牛肉馆",招牌上画的是一只穿着"惊奇装"和羊绒衫、戴着帽子的牛。许多熟悉的文献都对格里莫进行了详细介绍、描述与评价。当我们再次翻开《东道主手记》，能感受到每一个字都随着美食的旋律舞动着；当然，还有经典的《美食爱好年鉴》，从维里到康卡勒岩石，从科尔斯勒到唐纳德果酱，许多人都将格里莫当做美食指南的先驱。他并不说教，而是介绍餐桌礼仪、饮食习惯，推荐每个季节的食物，让我们从中发现奇幻的愉悦。

让我们回到正题上来。格里莫是美食家，也是挑战者。不过他在餐桌上的行为才更加令人瞠目结舌、难以置信。

格里莫也算出身富贵之家，父亲是个包税人，承建了安格拉斯大街①。有一次，他趁父母外出之际，邀请了许多亲朋好友前来赴宴，并在自家的酒店里导演了一场怪异的"荒诞剧"，其捣蛋的"天份"在餐桌上崭露头角。首先，酒店的门口站了一高一矮两个侍从，他们一身火枪手的行头，拿腔拿调地向来宾问道："您想拜见谁？人民的吸血鬼德·拉雷涅尔老爷？还是鳏寡的守护神德·拉雷涅尔少爷？"然后酒店的大厅里，上千支蜡烛一齐点燃，熠熠生辉，餐桌主位上竟然坐着一头猪，还穿着格里莫父亲的衣服。

宴席上的 20 道菜都是猪肉，格里莫解释道："这是我父亲店里的肉。"以前，老雷涅尔曾是一名猪肉贩子，并在"七年战争"②期间成为法国元帅苏比兹亲王军队的供应商，这便是他们家的发迹史。事后，老雷涅尔对格里莫的胡作非为甚为震怒，一气之下将他"发配"到了贝济耶。

两年之后，这位"猪肉商"不幸辞世，给格里莫留下了巨大的财富，其中便包括著名的香榭丽舍大酒店。出于对猪肉的喜爱，格里莫将猪肉店的招牌挂在了酒店门口。后来，格里莫成为法国律师公会的成员，他邀请了 17 个同行好友前来聚餐，这些宾客都是有

---

① 位于香榭丽舍大道与协和广场的交汇处。——译注
② 即 1754—1763 年发生在英、法、西班牙之间的贸易与殖民地之争。——译注

身份的律师、法官和演员，其中只有一位穿着男装的女士诺兹伊尔夫人。令众人吃惊的是，格里莫居然让一些惯犯装成侍从的模样，脚上还带着产自荷兰的"奶酪脚镣"。还有一次，1783 年，为了考验朋友，格里莫让人对外散布自己的死讯，遂即"人间蒸发"了 15 天。他所有的朋友都收到讣告，并得知其葬礼将于下午 5 点举行。

当天，除了司法大臣冈巴塞雷斯外，前来吊唁的宾客并不多。葬礼在酒店的大厅里举行，中央摆着一口罩着黑纱的棺材。这时，一位穿着丧服的仆人打开了饭厅的大门："先生们，请随我前去用餐。"宾客们都不敢相信自己的眼睛，只见死者格里莫好端端地坐在一桌食物前，施施然地邀请大家共进晚餐。几天之后，格里莫再次宴请那些并未参加其葬礼的朋友，餐桌边放着棺材样的椅子，上面还刻着每位来宾的名字。

如果格里莫是个英国人，他一定会被认为是一个行为荒谬的"怪胎"；在法国，人们会觉得他外表风流，谦虚有礼，就是脑子不大正常。然而，事情一旦涉及他最爱的"美食"，格里莫就会变得无比严肃积极。大革命结束后，他和 17 位"幸存下来"的同行一道，创建了一个名为"星期三"的行业协会，直到 1810 年他们还在蒙托格伊街的康卡勒岩石餐厅定期集会。该组织最大的成果莫过于著名的《品鉴》，评论界的先驱，《高米约》的前辈。

该杂志的评审团由一群"美食名流"组成，负责监管"巴黎市场上所有的食品企业和商铺"。他们采取匿名评议制，评委并不知道每道参评菜肴出自谁之手。（为了减少外界质疑，力求客观公正，《高米约》在美食评审中都会邀请公正人员到场，以确保程序的合理性。）当然，能够成为评委的都是些资历深厚的"老手"，他们来自各个行业、各个阶层。像国务大臣巴塞雷斯、库西侯爵[1]、康卡勒岩石餐厅的老板亚历克西斯·巴莱纳、巴黎喜剧院的卡梅拉尼、埃

---

[1]　格里莫曾称其为"欧洲最有名的美食家"。——译注

格弗耶侯爵。此外,还有一些女士①,像米奈特·曼内特尔、奥古斯塔。马泽雷小姐也在其中,尽管格里莫对她十分倾心,但因其无故缺席评审,马泽雷连续 3 年都被排除在评委名单之外。

如此严肃的使命容不得半点儿漫不经心。评审会议定于每周三举行,与会评委不得多于 12 人,不得少于 5 人。主持人负责收集统计意见,并发布"判书决"。虽然当时并未聘请正式的公证人,但依旧会有第三方在场,美食评委的专业性和公正性得到了充分见证和肯定。但他们仍有被公众诟病的地方:如果某个参评单位或个人需要进行质询或复议,他们得向组委会支付 2.65 法郎的材料纸张费和行政手续费。

当然,并不是所有人都认可这项工作。在谈到格朗德-特吕安德里街的香料商人时,格里莫失望地说道:"这些自以为是的人侮辱了我们对他们的评价。"话说回来,《品鉴》为他们做了免费广告宣传,却被好心当作驴肝肺。相反,王宫的御厨谢维对评委会感激不尽,他做的熊掌"美妙无比";唐纳德甜品店的橙汁奶油"香得令人昏厥",店主对这样的评价心满意足。

《品鉴》的每次评议会都会持续 5 个小时以上,一道一道菜肴进行研究,正是这种态度才促进了法国美食的迅速发展。此外,格里莫与当时社会上的奢侈风气格格不入,评审仅注重菜肴的味道,任何华而不实的装饰都会被撤除。菜品的更换由一位女服务员负责,完成后,盘子会经由一个小洞传递回厨房。如果评审需要和厨师进行沟通,格里莫发明了一种特殊的交流系统,双方可通过一根铁管进行对话······

1802 年,格里莫在其书商的建议下,着手编订发行了《美食爱好年鉴》,该杂志在接下来的 10 年中(1802—1812 年)取得了巨大

---

①　实际上,格里莫·德·拉雷涅尔曾辛辣地讽刺道:"不能让女人上桌!在重要的场合下,最蠢笨的鹅也比最聪明的女人强。"——译注

的成功,声名远播,名扬海外。就连瑞典国王都向格里莫发去了贺信。但萨瓦兰(参见该词条)对此似乎并不感冒:在他的《味道哲学》里,萨瓦兰对格里莫及其《东道主手记》和《美食爱好年鉴》都只字未提。

面对来自各方面的赞誉,你知道格里莫·德·拉雷涅尔是什么反应吗?他谦虚谨慎,并没有独揽功劳,在写给库西侯爵的书信中他这样说道:"真心实意地讲,面对那些美食艺术家们,我不过是个无足轻重的小角色,虽然《美食爱好年鉴》比《味道哲学》的影响要大,但和萨瓦兰比起来,我连个二流厨子都算不上。"

这就是为什么我说格里莫是个真诚而谦虚的人。

下次我们一起去他家吃饭,就这么决定了。

米歇尔·格拉尔 (Guérard [Michel])

一天,丹尼斯对亨利和我说:"我一定得带你们对趟阿斯涅尔,我发现了一位非常棒的厨师。"听了这话,我们仿佛觉得那天太阳是从西边升起来的。

什么?怎么可能?一向目高于顶的名厨丹尼斯,居然会承认有人能与之比肩?他吃错药了吧!

于是,我们三人一起去到了阿斯涅尔。要知道,在那个年代(1965年),除非是去郊区聘请廉价的建筑工人,任何一个理智尚存的巴黎人都不会想要踏出内城一步。更别说去那些地方吃饭,根本不可能!

不管怎样,我们到底还是去了。

那家餐厅开在一条阴暗的小路上(好像名字和巴斯街有点像),店内的装潢向那种老式的录像厅,里面没有其他人,我们是唯一的顾客。关于当天的具体情形,我的记忆已经很模糊了。只记得一个身材矮小的男人过来点了单,至于最后吃的究竟是什么,我已经没任何印象了。应该都是些不值一提的东西。

为什么丹尼斯会把我们拽到那种地方去？可能是想让我们有所比较？这样更加显得他的厨艺精湛？

这是我们职业生涯中吃过最糟糕的一顿饭。你想啊，对于两个经常出入卢布松、吉拉德、鲁瓦素、萨沃伊、维吉拉等高级餐厅的评论人，这种手艺实在难以恭维。再说了，这个名叫格拉尔的厨师我们连面都不曾见过，这……

那些菜究竟是出自谁之手？40年过去了，我们依然无从知晓。就我对丹尼斯的认识，真心希望他是弄错了地方。

不久以后，巴黎人开始疯传城北有一家相当不错的餐厅，名叫"火锅"。那个时候，法国还没有什么像样的美食杂志或指南，就连"高米约"也只是《巴黎时讯》上的一个小豆腐块，影响力却不容小觑。这次，我接到了阿斯涅尔市长的电话，受邀光顾那家餐厅，被其味道所折服，便写了评论。

火锅餐厅的主厨叫米歇尔·格拉尔。肥肝萨拉、鳌虾浓汤、松露面条……食客在柜台边排起了长队，翘首以待，要想尝一下他的手艺可真不容易。从那以后，格拉尔的名字便深深映入我的脑海。1972年，格拉尔遇到了美丽的克里斯蒂娜·巴泰勒米，两人迅速结合，格拉尔随即携眷搬去了朗德，并在那儿重新开业。两年后，新版《高米约》杂志的海鲜火锅专栏向其颁发了3个厨师帽徽章，并打出17/20的高分。1976年，他再次获得19/20的优异成绩，并摘得第四个厨师帽徽章。次年，米其林授予格拉尔"三星厨师"称号。

时至今日，我和格拉尔相识已超过35年，在这35年里，他从来都没有得过低分。

米歇尔·格拉尔从一个17岁的新手成长为今日的名厨，从芒特到香榭丽舍，从小酒馆到丽都饭店，他是怎样一步步蜕变，其间心酸不足为外人道，绝非三言两语就能说明白。格拉尔在让·德拉维讷餐厅打工时,山茶乐队的指挥教会了他一件比烹饪更重要的东西:在味道上大胆创新就能创造出独一无二的美食。正是如此,格拉尔并非没有墨守成规,按图索骥,而是勇于挑战规范,摒除成见,终于走出一条属于自己的烹饪之路。

35 年过去了,确切地讲是 36 年,米歇尔·格拉尔不再青涩,斑驳的银丝悄然爬上双鬓,身体微微发福,渐渐有了些小肚腩,但在我眼里,他仍旧是来自圣日耳曼的"平底锅伯爵",连岁月都不忍心在他身上留下痕迹,他依旧站在时代的浪尖,依旧接受着公众的膜拜。

什么都没改变,人生只如初见,他还是那个我记忆中的小伙子,天真无邪,对生活满怀憧憬,向往美好的事物,脑袋里充满了新的想法和计划。日复一日,年复一年,格拉尔和克里斯蒂娜相濡以沫,他们凭借上帝的恩赐,将自己的创造性发挥到极致。格拉尔的厨艺让人垂涎三尺,食指大动,那赏心悦目的菜式令我们满心欢喜,仿佛看到新世界的降临。

欧仁妮温泉①来自草原,沐浴其中,可使身体健康;而格拉尔泉水闪烁着永恒的青春之光则更显珍贵。

这里是朗德森林的边缘,没有什么是一成不变的,沧海桑田,万物变迁。年龄是上天赐给我们最好的礼物。即便如此,逝去的一切仿佛重现,以往的美好,逝去的年华,快乐从内心深处被唤醒,随着格拉尔的音符翩翩起舞。就像莫扎特的旋律,余音绕梁,三日不绝。

我曾在这儿连着呆了 8 天,世界上很少有地方对我具有如此吸引力。每到饭点,我的肚子里仿佛有只小闹钟,哼唱着快乐而幸福的歌谣。我们品尝的并不是格拉尔的"作品",而是他本人。餐桌上的珍馐照亮了整个大厅,温暖了人心,仿佛为想象插上了翅

---

① 又称"克里斯订皇家温泉",位于法国朗德省的厄热涅莱班。——译注

膀。那种艺术家的灵敏与精致，那种创造者的细腻与灵动，就像是母亲的耳语，静静地诉说着对自然的依恋，对万物的欢喜，对乡村的向往，对他人的友爱。有许多美食都是厨师刻苦钻研、精心设计的结果，美则美矣，却也有些刻意；而格拉尔的作品就像泉水一样自然，又像巴黎世家的裙子，永远都有意想不到的惊喜。

一天，当我问及他的理想时，他答道："让我的烹饪像鸟儿歌唱一样。"您听过夜莺跑过调吗？没有吧！那就是格拉尔的美食，明晰、和谐、生动、准确，所有都浑然天成，一目了然。

"精致得夸张"，这是弗朗索瓦·莫里亚克赞美欧仁妮草原的话语，这是否也可以用来形容格拉尔的烹饪呢？一切都是那么美好而纯净，自然而不刻意。就算你非要寻找人工斧凿的痕迹，也终是徒劳。

在夏洛兹腹地中，在迷失的村落里，在欧仁妮皇后的温泉旁，格拉尔夫妇的乡间酒店仿佛一座世外桃源，一边是幽静的"百草园"，其间点缀着几座小屋，另一边是宽阔的"斑鸠农场"，里面摆放着一张巨大的农庄餐桌，旁边是种满玉米的小菜园，而鸟笼子则挂在头顶的横梁上，清新的空气扑面而来，清脆的鸟鸣回荡耳际，这是一幅多么生动而鲜活的场景啊！在如此美妙的环境中，细细地品尝着朗德地方美食：牛头瓦罐汤、香草面包、烤乳猪……食物的香气弥漫在空气中，那丝丝微甜唤醒着尘封的童年记忆。

后来，许多当地人都纷纷复制模仿，这种经营模式也就逐渐失去了核心竞争力。但格拉尔凭借优质的服务和合理的价格留住了顾客。他还不断创新烹饪形式，提升质量。因此，不管是"斑鸠园"的农舍中，还是餐馆的大厅中，每天都是人满为患。

我根本不需要向你们描述格拉尔餐厅中的珍馐美味，光是提起名字就会让人垂涎三尺：山羊干酪蛋奶酥、鸽脑榛子馅包、奶油蔬菜酱、西红柿肉冻浓汤、柠檬花炒肥鸡肝、土豆松露沙拉配牛肉、利莱特红酒馅饼、壁烤鱼脊配奶油菜花松露汁、酒酿鸭肉末、碳烤小牛腿、香芹鸡肉、果木香醋嫩鸽肉、杏仁奶油焦糖面包、贝夏美侯爵软面包、白桃马鞭草冰激凌、皇后千层糕……

这些美食灵巧而简约、坦率而质朴,格拉尔就像是烹饪的精灵,如有神助。一位年轻的同行曾极尽溢美之词地称赞道:"在您这儿,烹饪绝对不会破坏美食。"就连黄油和奶油的使用量都会精确到克。费尔南·普安曾经说过这样一句话,被世世代代的厨师奉为箴言:"黄油!再加点黄油!还要加!"如今,所有的人都知道,这是一种愚蠢的做法。而对这一切的拨乱反正都要归功于格拉尔,是他勇敢地打破陈规,还原真相。在他看来,一顿饭的热量如果超过 600 卡路里就算得上是颇为丰盛的大餐了。

一天,我邀请来自热尔省的杜巴丽兄弟一起吃饭,杜巴丽这个姓氏大家应该不会陌生,你一定听说过"杜巴丽夫人"。这俩人早餐的时候发生了一点小矛盾,互不搭理,各地低头喝着阿尔马尼亚克烧酒,早知道就不和他们出来了。为了缓和气氛,我决定玩个小把戏。在没有告知他们的情况下,让服务员上一些清淡点儿的菜,最好不要超过 550 卡路里,也就相当于两兄弟吃顿下午茶的热量。

首先是一道酒酿斑鸠浓汤,清香扑鼻,可以让我们在吃主菜之前润润喉咙。然后便是土豆炖牛胸腺,配菜有松露、苹果和香芹。如果你们想要食谱的话,我可以写给你们,但是得容我准备两天。

真是太美味了!杜巴丽兄弟狼吞虎咽,吃得十分专心,我估计他们并没有注意到主菜中少了一样土豆。在吃完果木樱桃蛋奶酥后,我向他们说出了真相:"你们刚才吃的是淡味菜,其中热量统共不会超过 260 卡路里。"

听了这话,杜巴丽兄弟并没有被惊得人仰马翻——那可怜的小椅子可经不住那样闹腾——却也真的是目瞪口呆。

实际上,格拉尔完全可以继续做那些味道大、酱汁浓、油脂重、糖分高的菜品,照样能够讨客人欢心。顾客的健康与餐厅的利润并没有直接关系。

然而，从上世纪 70 年代开始，格拉尔逐渐意识到，40％的法国人体重超标了，60％的糖尿病患者都是肥胖体质，油脂过重的饮食结构导致每年有 10 万人死于心血管疾病，1/3 住院治疗的病人都患有营养性疾病。面对这种情况，这位年轻的高级烹饪专家决心寻找解决之道。就这样，一场关于饮食习惯和生活方式的革命在厄热涅莱班爆发了，"营养烹饪"应运而生。从那以后，通过"清淡菜肴"，我们既享受了美食的乐趣，又如愿以偿地保持着体形。

很快，这种烹饪方式便在世界各地流行起来，那些温泉会所和营养中心更是将其视为健康宝典。从 1973 年开始，格拉尔开启了一段有趣的旅程——将他所在的小镇厄热涅莱班塑成典型，成为"法国第一苗条的村庄"，直至今日都未逢敌手，难以超越。后来，他在自己出版的书籍中介绍了无油脂酱料的制作方法，传播了蒸汽烹饪技术，并记录了几十道营养菜肴的烹制程序，比如旧式洋葱圆馅饼、三种鱼肉馅饼、鳌虾沙拉、蒜汁烤乳鸽、芒果雪花蛋奶、苹果派。在这儿我就不多说了。

在他的书中似乎并没有介绍怎么煎荷包蛋，本着基督徒的慈悲之心，让我来告诉你们吧。首先在平底锅里放一颗黄油，耐心地等它慢慢融化，注意不要让它的颜色变黑。有一次，我煎荷包蛋的时候格拉尔就在旁边，他突然说道："我有个想法，咱们来尝试一下，看看会有什么样的结果。"

这次，他没有放黄油，而是到了少量水进去。待锅底烧热，里面的水开始沸腾时，格拉尔将鸡蛋打碎放入锅中，随即盖上盖子。几分钟之后，锅底的水全部被蒸发殆尽，单面煎蛋就此完成，而且味道相当不错。我意识到自己见证了历史性的一刻，人类对鸡蛋的再次征服……我对自己能站到这样一位世纪厨师的身边而感到无比庆幸。

对格拉尔的小旅馆（他坚持要用这个称谓），马克·维吉拉曾评价说："米歇尔·格拉尔？那是一个伟大的人。"此话不假，格拉尔受之无愧。

指南（Guides）

在长达75年的时间里，米其林在烹饪领域具有绝对的"皇权"，这在某种程度上阻碍了美食评论业的发展。

我这样说并无半分恶意，只是陈述一个不争之事实。克莱蒙费朗[①]的轮胎公司于1985年研制出充气型轮胎，使汽车长途旅行成为可能。而《米其林指南》只是该公司的一种营销策略和广告载体，效果倒是不俗。在这里，我并不是要质疑该杂志的实用性、严谨性和广泛性，因为无论是《米其林指南》，还是"电话黄页"、"名人录"、"交通时刻表"，这些读物都为我们生活带来了实实在在的好处。

而我真正要表达的观点在于，《米其林指南》仅仅是一本"纯粹"的工具书，其中只标注了餐厅的名称、地址、电话，及相关的实用信息，并对其舒适度、消费价格和服务质量进行了简要的介绍。数个世纪以来，法国饮食文化都致力于用文字的形式去记录和表达公众对美食的欲望、激情与选择，遣词用句可以说颇为考究，这将文学与烹饪、作者与食客紧密地联系在一起。而《米其林指南》的出现使得这个持续性的进程遭到中断，甚至在某种程度上改变了我们的表达方式……人们失去了阅读的乐趣，而如同瞎子摸象一样，仅仅依靠自己指间的触觉去获得最直接的信息。也许这样更好？

"一叉餐厅"[②]，顾客可以不用系领带；"三叉餐厅"：妈妈就得专门去做个发型；"一星餐厅"，那可就别空着荷包去了；"二星餐

---

① 法国中部奥弗涅大区有府，多姆山省省会。——译注
② 这里指的是美食指南中的一种评价体系，以餐叉为分数象征，等同于"米其林星星"和"马卡龙徽章"。——译注

厅",等到奶奶生日再考虑吧;"三星餐厅",天哪! 注意了! 人活一辈子怎么也得去享受一次吧?

这种叙述方式很容易让人产生误会。实际上《米其林指南》并不是美食评论界所谓的"先行者",在它之前,许许多多的专栏记者或文人作家早就注意到这些了,他们叙述自己的经历,描写盘子中的食物,介绍用餐地点,刻画顾客形象,讲说其间的奇闻轶事,分享难忘的回忆与感受,亦或通过文字向读者传达负面评价,警醒读者不要光顾某个低级小饭馆。

整个19世纪,指南性读物充斥着社会生活,质量良莠不齐,甚至一些不堪卒读的东西也混迹其中。尽管如此,我仍旧在书房里储藏了大量此类文献,并全都浏览阅读过。

对于后世的专家学者而言,《米其林指南》或许会具有一定的研究价值,因为他们可以从中知晓20世纪初最有名的餐厅,以及当时餐饮服务的大致价格。然而,如果他们想要从细节进一步了解法国饮食文化的品味、潮流甚至反潮流,就不得不借助于其他相关读物。据我所知,就目前为止,文字仍旧是记录某个时期社会现实的最佳工具,就连影像资料都有所不及。

如果你想了解"督政府时期"①或是"第一帝国"统治下的巴黎,格里莫·德·拉雷涅尔(参见该词条)的著作会给出最真实的答案:《美食爱好年鉴》、《美食日报》、《烹饪营养指南》,还有《营养路线》,其中推荐了一些卖黑酱、佐料的店铺。如果你想了解帝国后期、复辟和"七月王朝"时期的上层人士和社会名流最喜欢去的餐厅,就可以查阅奥拉斯·雷松的《晚餐指南及巴黎主要餐厅数据分析》、佩里戈尔的《美食家手册之美食年鉴》、神秘人X先生的《巴黎饭馆和咖啡厅之行》,以及雅克·阿拉戈的《怎样在巴黎用餐》。

---

① 即法国大革命中于1795年11月至1799年10月期间掌握法国最高政权的政府。——译注

　　"第二帝国"和"第三共和国"时期是法国餐饮业发展的"黄金时期",特别是巴黎地区餐厅的数量达到历史顶峰。你可以在下列作品中窥见当时的盛况:阿尔弗莱德·德尔沃的《巴黎的愉悦》、夏尔·蒙瑟莱的《美食家双刊年鉴》、罗杰·波伏瓦的《这个时代:吃夜宵的人》、菲利普·奥特德朗的《拿破仑三世时期的文学咖啡馆》。此外,还有一些佚名的文献,如《巴黎餐厅》、《生活记忆》、《美食家和服务生年鉴》。在1914年第一次世界大战爆发前,文学和烹饪都是紧紧地结合在一起的。

　　以现今的标准来看,上面列举的文献并非全是指南性读物,但它们将美食的乐趣和文学的乐趣融合到一起,从视觉和味觉两个方面向我们展示了法国各个时期的饮食文化。一战结束后,美食文学并未绝迹,但《米其林指南》却几乎无孔不入。科农斯基和马塞尔·卢夫的《美食法兰西》曾被誉为"最佳烹饪指南",但无论从什么角度来讲,该作品都算不上真正意义的"指南",因为它记录的只是作者的一些零散评价。举个例子,作者在谈到巴比松镇的巴斯布雷奥酒馆时说道:"保罗·博法女士,业主。该酒馆味道好,甜点颇具特色。意大利酒窖不错,达姆森酒也不错。"这只能算是一种随意的描述。

　　一次偶然的机会,我翻开了一本年代久远的书:《游荡者眼中的巴黎招牌词典》。该书没有署名,但作者应该是巴尔扎克。我从中获得不少启发,并萌生了撰写美食指南的想法,即后来的《巴黎朱利亚指南》。在这本书中,我们借鉴了《巴黎美食家》中那种欢快的笔调,以及格里莫·德·拉雷涅尔和佩里戈尔的传统视角,以确保工作在大方向上的正确性。经过推敲与扬弃,我们的作品放弃了专著的写作方法,而采用年刊的出版模式,使其成为一本不断更新的持续性读物。当然,它并不是对《米其林指南》的机械模仿,而是实用性与文学性相结合的产物,这也是它斩获成功的主要原因之一。如今,37年过去了,《巴黎朱利亚指南》仍旧长盛不衰,这足以证明真正的美食评论绝对不是基本信息（电话号码、地址）的堆砌，我们需要在互动中去回答读者可能提出的问题，比如：你们让我去哪儿？那儿有什么？大厅装修得怎么样？去那儿的都是些什么样的顾客？服务怎么样？热情吗？食物呢？我想知道一切！你们为什么推荐这家餐厅？为什么今年它的得分下降了？为什么要给它升星？为什么要给它降星？我既然买了你们的书，就有权利知道一些相关信息！

安德烈·吉约 (Guillot[André])

在距离巴黎 15 公里的小镇上，一位身穿白色坎肩、系着白色围裙的男人，像白杨树一样笔直地伫立在广场边上，身后是一间低矮的小房子，古色古香，透着质朴的乡土气息。这个人名叫安德烈·吉约，他在马尔利-勒鲁瓦开了一家老马尔利餐厅，并兼任主厨。安德烈位列法国顶级大厨之一，却在很长时间内籍籍无名，他还曾是服务上流社会的"专厨"，这项职业在很早以前就已经销声匿迹了。上个世纪 60 年代末，在菲利普·库德尔克的引荐下，安德烈终于走入公众的视野，一举成名。竹笋尖千层酥、酒酿榛子鹿茸、茶叶果汁刨冰……安德烈温柔地注视着我们，蓝色的眼眸深邃而忧伤。面对赞誉，他用最为质朴的语言回答道："我是一个厨师，就这样。"

"厨师"的称谓，他当之无愧。在那个时期，想要成为一名厨师可没有现在这么简单，因为公众对于这个职业有着更多的考虑与期许。上世纪 20 年代的厨师们，必须虚心受教、宠辱不惊、刻苦钻研、创新烹饪品、胸有沟壑、能言善辩、经历丰富……此外，他们还不能攀附权贵，有时为了推出新菜需要花上一两年的时间。

安德烈的大名虽不是人人知晓，但他的成功却是不容置疑的。安德烈·吉约有着诗人一样的性格，他乖戾而内敛、暴躁而温柔、精细而广博。一次,他用了一整天的时间向我们讲述了自己的成长历程和职业发展。他见证了一个时代的结束,一个美食王国的覆灭与重生,一个烹饪领域的历时性大转折。

1908 年,安德烈·吉约出生于塞纳-马恩省的一个工业小资产阶级家庭,具有一定的社会地位,母亲是简奴·朗万的企业主管;父亲是德里格公司经理,专门为希斯巴诺·苏莎生产汽车外壳;叔叔是巴黎伯爵的家庭教师;他还有个从事戏剧表演的表弟,颇具天赋。1914 年,也就是在安德烈 16 岁的时候,母亲在普法战争中被骑兵枪杀,而他则进入圣摩尔的阿松瓦尔中学念书。那是一所古老而严苛的学校,里面的学生都喜欢之乎者也地咬文嚼字,就连一般聊天都会用上"简单过去时"。"我班上有一个叫雷蒙德·哈第盖①的同学,他能将"虚拟式未完成过去时"②运用自如,真是了不起!"安德列并不是什么心灵手巧的人,所以没有继承父亲的手艺,就连绘画也只能是半途而废。

父亲续弦再娶后,继母想尽一切办法将安德列赶出家门,让其自谋生路,他便在尚蒂伊的一家糕点铺里面当起了学徒。1923 年,尚在弱冠之龄的安德烈过得异常艰辛。当时,学徒是没有工钱的,两套制服和三顶帽子便是这个少年的全部家当。他日夜劳作,每天凌晨两点就得起床干活,还经常受到店主的责难和大骂,就连吃饭的时间都只有 15 分钟。6 个月后,安德烈终于领到了第一份微薄的薪水,10 个法郎,相当于 30 来欧元。

这个看上去"一无是处"、"笨头笨脑"的小伙子却拥有坚毅的品质和倔强的性格,每天晚上入睡之前,他都会在自己的房间里把烹饪的动作练上 100 来遍。一天,老板终于发现了他的天份:"这

---

①　法国著名诗人、作家,生于 1903 年,在巴黎被喻为"诗坛瑰宝",著有经典小说《肉体的恶魔》,1923 年死于伤寒。——译注

②　这里的"虚拟式未完成过去时"和"简单过去时"是法语动词的两种书面时态,口语中极少使用。——译注

个小伙子味觉灵敏。"因此,他被调去做服务员,并在和上层人士接触的过程中,学会了礼仪和规矩。

不久之后,他开始在里贾纳酒店担任糕点师傅,其顶头上司名叫雅克·杜克洛①,雅克是一个极为勤奋而严苛的人,信仰共产主义。在他的宣传和影响下,安德烈最终也加入了共产党,成为斯大林的追随者。

随后,安德烈的从业之路开始有了起色。1924 年,他成为意大利驻法使馆的专用厨师,每月工资也涨到 160 法郎。这就是在这个时期,他拜读了埃斯科菲的《烹饪指南》,并将之视为瑰宝、指路明灯。此外,他还要负责喂养使馆的三条北京犬:第一条只吃切碎的鸡肉、菠菜和胡萝卜;第二条则喜欢牛肝和四季豆;第三条要吃火鸡里脊、米饭和莴苣……

正所谓"书山有路勤为径,学海无涯苦作舟",求学之路永无止境,烹饪亦是如此,我们需要不停地更换地方,见识各种菜肴,稳定下来的时间基本上都不会超过一年。因此,安德烈最终辞去了大使馆的工作,转到内伊的一家大型糕点铺。该店的主人名叫马斯克莱夫,他自己而是烹饪界的翘楚。马斯克莱夫曾先后供职于沃斯和简奴·朗万等高级时装店。在常驻莫斯科其间,他遇见了另外一位法国大厨,手下有一个 150 人的厨师班。

马斯克莱夫很快便发现了安德烈在烹饪上的天赋和潜力,并积极地引导他进入时下最为流行的"专厨"行业。

需要明确的是,这里的"专厨"和那种家庭里面的"私厨"有明显的区别。他们供职于一些大型酒店和豪华餐厅,服务的对象主要是社会名流和上层人士。这种职业可以追溯到王国时期,王公贵族们可以指定"专门的厨师"为其服务。大革命后,王权崩塌,

---

① 雅克·杜克洛(1896—1975),法国共产党前总书记,法共创建人之一,国际共产主义运动的活动家。——译注

"专厨"一行却保留了下来，直到一战前都颇为流行。以前，只有亲王、公爵、伯爵、侯爵、子爵、男爵、大资本家或富商才有权力聘请专厨，其他的人只能去餐厅就餐。

"专厨"的社会地位是比较高的，颇受主人或雇主的尊敬。当时流行这么一句话："如果外出，一定要带上仆从和厨师"。那么什么人可以被称为主厨呢？主厨的手下至少要有一个服务员。在上个世纪 20 年代，"专厨"几乎可以算作是贵族阶层的一员。那些最受欢迎的"专厨"一个月可以赚到 15000—20000 法郎，再加上 300—500 法郎不等的补助。除此之外，他们在所有的采购中还要抽取 5％的劳务费，实实在在是个赚钱行当。

在安德烈 20 岁的时候，他受聘于萨布勒多隆的一家餐厅，这是他第一份正式的厨师工作。同年，他凭借一道龙虾圆模馅饼[①]一举夺得烹饪大奖。不久后，科农斯基前去拜访他，说："你会成为一个伟大的厨师，可是你却不知道怎么拌沙拉？难道你不知道芥末、香葱、龙蒿、分葱是用来干嘛的吗？""美食王子"亲自上阵，临场教授：少许橄榄油，几颗精盐，一点胡椒粉，几滴醋，用木勺迅速拌匀，装盘上桌："看见了吧，这就是沙拉。"

后来，安德烈遇到了最敬重的导师和偶像，他只有在情绪激动时才称呼恩师的名讳。这个人在过世的时候留下了两家酒店和 40 多处地产。他桃李满天下，所有的门徒都将他的话奉做经典。我不一止一次听人这样说道："我的授业恩师于多先生曾让我……"，"我的恩师于多先生曾告诉我……"。

于多出生于法国图尔的一个农民家庭，他在烹饪领域是当之无愧的"大师"。于多曾拜在埃斯科菲门下，却自创了一套独特的烹饪技术。后来，于多出任波利尼亚克伯爵的"专厨"，安德烈便是其手下一员猛将，在长时间的陪伴和相处中，于多逐渐将自己的烹

---

① 后来出现在老马尔利餐厅的菜单上。——原注

任技艺倾囊相授。实际上,于多也曾经在私立的烹饪学校接受过严苛训练,这也是他最终成为法国最伟大厨师的原因之一。在他供职于墨西哥驻伦敦大使馆期间,大使曾要求他作了一份油炸绿头苍蝇,这道菜臭味熏天,令人难以忍受,于多最终辞职。后来,他又转到圣彼得堡,成为俄国沙皇的御厨之一。摩纳哥拉齐维尔亲王又向他开出了丰厚的条件,于多便随之前往蒙特卡洛,不过,他在那儿也没多久。

实际上,拉齐维尔王妃有些"古怪",亲王事先就将此事告知了于多:"不管王妃给你说什么,她都是对的。一定不要和她顶嘴!"

一天,拉齐维尔王妃在厨房里看见了一篮子诺纳鱼,都是前天晚上刚捕捞上来的新鲜货。可她却自顾自地感叹道:"于多,这些鱼全都已经变质了。"一听这话,于多怒上心头,早把亲王的嘱托抛在了脑后,他无限委屈地嘟囔着:"哪有的事? 夫人您仔细看看,这些鱼不都还活蹦乱跳的吗?"王妃脸色铁青,怒不可遏地训斥道:"你居然敢跟我顶嘴? 你居然敢跟我顶嘴!"就这样,于多很快便被扫地出门。安德烈在波利尼亚克呆了一年半,被于多娴熟而高超的烹饪技艺所深深折服。辞别恩师之后,他几经辗转,最后到达塞勒-圣克鲁,成为巨富希里夫人的"专厨"。希里夫人对栗子情有独钟,她要求安德烈每天都要用栗子做菜,还必须新鲜,且不能重样……也许你们认为当时的贵族家庭还保留着繁琐的用餐程序,一道接着一道,没完没了,其实并不然。第一次世界大战破除了这种旧习,菜品也变得更加简单明晰。安德烈在退休之后出版了一本名叫《资本主义高级烹饪》的书,其中就记录了一份当时的菜单。午餐:帕尔马蛋奶酥、坚果烩牛肉、沙拉、骨髓刺菜蓟、奶油栗子蛋糕。晚餐:里昂水煮蛋、米饭、苹果酥肉排、雪梨果泥。大型宴会:两道汤品、鱼、带配菜的头盘、蔬菜、混合沙拉、餐间甜点和切斯特蛋糕。在卡斯特兰或罗斯柴尔德等新贵家族里,厨师会加大菜品的分量,并多上两道头盘、一道烤肉和一些餐间蔬菜。

　　在 1926 年一个阳光明媚的早晨,安德烈·吉约向往常一样走进位于理查德-瓦拉斯街的酒店,准备开始一天的工作。噩耗传来,酒店的老板雷蒙·鲁塞尔去世了。鲁塞尔是一位富可敌国的时代人物、著名的超现实主义作家,行为怪诞,甚至有些惊世骇俗。他曾经开着旅行挂车周游非洲大陆,车中还放着一个纯金浴缸。安德烈打内心里对这位老板充满了敬意。

　　面对噩耗,整个酒店陷入了一片死寂中。主厨、三个厨师、大堂经理、两个随侍、内侍、浣洗衣物的保姆、三个司机、三个园丁,所有的人都沉默着。

　　鲁塞尔先生长期居住在酒店的阁楼上,一直闭门谢客,也从未踏入过厨房半步,就连用餐都是通过客房服务让管家把食物送到房间里。他一天只吃一顿饭,一般都是在中午 12 点半,没人有资格和他一起用餐。他在"蔚蓝海岸"拥有私人庄园,他会要求司机开着劳斯莱斯往返于内伊和南部之间,以保证餐前水果的新鲜和质量。

　　用餐一般会持续到下午 5 点,水果上完以后,接着是巧克力浓汤或牛奶咖啡。其中巧克力来自瑞士,牛奶来自当地的一家农场,烹饪过程需要精确地把握火候,每一分钟、每一步都必须按照规定来进行:12 点 15 分开始热牛奶,12 点 30 分切面包(必须从上往下切),12 点 33 分烤面包片,最后,12 点 36 分,服务员将巧克力浓汤送入房间,并在管家的统一指挥下,将面包片泡进浓汤里;接着是纽沙特干酪、扇贝、鱼、一两道头盘、肥鹌鹑肝、果汁刨冰、烤肉、蔬菜、混合沙拉和餐间水果。鲁塞尔先生对食物的要求极为严苛,比如蔬菜上面不能留下切口痕迹,否则切菜的厨师就会被立刻解雇。

　　这些都是午餐的主菜,鲁塞尔先生一般都是两顿连着一起吃。

　　接着午餐,先是一些甜点,比如奶油泡芙、巧克力手指蛋糕、杏仁糕、冷饮……然后是两道汤品,一浓一淡,煮的是小香肠或鱼慕斯。还有带配菜的头盘、烤肉、肥鹅肝、松露、鲜菜沙拉、餐间水果、布丁和冰激凌。

每一顿饭，鲁塞尔先生一个人就要吃 16—20 道菜。40 年后，安德烈的手背上仍旧留着烫伤的痕迹，因为他每天都会忙得人仰马翻，用最快的速度做好菜品，鲁塞尔先生可不是什么有耐心的人，在用餐的时候可是一秒钟也不愿意等。安德烈曾给我看过一份 1926 年 10 月的菜单，在此列在下面，以飨大家：

> 白糖覆盆子、巧克力浓汤、纽沙特干酪、皇家牡蛎、三角布里干酪、英式牙鳕脊肉、榛子黄油炒香芹、冈巴塞雷斯鹌鹑肥肝、夏瑟拉白葡萄果泥、多里亚香栗、香槟果汁刨冰、烧烤鱼脯脊肉、苹果蛋奶酥、欧仁妮皇后贡桃、咖啡双球奶油蛋糕、蒙特卡洛公主奶油浓汤、瓦莱夫斯卡鳕鱼脊干、至尊鹬鸪肉冻、烧烤谷粮鸡、王后沙拉、东方蘸糖凤梨。

一次，鲁塞尔（《孤身所在》的作者）曾邀请一些朋友一起乘坐游轮去印度，安德烈并没有参加这次长途旅行。从一开始，鲁塞尔便总是呆在船舱的房间中，一直未有露面。游轮即将到达孟买时，所有的人都聚集在甲板上想要抢先一睹这座城市的风采。鲁塞尔却转身对宾客说道："你们不是想看看印度吗？现在看见了吧？好了，我们启程返航吧。"

鲁塞尔先生去世后，安德烈·吉约又成为诺曼底奥尔施泰特公爵的"专厨"。期间，公爵的 6 个女儿都向他学习过烹饪技巧。也就是在这个时候，安德烈发明了美味无比的"酱料"，不用面粉、不用勾芡、不用脂肪油，其配方至今是一个谜，后来成为老马尔利餐厅的一大卖座特色。自此，安德烈完成了从传统菜式向现代烹饪的跨越式蜕变。他在奥尔施泰特公爵府度过了一段愉快而美好的时光，后来又被航海舰队征召，成为一名随行船员。

作为瑟堡市海军首长的"专厨"，安德烈的服务对象是法国海军的整个领导层。1929年，"苏尔古夫"号潜艇正式下水，在随后的庆典上，时任法国海防部长乔治·莱格先生对安德烈的厨艺大加赞赏。后来，他被编入在印度洋舰队，其所在中队的指挥官也是一个美食爱好者。实际上，这是法国海军中一个不成文的惯例，所有上将和司令官都可以配备一个私人厨师。

再后来，安德烈受法国驻罗马使馆的邀请，准备前往意大利的法尔内塞宫任职。就在临出发前，第二次世界大战爆发，于是未能成行。这也是他最后一次作为"专厨"工作，很快这个行业便从法国社会销声匿迹。

回归"平民"生活之后，安德烈先后在诺曼底的两家小酒店任职，它们当时正处于起步阶段，生意并不理想。本来安德烈可以轻易地收购这两家酒店，但他一直坚信的道德标准不允许自己乘人之危，随即作罢。直到1952年，安德烈开始单干。老马尔利餐厅在开张的时候，除了安德烈夫妇之外就只有一两个学徒。1965年11月，一次很偶然的机会，亨利和我去老马尔利餐厅用餐，里面并不大，最多也就只能容下20多个人。出乎意料之外，我们被美味无比的竹笋尖千层酥和酒酿榛子鹿茸震惊了，才发现了这个隐藏在小镇深处的烹饪大师。安德烈在没有任何准备的情况下向我们作了一些简要介绍。实际上，他并不需要我们的"推荐"，因为老马尔利餐厅的服务在当地早就是有口皆碑，顾客总是络绎不绝，生意相当不错。然而，我们仍旧在评论文章中给予了他高度评价。经过宣传推介，该餐厅声名鹊起，客户群也扩展到巴黎地区，许多食客纷纷慕名而来，比如米歇尔·摩根、弗朗索瓦·密特朗、吉斯卡尔·德斯坦①、巴黎伯爵、温莎公爵。

"简单！烹饪就是要简单！"这是安德烈的烹饪理念，他曾在不

---

① 密特朗和吉斯卡尔·德斯坦均曾为法国总统。——译注

同场合强调过多次。安德烈在任何时候都能够保持清醒的头脑，并不断进取，开拓创新。实际上，安德烈将艾斯科菲视为导师，对传统的烹饪方法具有深厚的感情。也正是这位尊重传统的厨师，大胆地破除陈规，从 1947 年开始，他在制作酱料、千层酥盒、王后一口酥时就不再使用黄油和焦糖。安德烈在千层糕和圆馅饼中加入了自创的秘制酱料，简化了那些重油厚脂的菜式，代之以新的烹饪理念："一道菜肴，包括高级菜，需是一个可以带给人们快乐的小东西，简单而新颖。其次，甜点也应该清淡爽口。"清单爽口的甜点……40 年过去了，每当妻子与我谈起安德烈的鹬鸪馅饼，她总是掩不住饱含的深情。看哪！薄薄的馅饼温润地浸泡在樱桃酒中，上面漂浮着一块块公爵贡梨，其中还加入了杏仁奶油和酒酿葡萄，还有那令人垂涎三尺的香茶果汁刨冰，一直被模仿，但从未被超越。

安德烈·吉约经历了资产阶级"专厨"行业的兴衰与覆灭，见证了旧式贵族阶层的崩塌，悼念着传统烹饪技艺的逝去，并与我们一道拥抱着现代美食的激情与创新，在 40 年的风风雨雨，近半个世纪的辛苦劳作之后，他最终选择了退休生活。

当然，"落红不是无情物，化作春泥更护花"。安德烈虽然离开了厨房一线，却培养了一大批接班人，其中不乏一些知名厨师，如凡尔赛的杰拉尔·维耶、波尔多的让-玛丽·阿马特等。退休后，他和夫人经常在瑞士过冬，有一次，我收到他发来的短信："赶紧过来，我要向你介绍一位很棒的年轻厨师。"

我可不想急急忙忙地赶到洛桑高原，就为了吃顿饭，所以就没有回复。半个月之后，安德烈居然给我来了封信："你还在等什么？要不了多久，所有的人都会知道这个小伙子。你得赶在别人前头啊！"

3 天之后，我在洛桑郊区小城克里希耶，见到了这位名叫弗雷迪·吉拉德的厨师。

初见之时,吉拉德籍籍无名,但这只是暂时的。后来,这位谦逊有礼的烹饪"巫师"很快便成为 20 世纪后期又一位业界明星。

螯虾(Homard)

首先,我在这里要澄清一个误会:螯虾并不是龙虾的丈夫。我曾在不同场合不止一次听到过这种提法。此外,从类别上讲,螯虾还可以被当做布列塔尼地区的特产。

这是法国美食界的一大特点,巴约纳火腿并不一定产自巴约纳,佩里戈尔松露可能是来自西班牙,按照这种逻辑推理下去,布列塔尼的螯虾也许生长于康卡勒、罗斯科夫、英国、爱尔兰、挪威、葡萄牙,甚至是摩洛哥。从某种程度上讲,它们就像是外来的"非法移民",乘着水产商的捕捞船到达法国,之后便重新换了一个身份。其中,质量最好的螯虾就会拿到布列塔尼的身份证。

不用说也猜得到,久负盛名的布列塔尼螯虾从来都没有在布列东海域生活过,它们事实上产自加莱,确切的说是在格里内角的南边,踞布洛涅 15 公里的欧德雷塞勒。那里的青色螯虾品相极佳,无可比拟,但产量极小,千金难求,很少有人能够品尝到它的鲜美。不要问我哪儿的螯虾为什么是最好的。如果你想测试一下供货商的本事,那就直接给他说:"我只要欧德雷塞勒螯虾,如果没有,我就什么都不要了。明白了吗?"

除了产品"名不副实"之外，法国美食界还有一大特点。举个例子，波尔多的红酒最为出名，这是众所周知的。但也正是因为如此，非波尔多产红酒就会被认为是难等大雅之堂的劣等货。其他东西亦是如此，若并非出自"高门大户"，就摆脱不了遭人嫌弃的命运。在这样的前提下，对于那些早已"绝迹"或正值"濒危"的产品，人们所在意的不过是其背后的传说，是时光逆流中的永恒。有趣的是，真正鲜美的"青色"螯虾恰好并不是"青色的"，更确切地说，其色度深沉近乎于黑。原因很简单，斯堪的纳维亚半岛上的居民虽然长期处于黑暗之中，头发和瞳孔的颜色却相对较为鲜亮，螯虾的情况则正好与此相反。越是接近极地的地方，海水温度就越低，螯虾的质量就越佳，颜色也就越深。我猜这可能是"叛逆期"的原因吧，在我眼里，螯虾一直就是个奇怪的小家伙。让我想想，还有什么可以给你们讲的呢？

哦，对了！如果你要是闲着没事，大可以试试催眠螯虾，这不需要什么特殊的天赋，就是想个办法让它睡着而已。这个小技巧是罗杰·拉玛泽尔告诉我的，这位鼎鼎大名的厨师被誉为"法国什锦砂锅之王"。可30多年前，他还没有名扬巴黎时，曾经做过一段时间的手技魔术表演。一次，他教了我个催眠小把戏，试验对象是一只螯虾和一只龙虾，其结果都相当有趣。

首先抓住螯虾的脑袋，将它放在桌子上，并保持其躯干直立悬空。这时候，螯虾一定还是活蹦乱跳、张牙舞爪地闹腾着。然后，用您的食指轻轻地摩擦它头顶上和双眼之间的硬壳。龙虾的外壳更加光滑，操作起来也就相对较为简单，对付螯虾就得加点力道了，但终究也算不上什么难事。重复摩擦大约1分钟后，螯虾便不再反抗，而且动作也变得更加迟缓呆滞，甚至像白金汉宫门口的侍卫那样一动不动。这个时候，螯虾便陷入了睡眠之中，再也感受不到外在的刺激了。如果要想唤醒它，只需要用手指轻轻地弹一下外壳，使其四肢着地即可。其实您大可事先熬一锅汤料，放些胡萝卜和香芹入味,然后趁着螯虾酣睡的时候,直接将它扔进煮沸的大锅中。当然,这种做法或多或少都还是有些残忍。因此我建议先把螯虾放进冰箱的冷藏室,等到它在低温环境中进入深度睡眠后再进行烹煮。这样的话,螯虾估计就感觉不到危险的降临,也不会有什么痛苦吧。

需要指出的是,螯虾并不是越新鲜越好,那种刚从海里捞起来没多久的螯虾是吃不得的。渔船在捕捞作业时使用的往往都是铅丝笼,而诱饵则是腐烂的鱼肠,螯虾的肉质会因此完全变味,这种情况大概会持续 24 小时。通行的做法是将螯虾放在池塘里,让其自行净化,但必须严格控制时间,最多不能超过 3 天,否则螯虾会停止进食,虾肉也会被消耗殆尽。差点忘了,一般来讲,母虾的肉质会比公虾更加鲜美,特别是 6 月份的时候那些尚未产卵的母虾。

能够烹调螯虾之人必是业界艺术大师。

比如米歇尔·格拉尔(参见该词条),他对螯虾有着特殊的情感。在烹饪开始之前,他会进行一系列的"仪式",仿佛要同螯虾举行婚礼:首先,用文火将数种香草熬制成浓郁的汤料,然后,将螯虾浸泡在里面,让汤汁充分渗透进肉质中;然后浇上滚烫的橄榄油,以锁住螯虾的香味;随后,将它放入烤炉中,刷上鳀鱼酱,原本紧实的肉质就会变得无比松软可口;最后,将螯虾放入壁炉熏烤,那种微微的烟熏味儿足以让任何 一个人垂涎三尺,引颈以待。此外,格拉尔曾经在中国旅行时吃过一道"醉蟹",他把这种技术运用到了螯虾上。首先把螯虾浸泡在高浓度的雅马邑白兰地中,两小时后取出,这时的螯虾已经近乎于昏厥状态,自然也就感觉不到任何疼痛了。然后将它放入沸腾的葡萄酒奶油汤汁中烧煮,出锅后将其细细地切成薄片,浇上珊瑚酱,并配以生菜。松脆的螯虾与香草的芬芳完美的融合在一起⋯⋯

除此之外还有其他的一些做法,我就比较喜欢奥利维·罗林格的烹调方式,他使用的是一种布列塔尼当地的传统酱料。如果你想品尝,最好去店里让他亲自做,也可以在他的个人网站上找到制作方法。最重要的是,在他的汤料中除了一般的胡椒粉、胡萝卜、香芹、欧芹、龙蒿、鸡汁、白酒之外,还加入了芫荽、葫芦巴和孜然,这会使香料带上一种特殊的辛辣味道。鳌虾放在盘子里,汤料放在旁边的碗中。

罗林格使用的都是重约 350 克的小鳌虾,这种体积是最理想的。在加拿大的新斯科舍省(Nouvelle-Ecosse),渔民曾捕获过一只 20 公斤重,长约 1.2 米的鳌虾,他们就不怕崩坏客人的牙齿吗?

牡蛎(Huîtres)

马里斯通牡蛎是铁托元帅[①]为我们留下的最珍贵礼物。从斯普利特到杜布罗夫尼克,达尔马提亚海岸风光秀丽,岛屿星罗棋布,但最值得一提的,还属当地的牡蛎。不管它是否真是"天下第一",不管它是否会让人"欣喜若狂",有一点是肯定的,它绝对是个幸存者。这种仅存于世的欧洲牡蛎产自于法国马雷纳地区,即著名的"贝隆牡蛎"。19 世纪中期,欧洲爆发大规模传染病,水体遭到严重污染,许多"本地"牡蛎都在这次灾难中销声匿迹,唯有贝隆扁型牡蛎存活了下来。此后,来自日本和葡萄牙的凹型牡蛎便在法国市场上开始大行其道。

铁托对牡蛎极为青睐,为了满足自己的口腹之欲,他专门让人建立了一个牡蛎养殖场。该养殖场一种存续到现在,成为了马里斯通克朗别墅酒店的主要供给商。朋友们,不要犹豫,像铁托元帅那样尽情地大快朵颐吧! 就是吃上他"100 个"又何妨? 当然,别

---

① 约瑟普·布罗兹·铁托(1892—1980),共产主义者,南斯拉夫政治家、革命家、军事家、外交家。曾任南斯拉夫社会主义联邦共和国总统、南斯拉夫共产主义者联盟总书记、南斯拉夫人民军元帅。——译注

忘了喝点当地最好的白葡萄酒,比如科尔丘拉岛的波斯普,或者是著名的佳克,这两种堪称牡蛎的"黄金搭档"。

对于一个传统的美食社会而言,只有吃上"100 个"牡蛎的人才算得上真正的爱好者。从前,巴尔扎克和大仲马经常光顾蒙托格伊街的康卡勒岩石餐厅,并对康卡勒和库尔瑟勒的牡蛎情有独钟,如果他们只吃十几个,您觉得他们还敢自称美食家吗?

在《人间喜剧》和《三个火枪手》①的年代,海滨夏朗德、布列塔尼和诺曼底产出的都是扁平牡蛎,占据着整个法兰西市场。1860年,一艘破烂的货轮被偶然丢弃在纪隆德湾,人们在上面发现了大量的凹型牡蛎。从此以后,来自葡萄牙的凹型牡蛎便逐渐在法国站稳了脚跟,打破了扁平牡蛎的长期垄断。

诚然,贝隆牡蛎②也并没有就此从法国人的餐桌上消失。我到现在还记得那种味道,像榛子的味道一样,有点儿咸,肉质松软嫩滑。每当我去马塞尔-特龙皮耶、浪潮、普吕尼耶·迪福、卢卡斯-加尔东、拉塞尔、马克西姆、迪亚克或塔耶旺等餐厅吃饭时,总会点上一些贝隆牡蛎,再配上些波尔多小香肠,那味道真是令人难以忘怀。贝隆牡蛎一直都是有市无价,要想品尝一番得费不少事。这也没什么可大惊小怪的,整个法国的牡蛎年产量为 13 万吨,贝隆牡蛎只占其中的 1.4%,因此也被誉为"牡蛎中的劳斯莱斯",其主要产地有:拉特朗布拉德、贝隆河畔里耶克、奥莱龙岛、圣瓦斯特拉乌格、康卡勒、圣米歇尔湾、普拉塔尔库木等地。特别是阿贝尔地区的伊冯-马迪克,由于地处淡水和咸水的交界处,当地的贝隆牡蛎品相超凡,世界闻名。

我喜欢哪种? 没什么特别的偏好。只要味道鲜美的我都喜

---

① 作者在这里用《人间喜剧》和《三个火枪手》分别指代其作者巴尔扎克和大仲马,二者皆是 19 世纪上半期的法国作家。——译注

② 布列塔尼人不愿意将其称作为"扁平牡蛎",一直坚持保留"贝隆"这个说法。——译注

欢。不过话说回来，奥莱龙岛出产的马雷恩扁平牡蛎却是有点小缺陷。

真正喜欢牡蛎的人，味觉一定非常灵敏，也绝不会不知所谓地信口开河："除了扁平牡蛎，其他的都不值一提。"珍馐当前，岂能安坐，起身相迎，引颈以待。那些故作高雅的人都是些矫揉造作的蠢货。当我第一次在罗林格尝到"马脚"后，第二天就去卡康尔吃了"蝴蝶"（凹型5号），第三天接着试了"缝边机"①，回到巴黎后又在保罗贝特牡蛎店吃了"犹他海滩"②，在那之前，我从来就没听过"犹他海滩"。

"犹他海滩"？起初，这个名字让我有些惊讶。其实这只不过是商家的一种营销手段，目的在于吸引那些来法参观"登陆点"③的游客团体。幸好奥马哈海滩④没有著名景点，在那里，成千上万的盟军士兵丧生在德军的炮火之下，若再弄个"奥马哈海滩牡蛎"，那就真是不伦不类，亵渎英烈了。不管怎么样，"犹他海滩"都是一道不可多得的美味，许多"神殿商人"⑤以历史为噱头渔利其中，这也算不得是牡蛎的错，毕竟"匹夫无罪，怀璧其罪"。

这种凹型牡蛎外壳光泽，肉质肥厚，它的出现还源于一场"叛变"，当然这话有些危言耸听了。面对激烈的市场竞争，著名的牡

---

① "缝边机"：那些只吃不动的懒人不想因牡蛎而变胖，由此得名。——译注
② 这里的"马脚"、"蝴蝶"、"缝边机"和"犹他海滩"都是不同牌子的牡蛎。——译注
③ 第二次世界大战中的"诺曼底登陆"，发生于1944年，300万盟军士兵强渡英吉利海峡，准备反攻欧洲大陆。——译注
④ "犹他海滩"和"奥马哈海滩"都是第二次世界大战的诺曼底战役中，盟军4个主要登陆地点的代号。——译注
⑤ 这里指的是"被耶稣逐出神殿的商人"。根据圣经《新约》中记载，耶和华前往耶路撒冷参加犹太人的逾越节。当他走进圣殿发现里面由许多商人，便将其逐出殿外，并斥责道："我的殿，必称为万国祷告的殿么？你们倒使它成为贼窝了！"现在我们用"神殿商人"来比喻那种利用人们盲从心理从中获利的奸商。——译注

蛎养殖商杰拉尔·吉拉多担心自己的生意会受到冲击,于是便抛弃了"马雷恩-奥莱龙"这一公用名称,大胆地用自己姓氏冠名,推出了一个新的牡蛎品牌"吉拉多牡蛎",质量倒是不错,可也不见得就比其他的好。在营销策略的有效配合下,"吉拉多牡蛎"逐渐占据了一定的市场份额,价格也随之上涨了 60%。其他同行对此既恼怒又嫉妒,朗德省的三家养殖场由此决定与汉吉斯的水产巨头亚特兰提斯实行强强联合,并于 70 年代末在诺曼底附近,选定了一片无人问津的海域作为牡蛎养殖基地,也就是前面所提到的犹他海滩。

犹他海滩长约 8 公里,潮汐规律而清澈,海水中富含大量的浮游生物,为牡蛎的生长提供了丰富的养料。

"犹他海滩"牡蛎很快便取得巨大成功,并获得了"白色明珠"的美誉。它也算得上是个伟大的"旅行者"。实际上,这种牡蛎繁殖于夏朗德河的狭口处,水产商将其采摘起来后便放入幼体养殖场进行培育,待它们长到指甲盖大小时,遂将其运往犹他海滩附近的水产基地。等 6—12 个月牡蛎成熟后,再将其运回马雷恩的加工场作进一步精炼加工。3 个星期后,牡蛎就会形成一种特别而细腻的口味,坚果般的清香让人欲罢不能。此外,它的市场价格比"吉拉多牡蛎"还要低一些。

冉来辆"劳斯莱斯"? 好啊,拉普斯濯养牡蛎,马雷恩-奥莱龙盆地中一个璀璨的明珠,此等美味,只能细品慢尝,切勿狼吞虎咽。它肉质筋道,肥美肉多,有口皆碑,但由于产量有限,在很长一段时间都不甚出名。该牡蛎出产旺季在年末,11、12 月左右,我们可以在一些大型的专卖餐厅品尝到。拉普斯牡蛎被打造成一种"怀旧之味",这是它的一大特点和噱头。虽然其培育方式仍旧以密集型养殖为主,但场地更加宽阔"豪华",每 1 平方米的养殖区域里只能放置 3—5 个牡蛎。在为期 4—8 个月的生长过程中,它们的外壳会逐渐形成锯齿形,相比其他牡蛎而言,味道略淡,但肉质更细腻。

那么"四季牡蛎"呢？不知从什么时候开始，我们经常会听到这个"名号"，而它总是带着一种神秘感。为什么？它的来头可不一般。法国是世界上消费牡蛎最多的国家，平均每人每年会吃掉2公斤牡蛎，但法国海洋开发研究院的雄心似乎不止于此，他们想要冲击更高的"纪录"，这才"创造"出了"四季牡蛎"。众所周知，牡蛎的旺季在每年的最后一个季度，而壳内的白色黏液或多或少会令食客反感，这是牡蛎的两大缺陷，人工技术的介入将问题完全解决。现在，牡蛎和草莓、覆盆子一样，一年四季都能买到。但公众对这种人工技术却是众说纷纭、看法不一。

也许是通过某种化学手段或杂交技术，"四季牡蛎"并没有繁殖能力，但其生长速度却明显加快，肉质也更加肥腻，并且突破了季节和气候的限制。这对那些成群结队的海滨游客来说，无疑是个好消息，他们可以尽情地吃个够。

从商业角度而言，人工技术降低了牡蛎养殖难度，缩短了成本回收周期，这确实是个绝妙的主意。然而，这种做法的合理性仍是公众关注的焦点。有人声称"四季牡蛎"绝对没有使用任何的转基因技术，却还是遭到环保主义者和业内人士的纷纷质疑。这种人工牡蛎会不会对自然界产生影响？会不会妨碍到其他牡蛎的繁殖？会不会损害物种的多样性？养殖商也担心会对人工孵化场产生依赖，最终成为技术垄断的牺牲品。

有一点是确定的，就目前而言，人们尚未发现四季牡蛎对人体有任何损害，它只是不能繁殖，仅此而已。此外，除了味道上有些许偏甜之外，四季牡蛎与其他品种并无明显区别。

印度烹饪(Indienne [Cuisine])

就在昨天,这还是一个英式大花园,花墙和齐整的草坪后面,一座座洁白的小别墅傲然挺立。秋日的午后安宁、凉爽,新德里在半梦半醒中,它属于外交官,属于留着弯钩式胡子的军官和富足的工业家、公务员们。

突然,恐怖袭来,一切都乱了。如波涛席卷之势,曾经空旷安静的大道上人潮涌动,看不到尽头,他们在医院的栅栏前愤怒又绝望地嘶吼着。秘密终于在刚才大白天下:印度总理英迪拉·甘地女士遇刺,工作人员花了将近一个小时将她送到了全印度医疗研究所(All India Medical Institute)的手术室,但由于伤势过重,最终抢救无效,所有新德里人都走上了街头。

我们的小车前后颠簸,被人群围住了,进退维谷,人们怒喊着,用棍棒拍打车身,打开车门,检查车里是否藏匿了该死的家伙①。正后方,一辆大客车的挡风玻璃被砸得粉碎,人们从座位上拖下一

---

① 应指锡克教徒。总理遇刺的消息传出后,印度全国发起了反锡克教徒的暴动。——译注

位不幸的、惊慌失措的锡克司机。火灾四起,整个城市陷入了疯狂,警察没有武器,束手无策。我们不可能掉头返回,受邀参加的盛大晚宴怕是不能如约举办了。我们定会发现宴会厅门紧闭,但没有选择:必须继续向前走,在这波涛汹涌的人海里开出一条道。幸好我们的司机没有加入行凶者们所属的宗教,否则他会在我们眼皮底下被人们暴打。全国有数千名锡克教徒在这场暴乱中死亡。

20分钟后,小车把我和妻子带到了一座雅致的别墅前,别墅周围开满了鲜花,大观景窗反射出光芒,仿佛一件精美的生日礼物。我们刚逃出噩梦就走进了美梦。各会客厅里聚集着优雅的贵妇和绅士们,女士身着纱丽①,男士系着圆点花纹领带,印度特色鲜明,伴着轻声细语的交谈,大家6人或8人一桌入座。那场景太不真实了。怎么可能? 他们不知道外面的事吗? 一看到邀请我的朋友,我就低声问他。他悄悄跟我说:"待会儿跟你解释……"

我们坐下来,享用了一顿可口的晚宴,其中一道菜甚合我意。这是我第一次吃这道菜,因此想对它有更多了解。那是块带骨头的小羊腿肉,经香料腌制后炉烤而成,名叫巴拉烤肉。当香料噼啪作响的时候,就能尝到鲜美的味道了,因为印度烹饪就是这样神奇,它给每一种配料尽情发挥的时间,然后才把它们放在一起调味。

开场的和谐氛围延续到了末尾,这场为名流们举办的晚宴愉快地结束了。只是缺少一位"印度的普鲁斯特"来描述那些我无法用语言表达的场面。

实际上,我们刚刚参加的不是印度上流社会的宴会,而是巴基斯坦的。后者在其敌对国家的首都派有代表,这令人惊讶。那场让傍晚阴云笼罩的闹剧和他们没关系,丝毫不影响宴会主人们的

---

① 印度妇女服装,用整块棉布或丝绸包头裹身或披肩裹身。——译注

计划。

几天以前,我们受焦特布尔①的王公斯瓦卢·辛格和他美丽
妻子的邀请,围坐在马蹄铁形状的长餐桌前,在星空下品味了最美
味、最地道的拉贾斯坦②美食。阿吉特巴哈旺宫与其说是宫殿、宾
馆,倒不如说是座大宅子或家庭式膳宿公寓。想当年这位灰发绅
士身穿皇家空军制服或开着名爵车穿城而过的时候,多少姑娘为
之心动,现在,车子被遗弃在走廊尽头,上面满是灰尘,他还没有侄
子的一丁点儿好运气,后者现在是焦特布尔的土邦主③,他却跟许
多人一样成为了宾馆老板,唯一的愿望就是能够付得起房屋杂费。

这房子饱经风霜,一进大门便会被吸引,头顶上风扇嘎吱作
响,漆黑的大厅里填充着起皱的非洲豹皮,祖先们的画像上已有碎
纹,银画框里,曾经主角们的轮廓日渐模糊。

头裹缠巾的老仆人用颤抖的手给我们倒茶,与此同时,一个脸
上几乎没有皱纹的慈祥老头专为我们演奏音乐,他轮流演奏干巴
得④、小提琴、奇特拉琴,唱着歌。

晚上,我们来到内院,马蹄形长桌周围摆放着许多蜡烛,整个
院子都被照亮了,桌面上是一幅菜肴镶嵌画,形成了一条彩色的大
饰带,给人带来感官上的愉悦。当然,谦虚的主人提前告知我们这
顿饭菜很简单(12 道菜……)。他知道我的求知欲超出了一般游
客,并非只是简单的好奇,于是让厨师准备了拉贾斯坦餐,或者说
主要带有莫卧儿特色的餐食——帖木儿建立的穆斯林王朝使莫卧
儿文化从 16 世纪初起流行于印度北部。

拉贾斯坦的宫殿多得让人炫目,人们可能以为它就像阿里巴
巴的洞穴一样,在其中能找到丰富的宝藏,事实并非如此:那里主

---

①　印度西北部城市。——译注
②　印度西北部一邦。——译注
③　印度王公的称号,意为"大王"。——译注
④　一种蹩脚的吉他。——译注

要是沙子、山羊,却可以种植玉米、芫荽。在印度其他地区的人们眼中,拉贾斯坦美食的名气不算大,比不上旁遮普邦,后者是唐杜里烹饪法①的诞生地;比不上最北边的克什米尔,克什米尔上等羔羊肉无与伦比,藏红花和菜肴也棒极了;也比不上美食艺术登峰造极的孟买省②,亦不及印度南部,南方的卡纳卡塔是一个海滨花园,喀拉拉则是水果和香料的天堂。

　　但我仍记得(我做了记录,真是这样)那场味觉的盛宴,两个小时里,它让我们沉浸在愉悦中。出于礼节,桌上摆放着欧式餐具,但其实我更喜欢依照当地习俗使用我的"天然餐叉",即我的右手手指③。因为北方菜少汁,这种手指体操就更方便做了,当然北方人极喜欢喝酸奶。莫卧儿宫廷里,许多中东习俗占主导地位,一些波斯特色风味很有名,比如皮拉奥(藏红花香肉和米)、烤肉、各式各样的饼,尤其要提到一种源自伊拉克的酥油烧制法,这种酥油自牛奶提炼而出,是健康良药,受到阿育吠陀医学④的肯定。的确,和全乳固体(以及有害的胆固醇)分离后,它便不再变化了,具有了油的稳定性,这种酥油比黄油香,可储存。

　　一盘又一盘菜,宴请我们的主人说莫卧儿美食特别适合"大胃王们",我们可以证实他说的没错。奶、奶油、香料分量十足,这的确不是食欲不佳的娇小姐们能够完全享用的。不过,让味蕾尽情徜徉在这些美味之中是多么幸福的事啊:巴德夏希炒饭(羊肉、大米、柠檬汁、巴旦杏仁、鲜薄荷、芫荽叶、玉桂、枯茗、生姜、小红辣椒、藏红花、辣椒)、莫卧儿鸡(小鸡、小扁豆、打成沫的鸡蛋、巴旦杏仁)、用生姜和马沙拉粉调味的烤鱼串、烤羊肉串(先用奶油、芒果

---

①　泥炉炭火烹饪法。——译注
②　原文如此。——译注
③　印度人吃饭还保留着一些传统习惯,在正式场合,他们喜好用手抓食,且一定要用右手。——译注
④　印度的医学体系之一,被认为是世界上最古老的医学体系。——译注

粉、核桃粉调味,然后裹上番木瓜泥)、小鸡肉(一只小鸡的三分之一,配上玉米面、生姜汁、醋、新鲜沙拉)。

还有这印度鸡蛋饼——一种以西红柿、芫荽、甜椒为配料的煎蛋卷,西红柿、甜椒、葫芦巴夹心的巴伊拉烤薄饼,多皮亚扎羊肉(香料粉调味的羊肉沫),牛奶汤圆(炸奶团)以及对我来说有些过甜的甜点,如干果鲜奶甜米粉,一种用巴旦杏仁、炼乳、小豆蔻、藏红花做的劈柴形圣诞蛋糕……

印度是一个拥有10亿人口和1600种语言的庞然大国,她的美食不计其数,有荤有素,印度菜富于变化,同一种菜在不同厨师手中会散发出不同的魅力。从斋浦尔到阿格拉,从瓦拉纳西到斯利那加,从大吉岭到加尔各答①,咖喱小羊,咖喱鱼,马沙拉咖喱鸡,腰果鸭,面裹,枯茗炒秋葵,芫荽或海枣酸辣酱,椰子蛋糕,还有30多种香料,这些香料又可被混合加工成更多的味道,你不会吃到完全相同的菜。每顿饭都有惊喜。印度美食种类繁多,但同时又有明显的共同特征。和法国、中国、意大利(我加上摩洛哥)一样,印度擅长烹调。

为了更容易地品尝到各色美食,荷兰人占领印度尼西亚的时候发明了里斯塔菲尔("特色桌"),这种与当地传统相悖的"特色桌"将本地主要的特色风味集中提供给外地人。我不知道是否还有人这样做,但在20世纪初由塔塔家族②建造的、孟买最伟大的维多利亚时代建筑泰姬陵酒店,我兴奋地沉浸在英国-佛罗伦萨-摩尔式建筑的梦幻里,想象中我正在冷餐台前伸出舌头,望不到头的餐台上好像有印度各省的美味。后来,我知道全印度有此种展览资格的个体或单位都很瞧不起这种专为游客举办的美食展销。

---

① 斋浦尔、阿格拉、瓦拉纳西、斯利那加、大吉岭、加尔各答均为印度城市名。——译注

② 塔塔家族100年前就是印度首富,如今塔塔集团是印度第一大财团。——译注

　　尽管如此,如今要是能在巴黎的某个餐厅里发现那东方梦幻里的十分之一的美味,我会很高兴的。别人肯定地告诉我,在巴黎,印度厨师掌勺的餐厅不超过 10 个。我不能确切地列出更多餐厅,只能举 6 个"高档店",在这几个店里,我们基本能尝到原汁原味的、未被改良成欧洲风味的印度菜:羽佳拉耶、因陀罗、拉维、安纳布尔纳、新巴拉尔餐厅,还有沙查亨餐厅,这家我没去过,但听说不错。"夏贝尔门"地铁站附近的卡伊街被看作迷你孟买,几条街之隔,与斯特拉斯堡大街交汇的布雷迪廊街俨然一个小的巴基斯坦移民地。但和人潮涌动的伦敦布里克巷(东伦敦)、南厅大街、东汉普顿或温布利比起来,这里的印度人和巴基斯坦人少多了。一种烹饪要想在异国他乡焕发生命力,需要一个人数足够多的群体去重视它、热爱它、保留它原来的风味。而我们这里虽然有一些印度表演和宝莱坞电影受到欢迎,印度的存在感和影响力仍是极弱的。据说我们国家有 5 万印度人,其中绝大部分来自于原先的法国海外商行,他们已不可避免地被法国化了。受印度大使馆保护的侨民则不超过 6000 人,这其中有 200 个"白领"。

　　所以,迷恋印度美食的人会去英吉利海峡的另一岸寻觅,那儿印度餐馆很多,高、中、低档都有,香料的气味在首都的大街小巷弥漫着。

　　在"极其别致"的孟买餐厅(南肯辛顿区),咖喱肉汤与多数地方做的淡褐色稀粥完全不同,那里的马沙拉杏子羊肉和拉吉普塔尼酱去骨鹌鹑让人怀念那古老的帝国。

　　但近来人们突然对卡梅莉亚、纳米塔·庞贾比姐妹合营的餐馆倾心,这两姐妹在印度王公官邸、街边小摊和印度人家里收集了许多烹饪法,为顾客提供印度妇女常做的食物。她们出版的《50 种美味的印度咖喱》已卖出 50 万册,为印度的大饭店培养了数十位厨师,让伦敦最古老的印度餐馆维拉斯曼尼重整旗鼓,还在高档街区骑士桥开了一家人气很旺的餐厅:阿玛雅。

没有杂乱的东西,餐厅装点得很优雅(格拉红砂岩、玫瑰色木桌、现代印度艺术家的画),一位真正的大厨卡努纳什·卡纳研制了现代印度美食,但未摒弃传统烹饪的精髓。快烤肉串,椰子面包粉裹牡蛎,西红柿姜汁海螯虾,焦糖香茄,各式羊肉、猪肉、鸡肉料理(在木炭炉上或唐杜里烤炉中烧烤,3个唐杜里烤炉的火温不同),还有味道适中的美味咖喱或素菜:这里的一切都是新鲜、精致、巧妙的。

奶油火腿面包（Jombon-beurre）

这种火腿源自布列塔尼。

黄油源自诺曼底或普瓦图-夏朗德。

面粉如果不是源自乌克兰，就是源自博斯。

……这一切构成了纯正的、独一无二的、货真价实的巴黎奶油火腿面包。它是梅格雷探长①的夜间配给，是小杯黑咖啡的松脆伴侣，是小酒吧里的主宰，是咖啡馆里的绝佳休闲食品。它对塞纳河两岸的意义相当于格言"颠簸而不沉沦"②对于巴黎的意义。

如果没有奶油火腿面包（加腌小黄瓜），巴黎就不再是巴黎。

尽管我没法证明我的观点——这也并不重要，因为美食史学家很少有过多的精力来关注所有和主题相关的细节，但我能确定：奶油火腿面包是奥弗涅-阿韦龙一带的天才发明的。

只有我们那些从埃斯帕利翁、昂特赖格、拉吉奥乐、萨莱尔或圣佛尔跑来、会做汽水的能工巧匠们能创造出这样的组合——这

---

① 小说家乔治·西默农笔下的人物。——译注
② Fluctuat nec mergitur（拉丁语），巴黎的城市格言。——译注

些人想在巴黎的咖啡馆里留下一抹他们的色彩。奶油火腿面包的制作方法可概括为："很快地放上去,很快地收回来。"

我迅速在面包心上抹上黄油,又用刀尖迅速地把黄油刮到其他方向,于是,会溢出许多黄油,别犹豫,迅速擦净。这是发财的秘诀,小伙子!

继续做长棍面包。

除了圣日耳曼浓汤、蛋黄酱小牛肉和贝西牛排,巴黎还以其美食理念上的谦逊包容闻名于世。19世纪90年代,这座城市接纳吸收了一位奥地利伯爵旅行时带来的维也纳面包的做法,那位伯爵姓是当时奥地利皇帝的重要侍从,也许我们仍可以一条街名或一座矗立在某个广场的半身像纪念他。但我们不关心这些……一些寡情的人很快便把维也纳面包变成了软面包[1],城市里某些罪恶的面包师做的面包可以像领带一样绕脖子一圈然后打个结。

我要明确一点,那位奥地利伯爵带来的优质面包是用啤酒酵母发酵,而非普通酵母,它的长条形状激起了上流社会的好奇和赞赏。

巴黎的面包店不怎么习惯这种异域食品,他们保留了维也纳面包的形状,但更喜欢使用鲜酵母、精细白面粉和全麦粉,他们制作的面包心比较有韧性,呈蜂窝状,外裹一层松脆的面包皮,当面包被分放到小酒吧的餐盘或人们的裤兜里,溢满欢欣愉悦的大面包屑在脱落时嘎吱作响。

很有可能巴黎的酒店在战壕时代[2]以前就开始探秘奶油火腿面包了,但作为一个实事求是的研究者,我必须承认我并不知晓。不过,我能确定1925年前后诞生了一个新的时代:"吧台"

---

① 维也纳面包本是硬式面包。
② 战壕应用于战争的时代。——译注

时代。

　　从林荫大道①到马约门,走过香榭丽舍大街和泰尔纳大街,从蒙马特高地到蒙帕纳斯,从皮加勒到巴尔贝斯,回顾变化巨大的这些年,就会发现知名或不知名的餐馆里仿佛一夜之间出现了一种长长的柜台:那就是吧台。但那时候交通要道或更加富丽阔气的街区里还没有出现这种柜台。

　　生活节奏变快,人们行色匆匆,不再有时间于咖啡馆久坐。若要见朋友或同事:不再相约在桌边,而是在……吧台小坐。清晨,在那里喝上一杯加或不加烧酒的清咖("服务员,一杯烧酒咖啡!");中午,开胃酒之后("服务员,一杯果汁汽水!"),来点新鲜生啤和难以抗拒的奶油火腿面包。从跑腿的到部门主任,从公证人的书记到普通打字员,从商业代表到簿记员,所有两只脚的、钱包不那么殷实、吃饭比较规律的人都开始以奶油火腿面包为主食。

　　一场新的战争打响,和以前一样,一切重新开始。由于缺乏"奶油火腿"和汉堡包的对比数据,我避免对这场战争表态,但中午12点半在各个小酒吧溜达一番也足以发现我们的朋友还是很有市场的。

　　新鲜的是,它正在变成奢侈品:我不提那些造型精致却非长棍形或没有加火腿的面点,只讲一讲仍然名副其实的长棍面包、优质黄油以及仍然货真价实的猪肉火腿。作为一名老到的实证型穷游者,我曾活跃于一场23家奶油火腿面包的对比试验,这场试验上了《费加罗镜报》。我本想对比50或100家,其中尤以一些大众化吧台为对象。无论怎样,调查表明,得分高的并不只是那些公认的高质量"面包专家",如保罗面包、面包果、施特雷尔甜点②、美食

吧①抑或别出心裁的馥颂②。通常,最贵的不是最好的。馥颂的"奶油火腿"5.5欧一个,但只得了11.5分(20为满分),奥德翁街区③的小小薄瓶吧台里,伊夫·坎德博尔德做的最好的"奶油火腿"(15.5分)只卖3.5欧。不过,我怀疑最棒的奶油火腿面包是我记忆里70年前嚼得嘎吱作响的那种,我仍能回想起那种热面包松脆的口感,黄油密实,火腿散发着干草的气味。那是在去乡间住宅吃午餐的路上,我们延误了一小时,肚子饿得厉害。经过曼特农小城时,车后排似乎有了反对的声音。我母亲心疼孩子们,怕眼睁睁看着我们饿得咽了气,向父亲提出抗议,父亲禁不住她的恳求,在经过在一家面包店前停下了疾驰的车子。当时是下午2点,那家店竟然还在营业。

父亲走上前去,轻敲了几下门,片刻之后,他带着一些小袋子回来,袋口露出长棍面包的面包头,淡黄色,那是来自"希望之乡"的面包头。

那顿饭是我这辈子吃的最丰盛的一顿。

从耶稣到萨科齐(Jésus à Sarkozy [De])

关于那些载入史册的人物,人们大多知道他们善用心、智、性——必要时却也会冲动行事,而对他们的饮食好恶知之较少,但这方面是绝不可忽略的。美食词典里不能少了下面这些熠熠令目的人物。

耶稣不是仅靠(众人的)爱戴和纯净的水维生。他是地道的犹太人,他的日常膳食想必和当时巴勒斯坦流行的,甚至不久前阿拉伯人仍在传承的饮食没有什么不同。餐桌在耶稣的寓言故事④中

---

① 法国老字号食品店。——译注
② 法国顶级美食品牌。——译注
③ 巴黎左岸的娱乐中心,咖啡馆、餐厅云集。——译注
④ 寓言故事是四大福音书中耶稣布道、传教所使用的主要形式。——译注

起着重要的作用。正是在迦拿的餐桌旁,耶稣行了一生中第一个神迹,把水变成了酒,另一日,他用5个大麦面包和2条鱼给50000男人和一些女人、孩子充饥,每个人都吃饱了,还剩下12筐。还有一次,他用7个面包和几条鱼填饱了4000人的肚子。

酒是犹太人的天然饮料,以至于戒酒就仿佛是愿意受恶魔操控。《圣经》里,酒被提及不下500次。人们通常往酒里掺入水、香料和石榴汁。大伏天里,田里的农民常喝醋水,曾在殉道路上滋润过耶稣嘴唇的也是那样的醋水。

正餐通常正午时分在户外进行,就是在某一顿正餐时,一个女人好像在耶稣脚边砸碎了一瓶香料,那顿餐食是一个法利赛人①提供的。客人靠在长垫上,左肘抵桌,头上涂点芳香精油,然后一家之主分配切好的肉块(牛、小牛犊、绵羊、山羊、家禽或野味);其他菜肴分放在各个盘中,每个人把自己的那份放在小圆面包上,面包由精白面粉配上橄榄油揉制而成。

一顿饭通常会有小麦、大麦、洋葱、鸡蛋、蚕豆、滨豆、黄油、奶酪、葡萄、无花果、干枣。太巴列湖边,人们以鱼为食,耶路撒冷的大市场也卖那种鱼。耶稣重现在使徒们中间时,问他们:"你们这儿有吃的吗? 他们为他端上了烤鱼和一片蜜脾"。(《路加福音》,p. 24—42)鱼是圣餐的象征,它只是复活的救世主吃的第一样东西。施洗约翰②和《新约》都表示,耶稣应该还吃了4种可食蚱蜢中的一种:人们把蚱蜢晒干后碾成粉末,加上面粉、蜂蜜和骆驼奶,做成一种面包。

《马太福音》转述了耶稣的一句话:"吃进嘴里的东西不会玷污一个人,从嘴里冒出的东西才会"。在他说这句话的那个时代,巴勒斯坦人可以自由进食,不用担心被食物玷污而失去主的圣宠

---

① 耶稣时代一个著名的犹太宗派,时常与耶稣作对、为难耶稣。——译注
② 圣经人物,有很高的声望和影响力。——译注

助佑。

早期的基督教禁止食用献祭的食物(实际是献给假神灵们的食物)。不过,养在鸡棚的、后来像救世主标志一样立在钟楼顶上的那种公鸡应该就是耶稣时代的寻常食物,他本人没有理由不吃它。不管怎样,贪吃或者说贪食不久以后便被教会列为大罪之一。耶稣则要尽力避免处处看到罪恶。

伟大的外交家查理曼大帝早就明白了彰显气势在权力运用中的作用。他喜爱奢华的餐桌和精心的装饰:东方地毯、漂亮桌布、宝石镶嵌的花瓶、金银餐具、上菜间隙的音乐,总之,这种大排场在法国宫廷里世代延续,用来震慑野心勃勃的封建领主、臣服国以及外国来访者。

查理曼大帝并未因此而过分讲究饮食或贪享美食。小鸡里面他更喜欢吃小母鸡,他似乎常常将日常饭菜按 1000 卡热量调配,食材从基伯龙海滩获得。这个健壮的伟大人物讨厌酗酒,总是比较有食欲,有机会的话喜欢吃些烤野味,但最喜欢生菜、红皮白萝卜、洋葱、韭葱、黄瓜、四季豆、香草和水果。大帝也酷爱奶酪。一天,他去一个非常贫困的主教家中走访,除了面包和奶酪,主教拿不出其他东西招待他。他瞥见奶酪上有些绿斑点,于是想拿刀尖剜掉它们,他一动手,主人便恭敬地表明奉上的是最好的奶酪。

查理曼放下工具,咬下一口,他发现那种奶酪非常可口,于是命人每年给他寄两箱。他最终成了最早的罗克福干酪(roque-fort)①爱好者吗? 记述这个小故事的编年史作者并没有提及了那次走访的具体地点。

弗朗索瓦一世,常暴饮暴食,但绝不是美食家(最喜欢的是驴肉和驴奶),他 18 岁开始执政,在位期间法国发生过一件影响烹饪

① 罗克福干酪,一种著名羊奶蓝霉干酪,有蓝绿色纹路。上文查里曼大帝吃的就是这种干酪。——译注

技艺的大事：1533 年 10 月 22 日，未来的亨利二世和年轻的意大利公主凯瑟琳·德·美第奇举行了婚礼。多亏了这个 14 岁的孩子[1]，法国宫廷继而发现了文艺复兴的古典优雅。[2]

来自意大利的凯瑟琳饭量很大，却也味觉灵敏、善于品味，她不仅仅为法国引入了香芹、鸡蛋花香料和饮酒的风潮（维斯佩特健胃酒、马拉斯加酸樱桃酒、果子酒、玫瑰露酒），在她的珍珠和花边饰品里，还夹带了一袋白豆，这种白豆后来成为了朗格多克什锦砂锅新的美味标志。此外，她带来了专用厨师、佛罗伦萨食谱以及她对蓟心鸡腰、蓟心鸡冠、果汁冰糕和果酱难以抑制的喜爱。

也许，人们夸大了意大利"冲击"的广度，也许，这位未来的王后实际带来的东西没有那么多。如今，人们仍把千层酥这个重要发现归功于她的糕点师，而实际上 15 世纪就有人知道这种食品了。从古罗马流传而来的糖衣杏仁也是一样。我们也几乎无法确定人们是否在凯瑟琳抵法之后才开始疯狂迷恋香料。她的确喜爱香料，有时甚至会加大用量来对付不讨她喜欢的来宾……实际上，法国烹饪历来重视香料，可能凯瑟琳的贡献反而是对香料过量使用的抑制，这是她自成一家的"饮食科学"对人们的告诫。人们还把皇室餐桌上鱼类菜肴的引进归功于她，在她的影响下，塔耶旺和继承者们开创的重油的、及其复杂的烹饪法被稍加简化和提炼，而宴会菜样并未减少。不过，直至 17 世纪中叶，法国烹饪才开始渐渐发展，一个世纪之后才真正发生蜕变。

另一个大食客玛丽·德·美第奇嫁给了亨利四世。感谢她把巴斯蒂亚糖、豪华啤酒酵母牛奶面包引入巴黎，这种面包很快被称作"王后面包"，一度相当风靡，直至 50 年后因医药功效被禁止

---

① 指亨利二世。——译注
② 文艺复兴起源于意大利，亨利和凯瑟琳的婚事客观上促成了法国对文艺复兴风尚的引入，故有此说。——译注

食用。

亨利四世用大蒜瓣施了洗礼，众所周知，这使他有了"狐臭"，这位大食客（并非美食家）整天吃着糖果，对佳节盛宴毫无兴趣，只乐得与朋友一起随意吃点简餐，他和情人卡布里尔·黛丝蕾都喜欢吃布里干酪。

一天，叙利①到卢浮宫时看见他胳膊上兜着自己刚刚猎捕的小山鹑。贤明王②吩咐他的膳食总管："高盖！高盖！快去把他们烤了，分成8份，我和王后吃。"那顿饭他还把甜瓜"吃了个够"。

卢浮宫北面，他让人在周边种植了芦笋，西面内侧，设置了家禽饲养棚。每周日他都吃炖鸡吗？人们总说新鲜蔬菜炖鸡实际上是对蔬菜种植的一种营销，叙利和农学家奥利维·德·赛尔曾对种菜行为称赞不已。一些历史学家甚至确信那句口号是亨利四世离世后才喊出的，是为了美化另一位"贤明王"路易十八的形象。然而，亨利四世的收税官，《亨利大帝》（1664）的作者阿杜安·德·佩雷菲克斯在书中一字不漏地转述了那句国王名言："要让每个法国农民的锅里都有一只鸡。"他为什么要自创一句话？

路易十三酷爱浓味蘑菇炖肉块，尤其迷恋羊肚菌炖肉。弥留之际，他还在床上把羊肚菌排成若干串，以便晾晒③，他以此作为消遣。那些羊肚菌产自普罗旺斯，一起被送去的还有小蘑菇，路易十三还很爱吃黑块菌。

尽管如此，他并没有继承父亲亨利四世极好的胃口。人们断言他对"野味、重口味菜肴和源自巴黎葡萄园的淡红葡萄酒"的喜爱"使他脆弱的身体过早地损坏"。

事实上，在御医埃罗阿尔一丝不苟的监督下，他起床时必须喝

---

① 叙利公爵，亨利四世的得力助手。——译注
② 亨利四世被称为"贤明王"。——译注
③ 干的羊肚菌味道更加醇厚。——译注

柠檬大麦汤。也是这位埃罗阿尔制定他每日的菜单,这是一份拉罗谢尔包围战①期间的菜单:"两个煮苹果,鸡汤烧面包,碎面包鸡肉丸,三个圆锥蛋卷,苹果馅饼,肉冻,冲调得极淡的红葡萄酒(39岁之前他不喝纯葡萄酒),茴香果仁。"

不过,他很喜欢做饭,尤其喜欢做煎蛋卷和糕点。但是如果当时的人们胃口惊人,"如火枪手一般",那路易十三就远不能追求"餐桌巨人"的称号了。他把这个称号留给了儿子。

路易十四继承了母亲的好胃口,很贪吃,是个名副其实的大胃王。他算不上地道的行家,什么都吃,什么都喜爱。他的御医法贡1708 年记述道:"周五,国王身体不适,比较虚弱,被限制吃肥肉,晚餐他只想要面包皮、鸽子汤和 3 只烤鸡。翌日,晚餐是家禽汤和3 只烤鸡,和周五一样,他吃了 4 只烤翅、一些鸡胸脯肉和 1 个鸡腿。到了第三天,他完全没吃开胃菜,4 只烤翅、几块鸡胸脯和鸡腿就够了。"身体恢复后,100 只牡蛎才刚刚开了他的胃口,例如,帕拉丁公主②曾说,在那之后他还要"消灭""四盆浓汤、一整只野鸡、一只山鹑、满满一盘沙拉、蒜香汤汁羊肉块、两大块火腿、一些甜点、水果、果酱和水煮蛋"。

不难理解为何人们似乎曾认为他受到了一只"硕大"绦虫的困扰,尽管他这一生里,每月都要清肠两次。

在呈给他的一大堆菜里,他有一些偏爱的。例如西班牙式杂烩——各种家禽和野味做成的西班牙式砂锅炖菜。他还盛赞凡尔赛菜园里的时鲜蔬菜、水果,以及奥迪吉耶从意大利带回的青豌豆。奥迪吉耶是科尔贝尔③办公室的主任,他把青豌豆带到了法国人的餐桌上。法贡允许路易十四吃无花果和橙子,后者看到这

---

① 1627—1628 年,路易十三的皇家部队与胡格诺派在拉罗谢尔发生的战争。——译注

② 此处指路易十四弟媳巴伐利亚的伊丽莎白·夏洛特。——译注

③ 路易十四时期国务活动家、政治家。——译注

两种果树就高兴,但禁止他吃草莓,因为当时草莓栽培还是个新事物,国王对这些嘱咐通通不予理睬,1710 年,医生不得不改变他的奇怪"处方"。

不过,当这位著名的病人滥吃糕点和糖果的时候,医生从未批评他,甜品热当时已蔓延到了全国。来自西班牙的王后玛丽·特蕾莎使路易十四发现了巧克力这种东西,这也是他热爱的,他还喜欢茶——当时茶还被当作一种药材,直至暹罗使团得以成功宣传它的价值。

20 岁以前,他只喝水,20 岁之后,他习惯吃饭时喝点掺了水的夜丘①葡萄酒。至于香槟,宫里消耗量巨大,法贡实在不能妥协了,他曾在 1693 年把国王从餐桌边拉走。不过,国王有喝甜烧酒的自由:达尔马提亚酸樱桃酒,以桂皮或意大利玫瑰露、橙花露酒为原料的巴巴多斯甜酒。如果他听从了医生所有的劝阻,那么离绝食也就不远了。他从出色的厨娘德·曼特农那里获得了安慰,总是吃很多胡葱薄饼和纸包排骨(如今被叫作"曼特农夫人纸包排骨")。"太阳王"拿刀吃饭的时候最多,也不介意用手抓菜。直到晚年他才愿意使用餐叉。

与曾祖父一样,路易十五也特别爱吃草莓,无论产自蒙特勒伊、特里亚农菜园还是盛产多种智利草莓的布列塔尼。他要求一年四季供应草莓,这里顺便提一下,这种做法使得传统的对于"当季"水果的迷信终止了。1733 年,最早在凡尔赛温室里催熟的菠萝被呈到了路易十五面前,这种水果也是他全年的餐桌必备品。

同是食客,他比路易十四更为考究,美食学在他在位期间成为了真正存在的东西,尽管那时还没有"美食学"这个词。因而,摄政王在他跟前引领了"小夜宵"时尚,创造了新的生活艺术,吃"小夜宵"时,床就是餐桌的自然延伸。在"被喜爱者"②的影响下,女性

---

① 法国勃艮第的葡萄酒产区。——译注
② 路易十五被称作"被喜爱者"。——译注

的雅致也渗入到烹饪中。以王后和宠妃们为例,地位显赫的夫人们用自己的名字为发明的菜品命名,或从某位厨师那里买来菜品的烹调法,在上面列上自己的名字,并使菜品以此为名。"苏比斯"排骨和"迈利"羊腿的名字就是这样得来的。

玛丽·蕾捷斯卡[1]规定自己每天在公开场合用晚餐,她胃口极好,却常常消化不良。一天,她刚刚吞下15打牡蛎就感觉身体严重不适,甚至到了接受临终圣事的地步。就在这时,她醒了过来,又重新开吃,就好像什么也没发生过似的。这位威严的王后擅长做清燉肉汤、鸡肉一口酥和王后仔鸡,路易十五对这几样菜感到厌倦的时候就溜去宠妃们那里品尝一些小菜。"被喜爱者"的宫殿精美至极。仲马声称路易十五竟曾提供9000法郎来奖励在最短时间内捕到鲷鱼并立即上交的人。当幸运之手创造出一种新菜时,这种菜就以某位夫人的名字命名:有"蓬巴杜夫人馅饼"、"杜巴丽夫人[2]配菜"。这种风潮渐渐越过了皇室私生活的界限。常败元帅德·维勒鲁瓦以"维勒鲁瓦仔鸡"为傲,米尔普瓦则因他的"盒装鹌鹑"感到自豪,而与国王一样受到蓬巴杜夫人青睐的红衣主教贝尼则满足于"贝尼笋尖鸡蛋"。

星期天,国王在公共场合用夜宵时,人们就会前去观看,只见国王用餐叉一下子把水煮蛋的蛋壳顶端敲破了。这一敲从没失误过,司仪官也从未忘记宣布:"注意! 国王要吃鸡蛋了。"

在小房间用夜宵时,国王会和东布亲王一起下厨,就像一个厨房小学徒。他自己沏茶、准备巧克力或咖啡(杜巴莉夫人说过一句"历史性的"、有争议的话:"法国啊,你的咖啡不复存在喽!")。他最喜欢的饮料是香槟,不过,他在位期间,人们开始向皇家进献波尔多葡萄酒,那时这种酒还没有资格上皇家餐桌。

---

①　路易十五的王后。——译注
②　蓬巴杜夫人和杜巴莉夫人都是路易十五的情人。——译注

某天,路易十五漫不经心地尝了一点拉菲庄园葡萄酒,但他只觉得"一般般"。

公主们没有他们的父亲那般讲究饮食,她们往橱柜里塞满火腿、馅饼和西班牙酒,常常大吃大喝一番。

路易十六和戴高乐将军至少有一点是相同的。无论在凡尔赛宫还是后来的爱丽舍宫,吃饭的费用都被仔细地记在小本子上。只有一点不同,就是国王不根据自己的财产多少来调整支出。

路易十六的王后玛丽·安托瓦奈特饮食简单且有节制,但她的丈夫却因贪吃而让人联想到路易十四。打猎前,他一定要预先吃下一只足够肥的仔鸡、一些排骨、肉汁鸡蛋和一大片火腿。真实的他身形修长,长期瘦弱甚至虚弱,与人们描绘的形象相反。可能他忍受着善饥症带来的痛苦,味道的鲜美并不能让病症减轻分毫。在他的婚宴上,祖父路易十五劝他少吃些,他却答道:"为什么啊?我吃得好的时候才能睡得香。"于是恶毒的诽谤者路易十八后来说,对于他的哥哥而言,"吃东西就如同搂着妻子"。而且,他吃得不干净,用手抓食。据作家、博物学家布封讲,他甚至像巴黎植物园的动物一般扑向食物。无论如何,国王里面只有他曾用一块地和一位地方长官交换馅饼⋯⋯具体地说,是用皮卡底的一块地换得了让·皮埃尔·克洛斯做的肥鹅肝,此人是阿尔萨斯地方长官孔塔德元帅的厨师。

我们知道大革命并未让路易十六失去胃口。被监禁在唐普勒堡时,有 13 名公务人员照顾他的饮食,还有 1 个银器保管员、3 个侍从,每天可以有大约 400 利弗勒①开支。每顿饭包含 3 个汤、4 道前菜、3 盘烤肉、4 种甜食、3 份果泥、3 盘水果、一些小蛋糕、1 瓶香槟、1 小瓶普通葡萄酒、1 小瓶马德拉葡萄酒。如果不是晚上,还会有咖啡。记者卡米耶·德穆声称,在去往瓦雷纳的路上,国王坚

---

① 法国古代货币,相当于 1 古斤(约半公斤)银的价格。——译注

持要在圣默努尔德休息，其实是为了享用那里的猪蹄，结果他在那儿被认了出来①。这纯属污蔑。

不过，王后的密友费尔森的确往王室的大型马车里装了冰冻的胡萝卜焖牛肉、冷吃的小牛肉和原味香槟。但难道整段路程中他不该吃些东西吗？

人们口口相传并大肆嘲笑他回到唐普勒堡、在大革命法庭出庭的第一天狼吞虎咽地吃光了 6 块排骨、1 块肉、一些鸡蛋，喝掉了 2 杯白葡萄酒和 1 杯阿利坎特葡萄酒。实际上，人们对当时的情况一无所知，但如果真是如此，为什么不向这种面对未知惨境依然从容不迫的态度致敬呢？

当被法兰西第一帝国的警务大臣富歇问到对于拿破仑的看法时，讲究美食的格里莫·德·拉雷涅尔（参见该词条）的回答我们都知道："我认为如果陛下把才华运用到烹饪上，人们只会对菜肴更加满意。"比起把肉装进肠衣，"小伍长②"更擅长"把肉放进炮筒"，虽然他频繁光顾皇宫里的餐厅，尤其维富餐厅，但什么也没记住。

入住杜伊勒里宫时，他用最美味的菜肴收买律师冈巴塞雷斯和塔列朗（参见该词条），同时以美食为帝国利益所用。由于害怕长胖，他从不会在餐桌前停留半小时以上，即使在加冕礼之后。1805 年，他强制自己每周保证一次或两次宴请，每次邀请百来个客人来在杜伊勒里宫用膳。绝大部分时候，他什么也不吃。忠诚的贴身男仆也提到过他在"12 分钟内"草草结束进餐的事。不过，这一次，他独自坐在独脚小圆桌前，没有餐巾，他在衣服上擦了擦手，用手抓食饭菜。

有时，他突然饿得发慌，不管当时是白天还是夜里什么时候，

---

①　当时国王正在秘密出逃。——译注
②　拿破仑的绰号。——译注

他都要求有人立刻呈上一只家禽、一些排骨、含淀粉的食物（他酷爱这类食物）、半杯咖啡和勾兑过的香贝坦红葡萄酒。

他非常爱吃黎塞留黑香肠、烤鸡、肉丸子、浓味蔬菜炖羊肉、杂烩饭和米兰柱形通心粉（帕尔马奶酪通心粉），他常把柱形通心粉当作餐后点心，不带咀嚼地吞下去，有时甚至会以呕吐收场……于是他躺在地毯上呻吟，约瑟芬轻轻为他抚摸肚子。在当时的体制下，帝国散架和皇帝长胖都不会出人意外。拿破仑给厨师长的工资非常低，他们纷纷溜走。唯一有耐心留下来争取名望的是拉吉皮埃尔，颇受名厨卡莱姆的赞赏，他同时也为缪拉元帅做菜。总之，（对于厨师来说），拿破仑不是个好东家。

路易十八终于让美食文化进入了杜伊勒里宫。他很能吃，但味觉也如思维一样敏锐，他花在准备饭菜上的功夫与拿破仑花在打仗上的差不多。他会记下烹饪法和味觉体验，他的手经常放在面团上，他甚至发明了一些菜品，常常和朋友达瓦雷先生面对面坐着品尝。他常让人把两种食物结合起来，例如把三块羊排放在一个盘中，只吃中间那块浸润在其他两块流出的肉汁中的，或者让人把雪鹀放在垫放着黑块菌的小山鹑肚子里煮。他还设立了一个评审委员会，专门挑选王室餐桌上的水果。

不过，路易十五的这个胖孙子对美食学的未来不抱有幻想："美食学消失了，文明的最后一点残存也和它一起消失了。过去，法国遍地是美食家，因为过去有很多美食家行会①。"他也许经常想到他笨蛋弟弟——继承他王位的、未来的查理十世，后者既没能力吃好，也没能力治理好法国。

路易十八在饮食方面的习惯则跟小商人没有两样，他把四五种汤混在餐盘里，接着吃一块肉、一些蔬菜，他常以通心粉作为餐后点心（继承了拿破仑的习惯？）。不管怎样，杜伊勒里宫的晚餐轻

---

①　指法国大革命前同职业的人组成的公会。——译注

松随意,国王会亲自切烤肉并为客人们服务。他总是勒紧钱袋,根据客人的重要程度提前确定餐食的价格:有 10 法郎、6 法郎、3 法郎的晚餐。星期天,他们享受盛宴且不计较数量:通心粉汤、花色肉冻、马伦戈排骨、王后仔鸡、黑块菌火鸡、栗泥仔兔里脊……每逢那一天,资产阶级君主立宪制都让他的皮带松上 3 个孔。

1851 年 12 月 2 日政变的第二天,拿破仑三世入主杜伊勒里宫,开启了一个奢华宴会的时代。这位皇帝对美食学毫不在意:"我家里总是吃得不好,但我们觉得不错。"皇后欧仁妮也并没有好到哪去。她的朋友梅里美有记述"最糟糕、最蹩脚的菜在她的宫殿里也能博得好感,而其他人都支着头……或捂着肚子"。她常抛给乐意听她讲话的人一个自己所喜爱的西班牙煎蛋卷("用发臭的油煎的",梅里美《武断的话》),这种煎蛋卷同时也被抛进了法国烹饪难解之谜:"他们使用各种食材,而吃的人永远猜不到自己吃的是什么"。

不过,尽管皇室成员们完全不重视人们端上来的饭菜(他们应该是毫不反抗地接受了,无论饭菜是不是可口),并且总在桌边待上 45 分钟就示意离席,但他们也想要菜肴被盛放在最美的塞夫勒瓷盘①里、镀金的银餐具以及水晶餐具里,打算让餐桌边布满鲜花。

玛蒂尔德公主味觉和嗅觉都不灵敏,所以,在她家,大家一致认为食物是非常令人厌恶的,这就解释了为什么她丈夫、美食家德米多夫王子坐立不安,对夫妇俩的住所唯恐避之不及……这个皇室家庭里唯一能吃上一桌好菜的是莫尔尼公爵。如果他的父亲夏尔·德·弗拉奥真是美食家塔列朗的私生子,这就不难理解了……

俾斯麦首相很喜欢法国。至少可以确定他很喜欢法国的名餐

---

① 出自塞夫勒皇家瓷厂的瓷器,以精致、优美华贵闻名。——译注

馆。1867年6月7日，"英国咖啡"招待了普鲁士国王、俄国沙皇尼古拉、俄国太子及俾斯麦，杜格莱雷主厨用晚宴向他们致敬，4位人物餐后将去观看奥芬巴赫的歌剧作品《盖洛斯坦女爵》。而那份菜单现在则陈列在"银塔"的大厅里——15道菜，搭配着香贝坦红葡萄酒、依奎姆葡萄酒、拉图、拉菲、玛歌、路易王妃香槟。

也是那个时期，人们经常在意大利人大街的托尔托尼咖啡馆看见他。那是"时髦前卫的女人们"的圣地，贵妇们遇见她们就会"得体地"避开。

他一天只吃一顿饭：晚饭，而且狼吞虎咽，吃得很快。俾斯麦家族的人都贪吃，他本人常消化不良，因此叫苦不迭："我吃得太多了，我就像一条蟒蛇①。"晚年的他常伤感地回想起能一口气饮下1升波尔多葡萄酒、吞掉11个清煮蛋的时候。酷爱吃鱼的他（你们在李普咖啡馆吃俾斯麦鲱鱼的时候会想到他）自己就是自己的食谱，曾详尽地论述大口鲢、螯虾和乳鸭的不同做法。他本能够开个餐馆，在美食学史上留名。可惜他的选择并非如此。

素食主义者一般比较英勇。阿道夫·希特勒就是例证。

1937年5月30日，那时和平似乎仍可能实现，《纽约时报》上写道："希特勒是素食者。他的日常饮食是汤、蔬菜、鸡蛋和矿泉水。"但是那篇文章的作者加了一句："偶尔他会吃一片火腿和几粒鱼子酱。"一个吃火腿的素食主义者……

素食的希特勒这一形象是否只是纳粹宣传的手段，主要由戈贝尔捏造而成，然后当事人本人使其继续传播出去，并多次确认："我是素食者"？

史实似乎更复杂。希特勒年轻时曾忍受右上腹剧烈痉挛的痛苦。20世纪30年代初，他决定自己照料自己，戒掉了卷心菜、干四季豆、蛋糕、甜食，他把自己的不适归因于这些食物，同时开始多

---

①　蟒蛇捕到猎物后不经咀嚼直接吞下。——译注

吃面包干、新鲜奶酪,喝蜂蜜和酸奶。据他本人的讲述,心爱的外甥女吉莉自杀后的第二天,当他瞥见早餐盘上的一片火腿时,突然一阵恶心,于是推开盘子,叫喊道:"啊! 不! 这跟吃尸体差不多!"

1933 年,他对密友赫尔曼·劳希宁说了这句颇具感化作用的话:"你知道吗? 瓦格纳[①](素食主义者名人)曾把文明衰退的主要原因归结为食肉。"后来,他对马丁·鲍曼说:"只吃生食的人寿命更长",并补充道"煮过的食物会引发癌症"。然而强硬的素食者也是有软肋的。虔诚的素食主义信徒瓦格纳既没放弃肝脏丸子,也没放弃香肠,他常享用汉堡一家宾馆女主厨(不久以后移民到了美国)做的塞肉小鸽子,也不怎么拒绝煮牛肉和啤酒。之后,他又重拾自己的"饮食制度",直到下一次发生类似的情况。总之,希特勒和我们中间的很多人一样,坚定地遵守着素食食谱,然后在极少数情况下,对一道非常讨喜的菜肴妥协。

但一切都是谎言。1933 年掌权后,这位面包干和酸奶的捍卫者立即宣布素食主义组织是非法的! 动物的伟大朋友、和善的戈林之所以在同一年里宣布禁止在普鲁士活体解剖动物,而且至今人们仍然确信纳粹德国出台了当时在动物保护方面最为完善的法规,是因为纳粹德国一直没有停止活体解剖,人们却未对此提出多少异议;是因为在奥斯维辛集中营里,两只脚和四只脚的动物都是医生做试验的牺牲品。

1911 年,爱丽舍宫。共和国总统阿尔芒·法利埃宴请路过巴黎的威尔士亲王。温莎甜酒、吉斯蒙达冰淇淋、新式小羊脊肉、雪鹀肉冻,15 道菜。(就是在这次宴会上,法利埃夫人俯身向尊贵的客人细语:"尊敬的殿下,再吃些,还有些菜正在做呢。")

1961 年 5 月 31 日,爱丽舍宫[②]。戴高乐将军和夫人设宴接待

---

① 瓦格纳(1813—1883),德国作曲家,剧作家。——译注
② 法国总统官邸。——译注

肯尼迪总统夫妇：6道菜，有苏丹浓汤、冰淇淋等。那是一顿非常特别的饭。常常和御用主厨一起挑选菜单的伊冯娜大婶那晚为客人们准备了"盛筵"。通常，客人只是受到简单的招待：例如，一只煮狼鲈，一只布雷斯小母鸡和一个草莓塔，而国家元首的待遇则大不相同。我想，之所以木桐红酒经常出现在政府晚宴的餐桌上，大概是因为木桐酒庄老庄主菲利普男爵常向戴高乐将军"讨奖赏"……

接待来宾的时候，戴高乐夫人偏好传统饮食，严格遵照名厨埃斯科菲的菜谱进行安排：茹安维尔鳎目鱼圆饼，大口鲢，热月鳌虾，诺曼底烤火鸡，香橙鸭胸，夏洛来牛里脊佐土豆泥，蔬菜沙拉，冰淇淋，主教鲜桃……戴高乐将军爱上了普罗旺斯鱼汤，但大约只在两种场合才能享用：没有客人的时候或者总统夫妇招待孩子和孙子们的时候，糕点大师弗朗西斯·罗杰（在爱丽舍宫服务了42年，从戴高乐时代到希拉克时代）一般会奉上将军喜爱的香草雪花酥，总统夫妇每月至少会招待一次儿孙们。戴高乐将军在吃饭方面花钱是非常谨慎、严格的，用电也是一样。于是，有小道消息称，海军上校、自由法国伟大的海军战士让-布拉瑟·克马德克成为了他（这方面）特殊智囊团的一员。

由此我还知道，如果说在官方宴会上戴高乐将军的饮食非常清简，那么和亲友们一起吃饭时他则要适当地弥补一番，常吃蔬菜烧肉、焖肉、白汁块肉之类，尤其是大锅浓汤。他常常在伊冯娜大婶担忧的眼神中喝掉三碗，伊冯娜也总是竭力阻止他，说那"对他的身体不好"。

蓬皮杜最喜欢和朋友一起吃饭。他讲究饮食，在罗斯柴尔德银行工作的那段时间时常光顾巴黎的上等餐厅，但他那来自奥弗涅的好吃的嘴巴却更喜爱蒙特布迪菜，偏爱奥弗涅的两种土豆泥拌奶酪（aligot 和 truffade）、土豆肥肉片。爱丽舍宫的厨师们都很喜欢他。每次盛大的午餐或晚宴之后，他都一定会来与烹饪团队握手并向他们致意。

　　吉斯卡尔·德斯坦恰好相反,他口味清淡,热衷于烹饪革新:菜不需摆盘,不要煨炖;他喜爱清蒸鱼、清蒸贝类和虾蟹,烤肉要用最少量的调味汁。普伊的居民对他的好恶一无所知,而总统先生实际是讨厌小扁豆的[①]。我们不太知道为何他不喜欢名厨罗杰做的苹果塔,罗杰几乎立刻失去了工作。

　　密特朗爱吃爱睡。我经常在法国的名餐厅偶遇他,帕克托勒的雅克·马尼埃尔餐厅以及比耶夫尔街上与之相似的一家,荣军院广场的迪维勒克餐厅,还有勃垦第的罗瓦索餐厅和梅诺餐厅。一天,他有了个奢侈的念头,即在访问越南时带上他的厨师班子和做菜必需品,用这些必需品要做出供220位宾客享用的朗德肥鹅肝冻、黑块菌小母鸡和裹糖蜂蜜馅饼。

　　爱丽舍宫的工作人员尊重他美食家般的品味,但并不喜欢他。执政14年,他是唯一一个没有"下过厨房的"。更糟的是,他还做了一件蠢事:不让爱丽舍宫的主厨为他准备私人餐食,而把这项任务委托给了宫外的人,勒洛特西点店的一个"临时工"。

　　希拉克和夫人马上用他们的亲切和对服侍人员的尊敬抹去了这些不好的记忆。我曾有幸就著名的"蛋黄酱小牛头"事件采访希拉克。有传言说他迷恋小牛头,甚至于早餐都要吃这道菜!

　　他哈哈大笑,告诉我说小牛头成为了一个噩梦。不管被邀请到哪里。都逃避不了它。以至于前不久他开始厌烦这道菜了! 尽管他曾和你我一样热爱它。实际上,他喜欢一切好吃的东西,如果要列举他所喜爱的菜,那是说不尽的:黑香肠、蜗牛、自己切的烤鸡、小块腌猪肉或辛辣的克里奥尔菜。人们把他说成了善饥症患者,但他留给爱丽舍宫厨房人员的印象却并非如此。真的,只是在

出差时,特别选举运动期间,他感到需要被"支持、支撑",才会吃掉一切经过手边的食物、喝光若干瓶啤酒。幸好希拉克为自己"消除了"这种传言。

萨科齐则改变了方向。这位总统不属于食客一族,不在吃饭上花费太多时间。他准是把时间用在了必要的官方宴会上,这些宴会一定让他很不耐烦。尽管爱丽舍宫的工作人员似乎欣赏他的礼貌谦恭和其对服侍人员的关怀,但一想到他和厨师长研究下一顿大餐内容的样子还是会让人觉得比较糟糕。他本人在非正餐时间的饮食非常有节制,吃点巧克力或马卡龙就足够了,保证从不喝红酒。面对佩里格一个高中生的提问时,他答道:"我最喜欢吃的是萨瓦干酪火锅。"怎么不能是这个呢?但我仍然希望亲眼看到。"干酪火锅之夜"没有尽头,奶酪粘在牙齿上……没有,我真的没有在那样的场合看到过他。

不过,据可靠消息,和人们描述的不同,他对好菜完全不会无动于衷,(当然,前提是)他有空慢慢品尝。他不仅喜欢厨师们的烹饪,也希望常有他们陪同,比如居·萨瓦、埃里克·弗雷松及其在布里斯托酒店的同事(萨科奇酷爱他做的黑块菌碎肉通心粉)、若埃尔·卢布松,可以看出他很会挑人。

他没有因此装出一副很懂行的样子,这使我对他颇有好感。一个国家元首当众表明"我一点也不精通。那又怎样呢?最重要的是满足我们的味觉",这不是一件很糟糕的事……此外,法国人应该感谢他们的总统正式支持欧洲食品历史研究与文化研究所建设的好主意。该研究所的所长是弗朗西斯·谢弗里耶,索邦大学前校长、一流图书《法国美食》(法雅出版社)的作者让·罗伯特·皮特也是智囊之一。他们共同的志向是使法国美食被联合国教科文组织列入世界非物质文化遗产。

当然,很快就有些狡黠之人放声大笑,其中最引人注意的那位以"好战的民族主义本性"带来的恐怖相要挟,认为这种本性之下的美食学（"萨科齐主义的"，这是不言而喻的）是危险的、"具有法国人典型缺点的"。站在"红—白—蓝"美食卫队第一排（看上去受到勒庞的小冲击，但总是容易发现）是若埃尔·卢布松、居·萨瓦、阿兰·杜卡斯、马克·维拉、皮埃尔·特鲁瓦格罗和米歇尔·特鲁瓦格罗。在这些强烈捍卫"共和国宴会、资产阶级烹饪、卡斯特尔诺达里烩什锦等油腻的、煨煮慢炖的"菜式的守旧者之中"（原文如此），最为积极的要数米歇尔·格拉尔（参见该词条）——"清淡烹饪法"的创始人。

应该把联合国教科文组织的敬意当作一种象征性的功勋，别无其他。然而，这项荣誉的获得恰好撞上了这样一个时期：国外的严肃鬼和我们本国的傻瓜们宣称我们的烹调衰落了、死亡了，总之，与其他国家烹饪文化的风生水起相比没什么价值和意义了。

而且，我们并不真心希望人们产生这样的观念：联合国教科文组织的承认或许能让我们的烹饪遗产成为世界上无可指摘、独一无二的金字塔。蔬菜猪肉浓汤绝不会被放在博物馆里。一直以来，除了傻瓜，所有人都知道我们的烹饪文化不是平底锅里凝固的肉冻，它是向世界敞开怀抱的，它生生不息，它的脉搏随着社会的发展节奏永远跳动着。很幸运，大部分伟大的厨师们都常常将一部分功劳归于传授给他们厨艺精髓的法国老师们，无论他们来自西班牙、英国、美国、西班牙或是日本。因此他们心怀敬意，没有参加这些毫无意义的诽谤运动。

然而，全世界的媒体都很推崇这种可怕的浓汤，我们就不该稀里糊涂、毫不反驳地一口吞下它。

海螯虾(Langoustine)

要想核实一个餐馆是否名副其实，方法就那么一种。如果菜单上有海螯虾，您说："上一些吧。"当呈上来的清煮海螯虾被堆成金字塔形，浸在芳香四溢的葡萄酒奶油汤汁里，那真是从天而降的幸福。

幸福？我们马上来看看。您用手抓起一只海螯虾。虾壳很坚固。什么？是软的？这可能只是一个意外。您把它拿起来晾一秒钟。还是松软的吗？您说还有些淡淡的气味？

您的面前呈现出许多吃法。您逆来顺受，一边吃一边连连低语："好，好……"当另一只"企鹅"①惯例式地询问您："好吃吗?"快吃完第二只或第三只虾的您有些泄气，停了下来。这只"企鹅"询又问道："不合口吗?"您索性直截了当地说："完全不合口，完全不……只是填饱了肚子"。糟透了！糟透了……但我了解您，您不会轻易投降的。

那么，行动吧！我们把餐巾往桌上一扔，起身径直走向出

---

① 此处指侍者。——译注

口。一个服务生追上我们。我们要求他去叫厨师长。好的，马上！厨师长过来了，面无表情。我们朝他头上扔去一只海螯虾，建议他换个职业，我们没有哄闹（情绪不好的时候一定要保持冷静）。

穿白衣服的男人①反驳了，并且还恐吓我们。毫不犹豫的两耳光。是的，我知道这可能会引起严重后果，但生活里，有时需要这样。事关海螯虾，那可是开不得玩笑的。这可能是唯一一天然的产物了，无法掺假。洒些醋在快要变质的鱼肉上，用浓味浆料给变质的野味调味，这些幕后操作不为人知。

而海螯虾绝不会被这样作假！……

最狡猾的人也无法对这种善于捉弄人的小动物做手脚。我说它会捉弄人，是因为就在前不久，我还和绝大多数人一样，相信它是地地道道的布列塔尼虾②。但全然不是如此。起初人们在地中海、尤其在阿尔及利亚捕捉它们，直到20世纪初，它们才开始出现在大西洋沿岸的捕鱼人网中。30多年以后，它们已经成了不折不扣的布列塔尼虾，我们只能在50—250米或更深的泥沙"洞穴"里发现它们，这些"洞穴"仅限于格雷南群岛沿岸海域、蓬拉贝海港（吉尔维内克是"海螯虾之都"）、克鲁瓦和美丽岛一侧以及约岛和吉伦特河的淤泥里。

不要去找它和龙虾的相似处。这种小宝贝与众不同。它也趁机"涨价"，变得愈发稀有（只有230只法国捕捞船，而20年前，这样的船有300只），但这不是问题的关键。它体质虚弱，一离开水就可能毫无征兆地昏厥或死亡。48小时后，它的身体变得黏糊糊，继而又干又硬。可惜我无法一一告诉您我都是在哪些饭馆里碰见这种惨状的，包括那些最上档次的餐厅……是的，我天生爱使

---

① 指厨师长。——译注
② 布列塔尼海虾十分稀有，不易捕获。——译注

坏,只要看到菜单上醒目地写着"海螯虾"几字,我就必定会点一份。十有八九结果都是糟糕、糟糕或非常糟糕的。

饭店经营者假装忘了这点,但如果被扔进沸水的海螯虾是奄奄一息的,它也就不再是真正的海螯虾了。其实,仿冒品的花费要高得多。

您会得出这样的结论:让我们把整个法国搬到布列塔尼吧,那样我们就可以满心欢喜地从这些粉红色的金字塔上冲下去。有个夏天我就是如此,我去了康卡尔的奥利维・罗林格餐厅、雅克・托雷尔餐厅,去了拉罗什贝尔纳、阿旺桥的若斯马德克磨坊酒店、东道主酒店、洛里昂,以及众多其他的餐馆和设施简单的饭馆,那里的服务人员亲切大方,他们知道怎么从篮子里抓出活蹦乱跳的海螯虾,不会费太多心思准备:往一大盆水里撒上盖朗德盐、一些香料(生姜、有柠檬芳香的植物、桂皮粉、橘皮是必不可少的),当锅里的水再次沸腾时,关火,待其变得温热,加上优质蛋黄酱便可上桌了。还有许多更加精巧的做法,但我们为什么要把大自然的杰作变得复杂化?

人们对于虾的大小喜好不一。一些人只想要大的、最贵的、"品种好的"(1公斤不到10只),另一些人只看重中等的、小的(1公斤15—20只),坚定地认为它们更美味。他们都有理,这是不言而喻的。

现在分享一个您可能早就知道的好消息。

海滨必然有可食用的海螯虾,是的,这是当然。若一个厨师试图得到鲜活的虾,而非碎冰面上的死虾,有些地方可以一试——去伦日斯寻觅或自己捕捞。所以,假如您去维富大酒店、塔耶旺餐厅、迪维勒克餐厅、布里斯托、豆牧、卡古伊尔(两家都在蒙帕纳斯),尤其是马克・维拉餐厅,他家的欧百里香海螯虾棒极了!简而言之,假如您去有信誉的餐厅(资深评论家们了解情况),就不会上当。无论如何,服务生和酒店老板总会被要求:"海螯虾一定要是新鲜的!"

　　以上是关于餐馆的。自己家呢?巴黎的海螯虾喜爱者都知道豆牧鱼市的让-皮埃尔·洛佩斯餐馆,那里的虾好极了,只是价格不菲。但是为了海螯虾我们什么不能做呢?还有一家也不便宜,却也算上等的海产品店——活跃的"洛伦佐",每周三和周六出摊,位于威尔逊总统大街的阿尔玛市场,和世界第一的蔬菜店若埃尔·杰博仅几步之遥。再推荐几家:朗比托街的海洋超市,蒙热街的让·科尼昂,马勒提尔街的蓝色鱼市,德赛街的渔民小屋,美叶街著名的赫里艾以及德莱维街的精优海货。

酒闷蒜葱野兔肉(Lièvre à la royale)

　　"用肥鹅肝配野兔肉,这是什么鬼主意!只有巴黎人能做出同样的事。"靠着一叠靠垫,大皇宫的老浪荡女①假装对她的朋友兼邻居雷蒙德·奥利弗生气道。当朗贡的厨师北上巴黎来拯救奄奄一息的维富餐厅时,奥利弗和他的勃垦第口音和加斯科涅口音很快交织在了一起,你一言我一语议论起来。

　　《葡萄卷须》的作者科莱特喜欢让她忠诚的送信者波利娜拜访她。每周都有那么几个下午,她登上博若莱街9号的二楼,一瓶伯瑞香槟和最喜爱的饮料已在那里等着她。如柯莱特自己所说,"这些让快乐发酵、膨胀。"1952年秋天的那个下午之前,我只是在照片上见过她,以为她的狮鬃般浓密的头发下面是大食客应有的宽大体型。完全相反。

　　她是那样的纤弱、瘦小,似乎可以被揣在怀里带走。

　　"过来吧,宝贝儿,走近些。雷蒙德跟我说了您要来。您在维富吃的午餐吗?来跟我讲讲。啊,您吃了野兔肉。酒闷蒜葱野兔

---

　　① 指下文提到的科莱特,科莱特当时住在大皇宫。——译注

肉？我希望他起码不要忘了放 60 瓣蒜和 30 颗白葱头。没有蒜和
葱头？他又开始这样了！一意孤行。"

科莱特曾让奥利维给她做一份酒闷蒜葱野兔肉庆祝生日。这
道菜以 1 岁的、5 公斤左右漂亮兔子为原始食材烹制而成。那一
天终于到来了，柯莱特见奥利维稍稍抬起了锅盖，菜香扑鼻，锅里
放着一只肥硕的野兔，可是，天哪！太讨厌了！兔子里塞了满满的
肥鹅肝！"不，不，这不是我要的做法！""母狮子"吼道。她向我
解释：

> 您太年轻了，不知道议员库多做的野兔肉，但那是多么疯
> 狂的事啊！那是上世纪末的事儿了。您可以想象，《时间》①
> 并非妙趣横生、别出心裁的报纸，而有一天，它的读者们翻开
> 第一页时就惊奇地瞪大了眼睛。疯狂的举动！日报的第一面
> 被一份菜谱占据！更夸张的是，菜谱由《时间》的社长阿德里
> 安·汉那亲自推出。这份菜谱就是法国维埃纳省议员、一位
> 名叫阿里斯蒂德·库多的人开创的皇家野兔做法。当您品尝
> 了他的野兔肉，就不想再吃其他人做的了。他没用一点肥鹅
> 肝，而是把肝、心、肺、肾碾成酱，加上一大杯红酒醋、四瓶勃垦
> 第葡萄酒、一点葡萄烧酒，最后，当调味汁的粘稠度与较为稀
> 薄的土豆泥相当时，再把兔血浇在上面，就大功告成了。只剩
> 拿勺子吃了。

我不是很清楚原因，但不知从什么时候起，议员库多的野兔肉
重新变得时兴。我知道巴黎有 6 家餐馆的菜单上突然加上了这道
菜，于是，增加了不少收入。

做法得当的菜味道会很好，但很遗憾，我觉得科莱特错了，雷

---

① 曾是巴黎最重要的日报。——译注

蒙德·奥利弗是对的。

酒闷蒜葱野兔肉是佩里戈尔德①的烹饪精华所在,若少了肥鹅肝、黑块菌、干白葡萄酒(如果可能,最好是产自格拉夫的)和两杯陈年雅马邑白兰地,它就不是酒闷蒜葱野兔肉了。在卢卡斯-卡尔东餐厅的黄金时期,马尔斯·苏斯戴尔就是这样制作"皇家野兔"的,兔肉并非呈泥状,而是松软无骨的,被捆扎在薄片肥肉里,看上去像是两端和中端缝合的大灌肠。将其解开并浇上用鹅油熬了足足 3 小时的调味汁后,就可上桌了,吃的人把它切成片,很显然,人们不会用勺子来享用它。

大名人科莱特所说的用勺子吃的野兔肉只是议员库多的野兔肉,不是"皇家"野兔肉。这位凭借厨师天分而让追随者们饱有口福(我们希望如此)的出众食客应该多了解一些,用肥鹅肝和黑块菌做野兔肉的方法在 15 世纪就非常著名了,当然,那时 18 世纪最伟大的烹调作家默农还没有在《宫廷夜膳》里整理和改良这道菜谱。

苗条(Ligne［La］)

在我胃口大好、奔走于各个餐馆的那些年,我保持着苗条身材。

但当我停下来,就开始发胖。

别跟我说上帝是公正的!

液体食物(Liquide［Manger］)

在一贫如洗、躺在麦秸上死去之前,我们这个社会先将会用吸

---

① 法国著名鹅肝产地。——译注

管进食。那就是未来,它给我们递来小勺子、滴管、吸管、搅拌榨汁一体机、各种乳汁、沙冰、果泥、慕斯、"一点儿"酸奶、法式蛋挞和所有会让我们牙齿掉落、让牙医失业的"饮食玩偶"(无意间得到的精准描述,语出法国国家科研中心的让-克洛德·考夫曼)。

和其他时髦现象一样,这只会风行一时? 不太确定。被各档次厨师及"潮流"追随者们支持的"流食"正在倒退。这个过程中混杂着急剧发展的幼稚症、缓解现世纷扰的童年追忆("无人再有无忧无虑的时光")、对"老旧"的抛弃以及未努力却先行的懒惰(的确,此时咀嚼空前地代表着努力)。可是,没有咀嚼,人类可能根本不能进化。

50年前,一些预言未来的作家说丸剂会来到所有人的生活中,一方面可以节约地球资源,另一方面可以用最少的花费保障大众健康,同时能让人们节省出被无用的餐食浪费掉的宝贵时间。在这个仍属于我们的世界里,这是难以置信的。而流体或气化的食品幸运地吸引了年轻人——他们对父母做的传统餐食厌倦得要死。让年轻人在摆满固体饭菜的餐桌前驻足是越来越难了——这些固体饭菜需要用刀叉进攻。承认吧,这几乎要求付出英雄般的努力……

有了这些浓汤、酸奶、水果、蔬菜泥和泡沫的或气体的、不太实际的食物,甚至不必再忍受坐椅子和用餐巾的苦难了。半只屁股坐在高脚圆凳上就可以享用这些食物,若有人还反复跟您说这种方式喜庆、轻松、比传统的有趣得多,那么就没有停止它的理由。

我承认这个新发现层出不穷的世界令人激动,那些有才华的厨师应该思索、自问,他们可在我们的健康方面肩负重大责任。

营养学家让-米歇尔·科恩接受《费加罗报》亚历山德拉·米绍的采访时,发出了这样的提醒:"缺乏咀嚼会带来问题。咀嚼是一个必要的过程,能够将帮助消化的酶涂抹到食物上面。此外,咀嚼有感官传达功能,没有咀嚼就没有感官效果的扩展。"

换句话说,流食"签署"了美食学的死缓判决书。有一个问题要问那些成周成月或即将成年摄入流食的宇航员们:你们能从中得到乐趣吗? 你们觉得每顿有变化吗?

如果说还算幸运,那就是这糟糕的前景还没让我闷闷不乐,因为在重读路易·塞巴斯蒂安·梅西埃的《巴黎景象》时,我发现了这个细节:王室餐桌前的玛丽-安托瓦奈特①总是很痛苦,因为"下颌的运动会使她美丽的脸蛋变形"。因此,在公开的宴会上,她只是假装吃东西。梅西埃还补充道,宫里所有的贵妇都以皇后为榜样,觉得如平民一样咀嚼非常难看。于是,厨师就给她们做糊状食物、清炖肉汤和鱼香味蔬菜慕斯。"她们吃牛腰肉冻,一点儿也不想让自己的嘴巴和粗俗女人的一样,为一块肉劳作。她们不再清楚自己究竟吃的什么。"

这一幕发生在 230 年以前。

"山寨"奢侈品(Luxe [Faux])

一天,我在佩特西昂餐馆的玻璃橱窗前驻足,一些奇特的鱼子酱罐吸引了我。它们非常小,可能要用放大镜才能仔细观看。我身上没有放大镜,于是进店询问。是的,的确是用来装鱼子酱的,但当心点:一个罐子 12 克……一个小东西却卖 60 欧一对。

我脑海里浮现出一段记忆:1952 年的威尼斯,我们被邀请去著名的贝斯泰居伊舞会,纯银色拉盆里装满了最珍贵的大粒白鲟鱼子酱,我们用长柄勺盛用。很久以前,拉比亚宫的色拉盆就在拍卖叫价的烛光②里消失了,假奢侈品代替了真品。

---

① 法国国王路易十六之妻。——译注
② 拍卖行以蜡烛的燃烧限制拍卖时间。——译注

在它消失前的某天，我请朋友让-保罗·阿龙共进午餐，他是杰作《19世纪的美食家》的作者，一个风趣的花花公子，总是拈花惹草、招蜂引蝶，他妙语连珠的做派倒是始终如一。我保存了这次友好讨论的记录副本。

克里斯蒂安·米约（以下简称"克"）：亲爱的让-保罗，杂志上到处都是"奢侈品"，这个词从四面八方向我们袭来。过节的时候，甚至能在超市里见到它。奢侈品正在大众化，被认为是所有人都能消费得起的东西。

让：这是一种欺骗。您很清楚，奢侈品已经消亡了！这是我从纽约返回那周产生的想法；法国小说家瓦莱里·拉尔博肯定找不到让巴纳布特①留宿戴高乐机场的办法。奢侈品要在一系列条件下才有意义，意味着最底层与其他人之间的绝对的经济差距。但很显然，现如今不再是那样的情形。

克：作为一个进步人士，您应该为此感到高兴吧？

让：从政治角度来说，是的。从美学角度来说，我并不高兴。波德莱尔的诗词"华美、宁静和沉醉"让人再次体会"风雅"，也可以说是"高雅"。奢侈品只存在于高雅的阶层，如今，高雅已不复存在。您看馥颂和埃迪亚尔。过去他们因稀有、独家经营和产品的新奇而不同于别家。而现在，但凡是个超市，里面就有这两个牌子。您想吃多少就买多少，无论如何，这不再是奢侈产品。

克：不管价格高低？

让：价格与财富毫无关系。要想创造奢侈品，只有钱是不够的，而且当钱成为奢华的动力时，就不再存在奢侈了。真正的奢侈品须无视环绕周身的财产、金钱。它需要审慎，不需要卖弄。

克：您的这些话真是超凡脱俗！

让：实际上，脱俗的话里才蕴含着真正的奢侈。我必须承认，

---

① 拉尔博笔下的百万富翁旅行家。——译注

尽管我信仰民主，但奢侈品仍然深深吸引着我。我甚至认为奢侈品的缺失揭露出社会的严重疲软状态。

克：您知道，那位成名前曾吃过疯牛的挪威小说家西格丽德·温赛特说过这么一句话："必需品的缺乏强于无用品的缺失。"……但您说奢侈品消亡了，怎么讲？只需看看广告，就能发现全世界所有商家都在努力为自己的产品树立奢侈品形象，即使他们没有明说这个词，从巧克力、薄荷到啤酒，乃至飞机的商务舱、40平米海滨房，甚至牛仔裤。

让：成套、成批的东西里不可能有奢侈品。

克：那奢华的成衣呢？

让：最多也只是个替代品。奢侈品意味着不同寻常，包含着一些能让其所有者从根本上与众不同的东西。

克：事实却完全相反！您看看那些包、手提箱、印有品牌首字母的衣服，大家都想要，都想用极高的价格换来为古驰、爱玛仕、路易·威登做免费广告同时跟成千上万人炫耀自己与众不同的奇怪特权。这不就是最幼稚的虚荣心作怪吗？在街上拉客的奢侈品！年轻的时候，尽管我只有很少的机会拥有奢侈品，但我仍被用中国纸或日本纸印刷的、由大艺术家配图的限量版好书深深吸引。我们把这种书叫精装本。纳粹占领时期，稀有书的买卖发展迅速，一种新种类出现了：半奢侈品。它们制作精良，但发行量不以十计，而以千计。

让：这标志着书籍珍本这种奢侈品的一种转向，如今，对珍本的喜爱差不多已经消失了。

克：我的外祖母从莫斯科避难而来，当时身无分文，她爱花钱，这是幸福的年轻时期养成的癖好。她说奢侈品就是过时了也不会被扔掉的东西。她还说，假奢侈品就是昂贵又价超所值的东西。在出租车司机的黄金时代，旧时沙皇的官员（据他们说，他们都是）应该都会在俄国新年之际跑去达鲁街买鱼子酱。对于这些不幸的人来说(我祖母就是其中一员),这实在是比不可思议的开销,他们需要攒上一整年。但请您相信,那时候人们不会以次充好,卖给穷人劣质鱼子酱——圆鳍鱼的鱼子,不仅对我祖母是这样,对其他人也一样。

让:现在更糟糕。假奢侈品从四面八方涌入我们的生活。这是"美国化"最直接的结果。司汤达在《吕西安・娄凡》中首次使用了这个词。我们粗糙地生活在这个世界,人与人之间何其相似。从某种意义上来说,真正的奢侈是要求脱离社会的。

克:如果它已经老老实实地妥协了呢? 有个月我总在蒂利埃餐厅吃晚餐。馅饼,鳌虾,火鱼脊,红酒洋葱烧野鸭,这些都很好吃。但真正震住我的是一盘青豌豆,带着清晨刚采摘的新鲜蔬菜特有的浓浓菜香味。我觉得,对,真的,这就是奢侈品:一盘青豌豆。我在米歇尔・格拉尔餐厅、让・巴尔代餐厅和特鲁瓦格罗兄弟餐厅也吃过这样的奢侈品,尤其当吉普赛人带来一筐东布蛙肉的时候——东布池塘里的蛙越来越少了。我去奥地利时,在一盘鳟鱼前产生了同样的感觉,那条鳟鱼是百分百野生的,没有用鲱鱼粉喂养过。还有,在爱尔兰和苏格兰,当我碰巧寻到了野生的鲑鱼时,我也有相同的感受。

让:我和您的反应一样。我认为它们的确属于真正的奢侈品。但承认吧,现在成了什么世道。为了一种奢侈品的幻象,我们已经沦落到如此地步:我们去一些地方找它,而在那些地方它并不是奢侈品。您想想,贝阿恩①这地方的农业工人每周吃比利牛斯野生鲑鱼的次数不超过两次。再比如,现在在卢布松餐厅的牙鳕,说起19世纪大餐桌上的牙鳕,您难道不会想念它?

克:口味可能被提炼地更加精细了,人们正在发现,奢侈,就是纯粹和简单。

---

① 法国旧省名,位于比利牛斯山脚下。——译注

让:我愿意相信您。但就美食学而言,被大量配给和大规模宣传的假奢侈品渗透到了各个角落:口感一般的"夏熟"黑松露①、降价的肥鹅肝、仿佛一个模子里产出的中看不中吃的水果。您会跟我说,这是一种进步,许多人能吃上过去只在富人餐桌上出现的东西……

克:我不会跟您说这些,亲爱的让-保罗,因为我反而认为这是违背诚信的。为了促销,商家让本来没有能力购买某种东西的人相信他们可以和有能力购买这种东西的人过同样的生活。出于这个目的,他们塞给前者仿真货和替代品。我想起一句话,忘了是谁写的,但记得那句话是这样说的:"假奢侈品就是等着让想象来支付的空头支票。"最能从奢侈品行业里获益的不是生产或改造那些最好、最稀有、最贵的产品的人,而恰恰相反——餐馆以及优质蔬果生产者的人工成本会阻碍他们获益。因此,要我说,面向大众的假奢侈品才是很有油水的。

让:我们的时代引导我们有了这样的反常分析,使我们知道,由于最简单的好东西已经变得稀少,所以它们变成了奢侈物品。道德的堕落就在其中。社会地位的平等化引发了一种幻象,在幻象尽头,亚当和夏娃的苹果看起来将会是奢侈品! 这种情况反而已经正在成为一种时尚。之所以我们已经到了认为自然的、必不可少的东西就是奢侈品的地步,是因为我们的文明进入了低谷期。

克:一句话,一切都完了?

让:总体来说是的。但作为个人,为自己确定一个行为准则是可能的。正如没有人必须出门开车或早餐吃鱼子酱,抱怨那些有能力拥有这些东西的人是荒谬的行为,除非那是些荒淫无耻的人。我们没有理由被广告造成的幻象和周围的气氛所戏弄。如果不能吃到真正好的肥鹅肝,就享受兔肉酱,我看不出放弃劣质的冷冻龙

---

① 松露在冬天成熟。——译注

虾和大批量喂养的所谓阉鸡有什么问题,仍然有那么多真正好的东西可以享用。

大家都记得丘吉尔的那句话:"要求不高,只求最好。"我们每个人都应让这个美好的准则适用于自己的人力和物力。

马卡龙(Macaron)

　　我曾一次又一次徒然地向南锡的人们诉说，我是多么真诚地喜爱他们的城市，这座城市透露着一股极具青春活力、美妙得令人心动不已的气息，使我恨不得将南锡人恭敬地扛在我肩上。然而，坦率地讲，与其谈起这座城市所经历的浩劫，我更愿意再次打开一盒由"修女马卡龙"出品的享有盛誉且真正"地道"的马卡龙。顶着"修女"的，马卡龙可是为自己博得了不少人的青睐，尤其是基督徒。

　　此外，你们无需感到惊讶，这些令人敬畏的十分酥脆、表面平坦却又布满裂纹的糕点确实是由修女们于1972年，在一个叫做哈赫的街区发明的（我并无杜撰）。虽无可靠的史料证明，不过，我想她们的本意定是想要报复那些给她们造就诸多不幸的无套裤汉们①。

　　即便如此，这种报复行为也理应得到谅解。因为包括马卡龙在内的所有美食食谱，其来源大多无迹可考。当然，在文艺复兴时

―――――――――

　　① 法国大革命时期对城市平民的代称。——译注

期，美食大多来自于意大利，因此，另一版本的马卡龙（威尼斯语 macarone，意为细面团）只能藏于凯瑟琳·德·美第奇的裙下被带至法国，最终给人们留下了如此刻板的印象：这位年轻王后的唯一使命就是伪装成一个流动的食品柜。为了给读者更为详实的交待，我们查阅了叙利亚文献，发现在倭马亚时期，当地有一种名为"Louzieh"的甜点，制作方法与马卡龙如出一辙。

另一则传说则显示，彼时，东方的拜占庭刚刚挫败了异教徒的嚣张气焰，位于图尔附近的科莫里修道院的本笃会修道士们就站在钟楼的最顶端叫嚷着宣称唯一正宗的并具有浓厚基督教风格的马卡龙是他们发明的。这还真是多亏了上帝的怜悯啊！据说某一个不知何时住在这所修道院的名叫让的修士（他对制作甜品十分拿手），于791年这一确切时间发明了一款原料为杏仁面团、蛋清及糖的糕点（一些人认为某些史学家对此深信不疑），并且还获得了巨大成功，以至于人们都火急火燎地赶到修道院门口购买。一位至今姓名不明的当地作家写下的诗句或可作为证据：

为满足每天的订单，修士让常常须三次填满烤炉。

受这些穿裙子男人们不正当竞争的启发，世俗糕点店开始不知廉耻地烤制一模一样的马卡龙，这就好比当今中国人手中的伪造"古驰"一般。修道院的高层决定展开反击，于是产生了在这些糕点上加上原创标志的天才想法。但选择什么标志好呢？圣者保罗院长在祈祷了一夜后，决定遵从神的旨意。天亮后，他去见了修士让，此时让已经将面团准备妥当，烤炉也预热好了。突然，一个正燃烧着的炽热的煤块滚了出来，烧掉了修士让的道袍，使得他的肚脐裸露了出来。院长见此场景，十分乐意遵从前一晚许下的承诺，于是决定将修士让的肚脐的印记作为标记，并将修道院的马卡龙做成了极具特色的形态：圆形中间挖出一个修士的肚脐的形状。

（古驰若是有这些修道士肚脐的使用权，没准儿也想在产品上挖个洞了。）

至于其他地区，如蒙莫里永、亚眠、兰斯、布雷摩泽尔、杜埃、圣布里厄、尼奥尔、默伦等地的正宗马卡龙，我就不再赘述了。这些马卡龙都是由圣母往见会修女们制作的，并在枫丹白露行宫呈给了路易十四和玛丽·安托瓦奈特王后。此外，圣让德吕兹的马卡龙也因一则史实而闻名：路易十四在他1660年的婚礼上亲自品尝了一个（不知这是否是他牙齿不好的根源？）。

当您不耐烦地，气喘吁吁地一气听完马卡龙如戏剧般传奇的家史后，我想您一定渴望知道的更多。是的，风暴终于来临。20世纪初，没有强健下颌的人们[1]开始抵制不宜食用的马卡龙，令它曾筑起的长城风雨飘摇。

人们把这个著名的时期叫做"巴黎马卡龙大革命"。一位敏感并拥有和同时代人们一致观点的糕点师皮埃尔·戴斯福戴拿，因担忧法国国民的牙齿健康，突发灵感，考虑用既柔软又松脆的结构将两个马卡龙连接起来，并在两者的空隙中塞进酥软的、加了香精的功克力奶糊。如此一来，他或许可以制成男女老少皆宜的甜点。

人们都根深蒂固地认为，戴斯福戴拿是糕点师拉杜丽的孙子。然而，您也知道，事实并非如此。根据他尚存人世的后代所述，这个天才的马卡龙制作者是著名糕点店拉杜丽的股东之一，这家店位于巴黎皇家大道，采用的是西斯廷教堂的建筑风格。普鲁斯特经常来此屋檐下小憩，并将一种名为"玛德莱娜"的蛋糕浸到他的茶杯中蘸着吃。

我们暂且认为这种玛德莱娜蛋糕可能就是马卡龙，并且很可能对普鲁斯特作品在法国文坛中的地位起到了推波助澜的作用。尽管用这种缺少严谨学术考察的传闻来评估它的价值还为时过早。

---

① 此处指马卡龙质地太硬，不易咀嚼。——译注

最后，让我们再来讲一个传奇故事。和在《新观察家》中读到的不同，老式马卡龙并不是在 1997 年被巴黎糕点师皮埃尔·艾尔梅重新推上舞台的。有一个绝好的理由可以可以将之驳倒，那就是拉杜丽的马卡龙从未过时，且一直保持着极好的势态，以致巴黎那些包括老色鬼和贵妇在内的下午茶狂热追随者不论错过什么，也万死不能错过拉杜丽出品的咖啡、香草、开心果、黄油焦糖、覆盆子等味道的马卡龙，以及搭配的玫瑰红双球型包奶油蛋糕和迷你水田芥三明治。

然而，皮埃尔·艾尔梅也确实不容小觑，在成立自己的品牌前，他先后在馥颂和拉杜丽接受了不同期限的磨炼，最终成为了日本人眼中的"活偶像"。那些日本虔诚的追随者每天都会在他的店铺里排起长队，并将这位伟大幻想者的最新产品装满他们的购物袋中。事实上，皮埃尔还第一个认识到，除了 20 多种常用香精的马卡龙系列，各种各样味道的马卡龙产品开始在众多糕点店风靡起来，不仅包括拉杜丽、巧克力之家等名店，甚至还蔓延到了全法国，此时若想在杂志中拿下全版面的报道，或是在长达 55 分钟的电视节目《特派记者》中被提及，可需要绞尽脑汁了。

如此，马卡龙不仅取得了非凡的成功，甚至还火遍全球。若是中国人加入这场潮流，贸易顺差一定会迎来一个无与伦比的"大跃进"。至此，马卡龙已经无处不在，甚至在大型超市和皮卡冷冻食品店都能看到它们的身影。更有甚者，比如雀巢，他们新近还推出了一款全套马卡龙制作套装，并配以蛋清粉和其他现成可用的常规原料。

马卡龙极大地推动了甜品的销量，这使得最具噱头的、最扭曲的、最古怪的、最波雅尔①（或莱克朗兰、库尔舍维勒、圣特佩罗②

---

① 旧时斯拉夫国家的特权阶级。——译注
② 此处三个皆为法国地名。——译注

等地)以及最无厘头的马卡龙纷纷上市,它们拥有十分奇特的配料,如鱼子酱、金叶子、肥鹅肝、松露、墨鱼汁、橄榄油和芜菁等,照此以往,蓖麻、茴香酒、花椰菜、甜菜、沙丁鱼、特级理查德香槟(一瓶贵达 4000 欧元)味道的马卡龙也将会接踵而至。

我生来平庸,且会一直这样下去。因此,我只对从圣芒代的圣女贞德市场中一个小手工艺者菲利普·伯廷手中买到的咖啡味马卡龙情有独钟,它的价格比那些所谓最好的马卡龙便宜了一半,却拥有更妙的味道。

当所有关于马卡龙的思索都筋疲力尽的时候,修女马卡龙重回大众视线也就无可厚非了,人们又不顾健康地开始让牙齿咯咯作响,不过没关系,社会保障体系会补偿民众的。

妓院(Maisons closes)

我曾在一家妓院享用过晚餐,这是绝无仅有的一次,而这家妓院刚刚把百叶窗重新打开,就又关上了①。好吧,也不全然是这样。因为,令人尊敬的老板娘比利夫人,闪电般决定将她位于特罗卡代罗附近的暗娼所改造成一家精致的俱乐部餐厅。

这个与其同乡作家科莱特一样用舌尖颤动来发出[r]音②的倔强勃艮第人,家务素质过硬。在她的年轻姑娘们忙着招待第四共和国社会名流和非洲客人的那些年(在内政部的允诺下,第五共和国的精英们则被克劳德夫人③包揽),她为在休息日被邀请的朋友们做了很多家乡小吃。

开业典礼的晚上,位于保罗·瓦莱里大街的私人酒店大厅里

---

① 指停业。——译注
② 法语[r]音的正确发音部位是悬雍垂,俗称小舌。——译注
③ 法国著名应召女郎。——译注

人头攒动,请您相信,到场的客人们可都是被精心挑选过的,他们中不乏政治人物、行政官员、司法官员、事物官、律师和记者,当然,美食批评界的精英们也受到了邀请。比利夫人以支付酬金的形式聘请了一位平庸的厨师长,显然,此举犯了致命的错误,倘若这位出色的夫人自己架起炉灶,烹饪那些寄托了思乡之情的诸如红酒沙司蛋、红酒煨勃艮第牛肉或鸡肉等一类的菜肴,那么这些传统的并被人们广泛认可的菜肴烹饪方法一定会很快再次引人注目。唉!比利夫人成为了无能者搭配的"创新烹饪"的牺牲者。无奈之下,她只有再次拉下了这座可爱建筑的百叶窗!

小资菜肴一直是六角妓院的特色之一。战前几年,兰斯有一家妓院在上流社会赫赫有名,这家妓院生意兴隆,其特色有二:一是配备潜望镜的水下房间,通过潜望镜,客人们可以窥到隔壁房间的情况;二是高品质的菜肴,根据客人的习惯,配以相应的名品香槟。

尽管如此,在马特·理查(年轻时从事卖淫服务,曾亲自到兵营拉客)发动了1946年那场令人不快的战争后[1],除妓院餐饮业之外,位于普罗旺斯大街122号的"One Two Two"旅馆成为了风俗业无可争议的捍卫者。它通过伪装成全国毛皮行会的所在地继续为客人们提供非常适宜的隐蔽消费场所,并且从未受影响而歇业。布列塔尼人马赛尔·贾迈,为跟一个小花褶领圈[2]双宿双飞,在一战爆发前北上巴黎。战争胜利的第二天,这位小姐就又去布宜诺斯艾利斯重操旧业,离他而去了。后来,他在去著名的沙巴奈的旅途中,结识了长相酷似艾薇琪·弗伊勒[3]的费尔南德,两人喜结连理,并决定共同在普罗旺斯大街上开一家私人旅馆。因当时

---

①   马特·理查极力主张关闭妓院,国会1946年底通过法案,关闭全国1400家妓院。——译注

②   妓女的常规装束,此处代指妓女。——译注

③   艾薇琪·弗伊勒(1907—1998),法国著名戏剧、电影女演员。——译注

流行英语,他们将旅馆取名为"One Two Two"。

很快,包括现任统治者、部长、大使、金融专家、喜剧明星在内的人们纷纷接踵而至,在这家旅馆中度过从下午2点至凌晨5点的幸福时光,圣诞夜是她们唯一不接客的时候。这些小姐被人央着在此佳节放过客人,好让他们与家人团聚,做弥撒,吃火鸡。

人们之所以光临这家妓院,仅仅是出于对非洲式客房、圆顶冰屋的熊皮、蓝皮火车卧铺的颠簸、凡・东根海滩救生圈或受难宫中木质大十字架的好奇。任何一个巴黎人都能够证明,人们来此享用的晚餐十分美味。装饰了"疯狂年代"布景的餐厅中摆放着一张铁质桌子,配以缎纹状白色桌布、利摩日陶瓷、名贵餐具,以及在吊灯下闪闪发光的巴卡拉水晶制品。一桌可接待三十几位宾客,这些客人们并没有按礼仪进行排位,法兰西学院的常任秘书也可以坐在密斯婷瑰①、神甫和约瑟芬・贝克②之间。

晚餐由身穿内衣、踩着高跟鞋、围着花边围裙、发间别有山茶花的姑娘们提供服务,唯一的菜单上可供客人选择的菜品有:伊朗鱼子酱、精致长条牛油小面包、奶酪拼盘,以及每天一款的甜品,如挪威煎蛋卷、奶油塔或球形奶油蛋糕。这些菜品都浇上了宝林歇、伯瑞等香槟酒。客人们也可以要求用拉图、白马或玻玛等酒来替换香槟。至于要享用烧酒、利口酒和雪茄,人们可以移步至撒满阳光的迈阿密大厅。这让人不禁联想到多维尔风格的酒吧:在一幅航海壁画前,一位钢琴家演奏着乐曲,而一对对宾客则随着狐步舞、探戈或慢步舞曲的节奏翩翩起舞。

晚宴遵循了天主教的信条,因此,从没有不得体的行为和语言打破这良好的格调。而这些有教养的宾客仅仅是在餐前或餐后需

---

① 密斯婷瑰(1875—1956),法国女歌手、女演员。——译注

② 约瑟芬・贝克(1906—1975),法籍非裔演员。——译注

要那么一点合理的陪伴。

向内侍长①致敬(Maître d'hôtel [Éloge du])

曾经的"内侍长",高高在上;如今的"领班",左右逢迎。身份转变,云泥之别。时移事异,令人叹息。

曾几何时,厨师还只是个微末的小角色,而"内侍长"才是国王身边的"红人",其身份绝非一个小小侍者可比,他们跻身贵族行列,掌控着皇家御膳和节庆宴席,在宫廷礼仪体制中占据着举足轻重的位置。1962年,由皮埃尔·德伦所著的《新任完美的内侍长》付梓,这也是世界上第一本介绍内侍长这种职业的专著。然而,中世纪以降,他们中并不乏青史留名之辈。比如吉恩·德奥兰,他曾担任查理七世的内侍长,同时还是圣女贞德的忠实战友。不仅如此,据说,他和贞德还发展过一段不为人知的"亲密"关系;又比如纳瓦拉国王和王后的内侍长雅克·比奈、吉斯公爵的内侍长理勒布,以及曾效力于凯瑟琳·德·美第奇的让·巴普蒂斯特·德·龚德等。此外,路易十三的侍卫长安尼·博埃塞本就拥有维勒迪约贵族虚衔②,并兼任着宫廷乐师和政务顾问等"要职"。皮埃尔·德·拉波特原本只是王后的近卫,后被擢升为路易十四的内侍长,其继任者路易·贝莎梅尔乃是著名的南代尔侯爵。

说到这儿,我们就不得不提一个家喻户晓的传奇人物弗朗索

---

①　原文为"Maître d'hôtel",法国餐饮行业中的一种职业。按照现在工种划分原则,其职责相于西餐厅的"领班"或者中餐厅的"大堂经理"。法国大革命前,"Maître d'hôtel"属于宫廷中的一种官职,相当于国王或皇帝身边的"内侍长"。因此,译文会根据语境的差异使用不同的表达,于此说明。——译注

②　君主制时期,在法国乃至整个欧洲,贵族都拥有自己的封地。然而,某些原本出身不高的人,即使获得贵族头衔,也不会受赐封地,只能用一个虚构的地名作为封号。比如这里提到的维勒迪约是不存在的,因此安东尼·博埃塞拥有的只是一个虚衔。——译注

瓦·瓦岱勒。此人原名弗里茨·卡尔·瓦岱勒，出生于比利时，祖籍瑞士。曾于路易十四宫廷中任财务大臣，并负责皇家宴会的组织与筹办。1967年4月24日，瓦岱勒提剑自尽，以身殉宴，由此成就了不朽的声名[1]。300年过去了，英名犹在、为世人所铭记的，不是火炉旁那道忙碌的背影，而是孔岱亲王身边那位内侍长。

直到1789年法国大革命之前，内侍长是唯一一个可以在宴会开席前致词的人，他们手持金百合[2]权杖，报出一道道菜名，并最终吟唱道："请诸位亲贵享受国王陛下的恩赐吧！"

路易十六的内侍长名叫菲利普·莫昌特，这或许是一段命定的缘分。这位先生出生于瓦雷纳，那里既是莫昌特的来处，也是路易十六的归宿[3]。拿破仑一世的内侍长由屈西侯爵担任，此人是个真正的美食家，他不仅负责宫廷膳食的安排，还绞尽脑汁地规范拿破仑的餐桌礼仪，使其更加体面优雅。而路易十八的内侍长则是卡尔斯公爵。

王权颠覆后，内侍长身价一落千丈，他们或侍奉贵族家庭，或转投大资本家，而那些本就出生卑微的，就只能流落民间，成为某些奢侈餐厅的"领班"。总之各凭本事，其中也有人混得风生水起，而整个行业亦得以存继，并逐渐重新定位。例如恺撒·丽兹在创建丽兹酒店前，就曾于斯普兰迪酒店任领班；科尔努彻凭借优秀的公关能力，成功加盟马克西姆餐厅；此外，还有些人成功转行，在其他领域取得了杰出的成就，比如雨果和艾伯特，他们并未辱莫"凡尔赛"的英名。

如今，这个曾经盛极一时的高贵职业走向边缘化，仅仅幸存于

---

① 据传，孔岱亲王于当日在尚蒂伊城堡举行宴会，由瓦岱勒全权负责。由于鱼肉承包商未按时送货，瓦岱勒自觉有愧，随即自杀。——译注

② 法国王室的象征。——译注

③ 法国大革命中，巴士底狱沦陷后，路易十六不甘心王权被夺，勾结西班牙国王从巴黎出逃，后于瓦雷纳被捕。——译注

极个别的特级餐厅,所谓的"领班"亦不过是东施效颦罢了。随着服务的标准化,端上餐桌的都是成品。就连领班也不需要在食客面前展现刀工,表演点火了。曾几何时,"太阳王"的内侍们,披着华美的孔雀羽毛,脸上挂着趾高气扬的表情,将餐桌服务变成一场淋漓尽致的表演。那是一个伟大的时代,而今下人面桃花,怎能不生缅怀之情!

上个世纪 60 年代,卡尔东餐厅曾外聘了一位名叫马里奥的手技演员,并将山鹬的烹饪过程做成一场绚烂的餐桌焰火表演,这种招徕手段为卡尔东带来了大量顾客。其场面之华丽,我至今记忆犹新。当然,这个策略虽好,但一着不慎,就会弄巧成拙。我就遇到过搞砸的情况,酒精散发着刺鼻的焦味,耳边充斥着如垂死一般的呻吟,而盘中那块无辜的牛肉,不得不和我一起忍受着蹩脚的杂耍。过去的就让它过去吧!烹饪早就脱去了"绚丽"的青涩,而长出了"平淡"的胡须。我们也无需再为旧时的内侍长哀叹了。

还是说回如今的"领班"吧。所谓术业有专攻,再伟大的厨师都不能取代他们的职能,因为这可不是个简单的活计。从客人进门开始,领班们就得赶紧迎上去,亲切有礼地招呼着,虽不至于卑躬屈膝,但谦和有礼是必须的。通过谨慎的打量与试探,判断出客人的脾性与品位,然后耐心地为其介绍菜品,但又不能喋喋不休地招致厌烦,须得有理有节,并作出聪明的建议。在客人用餐期间,领班要对客人的需求做出快速反应,又不能靠得太近,破坏用餐自由、安静的气氛。那些喜欢听奉承话的大厨们可做不了这个。

脱下燕尾服的领班就是一个不折不扣的"大堂经理",他们承担着协调顾客、厨房和管理层之间的关系的职责,其沟通作用是不可或缺的。他们得是会察言观色的心理学家,了解烹饪的美食家,餐厅秩序的守护者,认真而不死板,温和而不孟浪。对于这个现学现做的行业,此要求不可谓不高。因此,那些忙碌于居·萨瓦、塔耶旺、劳伦·拉塞尔、勒杜扬、若埃尔·卢布松工作坊、银塔、卡特兰或是大维富等餐厅中的"领班"或"大堂经理"们,是值得我们赞扬与致敬的。

如果把餐馆比作天堂,那么正是这些领班们为我们打开了大门,并给了我们再次光临的额外理由。

红酒与菜肴的"婚姻"(Mariage des vins et des plats)

为何红酒和菜肴的结合比男人和女人的结合更容易成功呢?每一种红酒和菜肴的结合都是遵从主观的、波动的准则,它们之间微妙的、热烈的关系与建立在利益基础上的婚姻可不是一回事儿。

每种红酒不仅有着独特的颜色和香气,味道也不尽相同,有些浓,有些淡,有些高贵,有些质朴,有细腻的,也有醇厚的。除此之外,有些红酒较为滑腻,而有些则清淡一些,有些较饱满,另一些则较空洞,有内容丰富的,也有贫乏的。希农葡萄酒有覆盆子的味道,波姆罗尔有松露的香气,埃尔米塔热则集合了鸢尾、山楂、堇菜三种花的芳香。还有些能够闻到碘或榛子的味道,另有一些则仿佛让人置身于灌木丛中。红酒的多种成分使得与之搭配的菜肴在与其结合后的混合味道也和它一样复杂。那么,这种结合是否不应该呢?

坦率地讲,我从来不相信也不希望,在红酒和菜品之间有着不可触动的、权威的搭配方式。有些声称权威的著作颁布了一些神圣不可侵犯的规则,就如语法和句式之间的关系一般:"除此之外,别无他法"。然而,这些规则对于我来说和军营院子里的怪味儿差不多。我不认为这些所谓"禁忌"是什么好的见解。那些试图把沃斯恩罗马内埃①和西红柿沙拉一起享用的人并不会令我反感。"快乐"是我唯一真诚信奉的原则,就像唐·璜所说的,一切经历都

----

① 　一种产自沃斯恩罗马内埃的原产地控制酒(AOC)。——译注

值得尝试,哪怕会令人碰壁。

不遵守强制的规范并不意味着一切都是可能的。口味是需要准则的,就如音乐家手里的乐谱,画家手中的颜料一样,美食的爱好者(本意为喜爱美食的人)同样需要在一定的范围内进行选择。没有人禁止您边喝着玛歌酒庄的红酒,边享用夹心巧克力酥球,但可以确定的是,那一定不合您的胃口。

在葡萄酒和菜品的"婚姻"中,虽没有规则,但却有着限定的经验范围,在此范围里,我们可以随意搭配。用一句话来概括,就是要"尊重味觉"。用经典的传统来加以解释这种尊重,就是平衡。不管怎样,人们追求的是融合和互补。我们常常将松露和波姆罗尔酒一同享用,就是因为这款酒闻起来不禁让人想起黑块菌;牡蛎和含碘的酒一起搭配则有了肉豆蔻的味道;而用奶油烹饪的菜肴则多和浓郁的白葡萄酒一同登台。就像在高级时装领域一样,人们需要在味觉的画板上不停地调色来试验。

相反,酒和菜品的结合也可以形成反差,味觉的对立能够释放出一种别样的快感。人们不再追求融合,碰撞反而使得味道得以升华,而微妙之处就在于这种对立竟没有毁坏食欲。二者的相遇既复杂又罕见,然而却有不少成功的搭配问世:肥鹅肝配赫雷斯白葡萄酒或是羊乳干酪配波尔图甜葡萄酒已经载入了经典搭配的名单中。

只有成功地迈出第一步才会感到其中蕴含的惊异!

若您于盛夏坐在绿廊的阴影下,此时已是 30 度的高温,如果打开一瓶丰年出产的玻玛葡萄酒会让您感到怒气上涌吧?但我打赌,要是换成一瓶清爽的玫瑰葡萄酒则一定会让您满意。相反,若是在冬天,同样的一瓶玻玛则会让您心醉神迷。人的机体往往是外部温度的晴雨表,随着季节的变化,酒和菜肴结合的乐趣也会发生微妙变化。寒冷使得我们更加青睐于热烈、醇厚、充满活力的酒;而在夏天,人们则会更加喜欢朴素却不那么醇厚的酒。

　　这就是为何我害怕提到"无关紧要的酒"这种字眼，因为对我来说，不存在无关紧要的酒。每种酒都有他自己的季节和独特的时刻，需要我们根据自身的生理节奏来作出判断。除此之外，我们也无需非要在晚上9点品尝香槟，我喜欢反而在上午11点，或是午夜看完电影后在我的厨房小酌一杯，这会让我感到十分惬意。

　　旅行和出差均意味着环境的改变，同样，菜谱也应随之变化，哪怕是颠覆某些神圣的规则。品尝阿基坦的干红、萨瓦的塞塞勒和胡塞特、鲁西永地区的菲图、汝拉的麦科酒，加尔省的塔维尔、热尔省的圣蒙、卢瓦尔河谷的伏弗莱、比利牛斯山里的朱朗松，或是阿尔萨斯的黑皮诺葡萄酒成为了旅行乐趣的一部分。以景色命名的葡萄酒给人一种碰运气的感觉，因为我们不知道会不会在阿尔萨斯地区找到朱朗松，或是在贝阿恩遇到琼瑶浆白葡萄酒①并品尝它们。

　　传统或是习惯上，人们总是先点菜，后要酒水，但我却喜欢反其道而为之。在叫服务生之前，我总是先唤来餐厅的酒水总管，而且十有八九都令我非常满意。（当然，酒水总管得像居·萨瓦餐厅的艾瑞克·芒塞奥或劳伦餐厅的菲利普·布吉尼翁一样精明）。

　　尽管如此，点单顺序的颠倒对酒水总管提出了更高的要求，迫使他需要储备大量关于酒的知识，并具备良好的修养。很不幸，我没有这种才能。若可以重新开始我的美食生活，我一定先从研究酒开始，这足够充实整个人生了。和让我感到头晕目眩的酒的宇宙相比，厨房的世界对我来说未免有些局限，甚至是狭小。每当我有机会站在真正的行家面前（葡萄种植者、葡萄酒工艺学家、酒评家），我这个一饮而尽上千瓶酒，参加过上百次蒙眼品酒会的老先生，总觉自己就像个小男孩，需要不停地学习。

　　也就是说，这值得我们去做超出自身能力范围的事。最简单

---

　　①　一种阿尔萨斯产葡萄酒。——译注

的方法就是先用几瓶自己熟悉的葡萄酒在家练习，一段时间后，一定可以围绕一或两款酒拟出相应的菜单。

这让我回忆起了 20 多年前一件值得讲述的事。故事和我在位于罗曼内切·托林斯的乔治帝铂餐厅遇到的来自布鲁克林的美国女人有关。彼时，她刚刚在纽约打败了 2000 名竞争者，在红酒爱好者大赛中拔得头筹。奖赏就是她和她丈夫可以在他们喜爱的法国葡萄种植区远足。女人叫做朱莉·温伯格（真是个命中注定的名字！），31 岁，是一名小学教师，对红酒有着疯狂的迷恋。7 年前的一个生日晚宴上，当她的嘴唇第一次被浸湿在一杯玻玛葡萄酒中时，她对于红酒的热情便开始显现出来。

"直到那时"，她解释道，"我丈夫查尔斯和我也只认识桑格利亚酒和一些没有名字、在超市就能买到的廉价酒。"

被红酒征服后，他们甚至连最基本的礼仪和习俗都不了解就即刻闯进了这个领域，并视其为信仰。她是一个有魅力的、有着淡褐色头发的年轻人，而他则是一个有着学者面孔的大胡子。二人都是布鲁克林最穷街区之一的小学教师，教波多黎各人和无所事事的年轻黑人说英语。他们耗尽了微薄工资的大部分来在家里构建临时酒窖，三室的公寓很快就被瓶架占满，仅剩下睡觉和做饭的空间。

每天下午过后，他们会全身心投入一场永恒的仪式当中，即使是伍迪·艾伦都不能导演这一幕。他们从头到脚脱掉衣服并为双方穿上酒水总管的围裙。接下来，经过一番长久的考虑，两人选出一瓶即将作为晚餐最主要点缀品的红酒。至此，朱莉就剩下一个任务，那就是从冰箱里端出已经做好的、最能匹所选酒品的菜肴。仪式这时就可以开始了，是的，这无疑是一场仪式。查尔斯是忠实的犹太教教徒，虽然他已经和符合犹太教教规的酒疏远很久了，但还是会戴上犹太人的圆帽并点燃放在桌子上的蜡烛，然后，晚餐正式开始。

他们没有钱邀请客人，但朱莉的哥哥会不时过来共进晚餐，"因为哥哥理解他们对酒的热忱与殷切"。红酒被认认真真地倒进适宜的杯子中，每个人都要在纸条上写下他的品尝感受。直到喝完最后一滴酒，除了朱莉放进微波炉的菜肴外，这瓶酒就是他们当天唯一的食物。他们不再咽下任何东西，哪怕是一顿早餐。

在她讲完之后，我记得我曾问朱莉："你们有孩子吗？""没有！"，她回答道。

温伯格夫妇把酒当成了他们在这个地球上的爱的结晶。

我从未有过将这两位非凡而忠实的红酒信徒作为榜样的想法。不过，我碰巧在这个经历中找到了一些或多或少不合常规却令人愉悦的结合（酒和菜肴）。

传统并不一定都是荒谬的，虽然我承认我以此为乐。让我们来谈谈酒和鱼肉的组合吧。人们坚信烤鱼或水煮鱼应该搭配普伊芙美、默尔索干白葡萄酒或黑茶藨子酒，万不可弄错了。但事实上，除了配以黄油白沙司的鱼肉，所有的鱼类都可以与清淡的红葡萄酒完美搭配，比如卢瓦尔河地区淡红葡萄酒。黑皮诺则可以和棱鲈或烤鲑鱼一起完美搭配。我喜欢用卷心菜烧肉配以一杯霞多丽干白葡萄酒，如果有人只给我上一杯芦苇汁，并以这是唯一适合的饮料做借口，我会抗议道："试一试阿尔萨斯的麝香葡萄酒，你们会被惊艳到的！"

对于爱用调味料、水果和花的印度、亚洲以及摩洛哥菜肴也是一样的，人们认为必须推荐玫瑰葡萄酒或上乘的塔维尔与之相配，但这种搭配却令我避之不及，而一杯琼瑶浆白葡萄酒却足以让我醉心。我还发现，咖喱和气味不浓郁的维欧尼白葡萄酒能完美地结合，或是配上一瓶 10—15 年的香槟。另外，经过多次的尝试，我深信罗讷河谷的葡萄酒最配这些异国情调的菜肴。

很长一段时间，我都固执己见地选择上了年头的红葡萄酒来搭配蘸料汁的野味，但我错了，红葡萄酒选得很对，不过应该选年头少的红葡萄酒,因为它的清新正好可以用来中和菜肴的味道。

肥鹅肝搭配蒙泰尔纳或蒙巴齐亚克白葡萄酒的习惯已根深蒂固,令人烦闷的是肥鹅肝总是最先上桌,而这些酒的芳醇会打乱交响曲的节奏。人们会避免冷饮波尔多红酒、布兹红葡萄酒及霞多丽香槟弊端。然而,苏玳、圣克鲁瓦蒙或是卢皮亚克甜白葡萄酒加冰饮用却会令人回味无穷。牛犊肉通常搭配白葡萄酒,而我觉得一杯伊朗西或圣尼古拉-布尔戈伊淡红葡萄酒是再好不过的选择了。我之前曾提过一道伟大的菜肴,这道菜使得大厨阿兰·赛德伦斯在阿切斯特亚图餐厅扬名:一道用蜂蜜和香料煨制的阿皮基乌斯式(参见该词条)的鸭子,而这道菜的惊艳之处就在于,班努斯红葡萄酒在这道菜中不战而胜并处于优势地位。总之,将勃艮第红葡萄酒和布里奶酪相结合的念头是荒谬的。通常情况下,除了梅多克红酒可以和圣内克泰尔奶酪完美搭配外,红葡萄酒的鞣酸完全无法和奶酪相融合。此时倒是白葡萄酒摘得了和谐的棕榈叶:例如,一杯瓜赫德寿姆或是一杯成熟较晚的白葡萄酒搭配羊乳干酪,孔得里约白葡萄酒搭配利瓦罗芝士,一杯希南则配以格鲁耶尔干酪,或是伏弗莱白葡萄酒搭配山羊奶酪。

餐后怎么也得来上一杯红酒,不然总感觉缺点什么。即使刚吃完巧克力甜点、奶油冰淇淋,甚至是蛋挞或朗姆酒水果蛋糕,我都会小酌一杯,以慰五脏。

这一切看起来并没有惯例,更别提理由了……

分子烹饪法(Moléculaire〔Cuisine〕)

我并不希望分子烹饪法像于勒·曼卡夫的未来派厨艺(参见"芳香剂"词条)一样突然消失,但其生命力究竟如何也确实值得深思。不论如何,我们不能妄图依靠费兰·阿德里亚和他享誉世界的名声来延长分子烹饪法的寿命,以掩盖其已经出现的问题。萨瓦尔多·达利是加泰罗巴亚莱系的代表人物,被认为是分子烹饪法的创始人。但他自己却对这个"名头"讳莫如深,避之不及,并觉得"这只是一场由媒体主导的营销闹剧"。

如果说,无论是1988年热明胶的创造,还是随后对琼脂耐高温的发现以及对新盐酸盐的运用,"都属于分子烹饪法,这无疑是对人们的欺骗。"

而在马克·维拉(参见该词条)他眼里,分子美食根本不存在。还有皮埃尔·嘉涅尔和他的朋友爱尔威·缇斯,作为站在"分子浪潮"风口浪尖上的先锋,也迅速逃离,并谨慎地发表了差不多的看法:"我们不能故步自封在分子里"或"不能将其变成一个宗教"。把人们变成装满藻朊酸盐珠子、薄荷球和氯化钙的小瓶子,实在是太痛苦了。

一小群散落在法国各地的年轻厨师留在了分子烹饪法的旗帜下并一直跟随这趟列车前行。他们对其产生的原因深信不疑,尽管并不十分了解到底发生了什么。然而,这种盲从的跟风行为却被媒体打上了"时尚"的标签。对于"分子烹饪",诸多媒体依旧郑重其事,严肃以待,不厌其烦地大肆渲染,大篇幅介绍相关理念。这让我不禁想起儿时一身"小化学工作者"的全副行头,躲在妈妈的厨房里捣乱,以至于烧坏了眉毛,打碎了杯子。

圣日尔曼德佩[1]孕育了"存在主义",烹饪美食则催生了"分子概念",将二者相提并论无疑掉入了无知的深渊。对于一小部分对它感兴趣的人来说,在大体上,它就是氮、泡沫、小型喷气式飞机。换句话说,就是空气、风和自行车泵。还有另一种惊人的玩意儿:一个蛋黄能做24升蛋黄酱。这给了家庭主妇一种意外的收获,她无论如何得解决一下这个小问题:我该把这24升丑陋的蛋黄酱安

---

[1]　圣日尔曼德佩(Saint Germain-des-Prés),法国巴黎第六区著名街区,拥有许多著名咖啡馆,是萨特和波伏娃从事"存在主义"运动的中心。——译注

放在哪儿呢？

　　显然，面对这些奇怪的"分子食物"，比如用明胶作底料的尚蒂伊奶油肥鹅肝、金巴利泡黄瓜、在橄榄油中冒泡的呈乳状液体的鸡汤、金枪鱼和橄榄冻加覆盆子汁、涂了藻朊盐酸钠的鸭里脊、加了液体氮的冰淇淋、虞美人花瓣的胶质凝固物或是加了清酒的苦苣果子露等菜肴的面前时，我们一定想自言自语道：天啊！曼卡维竟然还活着！这些都得益于20世纪80年代的一场好奇运动。这场运动激励了一些热爱厨艺的科学家开始试着理解食物在转化和烹饪过程中为什么以及如何发生物理和化学变化。在这些科学家中，有一个异常热情的男孩，叫爱尔威·缇斯，化学专业，同时担任专业的科学记者。他通过排除从未有人涉及的障碍完成了一项非常了不起的工作，事实上，几乎所有的厨师（除了学化学的佩里格奥利维尔·罗林格尔和两三个其他厨师，包括米歇尔·格拉德都被推到了镁光灯下。例如，人们会问他们："为什么煮鸡蛋要放醋？""为什么肉豆蔻变成粉末才有香味？""为什么有些人觉得有些分子既甜又苦，或者只甜只苦？""为什么龙虾和鳌虾用水焯过后会变红？""为什么吃饭的时候味觉会变得迟钝？""为什么肉加了浓味的调味汁，体积却没有变大？""为什么面团放进烤炉之前要先醒一下？""为什么油炸要放很多油才行？""为什么花椰菜不能过度烹饪？""为什么吃果酱要喝柠檬汁？"

　　为什么？为什么？为什么？

　　通过揭露"平底锅的秘密"，爱尔威·缇斯成了这场热烈问答比赛的赢家。尽管如此，他却没有揭露任何关于大工业的新鲜事。工业这10年间在食品化学上投入了大量时间和金钱。通过研究，我们发现，得益于在炉旁每天的观察和实践，这些厨师懂的不比实验室里的知识分子少，尽管他们不知如何用专业词汇来解释。

　　例如，您将香草荚果泡进水中，加糖溶化后加入胶凝剂，并加热至90度，您将会得到在上面加了水果块的糖水冻，除此之外，您还知道什么？

好吧，就像汝尔丹先生①写散文一样，您则刚刚做了分子美食。

说得更远些……我敢打赌，两三年后，媒体还会追捧其他"奇异"的食物。此刻，我们正处于这样一个阶段：小商贩正努力在网上、在所有能看见的地方，向好骗的消费者兜售分子美食。很快，这些东西就会像我们所厌倦的小玩意儿一样，被丢进橱柜里。

但是，问题来了：分子烹饪确实很扣人心弦，但这是好的烹饪方法吗？我无比同意弗朗索瓦·西蒙在《费加罗》杂志上所回答的："为了解放味觉，厨师们需要艰难地从美食中脱身。于是，他们就变成了吝啬的智者，在食客面前表演，并忘掉了我们所真正期待的是美食和胃口。"莫里斯·博杜安，智者中的智者，嘲讽道："'分子烹饪'这个词已经废了，从此之后，我们应该把它称作半工艺-半情感或者结构主义烹饪。如果愿意，也可以称作解构主义。"

菜肴词汇(Mots de la faim)

若想对食物做出明智的评价，是否应确保对吃下去的东西有所了解呢？

读了一本有趣的小书②之后，我得知有关美食的词汇极为丰富而神秘，以致于我对自己的无知深感不安。

当然，以前我也没有想过要去了解某些"冷知识"。比如我在米歇尔·布拉餐厅喝到的勃艮第白葡萄酒，竟然是用土豆泥、圆形干酪和大蒜制成的；而蛋黄酱的起源地并非是比利牛斯山-大西洋

---

① 莫里哀作品《贵人迷》的主人公。——译注
② 《美食与餐桌词汇》，莱特·吉尔曼，柏林出版社。——原注

省,早在亨利四世时期,圣日耳曼昂莱附近的军营就已经开始食用蛋黄酱了;还有,球形奶油蛋糕①之所以叫做修女并不归功于凶恶的狄德罗②,而是因为蛋糕的形状和颜色让人想起修女的棕色毛粗呢料子长袍。

还有很多事情,比如跺脚可以减弱食欲;千层饼有4374层;还有"boundiou"并不是加斯科涅人信奉的神,而是一种猪血肠;"bibichiolo"也不是环保主义者戴的帽子,在朗格多克是指所有吃了让人口渴的菜肴,如酱汁兔肉、味道极其浓烈的熟猪肉,等等。我不禁思忖,居然有这么多重要事情我不知道,我是如何活了这么久的?!

因此,我将那些生僻的、嘎嘣脆的、发出噼啪声的、冒泡的,甚至是闻所未闻的词收集起来,希望能将这些词教给你们,以免你们去饭店点餐时丢脸。设想一下,当您将佩里格沙司和佩里戈尔沙司混淆,或是有人像对待小学生一样,向您耐心解释"alicot"(浓味蔬菜炖家禽下水)和"haricot"(浓味土豆萝卜炖羊肉)的区别的时候,饭店老板那种高傲、造作、装作宽容的神情吧!

接下来是多么令人满意,又阴险的报复啊!在普罗旺斯,您趾高气扬地喊道:"服务生,给我上一份"猫鼻子",什么? 你不知道洋蓟的别名?"在诺曼底:"卡门贝干酪? 不不,认真地说,我更喜欢"小天使"。你们这没有? 那在您的托盘里的东西是什么,难道不是"主教桥"? 好吧,我说的"小天使"就是这个。"在贝里省,您可以挑战着去点一份"jau",其实就是公鸡。在戛纳和尼斯的精致饭店里,您可以点一份他们从未听说过的"chichi fregi"(其实就是薄面粉煎饼)来散布恐慌。在莱恩省,您还可以在乔治·布朗饭店里点

---

① 双球形奶油蛋糕和修女在法语中均写作"religieuse"。故有此说。——译注

② 狄德罗曾创作过一部名为《修女》(*La Religieuse*)的小说,故有此说。——译注

"你好，我的叔叔"——第一个在祈祷的时候说这话的人收到了一个被称为"你好，我的叔叔"的卷边杏仁果酱馅饼。

　　在普瓦图，点一份"耶稣会会士"（小火鸡）可能会搞得大家开始祈祷，而点一道"婊子"（地方小蛋糕）则可能真的会让她们急匆匆赶来。在旺代，当您点"鞋匠芦笋"时，他们很有可能给您上一份芦笋或是一双鞋，而不是拿来一份您真正要点的绿叶生菜。在康卡勒的奥利维尔·罗林格尔）餐厅，当您点完"雪中的朝圣者"后，他们一定会奔走相问这到底是什么，其实就是圣雅克的贝壳状意大利。当您下次参加洗礼时再次光临时，您可以最后点一道小食，即"12人份肚脐大杂烩"（其实就是洗礼时的传统菜肴：黑麦粥）。

　　当您在兰斯邀请主教阁下光临克拉叶尔城堡酒店一聚时，千万不要放过对艾琳娜大厨表现您对客人慈爱的机会。您可以点一道"主教无边软帽"（鸡尾巴）或是"库尔东"（肥肉丁）。最后，在丽兹大饭店或克里雍餐厅度过美好时光的时候，可以点一道"增湿剂"或几个"娼妇"，没人知道前者是一种汤，而后者则是醋栗马鲛鱼。

　　但是，我不得不停下叙述了，因为我的胃里都是牛轧糖，我可不想让我的牙齿生锈。到了让牙龈跳波尔卡舞、拍肚子、善待扁桃体、玩多米诺骨牌、堵住牙缺口、润湿喉咙的时候了。总之，就是要捧腹大笑！

音乐(Musique)

　　美食和绘画确实是一对双胞胎姐妹。然而，美食与音乐的关系人们却鲜少提及。

　　拜罗伊特和斯卡拉的歌手并不是我想阐述的主题，他们常常在演唱了三四个小时的难忘时光后奔向一盘腌酸菜或是通心粉。我也并不是很想谈论在某些餐厅中食客们所承受的"灾难"。如果罗西尼在,他一定不能忍受这些餐厅所放的令人厌恶的背景音乐,要知道罗西尼可谓称得上音乐界的"蓝绶带"。我真正想要研究的是味道和声音之间所搭建的对话,这样,我们就进入到一个混沌、神秘、迷人的情感世界

我的朋友克劳德·安贝尔是《观点》杂志的创立者,他在音乐和美食上都能称得上大家,因此他总是乐于向厨师和餐厅推荐一些作曲家:(前者为餐厅名字,后者则为作曲家名字)拉塞尔:古诺的老式歌剧;银塔:吕利;塔耶旺:帅气却有些刻板的亨德尔;格拉德:莫扎特;马克西姆:奥芬巴赫(生意好时),弗朗兹·冯·苏佩(生意差时);以及吉拉德:伟大的德彪西。

接下来则是我的建议:保罗·博古斯:科特比的《波斯市场》;居·萨瓦:弗朗西斯·普朗克;若埃尔·卢布松:马克·安东尼·夏邦杰和库伯兰;皮埃尔·加纳勒:斯托克豪森;阿兰·杜卡斯:格什温;马克·维拉特:莫里斯·拉威尔和斯特拉文斯基;米歇尔·布拉:埃里克·萨蒂;雅克·马克西姆:肖邦;乔治·布朗:樊尚·丹第;奥利维尔·罗林格尔:半个巴赫,半个维瓦尔第;让·巴尔代:贝多芬的《田园交响曲》;蒂里·马克思:皮埃尔·布雷和约翰·凯奇;米歇尔·特罗斯格洛:圣桑和路易吉·达拉皮科拉。

剩下的交由您来完成。

创新烹饪(Nouvelle cuisine)

《世界报》访谈,2007 年 9 月 6 日。

让·克劳德·里博①:"您对当今法国烹饪持什么看法?"

弗雷迪·吉拉德②:"有些业内人士认为,所谓(烹饪)的现代化,就是将厨房变成实验室,他们会毫不犹豫地使用一些合成食品。更有甚者,连食品本身的模样都不管了,他们将食品碾碎、肢解、加香料后,加工成另一种样子。农副食品业催生了这种伪现代化,而伪现代化又反过来使农副食品业得以将其产品强加于市场,市场也只能束手就擒。"

让·克劳德·里博:"您不觉得这和 1970 年代的创新烹饪运动有些相似吗?"

弗雷迪·吉拉德:"完全是两回事!创新烹饪使人们对于食品、烹饪时尚有了新的认识,调味汁使用的减少、对于营养的关注都符合那个时代人们的期待。虽然有被误解、被偷换概念的情况,

① 让·克劳德·里博,《世界报》美食专栏作者。——译注
② 弗雷迪·吉拉德,瑞士克里西耶市政府餐厅主厨。——译注

但总体上,创新烹饪带来的东西还是正面的。"

虽然同行们也一致承认,来自瑞士洛桑的弗雷迪·吉拉德直到退休,都是 20 世纪下半叶世界上最伟大的厨师之一(见《我们当中的第一》,正是此书再次提升了若埃尔·卢布松餐厅的菜价),但我毫不怀疑,吉拉德的这种说法一定会让那些由于无知,至今仍对创新烹饪报以蔑视和嘲讽(就这股从根本上动摇了法国烹饪、并波及全世界的浪潮而言,他们的态度还谈不上仇恨)态度的人感到尴尬。

在欧洲、美国、日本、巴西,甚至是遥远的澳大利亚,连篇累牍的文章和报道上都出现了这几个毫无贬义的字眼:"法国创新烹饪"。创新烹饪并非一时的潮流,而是一场真正的革命。也因为这场味觉革命,我和亨利成为纽约《时代》周刊自创刊半世纪以来第42 次登上其封面的法国人。

但我们并没有就这场革命发起过"圣战",也没有向农副食品业兜售创新烹饪。法国创新烹饪是这些年引起社会轰动的自由浪潮的产物,它所以能够成为一座拥有"信条"和"教义"、能在朋友间建立起谅解的"教堂",不是没有原因的。下面这个例子最能说明问题:显示出无限智慧的创新烹饪像一颗新星冉冉升起时,也正值我们致力于将另一种烹饪推上舞台,这种烹饪虽然不那么雄心勃勃,但没有它,法国烹饪的守护神就可能失去其灵魂——这就是法国本土烹饪。这是在法国外省,受到最真诚、最富于热情的法国人竭力捍卫的烹饪,他们为此坚决抵制任何仿制、也反对因图利而对这种烹饪进行任何改动。

现在来看,情况很清楚,我们并没有创新什么。因为任何一种烹饪都是做出来的。我们不是干这行的,而且应该说也没这个本事。我们只是找到了一种新模式,还有,我们必须承认,创新烹饪既没有任何耸人听闻的东西,也没有出色的"营销"。不但如此,事实上,创新烹饪过去就已经在餐桌上出现过了。比如距现在不远的伏尔泰的时代。伏尔泰本人就曾嚷嚷过："不不,可别让我吃什么新式菜。我可不能忍受咸汤里飘着牛胸腺,也享受不了太多的羊肚菌、胡椒和肉豆蔻。厨师们现在都用这些东西来让自己的菜肴显得更有利于健康。"而今天,我们只不过是全盘照搬了"创新菜肴"这几个颇有正面意义的字眼而已,因为,"我们的"创新烹饪所要摈弃的恰恰是这类粗劣的菜肴。

阿兰·夏贝尔(参见该词条)对我们说,他更喜欢"现代烹饪"这个说法。有些人喜欢"演进的烹饪"这种表达,也有人认为"创意烹饪"甚至是"创造者烹饪"更为贴切。随着时间的推移,我越来越觉得"自由烹饪"最能诠释这一现象。与此相反,也有一种代表让人厌恶的禁忌和旧习俗的保守主义观点,持这种观点的人不允许厨师自由表现个人想法。但这种保守态度也越来越不为人们所接受。我们有许多年轻或相对年轻的法国人、美食爱好者或烹饪行家,深深感受到一种对于"简约"的需求。受勾芡和过分花哨的小装饰物的制约,大餐越来越令人感到繁琐,甚至不再具有吸引力。词语的意义并不重要,因为我们并不是为了开发一种能够带来最大盈利的"产品"。我们对法语的情感过于深厚,反而导致总是用一些笨拙的"概念"使它陷于被嘲弄的境地,这些概念在今天居然都变成了时尚。而我们的本意只是想在音乐中加入一种新音符,并且让所有人都能听得到!

神奇的是,我们很快就发现,我们提出的关于改变饮食习惯和烹饪方法的新观点居然被人们广泛认可。就像人们说的,被人们纷纷议论的东西,结果往往只会是烟消云散,要想存留下来,就必须有一个足够"愚蠢"的名字。如果说"印象派"、"野兽派"或"立体派"这些名称让我们知道它们所说的是一些特定的画作,或者,如果说当我们动身前往法国"蓝色海岸",我们很清楚"蓝色海岸"始于哪里又在哪里终结,那是因为,记者们以他们手中的笔,将这些词汇放飞出来,最终变成了我们的日常用语。

许多厨师已经开始摆脱旧的烹饪操作方法,晚间也不再搂着他的埃斯科菲耶或佩拉普拉①入睡了。他们已经感到,该是将他们精神深处、他们心中和他们胃里的烹饪统统表达出来的时候了。可他们没想到的是,当时在其他的街区、其他城市和地区,已经出现或后来很快就出现了许多特罗斯格洛、盖拉尔、维尔热、夏贝尔、路易·乌提耶、雅克·玛尼埃、居·萨瓦、阿兰·桑德朗、贝尔纳·罗瓦索、保罗·曼舍利、让·玛丽·阿马特、克洛德·佩约、勒迪维尔克、若埃尔·卢布松、马克·梅诺、雅克·马克西曼、韦南茨(在布鲁塞尔),或是出现了一些吉拉德②(在瑞士洛桑的克里西耶),这些名字同样具有冲击力。它们像"博古斯传奇"(参见"博古斯"词条)、像那些地域性烹饪特色一样,广为人知。但它们大多数之间并不存在高度的相似性和紧密的联系,反而是这种自由的空间感更能达到"海纳百川"的效果,实现烹饪风格的多样性。

我还清楚记得米歇尔·盖拉尔这样回答我的问题:"在您看来,使创新烹饪变成为一种运动的原因是什么?""很简单,就是一年又一年积累起来的悲观沮丧呗。"

实际情况的确如此,就是调整一下口味。这种口味属于一个行将逝去的时代,一个挥手告别的法国,那里有鱼肉香菇酥饼、奶油调味汁、数不清的牛肉菜肴;一个大腹便便的法国,如同布拉塞③或朴瓦诺④的老照片,将陈规植入了灵魂。这样的法国慵懒而随性,善良而智慧,但仍旧抱着厚重的黄油、充满脂肪的调味汁、大勺奶油、过熟的牛肝、蝶螺火烧鱼、蔫黄萎靡的蔬菜……更糟糕的是,沾沾自喜、心满意足的人们从来不觉得有问题,而且也从来

---

① 埃斯科菲耶和佩拉普拉均为法国名厨,且皆著有烹饪著作。此处应为二者的著作。——译注

② 这些人均为当时名噪一时的厨师。——译注

③ 布拉塞(1899—1984),匈牙利著名摄影师。——译注

④ 杜瓦诺(1912—1994),法国摄影师。——译注

不考虑是否还有另外一种烹饪方式。

　　厨师们不仅需要走出他们的厨房,也应走出他们自身的束缚。创新烹饪的成功得益于一次妙不可言的炉膛拔风。《高米约美食指南》1973年10月那一期刊登过一幅罗兰·赛巴迪的漫画,画的是一只公鸡,很搞笑,它在一只老母鸡惊愕目光的注视下,从鸡蛋里破壳而出,嘴里喔喔叫着:"法国创新烹饪万岁!"

　　时光流转,很抱歉,标题我已记不全了,但里面应该有这些内容:"创新烹饪的10个要旨……"——俨然一副救世主的腔调,我就不用"专制"这个词了,总之,这不过是杂志上一篇文章的标题,重要的是它的内容:

　　(1) 拒绝复杂,反对浮夸。数个世纪以来,烹饪因何而"高贵"? 是华而不实的名字? 还是矫揉造作的效果? 复杂的工序不是菜品美味的前提。著名的"巴黎式"鸡蛋焖龙虾也许不比简单的醋溜沙司龙虾美味多少。其实,就像烤山鹑,原汁原味才是真正的佳品。

　　(2) 减少烹饪时间,尤其是大部分鱼、虾蟹、禽类、烤野味、牛肉、面团以及部分绿色蔬菜。真正的谷饲鸡,肉质粉嫩,令人回味无穷。事实上,传统的蒸煮法使食物更为清淡、易消化,并完好的保存了食物的原味。此外,炖菜也不应遭受冷落,只要控制好油量,无论火锅还是焖肉,都是不错的菜品。

　　(3) 鲜肉时蔬,现卖现做。在大生产的时代洪流中,人们盲目追逐新兴工艺,这极大地限制了产品的多元化。创新烹饪应摒弃那些毫无滋味的工业化食材,反对生硬的冷冻鸡、滚满面粉的鳟鱼,拒绝用浓厚的酱汁来掩盖食材的寡淡。

　　对此,解决方法只有一个,那就是"现卖现做"。烹饪的食材必须是当天早上采买的鲜肉时蔬。创新厨师们要么得起个大早,要么得找个信得过的供应商。只要别在价格上斤斤计较,总能找到最好的食材。当然,这仅适用于高档餐厅,高层次的服务定位使他们不必在原料成本上过分纠结。而中小型餐馆对此就得量力而行了。如果以次充好，把"死虾"当生鲜卖，这种行为是对顾客信任的极大亵渎。

（4）减少菜单上的选择。有些餐厅的菜单十分"厚重"，菜品种类极其庞杂，选择多到近乎可笑的地步。我就想问问，在冰箱没发明之前，他们上哪儿储存 500 种食材？这些东西又何谈"新鲜"与否？所幸的是，如今这种情况越来越少见了。减少选择，减少浪费，现卖现做，现点现做，这才是"创新烹饪"应有之意。此外，酱汁辅料的浓度也应得到控制。

（5）控制酱汁浓度。比如骇人的西班牙棕色沙司、明胶、淀粉、过量的贝夏梅尔乳沙司、辅料红酒、犬猎队沙司（grand veneur）、奶酪白汁等。真正的酱汁就是食材本身，鸡肉有鸡汤，牛肉也有肉汤，最多再加上少量的奶油、鸡蛋、柠檬、松露、新鲜蔬菜、极少的花椒、朗德调味汁、番茄酱，或白黄油，既保持了原汁原味，又消除了油腻之感，有助于消化。

（6）放弃传统的腌制之法。年轻的厨师们几乎摒弃了所有"老式烹调传统"的原则。以前，在科农斯基那个时代，野味（以及一些肉类）需要在油、红酒、烧酒或是香辛料里腌制数小时甚至数天，然后用大量的香料来掩盖发酵的腐味儿，可在当时，这样的腌野鸡和腌山鹬颇受追捧。然而，"风干腌制"之法还是可取的。

（7）创新烹饪与"现代主义"之间并没有必然的联系。厨师们都很清楚，所有食材，特别是鱼类，生的也好，熟的也罢，只要被冷冻储藏，品质就会遭到破坏。仿佛现在越来越流行生吃鱼肉，但前提是新鲜度必须得到绝对保证，否则懂行的厨师绝对会避之不及。以前，保鲜的手法就是"冰冻"，那时的餐厅会把鳌虾、鳎鱼同冰块一起端上餐桌，如今却不一样了，新式厨师会使用更加巧妙的方法来确保食材的新鲜。

（8）善用现代技术。对于现代工艺和机器设备，新式厨师既不会过度依赖,也不会弃之如敝履。他们并不拒绝使用搅拌机、自助烤肉机、削剥器、残渣研磨器,也不蔑视冷冻食品,但却会去研究正确的使用方式。他们会尝试所有烹饪方法,好的坏的,优的劣的,因为"没有实践,就没有发言权"。

(9)注重烹饪的营养价值,控制菜肴的味道,应保持清淡。当然,这并非是必须遵循的"铁律"。在减肥食谱方面,烹饪界一直墨守成规,缺乏创新。而新式厨师针对这一点,充分发掘出"清淡食物"的功效,比如生沙拉、水煮菜、果汁生肉、无酱鱼等。

(10)鼓励发明创新。对于菜品创新,没有什么绝对的规则,我们可以继承,可以组合,可以创造,种类自然是多多益善。羊肉和四季豆、牛肉和菠菜、鳎鱼和蒸苹果、牛排和薯条、催肥的小母鸡和羊肚菌酱、白葡萄酒和鱼、肥鹅肝与松露……谁说这些组合就一定是"良配"? 新式厨师必须时刻准备着"冒天下之大不韪",只要味道鲜美,搭配得当,一切都是可行的。此外,我们的世界越来越像一个"地球村",厨师们应大胆运用外来的新元素(进口蔬菜或水果、香辛料、芳香剂),以丰富我们的餐桌,并为众多简单的食材带去新的生机:如鳕鱼、金枪鱼、带壳煮的溏心蛋(是的,加鱼子酱!),加了7种肉的蔬菜汤、浓汤、夏贝尔煎松露、德拉维瑞的鳌虾蔬菜汤……

每天,厨师劳作、创造、想象,并对所有他们还没有的尝试或是越界的东西深感兴趣。他们在原创中注入了乐趣并获得了成功。

在这10个"要旨"之上,我还得加一条:友情。新式厨师们不再相互倾轧,相互妒忌,他们能共享创意、共享技术,甚至共享顾客、共享市场。一言以蔽之:正因为他们才华横溢,充满活力,我们才能义正言辞地向世界宣称,"法兰西创新烹饪万岁!"

这一切没有任何将烹饪纯粹化的痕迹,相反,这是一场针对自由的邀请。创新烹饪给每个人都提供了一个放任灵感迸发和彰显个性的机会。

然而，无论是在厨房、餐厅里或媒体上，我们都对此展开了激烈讨论。新事物的出现总是伴随着质问与怀疑，这是一个不可避免的"缩减现象"。更有甚者，比如著名美食记者罗贝尔·库尔蒂纳，便控诉道，"创新烹饪"妄图以"蒙太奇式的营销手段"，打击甚至是抹杀法国烹饪的"优良传统"。

就像所有极端的事物一样，这种言论是荒谬的，同时也是不太公正的。因为很明显，这种"创新烹饪"的出现，不是为了颠覆，而是为了更新，它试图向大厨、厨师，以及家庭主妇们传达一种新的烹饪"精神"，鼓励大众去发现自己独特的烹饪"规则"，去追求味觉上的愉悦和健康。也有些人认为，这只是一种心血来潮式的"时髦"，最终逃不过走向没落与平庸的宿命。

可悲的是，一些年轻厨师也被这种思想所蛊惑，为了能搭上"创新烹饪"的顺风车，自甘堕落的沦为"创意的剽窃者"。比如，面对砂锅鱼、香脆绿蔬、疯狂沙拉、玫瑰鳎鱼的成功，他们只能东施效颦，蹩脚地炮制出一些什么"无味砂锅"、"烂炖蔬菜"、"疯癫沙拉"、"血丝鳎鱼"，简直恬不知耻，当真可笑之极。还有什么是他们做不出来的？这些人就像那些天赋平平的画家，眼高手低，好高骛远。当然，在人类发展的历史进程中，对一项新事物的探索阶段，往往是多产的阶段，但同时也会催生出许多糟糕的玩意儿（甚至可以用卡车来装载）。请不要指责他们，请像夏多布里昂说的那样："贫苦的人如此之多，因此请节约我们的蔑视。"

创新烹饪还有很远的路要走。1976 年，在法国、比利时和瑞士，当得起"创新"名头的高级餐厅总不过百来家。其势头虽不及海啸般汹涌，却仍可从中发现最为光彩夺目的人才：从弗雷迪·吉拉德到米歇尔·格拉德，从阿兰·夏贝尔到阿兰·赛德伦斯，从保罗·曼舍利到雅克·玛尼耶勒，这只是开始的开始。

数年后，当创新烹饪在社会上拥有一席之地，甚至跻身"烹饪遗产"大家庭之中时，我们却发现，它的多样性显现出了冗余、夸张、名不副实，甚或显而易见的愚笨，更令人不悦的是，创新烹饪正在向着过分花哨、装模作样的深渊堕落。那些二流、三流或四流厨师都在大踏步、直截了当地走向过去的恶习。敏锐的观察家因此认为，创新烹饪会像其他所有的时髦一样，以过时收场。

但他们忘了一个细节：只要是时髦，都会过时。但当涉及到某一特定时代生活方式的深刻变革时，就不再是时髦的问题了。创新烹饪随着时间的流逝逐渐失去了它的标签，变成习俗的组成部分。正如若埃尔·卢布松最近对我说的那样："名字对于它已经没有意义，因为它已经成为人们每天或多或少都会做的事情。"

1991 年，即当我们从内心喊出"创新烹饪万岁！"19 年之后，巴黎第七大学社会科学系的研究员西尔维·本·阿莫女士发表了她的一项调查结果，调查对象是 134 名《高米约》、《米其林》和《博坦》等美食指南中最受欢迎的大厨的。（我声明从未见过这位大学老师，以免大家怀疑我可能对她的工作施加影响。）

对于"您如何看待创新烹饪？"的问题，77％的人认为这是"烹饪的发展"，8％的人说这是"转瞬即逝的时髦"，其余人认为是"传统的延续"（10％）和"烹饪改革"（5％）。

当被要求用他们自己的话来解释 20 世纪 70 年代创新烹饪的飞跃发展时，只有 6 位大厨说这是"媒体行为"，大部分人则提到了"社会现象"、"希望吃得更简单些"、"新的烹饪体验"这些字眼。62％的人宣称，在创新烹饪问世之初，他们就对其几个大原则（简单、新鲜、易消化且清淡的调味汁、味道的重新组合等）表示了拥护；27％的人是经过一段时间思考后才表示了赞同；不赞同的人占到 11％。创新烹饪的发展趋势何去何从？难道真如那时许多人所说的那样，将会倒退吗？绝对不会！如果说当时有 14％的厨师提出"回归传统"的话，也有同样比例的厨师打出了"新古典主义烹饪"的旗号。其余 70％的人则在将近 20 年后的今天，处于一个"现代烹饪经验同一化"的时期。

当问及厨师独有的特色烹饪时，25％的人说自己的特色在于"对于清淡的探索"，21％的厨师强调"性价比"，18％的人称自己的烹饪是"味道的简化"，14％是"新颖"，只有的人 5％提到"传统的诱惑"。

当被问及备受《高米约美食指南》推崇的本土烹饪的价值时，58％的人回答说："应该将昔日清淡菜肴纳入当今的潮流"，16％的人认为应该"提倡重视自然和植物的烹饪"，14％认为应当"恢复被遗忘的食品"。

西尔维·本·阿莫总结说："创新烹饪并非对往日的追忆，也绝不是对昔日饕餮盛宴的怀念。"

倘若就"分子烹饪"或"解构主义烹饪"做一个类似的调查，结果又会怎样呢？

鹅(Oie)

哎！那个发明了谚语"蠢得像只鹅"的不知名蠢货还真是有道理。鹅真可谓愚笨动物的象征，竟然蠢到相信人类是善良的。要是再来一位希区柯克重拍影片《鸟》，那我将感到万分欣喜。但这次要加上"鹅潮"，即上千只来自北极、加拿大、德国、西伯利亚的鹅群向某一城市居民飞剌过去的画面。一切美丽的事物都化为泡影，就像歌手米歇尔·德尔佩什所唱的，只剩"看到野蛮的鹅在飞"。我还记得在多伦多的摩天大楼上看到的景象：上百只栖息在冰湖上的黑雁一起腾飞，那是我最美好的记忆之一。在经历同样纯美和自由的时刻过后，人们就能明白一个像奥地利动物学家康德拉·劳伦兹那样的人对这些神奇的动物炽热的爱了，他甚至可以理解它们的语言。

被牢牢拴在地上的家鹅必然没有年轻的尼尔斯①的神奇旅途中的同伴们那样高贵。鹅比家养的鸭子更重，走起路来又像鸭子那样摇摇摆摆的十分可笑，它所谓"愚笨"的说法与这一形象不无

---

① 《尼尔斯骑鹅历险记》主人公。——译注

关系。但对于剩下的，我并不想以赞美它的品质来作为结尾。法国博物学家布封形容它为"一只高雅的动物"，这说法再恰当不过，尽管不以为然的法国美食家格里莫·德·拉雷涅尔（参见该词条）愚蠢地评价它"平民气的、令人讨厌、脾气暴躁"。

为人类书写提供羽毛，为优质睡眠提供羽绒的鹅，朴素、干净、腼腆、亲切，并有着完全经得起考验的忠诚。尤其是在德国，它们以导盲而闻名。导盲鹅们会小心地叼起盲人的包或衣服的末端来引导他们走向正确的方向。古希腊的石碑上也记载了鹅与孩子们一同玩耍，关系如同他们和家犬之间一样友好。另外，鹅的记忆力也异常惊人，在俄罗斯，迁徙期的野生鹅会在曾短暂收留过它们的居民家里休息。

自始至终，鹅都是人类卓绝的看护者，它们从不在同一时间睡觉。罗马人徒步将一群鹅从皮卡第①带来，并委托它们看家护院、守卫要塞。正是这些两只脚的轮班守夜者在充满敌意的高卢人来袭卡皮托利山时，用叫声救了罗马人。这种情形在当时极为常见。

作为感谢，每次危机过后，这些罗马人都会将那些勇敢的牲畜（傻蛋）烤了来供宴会所用。

萨满教对鹅有一种深切的崇拜，认为它们是沟通生者和亡灵的信使，但鹅还是没能逃脱被杀的厄运。任何"神圣"的动物最终都会被宰杀、烹煮、献上祭坛。人类所谓的"崇拜"，显然是以其生命为代价的。

因此，过了冬至，也就是在圣诞节的时候，不论是欧洲人还是北美印第安人或是阿特拉斯的柏伯尔人，典礼祭品都是十分流行的。直至今日，伦巴第②的诸圣瞻礼节都不能没有鹅。每年11月11日，阿尔萨斯地区会为圣马丁③举行祭奠仪式，庆祝自然交替，

---

① 高卢比利时的一部分，后并入法兰克王国。——译注
② 意大利北部大区。——译注
③ 圣马丁（313—397）基督教圣人。——译注

生命轮回,生生不息。然圣马丁鹅①则是一种不可或缺的应景食物。总之,任何节庆都是鹅的"殉道日",我们一边流着口水,一边表示同情。

但论及最大的不幸不是鹅肉好吃,而是简直太好吃了!英国人一直深谙此道,可在法国,除了肥鹅肝和鹅肉洞之外,似乎就没有什么值得称道的菜肴了。尽管鹅肉的肥腻颇受诟病,但对于一个喜欢烤鹅的人而言,这些批评都无足轻重。没有什么比一只产自谢尔河或佩里戈尔的鹅更加重要的了,真是"鹅肉三两,千金不换"。鹅肉肉质极其鲜美并给人以强烈的味觉冲击,和迈着坦克步子的雌火鸡给人的干硬口感形成了鲜明对比。

掏空内脏并在足够旺的炭火前烧烤1小时,或是在烤炉中放将近2个小时(背面需要的时间长一点)就行了鹅肉的质朴风味是无与伦比的。

当然,还要避免读大仲马的小说,因为他将我们的朋友,去了骨的"鹅妈妈"身体里塞满了洋葱泥、切碎的鹅肝、洋葱炖肉块、50多个烤栗子、盐巴以及辛香料,再将其放在涂满黄油的面包片上,并浸满汤汁,撒上大量胡椒粉和藏红花粉。对于"鹅妈妈"来讲,这不啻于一场灾难,一场美味的"烹饪"灾难。

猪耳朵(Oreille)

本文只谈论猪的耳朵。

每个人都有自己的烦恼:金色头发的人、红棕色头发的人、拿破仑一世、大金字塔的秘密、内裤、飞碟……而我的烦恼是猪耳朵。

---

①　关于圣马丁和鹅之间的关系有两种说法:一说是圣马丁被推为主教时,为了拒绝这个职务,躲进了鹅舍中,后被鹅的叫声出卖;另一说是他布道时,一群鹅冲入教堂,打断了他的讲话,因此这些鹅被送上了餐桌。——译注

我对猪耳朵有一种强迫性的心绪不宁,正像小说《罪与罚》男主人公拉斯柯尔尼科夫对放高利贷老太婆的积蓄抱有的那种心态。我从小就把这种冲动隐藏在内心深处,直到 20 世纪 50 年代和作家亚历山大·维亚拉特在当时中央市场最好的小餐厅之一——蒙特餐厅一起享用过午餐之后,这种冲动才如闪电般释放出来。

前不久我独自一人待在巴黎,一天晚上,总觉得有一种发自猪耳朵的、令人无法抗拒的声音在召唤我。柔和的暮色催我前行,我勇敢地向古老的中央市场走去,并肯定那里卖猪蹄的商铺可以满足我的心愿。我啪嗒嗒嗒向那儿走去,那家店里果然有猪蹄和猪尾巴,但是快来给我解释一下,为何在那没看到猪耳朵!

这没什么可遗憾的,让我们穿过塞纳河继续前行去到蒙帕纳斯,那里一家餐厅肥美的猪耳朵给我留下了深刻印象。我没记错,10 点整钟声敲响的时候,一只我渴望已久的猪耳朵被送入我的餐盘。想起没找到猪耳朵踪影的沮丧,我摩拳擦掌,做好享用美味的准备。这只猪耳朵隐藏在面包屑下面,有一片小牛肉那么厚,就像一个有气无力的手腕一样耷拉着。噢,这对于我来说分量太少了!我别过身去,喝了一杯阿尔萨斯酒,度过了一个幻想破灭的夜晚。

几个月之后,我成为了迷人小镇圣芒代的新公民,更立刻绕着居住区转了一圈,就像猫要闻遍它新窝的每一个角落一样。突然,我在圣女贞德街和萨克罗街的角落处停了下来,站在一家似乎只有在里昂才能见到的"家常酒馆"门前。人行道上的两个木桶围绕着酒馆的入口;酒馆里的墙上挂着"酒"和"共济会"证书。这是一家真正的小酒馆,一位面相和善、快乐无忧的小伙子对我说:"您好,米约先生!"我愣住了,便问他我们是否相识。他回答我说:"不止相识。"然后介绍自己名叫"贝尔纳·奥利"。这个名字对我来说并没有任何特殊意义,但我很快又重拾起记忆。奥利曾有一段时间是《高米约美食指南》的送递员,当时我们美食指南的办公地点还在最初的艾伯特街。那期间,这位法国博若莱葡萄酒的爱好者在十五区开了第一家小餐厅,就是那家位于巴黎郊区"东纳伊"一个被人遗忘在角落的餐厅。第二天夜晚,我和妻子来到科托(奥利开的餐馆),我多希望没在菜单上看到"第戎猪耳朵"这道菜。我的心"突"的一跳,难道这道菜依然会令我失望吗? 并非如此! 类似的猪耳朵都令我欣喜不已。一段时间没吃猪耳朵后我变成了诗人,用无力的手写下了如下风格的文字:"我只想念一只猪耳朵,一切尽是荒芜。"

科托的猪耳朵在我看来并非是世界上独一无二的。我最敬重的还是用朱朗松葡萄酒烧制的猪耳朵,名厨克里斯坦·帕拉让我品尝的就是这道美味。奥利和家乡的猪"结婚"了,意料之中,所以他餐厅的猪耳朵也是第戎的。他把猪耳朵放在加入大量香料的原汁清汤中煮上一个小时,然后一只手用力按压,待冷却后裹上少量自制的金黄色面包屑,接着在表面浇上香气四溢的博若莱白葡萄酒,配上小洋葱后一并放在烤箱中烘烤,直到能闻到芥末的香味。这美味几乎不比一块对折了两次的手帕厚,不起眼的卷沙拉层酥脆得美妙极了。接下来,把去油的原汁清汤中漂亮的小牛头肉请上我的餐桌,再配上女老板的焦糖酱便可享用。然后,我心满意足地离开了。

雪鹀(Ortolan)

我要再讲一段羽毛下的血泪史。30 多年前,我在蒙宝酒庄享用晚餐,一个身高 1 米 8、体重 100 公斤、名叫迪耶的神甫为我端上一个大餐盘,这是雪鹀为我上的第一课。"您把整只雪鹀放入嘴里大口吃,当它稍稍触碰到舌头时,您会觉得嚼起来很干。像这样,咔擦! 连肉带骨都一口吞下去。但是要注意了,乐趣才刚刚开始。您慢慢地、细细地品尝,就像品一瓶雅马邑白兰地。快结束时,请注意它的头部——咔擦一裂,脑浆就流进您的嘴里了。再大喝一口圣埃美隆出产的红葡萄酒,您就可以准备继续享用下一道美味了。但要注意,品尝不应拖太久。等雪鹀冷了之后,肉香就消散了。"

第二天,我去了一个雪鹀饲养场,这些身长 15 厘米左右的美丽红色小鸟从北欧国家迁徙到非洲撒哈拉沙漠过冬,被捉住之后,人们把它们关在通风的抽屉里,除了吃喝,它们没有其他的事情可做。刚来这里的时候,雪鹀非常瘦,之后很快就会发福,它们的旅行也就此结束。杀雪鹀最通常的做法是拧它们柔软又脆弱的脖子,不过,纯粹主义者说他们把雪鹀的头浸在一杯雅马邑白兰地中让其窒息而死,但人们不大相信他们的说法,因为朗德人喝雅马邑白兰地时一点也不浪费。

那个年代,捕猎雪鹀、把它们卖进餐厅并不算罪恶。对于朗德人来说,一年不吃雪鹀比做苦役还糟糕。

后来,人们意识到雪鹀有濒临灭绝的危险,著名的"公共权力"部门便采取了严厉措施禁止捕猎。从那以后,猎捕和买卖都停止了:雪鹀成了一种不能碰的动物。当然,在整个西南部,人们还继续悄悄地进行雪鹀的交易,只是给它另取了一个无足轻重的代号"小鸟"。一串"小鸟"的售价高得吓人,这让厨师和消费者冒着有可能在警察严厉巡查中被带走的风险。因此,好心肠的人相信雪鹀的交易结束了,也不太担忧"小鸟"的买卖。

真实的实际情况就是,只有在"鸟类保护联盟"主席发飙的情况下,政府才每年向媒体和善良的保鸟人士保证会禁止捕猎雪鹀。

剩下的问题就是要知道,每年夏末,被朗德省保护的众多"小鸟"当中到底有 3 万、6 万,还是 8 万被偷猎者用捕鸟夹猎捕。

要知道,让朗德人把雪鹀从嘴里吐出来对他们是多么痛苦的事情,法兰西共和国只好睁一只眼闭一只眼,朗德人便肆无忌惮。为了避免在国家的枢纽发生一场革命,公共权力部门装作雪鹀都是被贪婪的偷猎者吃掉了,这是无法杜绝的,但雪鸫交易是绝对禁止的。

我记不起朗德方言中用什么词表达"无稽之谈",但那个词恰能表现我们多年来实行禁止捕猎雪鸫的法律效果。

作为好公民,我对猎捕雪鸫是持反对态度的;作为朗德人,我则从内心深处与偷猎者站在一边;而作为欧洲人,我发现从全世界范围来看,比利牛斯山的另一边从未有过如此大范围地对雪鸫进行捕猎,那些在法国幸免于难的小鸟反而能在西班牙得以无忧地栖息。

熊(Ours)

"瞧,一头熊!"

60 年前,父母为了治疗我的支气管炎把我送到科特雷特的比利牛斯山上。现在,我再次目睹了当时经历过的场景。

我向温泉疗养区走去,路过主干道上一家肉店附近时,注意力被眼前色彩绚烂的景象吸引住了:店铺门前是一头头猎物。在岩羚羊、羱羊、狍子、母鹿、野兔当中,有一头毛色偏棕黑色、双臂交叉悬挂的熊。这是我人生中第一次见到熊的尸体,而且是在一家肉店里。如果说今天我又在同一地点发现了一头熊,那简直太令人吃惊了。

不过,1948 年时的我还是个喜欢猫猫狗狗的小伙子,只会说:"瞧,一头熊!"尽管这种事情很稀奇,但既不荒谬也不令人震惊。毕竟,熊在那时和其他动物一样都是走运猎人抢下的猎物。

大仲马 1838 年出版的《瑞士旅行札记》真是一场阅读盛宴,其中有一章标题为"熊排",这章内容轰动一时,致使作者遭到被如此野蛮行为激怒的读者们的抗议。在文明开化的欧洲,一位杰出的文人怎么敢吃熊?

可是大仲马的确这么做了。而且，居然还对此津津乐道。他说马蒂尼旅馆老板，也就是著名的熊排供应人，伺候他进餐时说了这样的话来促进食欲："您将饱尝美味。这头熊吃了人，它的肉会更加可口。"

大批游客前来向这位不幸的旅馆老板询问："今天您的菜单上有熊吗？"他因此而生了病，于是写信给报纸，尤其是对大仲马的行为感到气愤，而大仲马则满足地哈哈大笑。

之后，在《大仲马美食词典》中，爱说笑的大仲马替自己辩解说，之前提到熊腿并没什么大不了：只要向皇宫著名的熟食店老板谢维下订单，他立刻就能为您供货。当时，他还明确说过："小熊的肉非常珍贵，享用熊前腿是富人的一大乐事"。

海胆(Oursin)

谈论海胆之前先说说它的完美搭档：蛋。如果说蛋是一位男性，那么他对于所有女性来说就是位好丈夫；如果说蛋是一位女性，那么对于所有男性来说她就是最好的情人。与蛋结合在一起的食物都能将它突显出来，这条定律屡试不爽：从鱼子酱到松露，从鲜奶油到红酒，都是如此。

但在我看来，蛋和海胆这一海洋宝石结合在一起则更加完美。我在马赛的巴罗内餐厅见证了这一令人赞叹"梦之婚礼"。一个水产品市场的深处摆有几张桌子，我们从远处走去，准备入座，你难以想象一路上牡蛎、蛤蜊、缀锦蛤、帘蛤、紫海鞘和海胆是如此琳琅满目，多得令人应接不暇。厨房里堆满了从深海里捞上来的、依然活蹦乱跳的海产品。有一道制作简单但十分特别的佳肴：海胆炒鸡蛋。我们能用棕色、黑色、绿色、红色或多色等各种海胆制作出这道菜。虽然布列塔尼(杜阿尔纳纳)的紫海鞘还有它们爱尔兰的孪生兄弟是最昂贵、最多肉的海胆，但我们并不想冒犯地中海人。

　　海胆是一种昂贵的菜肴，就连劳力士手表和宾利汽车都没有它贵，但我们不应把事情想得太可怕。每个人 3 个海胆、2 只鸡蛋就能很幸福地吃饱了。主要原因是每个海胆满满包含着 5 个美丽的橙色或者黄色舌形物（海胆的性腺）。我们用剪刀把外壳剪成两瓣后，再用小勺把舌形物取下来，同时要小心地分开黑色的粒状物；接着，把海胆放在一个盛有稍许海胆汁的碗中；再用双层蒸锅准备炒鸡蛋，用木质餐叉叉上大一块黄油不停地翻转，一旦翻炒的鸡蛋开始变厚，就向其中加入舌形物、橙汁和少量鲜奶油。

　　上述烹饪过程非常简单，比大餐馆要进行的放在茴香奶油、芹菜中冰冻等讲究的准备工序简单多了。必要时，要将壳中的海胆蒸上几分钟，这种做法值得提倡：人们用最简易的器具就可以从海胆浓烈的香味中提取出碘。无论如何，海胆罐头是绝对要摒弃的。特别是餐馆，会在罐头中装满炒蛋，他们便因此而可耻地在虚假的奢华中生存下去。

皇宫(Palais Royal)

1765 年,在历尽沧桑的巴约勒街和路易十五时期的布里街(如今的卢浮宫街)的街角,巴黎第一家餐馆开张营业。当然,史学家之间对那段历史存在分歧,为避免讲述他们长期以来的争论不休,我会尽力简化并还原历史,即使我讲述的版本不一定全是准确的事实,大家也不要因此而失去食欲。

1765 年之前,刚刚提到的那家餐馆尚不存在,人们会去营业时间、价格和菜单都固定的小旅馆;或去外卖菜馆经营人那里,他们从 1628 年开始就被允许最多向每位顾客销售 3 盘熟肉和 3 盘炖肉块;终于从 1708 年开始,人们会到葡萄酒店用餐,那里不是熟食店,也不卖肉制品。在外享用晚餐时可选择的菜品数量最少,总是那几种食物。此外,人们还可能在餐桌上看到自己就餐时的写照,这有时会令人感到不悦:"法国作家塞巴斯蒂安·梅西耶就曾说过:'你们要坐在 12 个陌生人中吃饭,吃得最快的常客坐桌子中间,吃得慢的顾客就不太幸运了!'"面对如此不便的规定,真应该加上乞丐、盲人、游走的音乐家还有"小娼妇"一起用餐,他们知道如何做就能得到手表或戒指。

　　1765年，一个面包店主想把"面包店兼售美味餐食"这一想法写在店铺门上，并附上一句关于菜肴的拉丁文，其灵感来源于福音书："饥饿的胃快到我这儿来，我能让您恢复生气。""餐食"这个词并不新鲜，意大利作家薄伽丘的作品中出现过这个词，指的是滋补的原汁清汤，这正是这家面包店主唯一被准许销售的食物。这位面包店主做出的最勇敢的事情就是售卖淋上白汁的羊肉腿，那些熟食店因此而起诉他，不过幸运的是他获胜了。为了在大理石小桌上品尝远近闻名的羊腿，民众蜂拥来到巴约勒街，面包店主还在里面添加了用粗盐制作的家禽肉，就这样，他很快就变成了餐馆的创始人。不论怎样，他获得了巨大的成功——在博维利耶尔在皇宫连拱廊开店之前，而这位才真正称得上是餐馆创始人。

　　那些年间，皇宫逐渐变成巴黎美味佳肴的博物馆。在路易十六统治末期，沙特尔公爵（菲利普·艾格里特）利用餐饮税收把一部分花园变成了"欧洲最大集市"的精美长廊，色情交易在长廊里十分盛行。

　　奥尔良公爵菲利普1715年成为法国摄政王之前即入驻皇宫。他摄政长达8年，所以情妇和酒神女祭司的歌舞也同时跟了进来。由于他食量小，所以还需要吃可口的夜宵，餐桌上的乐趣于是和床帏之乐融合在了一起。那些宫廷私家美食，民众是无法接触到的。而通过曾获得"大嘴先生"荣誉称号、来自普罗旺斯的安东尼·博维利耶尔伯爵，宫廷美食才真正向公众开放，至少向那些有财力享受银质餐具中最精致佳肴的人开放。1782年，这位伯爵已经在黎塞留大街上开了伦敦大饭店，并作为重要角色在饭店里穿着带花边的服饰、佩戴佩剑穿梭于餐桌之间亲吻贵妇们的纤纤玉手。后来，这家饭店入驻皇宫的瓦卢瓦廊，登上了世界高级美食和高雅之巅。

　　大革命时期，民众有一些变化，然而当法国革命领袖丹东、法国政治家法布尔·戴格朗蒂纳或卑鄙的埃贝尔坐在餐厅的一边时,法国旧制度的代表人物——如煽动叛乱的里瓦罗尔伯爵就不敢坐在餐厅另一边。1793年革命风暴最强烈的时候,博维利耶尔更加谨慎地判断要关门停业。他后来在督政府末期重新开张营业,生意很快就恢复到不久前的兴隆,至少许多老顾客都前来光顾。"他曾经至少在15年内都是巴黎最出名的餐馆老板",美食家布里亚·萨瓦兰(参见该词条)如是说。不可思议的是,多年之后这位餐馆老板居然还能认出一些只去过他店里用餐一两次的人。

1825年,博维利耶尔餐馆消失了。

皇宫还有其他的辉煌之处。从博若莱廊的维富餐厅说起吧,1785年它在花园的小屋里开业,那时名为"沙特尔咖啡馆"。后来,这家店卖给了之前为菲利普·艾格里特做事的厨师维富,扩张成了3个拱廊、好几层楼的空间。为了区别于开在旁边瓦卢瓦廊的小维富餐厅又改名为"维富大酒店",人们也不清楚那家店是维富的亲戚还是同名的人开的。

同样辉煌的还有同在博若莱廊88号的普罗旺斯兄弟,他们是最先让巴黎人了解法国南方菜的重要人物,尤其是普罗旺斯鱼汤、普罗旺斯奶油鳕鱼烩、马赛火鱼和普罗旺斯式羊排。督政府执政期间,法兰西第一帝国的缔造者拿破仑和法国大革命期间督政府中最有权势的人物巴拉斯都会花36苏去那间只配备"必需家具"的装饰简易的灰色房间里用餐。几年之后,大概是1808年,盐费开始计入到账单中。军官、外交官和美丽的贵妇都去各自最喜欢的餐馆:餐馆收入上涨到每天15000法郎,这在那个时代是一大笔钱。顾客几乎要靠临时借钱来用餐消费,可见,那时的餐馆经营有多么成功。

19世纪30年代,人们十分喜爱普罗旺斯兄弟餐馆的珍珠鸭,搭配着虾酱和佩里戈尔松露享用,鸭脖子上还装饰了一串滑稽可笑的花饰珍珠,然而,这装饰却不包含在这道菜的价格当中。10年之后,维富餐厅超越了普罗旺斯餐馆。尽管如此,法国名厨杜格莱雷掌勺之后普罗旺斯餐馆在法兰西第二帝国时期又重新找回了它曾经的辉煌,直到1869年,这家店转让了好几次,最终消失在人们的视野当中。皇宫的另一个骄傲是维富餐厅隔壁的那家名叫"韦里兄弟"的餐厅,这对兄弟店主来自洛林。这家店在法兰西第一帝国初期刚开业时内部陈设非常简陋,拿破仑的大元帅迪罗克因迷恋韦里夫人的魔鬼身材而为他们入驻杜伊勒利宫"开了绿灯"。那时的政府极度奢侈,又建了一个名叫赫库兰尼姆的所谓"小宫殿"。即使每位顾客至少付1个金路易也无法让这家店客满,于是1808年韦里再次去皇宫碰碰运气。为了避免装饰随着时代的变迁不断落伍,餐厅呈现出一派低调的奢华,用的是花岗岩桌子(1806年,法国画家弗拉戈纳尔是坐在一张花岗岩桌上吃冰激凌时去世的)和镀金青铜大烛台。这家餐厅的成功一直持续到复辟时期。

1843年,法国小说家弗雷德里克·苏利埃出版《大城市》时,巴尔扎克是韦里餐厅的常客,他多次把《人间喜剧》带到这家餐厅创作。如今巴尔扎克再也不去那里用餐了,但人们在那儿依然能品尝到"美食和美酒"。应该说,富有的韦里先生提早20年就退出餐馆经营了,他把店铺留给了3个侄子,而他们又转让给了一个德国人,最终,这个德国人让这家餐馆沦为一家"套餐"店。

到了1805年,除了那15家曾经辉煌的餐馆让皇宫变得充满活力之外,人们不会忘记放在地下室的游戏桌,尤其是那20多家咖啡店,总是挤满了游手好闲之人、交际花、批发商、商人和英俊潇洒的军官。

国王被处决之后,蒙庞西埃廊里的科拉萨咖啡冷饮店就变成了雅各宾派的聚会圣地,这家店在一家马拉斯加酸樱桃酒冰糕店和什锦冰淇淋店中间,推翻吉伦特派就是在那里谋划出来的。距离那儿几步之遥的米勒克隆咖啡馆于1807年在一楼开业,他们吹嘘拥有"世界七大奇迹"中的两个:通过镜子游戏展现出无限视角的仿制圆柱以及一位花名为"罗曼夫人"的"美丽咖啡馆女老板",她衣着暴露,坐在一把相传曾属于威斯特伐伦国王热罗姆①的镀银扶手椅上。这家餐馆的追捧者包括英国著名历史小说家兼诗人沃尔特·司各特。不过,咖啡店女老板应该是一位贞洁的女性,因为1824年她丈夫去世后,她就进了修道院。

自大革命之前开业起,富瓦咖啡馆就一直在没有搬过,据梅耶尔·德·圣保罗说,"这家店最大、最美,是为数不多最令人满意的咖啡馆"。那家店的冰冻饮料消费量非常大。1789年7月12日,一位青年登上椅子号召大家拿起武器,他从栗树上摘下一片叶子装饰在帽子上,作为革命标识,这位冰冻饮料的爱好者就是法国记者兼政治家卡米尔·德穆兰。后来,督政府时期尤其是法兰西第一帝国时,富瓦咖啡馆又成了流行的聚会场所。之后,法国著名美食家格里莫(参见该词条)回忆时谈到这家咖啡馆因其"熏黑的细木护壁板、无柄而烫手的杯子以及有裂缝的玻璃杯"而渐渐被大家遗忘。

在如今皇宫剧院的位置,我们能从佛拉芒山洞咖啡馆看到一个巨大的先知摩西的雕像他正在一个洞穴深处用棒子触碰喷出泉水的大岩石,"正派的女子永远不会到这下面来",格里莫笑着说:"可是那儿的夜宵却很可口。"

大革命前,一位厨师在博若莱廊拱顶下开了一家地下室咖啡馆,德国歌剧作曲家格鲁克和意大利作曲家皮钦尼的支持者就在那里展开唇枪牙战,咖啡馆为他们提供加奶咖啡。律师兼政治家冈巴塞雷斯每天上午11点在这里喝热巧克力;著名画家路易·大卫与比利时著名画家雷杜德在这儿下棋,诗人安德烈·舍尼埃与演员塔尔马在这儿一起吃饭。大革命时的荒野酒吧则是一个声色场所,人们在那里偷偷地进行色情表演。

---

① 热罗姆·波拿巴,拿破仑之弟。——译注

稍微远一点的朗布兰咖啡馆在法兰西第一帝国时期生意非常红火,曾接待王朝复辟时期领取半饷的军官以及要与旁边瓦卢瓦咖啡馆里保皇党交战的波拿巴王朝的拥趸。1815年,两名俄国军官和两名普鲁士军官在那里发生了一场恶斗,在场的滑铁卢战役的幸存者站起来高呼"皇帝陛下万岁!"。而布里亚·萨瓦兰则会带着他的宠物狗"苏丹"一起到朗布兰咖啡馆吃午餐。

距离这家店两个门牌号的地方,是一家大革命时期开的盲人咖啡馆,由三百人医院①中的4位盲人组成的一个乐队会在那里弹奏流行乐曲,然而大厅里的顾客却对此熟视无睹,这让那些不幸的盲人显得更加辛酸。

1793年1月20日宣判处决国王这一天,保皇党人帕里斯在瓦卢瓦廊的二月咖啡馆一刀砍杀国民公民议员莱佩莱捷。机械咖啡馆以轻便桌闻名,那儿的轻便桌和凡尔赛宫里特里亚农宫的桌子一样,咖啡馆老板曾想阻止爱国人士在咖啡馆里唱《会来的》②,却引发了之后的一场屠杀。

哎,不会来了,对于皇宫的辉煌不会来了。随着法兰西第二帝国的建立,人流逐渐涌向林荫大道,皇宫渐渐失去了它往日欢快与活力。

土豆(Patate)

我为什么用patate而不用pomme de terre③来表示土豆? 首先,"patate"这个词从嘴里一说出来,就会让人有一种吃到土豆的

---

① 1290年,在法国国王路易九世的推动下,一家300个床位的医院在巴黎创建,最初收治贫穷的盲人,医院就叫"三百人医院"。——译注

② 这首歌首次出现在1790年,是一首反映法国大革命的歌曲。——译注

③ Patate 和 pomme de terre 二词均为"土豆"意,前者为俗语,兼有"番薯"意,还有"傻瓜"等转意;后者为土豆正式名称。——译注

感觉。其次，我没听过有谁对一个挡路的傻瓜说："走开，pomme de terre！"当有人要土豆时，也没听过把土豆递给他的人会说："是你要的 pomme de terre 吗？"或者，当有人问"您身体怎样？"时，我也没听过这样的回答："挺好，我有 pomme de terre。"

最近我在《费加罗报》上看到一个通栏标题："超级土豆明星"，说的是联合国宣布 2008 年为"国际土豆年"。土豆可是我们的朋友。

如果我没理解错的话，这一想法是要鼓励那些贫穷的国家，尤其是非洲国家，来种植这种富含淀粉的神奇作物。这种作物到处都能生长，它含有丰富的糖类、氨基酸，尤其是富含大量的维生素 C。作为土豆控，我显然赞同这一说法。然而，我无意中说出的闲话却促使我开始关注天价土豆。比如阿芒迪娜土豆是由夏洛特和马里亚纳土豆嫁接而成的。某一天，法国电视台主持人斯特凡·贝尔内则借嫁接成功的机会对昂贵的土豆进行了一番激动的赞扬。

顶级大厨们对土豆"如痴如狂"，没有人会忽视若埃尔·卢布松为厨艺界做出的巨大贡献，他制作的土豆泥举世闻名。顺便说一句，我亲眼看过他烹饪的准备过程，在此我一定要澄清一些无稽之谈。有人说他做过许多蠢事，例如，1 公斤土豆需要用 1 公斤黄油，还没算上鲜奶油、黄鸡蛋或蛋白。有人说，他真是做了一件中看不中用的蠢事！不，卢布松土豆泥的秘密并不在此——1 公斤小马铃薯需要 250 克黄油、30 厘升全脂热牛奶、粗盐尤其是大颗粒粗盐，就好比"普拉老妈"的煎蛋卷的制作过程比我们讲的简单得多：就是要用木铲子和搅拌器不断地搅拌。简单地说，就是让鸡蛋完全搅拌透彻。

现在来谈谈土豆本身。天价土豆数量有限，但品质也最佳，就像一个特别的玩意儿。自 1995 年，某种土豆在德鲁奥酒店高价拍卖、轰动一时之后，这种土豆就渐渐普及开来。拍卖的土豆是努瓦尔慕捷岛上一种叫做"波恩诺特"的小"新鲜玩意儿"。这种土豆在海藻床上种植出来,价格被拍卖到了令人咋舌的每公斤 3000 法郎。如今,这种土豆在市场上卖到每公斤 15 欧元,但我们并不因此而难过,因为它淡淡的榛子味道着实令人着迷。

雷岛上种植的土豆味道稍微偏甜,不过,产量因受土地价格和财富共担税的影响而得不到保证。这是唯一一个享受"原产地命名控制法"保护的土豆品种。

勒图凯的小马铃薯刚度过 20 周年纪念日。这种土豆散发出一种讨人喜欢的栗子味道,虽然价格不高,但每公斤也要 3 欧元。

再来看看"超级土豆帝国"的光荣榜:索姆湾沙粒中的茱丽叶土豆、桑泰尔的红色长形土豆、皮卡第的深蓝色土豆以及西尔提马土豆。其中,西尔提马土豆是法国名厨奥利维·罗林格 5 月份待在罗宾位于圣梅洛尔·雷奥德附近的家中头几天就会去寻找的土豆品种,他在享用这种土豆时更爱搭配鱼子酱。

如果您想听听我的观点,那么在我看来,王后级别的土豆是泽西皇家新土豆。这种土豆生长于泽西岛上的沙子和海藻中,每年 4 月中旬上市,7 月份就下市了。细腻的黄色表皮、奶油状的肉质和难以置信的绝美味道将这种土豆推向了巅峰。如果您想去市场买一箱这种土豆,那可要抓紧时间了。

为了让人们忘记我之前提过的这些土豆的本来味道,厨师们设计出了各种菜谱。用世界上最简单的方法去除土豆原味,并做好准备工作:将没削皮的土豆放在水龙头下冲洗,然后蒸熟,或放入加少许盐的沸水中煮大约 12 分钟,用餐时搭配着放在沙拉盆中融化的盖朗德优质盐和小块略带咸味的高档黄油一起享用。

前面这些准备工作都非常简单。那我们的工序什么时候会变得复杂呢? 为了向你们呈现唯一一份从未在正式记载中出现过的菜谱,我研读了法兰西喜剧院的文献。1887 年 1 月 9 日夜晚,巨型大厅里舞台帷幕徐徐升起,善良的女仆安妮特与青年男主角亨利开始对话：

安妮特：您把土豆放入原汁清汤中煮熟，然后像做普通沙拉一样把土豆切成片，趁着土豆还温热时用盐、辣椒和上好的橄榄油调味，让土豆散发出带酸味的水果般的芳香……

亨　利：龙蒿来了！

安妮特：最好用奥尔良的龙蒿，不过这也无关紧要。要紧的是要准备好半杯白葡萄酒。如果条件允许的话，最好用滴金酒庄的酒……还要备足细草和剁碎的小煤块……同时还要煮熟大量的淡菜和一把芹菜，把它们沥干水后加入土豆中。

亨　利：淡菜要比土豆少。

安妮特：淡菜量至少要占到土豆数量的 1/3。我们要慢慢地感受到淡菜的香味。沙拉做好后要轻轻地搅动，然后把松露片覆盖在上面。这个过程大有学问。

亨　利：要用香槟煮松露。

安妮特：这起不到什么作用……为了保证客人用餐时沙拉已完全冷却，所有工序都要在晚餐前两个小时完成。

亨　利：我们可以在沙拉盘四周放上冰块……

安妮特：不！不！不！不能让沙拉快速冷却：沙拉太敏感了，要让所有的香味静静地冷凝。您觉得今天吃的沙拉可口吗？

亨　利：棒极了！

安妮特：那就好！按我说的步骤做，您就能做出同样的美味佳肴了。

这部新剧名为《福朗西雍》，它的作者既不是拉辛也不是莎士比亚，而是小仲马。那晚赢得了满堂喝彩。

加上媒体的报道，为整个巴黎揭开了福朗西雍沙拉的秘密。这道菜立刻被餐馆老板布雷邦添加到了菜单中。

patate 这个词，其实是随着时代的发展，才有了现在这种本地化的发音。但我忘了告诉您，这个词事实上源自巴哈马和大安的列斯群岛上印度第安人所使用的泰诺语或阿拉瓦克语。也就是在那些地方，西班牙人发现了番薯（batatas）。

糕点（Pâtisseries）

20世纪60年代，多亏了来自蓬奥代梅的糕点师傅贾斯通·雷诺特，巴黎的糕点店的糕点销量才得以长期低迷的态势中恢复过来。事实上，他发明的"歌剧院蛋糕"最先创制于达洛优甜点店①，之后这种蛋糕遍布全世界，贾斯通的那些冰冻蛋糕在雅高集团的旗帜下继续保持辉煌的业绩。

从那时起，那些来自外省的糕点师们有了明显的进步，一些人甚至成为了在一份被认为无法创新的职业里的明星以及真正的创作者。令我印象深刻的人包括：卓越的米歇尔·贝林、阿尔比和获得过世界甜点大赛冠军的帕斯卡尔·伯恩斯坦，还有来自上莱茵省的布兰斯塔，以及来自里昂的塞巴斯蒂安·布耶和贝纳颂。之前无人提及他们，是因为人们总是关注巴黎当地的糕点师，如皮埃尔·艾玛、巧克力之屋的创始人罗伯特·兰克斯，以及店铺后来的接班人让-保罗·埃尔万和克里斯汀·康斯坦，还有拉杜丽甜品店的菲利普·安德鲁。但这些外省糕点师们的进步仅体现在餐厅的糕点领域。

按照时间顺序，我先来谈谈皮米罗勒的米歇尔·特拉马餐厅。这家餐厅拥有4名三星厨师，多年前我就在那里用过餐。1991年

---

① 达洛优甜点店的故事引人入胜。达洛优两兄弟之一为孔代亲王效力，瓦德勒为亲王剖腹自杀之后，达洛优成为路易十四的御厨。后代中有一个叫让-巴蒂斯特的空想家，他预感大革命将有助于资产阶级，这群人将统治国家，并急于将贵族生活艺术据为己有。于是，他于1802年开了第一家"美食之家"，这家店集所有"提高饮食质量"以及体现"餐桌艺术"的职业于一身。如今，这家历史最悠久的巴黎甜品店依然聚集了所有味觉人才，500位员工中有97位主厨、100位糕点师、巧克力制作师、冷饮商和面包师等。

那会儿,花 19.5 法郎不仅可以享用一顿特别的佳肴,还可以品尝到我刚刚提到的甜点,那些"未来几个世纪的书中还将会谈到"的甜点。

上文提到那些可能为时过早,因为接下来这家餐厅的糕点被大量地模仿,以至于人们可能会不知道酒渍樱桃巧克力之泪、甜葡萄酒酱、水晶绿苹果、菠萝桂花塔、冰脆姜饼及其他一些甜味恰到好处的精美糕点都是他们发明的——这便是奥贝尔加德餐厅。

我不打算一一列举了。在我知道的餐厅中,制作的甜品质量、品种和创新性达到了最高水准或接近最高水准的糕点师有布里斯托尔酒店的吉勒·马沙尔、卢布松餐厅的弗朗索瓦·伯诺、普雷-卡特兰酒店的首席糕点师弗雷德里克·安东、克利翁酒店的克里斯托夫·海尔德、瓦朗斯皮克餐厅的菲利普·里格鲁或雅典娜广场酒店里被媒体描述为狂热的"巧克力界兰博"、"甜品界浪荡公子"以及"焦糖界奥兹国魔法师"的克里斯托夫·米查拉克。然而,我担心这种为了技巧而追求工艺繁琐、过分装饰又或多或少带点艺术性的趋势普遍存在于当今烹饪界。这会淹没顾客所期待的甜点味道,而甜点的味道是不能与复杂的事物混淆在一起的。

我参加了一个巧克力或拔丝糖"艺术作品"展。这个展览把人们带回到烹饪装饰最为大胆的法兰西第二帝国时期。又有一天,当看到雅典娜广场酒店的玻璃橱窗里像展示珍贵珠宝一样展示巧克力"作品"时,我感到既钦佩又震惊。我一边看一边想,这位巧克力艺术家在创作这些小艺术品的过程中一定遇到了许多困难。同时,我也联想到在艺术史上,"矫饰主义"时期创作的作品结局通常都不大好。

一些糕点师喜欢炫技,这可能会令他们处于尴尬局面。因为,他们完全忘记了制作甜品的目的是要取悦顾客,而不是为了让参观巴黎艺术博览会或卡塞尔文献展的人们感到震惊。

所以,我感觉我又一次开始怀念那些像登台表演杂技一样制作出的糕点。

我心目中的玛德莱娜蛋糕①则是：让-保罗·埃尔万咖啡馆的手指形巧克力泡芙，克里斯汀·康斯坦甜品店的蛋白酥皮奶油卷筒，蒙托格伊街上的古老双球形包奶油蛋糕（用料为咖啡、巧克力和两个鸡蛋松软面团）、朗姆酒浸渍的松软蛋糕和奶油糕点，桑西耶街上了不起的卡尔·马尔莱媞甜品店中的奶油千层糕和杏仁奶油糕点，勃艮第街上罗莱-普拉迪耶耶甜食店里的苹果塔和牛轧糖塔，巴斯德大道上克莱尔·达蒙糕点店（提供"蛋糕和面包"）里的圣奥诺雷咖啡，波拿巴街上皮埃尔·艾玛糕点坊以及里沃利大街上杰出的安吉莉娜糕点店里的法式栗子蛋糕……

我们运用传统菜谱、使用最好食材的过程并不复杂，却能体现出深奥的烹饪艺术。

可是，我在巴黎却找不到与之前记忆相符的咖啡奶油蛋糕（包含杏仁果酱小蛋糕、咖啡奶油乳脂和朗姆酒糖浆）。如果有人知道那家店的地址，恳请您告诉我，我会报答您的。虽然我现在还不知道该怎么报答，但我一定会这么做。

绘画(Peinture)

他曾一下就迷上了一条鳐鱼。

而我则开始关注这个鬓角花白、戴着金属圆框眼镜的矮个男人。他让我发现了绘画与美食的秘密关系。

这是个美丽的爱情故事。

一个名叫伊夫·皮纳尔的都兰人从欧什的法国星级大厨安德烈·达更处学成厨艺之后，重返卢浮宫，打算在那儿开一家黎塞留

---

① 玛德莱娜蛋糕是普鲁斯特《追忆似水年华》中重要线索，正是它的味觉引起了对"逝水年华"的追忆。此处为作者的比喻。——译注

餐馆,在此之前他从未去过博物馆。他对我说:"我认为要想看懂绘画就得要了解艺术史。"

1992 年的一个星期天早晨,为了查看餐馆的装修情况,他一边穿厨师服一边穿过画廊来到一幅鳐鱼画作前:"我不知为何停下了脚步,一种奇怪的感觉向我袭来。我感觉有什么东西既吸引着我又阻止这块。为什么是一条鳐鱼? 还是一条如此难看的鱼? 是哪个傻瓜画了这幅画?"他继续向前走着,但刚刚那次相遇却令他心绪不宁,就像人群中一张模糊的面孔无明确缘由地在他的大脑中留下印迹。

一周后,他不自觉地径直走到那幅画面前,那幅画再次让他感到局促不安。那条血淋淋的三角形鳐鱼在一片死寂的画幅中央,一边是一只猫吞下了开口牡蛎的眼睛,另一边是一口锅、一个酒壶和一些厨房用具:他在那儿只看到了一张隐约的远景画。他甚至没有想过要寻找这幅画的作者,可是这幅壁画丑陋的强烈色彩就像一道闪光一样令他眼花缭乱。

又过了一周,当他再一次与这幅画面对面时,心中甚至充满敌意。战斗打响之前,一种剑拔弩张的氛围就在这两个对手间蔓延开来:"这个丑陋动物的可怕面庞下露出一副含糊不清的笑容。它蔑视、嘲笑着我,我必然要报复它。我对它说它不美,甚至要羞辱它,但是时间越长,我就越发觉得被这个创造物麻痹了,就像坐在一张黑色人造革长椅的正对面,要在那待上一个半小时。画框内一个小牌子上写着:"让-西梅翁·夏尔丹"。这个名字对我来说并无任何特殊意义,但这无关紧要。我满鼻子都充斥着鳐鱼的味道。此外,我还感受到了一切:那条在隐形十字架上受折磨的鳐鱼流的血、牡蛎咸咸的味道、因欲念而浑身竖起毛发怒的猫、铺在桌上干净餐巾的芳香……是的,我就像揭开锅盖嗅着锅的味道一样吮吸着这幅画。除了香气,我还感觉这味道跑进了我嘴里。我能感受到我所看到的,也能看到我所感受到的。那儿有葱花的味道,这味道可以说最为浓烈，还有罐中的香料，但香料的芳香让我的鼻子发痒，尤其是少不了的藏红花粉香味更让我难以忍受。片刻之后，我脑海中形成了一个菜谱：备好白葡萄酒，将鳐鱼放在用蘑菇、块菰、肉汁制成的调味汁中煮熟，再把鲜奶油加入调味汁中。至于牡蛎，我就按照当年的习惯做法把它们先油炸，然后再放到煮好的鱼上面。"

"这道菜的工序并不复杂。随着菜谱在脑海中逐渐形成，我发现这一切的背后隐藏着一位女性。这幅画上每样事物的出现都绝不是偶然，只可能是一位做家常菜的女厨师把烹饪原料放在那里，那位叫夏尔丹的画家把这一幕画了下来而已。对了，您知道我过段时间要学习临摹这幅画作吗？我刚刚说那幅画中的鳐鱼看起来就如基督被挂在十字架上一般痛苦，这是真的，但就像耶稣一样，那条鱼依然活着。也许这就是那幅画的秘密，而我是一个文化水平不高的厨师，是烹饪让我发现了这个秘密。"

即使伊夫·皮纳尔真的曾经"文化水平不高"，我们也不妨听他说上几个小时，不需耗费太长时间。他希望能学习以美食家的眼光来欣赏这幅在卢浮宫诞生的巨作，但这个想法却没有得到鼓励，而是被一张嘴扼杀了："每个人都各司其职！您负责照看好炉灶，我们负责绘画。"

一段时间后，这个身穿白色上衣、渴望绘画的不知趣的家伙去了奥赛博物馆，在库尔贝的画作《鳟鱼》前停了下来。他发现了一个重要细节，这幅画直至那时都没有遭到最尖锐的艺术批评。

这条体态优美的鳟鱼隐藏在被稀疏沙子覆盖、石子阻塞的激流中。在它大张的嘴中，我们可以觉察到一根线条的下方深处挂着一个鱼钩。人们在此坐观一个生命的末日，至少大家这么认为。流动的水波会让人产生错觉。作为优秀的实践家，厨师一眼就注意到那条短短的尾巴，鱼鳍的末端被笔直地切断了，它的腹部也顺着身体裂开，我们仿佛能依稀听到血液流动的声音。

毫无疑问,在他看来,库尔贝画的"鳟鱼"是事先"加工过的",也就是说被掏空了内脏、洗净了的。但为什么会是这样一幅场景呢?他对我说:"我不明白为何画家要把这条马上就要拿去煮的鳟鱼放在一条激流中,仿佛它还活着。这是一种挑衅还是滑稽的模仿?我不想下定论这到底是为什么。但是,如果库尔贝就是这么考虑的话,我觉得他是想通过这个暗喻表达某些东西,一定是想借助那个生命的悲剧反映些什么:死亡才能赋予肉体生命?"

自从那两次"一见钟情"之后,伊夫·皮纳尔便沉浸在美妙的艺术世界当中。他继续管理坐落在玻璃金字塔里卓越的卢浮宫餐馆,研究中世纪的烹饪——那个时代因主题餐饮而享有盛誉。这就是他的研究成果。他和朋友安德烈·达更都是崇拜画家图卢兹·洛特雷克的美食家,伊夫·皮纳尔在因两个佳作而获得"美食家"以及"唯美主义者"的双重荣誉称号之前,他们俩还共同撰写出版了一本名叫《吃货的乐趣》的书籍,赛芙琳·科尼昂也参与其中,并提供了《卢浮宫的美食和绘画》以及《奥赛博物馆的美食和绘画》的参考资料。

除了他的个人经历,伊夫·皮纳尔,这个非凡的男人还为我们贡献了一份珍贵的礼物:在好奇心的驱使下,他渴望进入绘画世界。从园艺业余爱好者的视角欣赏风景,用木匠、泥瓦匠、雕刻家的目光审视一座教堂或古迹,以猎人的眼光看待捕猎,从耕种者的角度观察农田、果园等等。这是一个既简单又具有创新精神的飞跃,能让来初学者们很自然地初步掌握一门最开始就让他们吓得敬而远之的语言。熏陶无疑是接受启蒙教育的首选方式。

司鱼厨师(Poisson [Cuisiniers du])

可怜的鱼儿无缘无故就死了!

鱼的头号敌人就是厨师。几个世纪以来,为了证明自己至高无上的才能,大厨们杀鱼的方式花样百出。过去,只要手边有鱼,一些厨师就会对着鳎吹气、烘烤大菱鲆、制作美式沙司,还把鱼溺死在漂浮着虾和牡蛎的粘稠沙司中。如今,借助更现代的方式(用一片梨引诱大菱鲆或用玉米软厚饼和骨髓切片引诱鲻鱼),厨师还会使用其他酷刑工具,但目的都一样:让鱼儿非常洁净地脱离海洋环境。但它们依然无法逃脱死刑。

幸运的是,真正的海鲜厨师会让鱼免遭酷刑。他们明白简单才是鱼最美的装饰,但这并不意味着对鱼不进行任何加工,毕竟他们不是日本人。

海鲜厨师的数量少之又少,所以要好好保护他们。我不希望有人指责我偏祖海鲜厨师,就因为我对从珍爱的餐馆中寻觅到的狼鲈、大菱鲆、海鲂、鲷鱼、鳐鱼或鲛鳐保留着美好的回忆而指责我偏祖海鲜厨师;我一说到"鱼"这个词的时候,脑海中便自然浮现出四个人:保罗·曼切利、雅克·迪维勒克、杰拉尔·阿勒芒都以及这四位火枪手中充当大仲马小说中达达尼昂角色的奥利维·罗林格。在谈论他们之前,我想带您绕海洋暴行博物馆参观一圈。

首先,我们快速通过古代大厅,里面充斥着狂躁的疯子罗马帝国塞维鲁王朝的皇帝埃拉伽巴路斯的大量亚甲蓝[1]溶液、疑似是希腊美食家阿切斯特亚图的菜谱,以及被填喂了无花果干、灌入罗马美食家阿皮基乌斯的蜂蜜葡萄酒的鳟鱼。接下来,我们深入博物馆内部,在那里,我们能找到18、19世纪直到20世纪70年代法国高端美食采用的1001种最大程度改变鱼天然味道的烹饪方式。我最喜爱的三种贵族鱼依然是:鳎鱼、大菱鲆以及鲻鱼。

鳎鱼总能激励那些做菜色相难看的人。做得最漂亮、最成功的鳎鱼有:屈巴(他是1903年在俄罗斯皇宫掌厨的法国名厨)鳎

---

[1]　一种解毒药,为深绿色、有铜光的柱状晶或结晶性粉末;无臭。——译注

鱼,用巴黎炒蘑菇去除鳎鱼异味,浇上一层干酪白汁(由贝夏梅尔
沙司、蛋黄及格鲁耶尔干酪末调制而成);德鲁昂鳎鱼(搭配鲜奶
油、美式沙司、去壳的贻贝和虾食用);巴格德勒鳎鱼(在鱼上撒面
包粉,接着用水蒸,再放入锅中煎成金黄色,然后搭配蘑菇、肉丁烩
煎螯虾、蘑菇、松露以及白葡萄酒食用);克雷西鳎鱼(配贝夏梅尔
沙司、胡萝卜泥食用);多蒙鳎鱼(搭配蘑菇肉丁烩南蒂阿螯虾尾、
牙鳕肉馅、鱼高汤、大蘑菇、诺曼底奶油酱享用);茹安维尔鳎鱼(食
材包括用奶油勾芡的柔滑鳎鱼、蛋黄、蘑菇、蚝汁、虾酱);里什鳎鱼
(用奶油勾芡的柔滑鳎鱼汁、蛋黄、黄油焗龙虾、白兰地);圣日尔曼
鳎鱼(原料有裹上新鲜面包屑的鳎鱼、融化的黄油、蛋黄酱);瓦莱
夫斯卡鳎鱼(先将鳎鱼肉放入鱼高汤中熬制,再放入烤炉内上糖霜
后再放入烤炉,搭配浇上葡萄酒奶油汤汁的龙虾片、松露、干酪白
汁、黄油焗龙虾享用)。

　　大仲马在鱼菜谱的创作方面是有贡献的,他也烹饪过真正的
烘烤鳎鱼:为了让鳎鱼块"融为一体"而在鱼块上涂抹肥肉糜,再和
面包片一起全部放入烤炉中烘烤。同样,他还曾在塞满肉馅的鳎
鱼炖块菰牡蛎、薄片肥肉上都浇上一层德式沙司(由柔滑的蛋黄、
白色薄牛犊片高汤、家禽骨架、蘑菇烹调制而成)。顺便说一句,大
仲马的大部分菜谱都令人惊愕不已。

　　难道人们喜爱的大文豪如此重口味？或者说,难道他不是自
己那个年代的人？

　　令人赞不绝口的大菱鲆几个世纪以来一直都被称为"四旬斋
节之王"。"恐怖统治"时期,大菱鲆在哈勒市消失了。这让见证了
法国大革命灾难性后果的世界首位美食家格里莫(参见该词条)感
到十分痛心,同样,他也无力阻止鳎鱼被残忍地制作成高端美食。
让我们再次回到大仲马。他在其编写的美食词典中记述了"法国
美食作家文森·德·拉夏贝尔推荐的一种辣根菜白汁的菜谱"(这
无疑将破坏所有食材天然的味道)。大仲马还在书中详细地介绍

了一份冗长的丹麦式大菱鲆热馅饼菜谱，，这种馅饼是由大量面粉、油脂、牡蛎、蘑菇和蛋黄混合在一起而制成的"热量大炸弹"。

普洛斯贝·蒙塔涅烹饪的大菱鲆既不破坏奶油也不破坏堆成金字塔型的油炸扇贝的味道。另一位名厨杜格莱雷烹制大菱鲆所用的调味汁被称为"法兰绒沙司"。这种调味汁是法国作家莱昂·都德配制的。此人的厨艺并不输给任何同辈人。不过，帕尔马用干酪丝烘烤大菱鲆的厨艺无疑是最精湛的。"摄政时期"的人们通过这道菜开发了在大菱鲆背部粘上 2—3 磅裹着面粉的牛肉片后再整体烹饪的方法，烹饪过程中要浇上一整瓶香槟，最后上桌时还要浇上鳌虾杂烩。

将未掏空内脏的红鲻鱼放在最简易的工具——铝箔纸上烘烤后非常美味，然而，如果用弗朗西隆式的油炸吐司或涂抹鳀鱼黄油酱的吐司来烹饪这道菜的话，口感则非常糟糕；采用法国名厨埃斯科菲波兰式的菜谱来烹饪，效果也同样不佳：菜谱中规定要将红鲻鱼裹上面粉，浸于蛋黄和奶油中，表面再撒上烤面包屑。若按大仲马的菜谱，让红鲻鱼在浓稠并富含糖渍旱金莲花蕾的白色调味汁中死去，那鱼儿是多么不幸啊！

现在该谈谈我刚跟您提到的"四位火枪手"了。

1972 年，来自雷岛的保罗·曼切利和他的兄弟让在巴黎开了一家专门的海鲜餐馆，他们为那些不善于烹饪海鲜的顾客提供烧烤指导，这可真是一个爆炸性新闻啊！好奇的人们和烧烤爱好者们蜂拥至公爵餐馆，离开时有的人非常高兴，有的人不置可否，有的人则表示强烈不满，只有《高米约》杂志和菲利普·库德尔表现出极大的热情。

保罗的诀窍就在于，他会说："我不是厨师"，然后嘴角含笑补充说道："也许正是这个原因，我才会有灵感。"对于这个科西嘉人来说，不是厨师就意味着经营方向要打破常规、摆脱传统菜谱的束缚，要花时间在比较中大胆寻找新点子，但不能特意迎合顾客的口味,宁愿当场杀海鲜,也绝不让既不新鲜也不优质的鱼或甲壳类动物进入厨房。

不是厨师就意味着要创新菜式,比如刚刚才在有上百种香味的原汁清汤中煮好的巨型海螯虾、胡椒鳎鱼块、海苔刹生白金枪鱼、罗勒鲻鱼鳔、融化的香草黄油烤狼鲈(奇怪的是绝大多数的厨师都无法成功烹饪这道世界上最简单的菜),这些菜品让我们觉得是保罗·曼切利"重塑"了海鲜菜谱,并且他立刻将这些菜式列入菜单。之后,这份菜单又被同行们竞相模仿。

保罗离开公爵餐馆后感到些许沮丧,但不久后他又再次出现在马札然林街21号——因为他的新发明:派热克斯玻璃鱼(自创的称呼)。这个词可以指狼鲈、牙鳕、鲷鱼中任何一种。保罗用两个派热克斯玻璃餐盘夹住鱼,然后放入平底锅的沸水中,片刻(约1秒钟,厨师的才能正在此刻得以展现)之后,将鱼取出,再撒上海盐,这道菜就完成了。设想一下,法国"最佳手工业者奖"的评审那么聪明,候选人胆敢展示如此简单的菜肴! 真会有人为了证明他刚品尝过世界上最美味的鱼而这么做吗?

高大魁梧的法国名厨雅克·迪维勒克离开拉罗谢尔,将他的"鱼钩"伸向了荣军院①没过多久,他便发现了巴黎最美的小鱼。他在混合了左右两种思潮的法兰西第五共和国建立了自己的美食帝国,但从未轻易被胜利冲昏头脑。如果说,他为了寻找最美的鱼儿花了一生中相当多的时间环游世界,那么可以说,他把余生都贡献给了烹饪事业。他的烹饪方法并不简单,因为他既擅长用调味汁也擅长用精致的调味品烹制食材。在传统厨师看来,他令人出乎意料的新颖之处就在于能用自己的方式成功地将食材的天然味

---

① 又名"巴黎残老军人院",为路易十四下令兴建来安置伤残军人的建筑。如今,这座荣军院依旧行使着它初建时的功能,但同时也是多个博物馆的所在之地。——译注

道完全展现出来。

这种烹饪技艺难度很大，既要求技巧又要求口感。他制作的佳肴包括：用葡萄酒奶油汤汁和白苏维翁①烹饪出的令人赞不绝口的贝类和海鱼，还有鱼子酱茄子烧海鲂，也有少数如蜘蛛蟹、海苔蒸海螯虾、莫尔莱海湾的扇贝这样极其简单的菜肴，当然也有您在其他地方吃不到的、浇有柠檬橄榄油的木炭烟熏狼鲈或如人大腿般厚、如天使臀部般柔软的大菱鲆。

来自海洋餐厅的大厨杰拉尔·阿勒芒都拥有罗马神话中海神尼普顿的胡子、酒神和植物神巴克斯的肚子、我已故友人的和善表情，还有歌手卡洛斯的优美歌喉。他为我们呈上长久以来只有在巴黎的曼切里餐厅和迪维勒克餐厅才能见到的最美丽的贝类和最新鲜的鱼。

1983 年，我发现看他在蒙帕纳斯公墓后面开的第一家小餐馆，为了探寻布雷斯特港湾里的黑扇贝、胡椒蒸幼鲭、烘烤小魔鱼以及皇家鲷鱼或芥末酱炸牙鳕的真正味道，我想立即走进这家夏朗德小餐馆中"忍受"所有的海鲜"刽子手"的"摧残"。阿勒芒都烹制出的牙鳕如大白斑狗鱼一般肥美，口感极其丰富，甚至会让人们有将整个地中海的狼鲈都交由他来烹制的冲动。

阿勒芒都是位一烹饪鱼的大魔术师，他说："烹饪每条鱼都要尊重它的香味和构造，只有合理、精准的烹调才能做到这一点。这就要求我们时刻紧绷神经，因为完美的烹调是很难达到的，只有在某一特定时刻才能实现。如果烹饪工序到位，我们开始品尝鱼时，就能见到从鱼骨上脱落下来的鱼肉会从半透明变成白色。"

尽管我们这本词典不是一本美食书，但我依然要在此呈现杰拉尔·阿勒芒都在我耳边悄悄说的烹饪（用烤箱烤、蒸、在烤架上烤、用平底锅烹饪）建议。我只在此列举其中一个，让您见识见识

---

①　一种源自法国波尔多地区的绿皮葡萄，又译"长相思葡萄"。——译注

不同于以往的烹饪知识。

所有人都建议清蒸。之前忘记说鱼块的烹饪方法,这与烹饪整条鱼有所不同,若只是简单地将鱼块蒸熟,那它就会像褪了色一样淡而无味。但有一个诀窍可以避免这一点:用一片生菜裹住去了皮的鱼块。

由于某些原因,法国国宝级女作家科莱特要离开坐落在圣马洛和康卡勒之间的罗兹翁庄园,那里还让她保留着《麦苗》(Le blé en herbe)的深刻回忆。她曾说过:"在巴黎待 3 天比在康卡勒待 1 小时感受到的乐趣还要少"。

美食爱好者科莱特肯定会是半个世纪后圣马洛地区顶级鱼厨师的忠实顾客!

她一定会爱上奥利维·罗林格推出的所有菜品:奥利维·罗林格因喜爱布列塔尼而在那里度过了一段时光。之后,这种热情随风散去,童年的梦想便让他踏上了香料和冒险之路,好奇心又将他推向海上和陆地的人群,这种经历带来的快感美妙无比,而餐桌正是他与众人分享快乐之地。

科莱特和罗林格一定会去圣米歇尔山湾钓鱼,海水退潮时,鱼儿被钉入沙中的两根柱子间的小网眼渔网捕住,它们会暴露在露天空气中死去,并不会遭受吊杆或拖网造成的痛苦。烹饪这样捕捉到的鱼儿不但没有毒素,而且肉质鲜美极了。回到港口,他们应该会对着大牡蛎大嚼一番,这些牡蛎是渔民们不顾禁令从海里捞起来的。

对于罗林格来说,一切始于一个悲剧。他的小时候十分幸福,经常沿着马路奔跑,在蜿蜒盘旋的海关路上嗅着松树和女贞树的味道,搭小木屋,打小鸟,在沙滩上扔小卵石打闹,在港口摇橹,玩帆船,在牡蛎市场上帮渔民干活,然后悄悄地返回圣马洛的家。法国著名航海家苏科夫的孩童时期(两个世纪之前)就是在那里度过的。罗林格老家的美味佳肴十分传统,从他外祖父起流传至今。

1972年,17岁的奥利维发现了姐姐订阅的《高米约美食指南》,他说:"从那之后我的胃就开始蠢蠢欲动了"。但他起初并没有选择从事餐饮业,在科学方面颇有天赋的他力争进入矿业学院,最终来到雷恩国立高等化学院学习。1976年的一个夜晚,他在圣马洛城墙下散步时被一群小流氓袭击伤了骨头。在轮椅上坐了两年多之后,他对一切都失去了兴趣,尤其是学习。

于是,他回想起童年的场景、家里美味的菜肴、做饭的母亲、研究香料的外祖父以及姐姐杂志上令人垂涎欲滴的图片。终于,他立志要成为一名厨师。对他来说,参加厨师资格证考试就像"过家家"。后来,他来到若博瑟的一家大餐厅,在那里没呆多长时间,就见到了餐厅老板杰拉尔·维耶;半年时间内他成为了凡尔赛的专职烤肉和沙司厨师;然后又在巴黎的居·萨瓦餐厅短暂待过一段时间;最后,在结束糕点店实习后,他向银行贷款买了些材料将圣马洛的家重新装饰一新,1982年,他在自己家里开起了餐馆。

我的一个朋友让-吕克·德·鲁德尔偶然发现了这个完美的无名之辈,奥利维·罗林格一年后就摘得两项名厨桂冠并获得"年度新人"荣誉称号;3年后,又获得了第三项名厨桂冠;1990年获得的第四顶名厨桂冠最终改变了他的生活;历经16年,他终于获得米其林三星厨师的头衔。

多年以来,罗格林猛烈地冲击着着居住地的习俗。过去,雷恩人星期天都会去康卡勒吃以牡蛎、烧龙虾和可丽饼为主的礼仪餐,所有的餐厅都坐落在港口。而他的餐厅却选在城市高处一个香气扑鼻却无人问津的古老花园的中心。

香料之旅让奥利维见识到菜园中从未见过的菜肴,对此,他感到非常惊讶。他在毛里求斯获得顿悟,并拜访了香料的采集者。之后,他又在留尼汪、格林纳达岛——香料之岛、巴伊亚、奇洛埃岛、马拉巴尔、柯枝和下龙湾受到启发。当大量香料已失去新的吸引力时,他却恢复了圣马洛长达两个世纪但于19世纪被遗弃的古老传统。

罗格林将大约 80 种不同的香料巧妙地混合起来,再进行细致地称量(他还未失去化学家的手)。每种香料配方都不常见,但配制也并不是毫无依据。通俗地说,这就是一种皇家传统的复兴。经过组合的香料制作出了超凡脱俗的菜肴,其中蕴含着最完美的和谐。比如浇着芒果和香菜汁的热乌贼丝牡蛎、烤种子岛上的大鳎鱼骨或有椰子和柠檬香味的圣皮尔海鲂,共计用了不下 14 种香料。他的化学学习经历让他能够揣测并理解这些烹饪原理。

卢布松说过,只要我们小心不破坏鱼的味道就可以烹饪它们。罗林格就是一个鲜活的例子。他能将一道需要许多烹饪技艺的菜肴成功烹制出来,同时避免血腥的杀鱼工作。在回家途中,航海者从包中拿出珍贵的食物放在桌上,然后陷入沉思。椰子树和珊瑚礁离他们还远。这就是圣米歇尔山湾边,冰冷海水中的许多鱼类和甲壳类动物在这天堂般的港湾里繁衍,罗林格需要运用想象力和精准的技艺来烹饪那些难以用语言传达出情感的菜肴。

只要他在,这艘美食巨轮就会继续向前航行。而美食的味道就如同烟火般迸发出来,这种碰撞总是令人心醉神迷。

再见了,脆皮烙菜和贝夏梅尔沙司!再见了,面粉和格鲁耶尔干酪,还有含铅沙司以及过度烹饪!他知道,为食客做一条鱼,就意味着将整个海洋给予他。

出生和成长尤法离开水,鱼是蕴藏伟大秘密、向我们赋予生命的源泉。

如同为参加舞会而精心打扮自己的美丽妇人,海味们从未掩饰过它们的自然之美。

萨瓦干酪（Reblochon）

为什么是萨瓦干酪而不是布里干酪、罗克福干酪、蓬莱韦克干酪或库洛米埃干酪呢？我会告诉您的。

多年以来，我夏季都住在马尼戈（上萨瓦省）克鲁瓦-弗莱村村口的玛丽-安琪客栈，住在那里对我来说真是一大幸事。玛丽-安琪客栈的助理米蕾叶是一位优雅的年青女子，笑容可掬，身体丰腴，她父母西蒙和玛德来娜·维拉都是农场主。每次我一到客栈就会沿着一条弯曲的小路去他们在梅尔达斯耶山口的高山牧场。我就是在那儿，在雄伟壮丽的阿拉维山上，发现了一种此前从未特别注意过的奶酪——萨瓦干酪。

从幼年开始，我几乎每顿都会吃奶酪。法国民意调查公司索福瑞的调查显示，我如今属于"内行"（19％），这一类别主要由老年人构成（50—75 岁），他们"过度消费"各种奶酪，偏爱获得法国"原产地命名控制"（AOC）称号以及口感好的奶酪。

只要奶酪的品质好，我是来者不拒：布里干酪、库洛米埃干酪（啊，多么美味！），还有萨瓦干酪（4—5 个月制成）、发酵时间长的孔泰奶酪或蒙斯德干酪，我都喜欢。当我在乳品店听到了一句：

"请给我拿一块够白的卡门贝尔奶酪①"时，一种想杀人的欲望就涌上我的心头。得知我们的国人为法国（每年24公斤，1900年只有3公斤）是世界上仅次于希腊（25.4公斤）的第二大奶酪消费国而感到自豪时，我特别崩溃，因为他们对奶酪知之甚少。

市场上几千种不同的奶酪中只有42种享有法国"原产地命名控制"称号，其中又只有10.5％的原料奶酪获此殊荣。其他奶酪的味道都平淡无奇，但标签却深深吸引着被极其精明的营销手段狂轰滥炸的大众（啊！这些欣喜的商家真该感激上天让这些容易受骗的傻瓜们轻信品质低劣的产品！）。佩里科·勒加斯在法国电视三台中精彩系列节目的标题实在太棒了："我们'杀死的'奶酪"。

事实上，我们应该为最终拯救了受庞大工业化团体威胁而处于绝境中的原料奶卡芒贝尔奶酪感到高兴。毕竟，十几种具有地方特色的奶酪在30多年的时间内全都消失了；诺曼底地区只剩下一位奶农把牛奶运到集市；罗克福尔再也没有传统形式上的两两一起工作的奶酪精制工人；在勃艮第再也没有勃艮第原料奶干酪的制造厂商；奥弗涅的康塔勒干酪、圣内克泰尔奶酪及蓝奶酪尽管享有"原产地命名控制"称号，但都是用巴氏奶制成的。什么都阻止不了工厂老板使用"农场牛奶"、"地方特色"这样的辞藻欺骗大众。

在这短短30年间，上百种仿制奶酪（涂面包的干酪、奶酪丝小块、作香料的奶酪等）经常冒充已经消失的传统奶酪，仅仅一年之内就出现在超市和街区的乳品店里。消费者的不断购买，则助长了大规模生产奶酪的势头。

一些固执的萨瓦人认为只有阿尔卑斯山上才有萨瓦干酪。因此，萨瓦干酪给予了我们一个喜爱它的附加理由。但是事情远没

---

① 这种奶酪呈白色。——译注

有如此简单，还有其他萨瓦干酪。

　　早在 13 世纪时，在通恩山谷租用高山牧场的奶农根据牛奶的产量付给牧场主租金。牧场主前来检查产奶量的那天，奶农会运用一点手段设法不让牛奶被全部挤光。只要牧场主一离开，奶农就停止挤奶，然后用挤出来的浓稠牛奶制作萨瓦干酪。"萨瓦干酪"（Roblochon）就源自词语"偷盗农作物"（reblasser）和"再挤一次"（reblocher），意思也就是再次挤奶。

　　如今我们只能说萨瓦干酪是用全脂原料奶制作出的奶酪，这已经成为一个保证。此外，还要保证奶牛的产地，同时，奶牛的品种必须丰富，须为蒙贝利亚尔或塔朗泰斯牛。但这样就复杂了，消费者都有些弄糊涂了，因为有两种萨瓦干酪都获得了"原产地命名控制"称号。人们可以通过干酪上的绿色小圆片辨认出是来自农场的奶酪，而有红色牌子的则是水果商或奶商制作的奶酪。

　　用绿色标记萨瓦干酪之所以给人们带来最多愉悦，很可能是因为它是纯天然的。这种干酪在农场里制成，奶农早晚各挤一次奶，完成之后立刻把牛奶送去制作奶酪，每头牛能挤出十几升奶。

　　红色牌子上写着诱人的字眼（还有什么会比"水果商"、"奶商"的名头更具诱惑力?）。这些奶酪中也有高品质的，但在乳品厂一天只能挤一次全脂原料奶用于制作多种奶制品。此外，"红"奶酪的熟化和包装过程可以在上萨瓦省以及萨瓦省内不同地方完成，这些因素都导致了奶酪的差异。

　　居住在通恩和阿拉维山谷的十几个家庭仍热衷于制作农家萨瓦干酪（约 2500 吨），通常美丽的 5 月份一到，米蕾叶的父母就把牛群赶到高山牧场，这叫做在高山牧场上放牛。他们在每头奶牛的脖子上挂了一个大钟，奶牛刚来牧场时脖子上挂的是一个更小的钟。这些母牛悠然自得地一边吃新鲜牧草一边闻着山川的芳香，之后又下山挤奶，奶酪则是在高山牧场上的木屋里制作出来的。挤好牛初乳之后，西蒙农场的牛群被送往距离那里 15 公里左右、位于玛丽-安琪客栈脚下的地方,牛群在那儿的牛栏里吃着干牧草和干草度过温暖的冬天。

奶农自制的萨瓦干酪富含奶油,散发着令人无法抗拒的淡淡榛子味,比其他干酪更出众,是因为:一方面,奶酪精炼的时长(根据情况2—4个星期不等)必须严格控制。另一方面,奶的品质也是有保证的。牛吃的是新鲜牧草,这比冬天储存在地窖里的干草香味更浓郁。此外,还可以借助适当的方法让奶酪的最终品质得到提升。

冬天的草料是制作高品质奶酪的另一个保证。草料最好来自萨瓦两省的农场,近年来,奶农还可以凭运气从其他省获得草料,但令他们更为担忧的是,如今他们在其他省储藏的草料不能超过25%。

我们发现,消费者甚至无法辨认出那些来自农场带有珍贵绿色小圆片的萨瓦干酪。在通恩市场上,我稀里糊涂地买了一个带有"农场"标签的萨瓦干酪,它比一些水果商或牛商制造的干酪差很多。一般来说,水果商或奶商制作的奶酪在发酵方面不如来自农场的奶酪,而且他们制作的奶酪也更难散发出芳香。

我们且不谈未被消费者认为用萨瓦干酪制成的"特制的马铃薯饼"事实上只是"虚假的本土"发明创造,这就像20世纪80年代行业工会为了"助推"市场而发明的著名"祖传"马铃薯饼。总之,要想成为萨瓦干酪的福尔摩斯,只要知道正确的地址①就足够了……

---

① 我们在马尼戈及其周边那些不起眼的法国顶级奶酪店中间穿梭(我之前提过的几个地址都不错)。就说巴黎吧,从米歇尔奶酪店到色佛尔街的玛丽·四男奶酪店、格勒内勒街的巴泰勒米奶酪店、战神广场街的玛丽-安妮·康坦奶酪店、殉难者街的莫拉尔奶酪店、水塔街圣马丁市场的洛朗·布韦奶酪店、勒克莱尔将军林荫道上的布尔索尔奶酪店、路梅尔街的洛朗·杜布瓦(法国最佳工匠)奶酪店、马华街的圣苏珊农场、萨布隆街圣迪迪耶画廊里的圣于贝尔农场奶酪店、德梅因街的德梅因奶酪店。——译注

公共关系(Relations publiques)

一个全身心投入到餐馆经营中的老板,可以省去酒水总管、首席总管,必要时甚至可以省去大厨,却不能免去和媒体打交道。确保邀请"巴黎最好的媒体"参与到餐馆的宣传之中是非常重要的。据我们统计,巴黎共有50多家媒体,那么这件事相对来说就轻松些。对于"嗅觉敏锐"的女公关们来说,大厨、杰出的糕点师和跌倒在地的面包师都是绝佳的猎物。从学校毕业之后,女公关们就游荡在炉灶周围,以期找到能让她们前程似锦的餐饮巨星。

那些最狡猾的女公关把老板请出门后,就着手出版封面印有她们名字的宣传册,如有可能,她们的名字会和雇主的名字印得一样大。完成之后,她们就成为了"生活方式顾问",要做的就是联系媒体,具体任务有:和媒体沟通、列清单、封信封、发送邮件、与接电话的人交谈以及受上司折磨。只要真正努力工作,作为回报,她们就能获得戒指并戴在手上,这是对她们的最高认可。

有了公关顾问,雇主的形象或多或少都会发生变化。公关是雇主形象的保卫者和支配人,他们的存在就是为了生产大事记,或者说为了制造事件,而且必须是"爆炸性的"。例如,美酒与美食公关顾问让-皮埃尔·图利(参加了30年的"盛宴",在全世界的葡萄酒和美食领域都排名第一),他曾盛赞过法国大厨雷蒙·奥利维50年的厨艺、阿兰·夏贝尔(参见该词条)40年的厨艺,还在有着上千年历史的布鲁塞尔大广场上聚集了几千名厨师,举行了一场纯粹的友谊赛,连卡·布凯和查尔·阿兹纳弗这样的明星都参与其中。

像图利这样的公关顾问要把握好分寸,除了一本书、一瓶饮料以及任何一段回忆之外,不能私吞受邀记者准备的礼物。但一段时间以来,来自英国的传统是将酬金变现为车子。在地球的另一端,老板们会为这些记者提供梦想中的旅行以及运动型汽车,说是"借的",但永远不用还。或者就像这位波尔多批发商,在一个英国公关机构的引导下,为 40 多位葡萄酒专业记者准备了卡地亚的"坦克"系列腕表(价值 1610 欧),这些记者被要求不对这款葡萄酒发表不利评价。一旦打开了礼物的盒子,记者便没有理由不加倍卖力吹捧商家。

朗姆酒(Rhum)

一天,我在银塔餐厅令人赞赏的酒窖最深处发现了一瓶酒,要是如今它还在那里的话,我可能会和几个可靠的美酒爱好者一起持枪把它抢来。18 世纪末期,朗姆酒出现在冒险家、海盗或奴隶商的船舱里,他们用这些酒在非洲海岸上交换货币。

我敬重科涅克白兰地酒,对啤梨酒也有好感,当布兰纳啤梨酒从圣让-皮耶德波尔酿制出来之后,我就深深地爱上了塔拉戈纳的查尔特勒酒。作为一个爱酒之人,我生命中最爱的两种酒是陈年雅马邑白兰地和朗姆酒。当然,得是陈年的,如果可能的话,要相当有年头的。

一次偶然的机会,在好奇心的驱使下,我把两种酒对比品尝,发现它们极易被弄混。那两种酒都是 50 多年的瓶装陈酿,木桶、甘蔗以及葡萄园是让酒神奇变陈不可或缺的条件。

如今这些不幸的小可怜备受冷落。我承认自己老了,而且害怕向酒精检测器吹气以及令人不悦的医嘱,这些都令我放弃自己所热爱的事物。过去的快乐之光时不时闪现,如一团火焰重新唤醒我的本性,于是,我会用鼻子拼命地嗅上一嗅一瓶 42 或 43 度的珍品。

一天,在米歇尔·格拉德开的餐馆里,杰出的酒水总管朱利安为我斟上少量陈酿朗姆酒时,我一下子被吸引住了。尽管我曾专门出海寻找加勒比人酿造的甜美朗姆酒,但也从未听闻过这种酒。品过酒后我立即评论到:"啊……啊……噢……噢……"。为了表达对宗教的虔诚,我用了"感谢上帝"作为结语。

　　法国人朗姆酒的饮用量几乎与威士忌相当。虽然他们的白兰地远销亚洲,但我认为法国人的朗姆酒饮用量比科涅克白兰地更高。尽管如此,法国人只了解最低端的朗姆酒形象:一战时期,战壕里的法国兵要抛头颅、洒热血时,人们会在他们赴死的途中为他们倒上小酒并点上最后一支烟;而在和平年代,朗姆酒就用于调制提供给流感患者或浇在松软蛋糕上的潘趣酒和格罗格酒。

　　法国人偶遇真正的珍宝时,不会将朗姆酒倒满整个酒杯以便从中获取无限之美。享用完一顿佳肴之后,至多倒满杯底,我们就能向美丽的小岛进发。正如圣琼·佩斯唱的那样,"海水比梦中的果肉更光滑"。

　　当然我指的是农业朗姆酒,只有这种朗姆酒才能达到完美。朗姆酒的"甘蔗汁"由甘蔗直接磨碎、压榨、蒸馏然后发酵制成。我丝毫没有瞧不起白色农业朗姆酒,蒸馏之后,其酒精含量在55—65度之间,我们通常把它叫做"本地朗姆酒"。这种酒是真正的马提尼克潘趣酒和"鸡尾酒"等酒的基酒,我们要将它放在橡木桶(从美国进口的古老波旁威士忌酒桶)中陈化少则3年多则10多年的时间。在此过程中,本地朗姆酒会变成琥珀色,酒精度数降低的同时也放置出了酒香。这种酒让人满口留香,于是,市面上竞相销售这件稀世珍品,有时甚至是假冒的。

　　5年陈酿朗姆酒已经非常醇厚,在安的列斯群岛阳光的照射下,酒的陈化速度比在法国本土要快。但当我们有机会品尝雅克·倍力酿酒厂1939年的朗姆酒、历史悠久的尼森酿酒厂的朗姆酒以及罕见又神奇的"克哈苏德梅德耶继承者"朗姆酒时,大家就再也不想品尝其他朗姆酒了。

直到最近，1941年在马提尼克这个不知名的原产地酿造的朗姆酒才被发现。随后，这些酒在博斯地区一个村庄里装瓶，30年后我才得以在克劳德·佩罗开的维瓦卢阿餐馆里一品芳醇，并对其赞叹不已。餐馆的酒水总管是个陈年佳酿迷，他当时在我旁边放了6瓶这种朗姆酒。如今，厄热涅莱班一种我从未听说过的朗姆酒唤醒了我长期沉睡着的本性——"旅行者之树"是坐落在培雷火山侧面的戴帕兹小酒馆里最美味的佳酿，这种陈酿朗姆酒让雅号"尚塔尔伯爵"的年轻、热情的女老板得以吸引到法国名厨来此掌厨。

这位朗姆酒收藏者还在尼姆·科斯塔地区的杜乐丽城堡里储藏葡萄酒。她穿梭于安的列斯群岛，寻觅用瓶珍藏的稀有珍品，例如由金塔餐厅里的香草、熟透的柑橘、薄荷、雪松和甜香料融合成的"既猛烈又温和"的完美和谐体。当1400瓶精华朗姆酒全被纳入囊中时，尚塔尔伯爵已经在马提尼克岛、瓜德罗普岛以及曾为英国殖民地的圭亚那寻觅出其他的隐藏宝藏。

美食街（Rue［Cuisine de］）

自有了"街边美食"（street food）这个说法之后，几个世纪以来，全世界范围内一直风行着一种习俗。无论在古罗马时期还是中世纪，或在纽约、上海和巴黎，总有人在路上吃东西。从轿车上下来涌进最新火爆餐厅的有钱人常对他们投以轻蔑的一瞥，而这一瞥已经变成了一种"概念"，所以才会有一些非常新的东西"要诞生"。我至少通过大厨们的精彩演讲了解到他们对街边美食很感兴趣。美食评论家弗朗索瓦-雷吉斯·高德里在《法国快报》上发表了的一篇精彩文章，谈到纽约烹饪教育学院每周都会在美食街上一堂课。

　　纽约烹饪教育学院甚至会在贫穷的纽约东村美食街上课。为获得"手推车之王"的称号，200位路边摊厨师参与了第一次"流动食物车嘉奖节"。在纽约（就像在美国的所有大城市），白领和工人们一到用餐时间就用手拿着蘸了沙司的热狗吃，电影和电视剧里的警察和侦探也常是这种面包的食客。当然，每条街、每条林阴道上都有"这个城市最好的热狗"。

　　全世界的人们都在艳阳、在细雨、在微风中"吧唧吧唧"地吃东西，只是不同国家的食物各有不同。在利马和墨西哥，我站着吃了玉米粉饼和各种烤肉，其中的公羊睾丸有一种可口的老羊脂味；在中东，我像所有人一样围着流动烤炉排队；我在尼斯老城吃到了"尼斯最好的索卡（socca）"（这应该是真的，因为天气好时，被称为"索卡王"的退休流动商贩罗兰会推着他的小轮烤炉到希米耶区摆摊），却不小心烫疼了手指；在整个亚洲，从孟买到金边，从科伦坡到曼谷，我被没入汗流浃背、弥漫着香料香味的人潮之中，无形之中"绘制"了一条"美食街"地图。在此之前我，从未想过街边美食有一天真的会变得如此流行。

　　尤其是在香港和澳门待的几个月时间里，随时在人行道或无数露天摊位前的长椅上坐下来喝碗汤、吃碗炒面或其他食物已经成为了我的一个习惯。这些"穷人"喝的汤从未令我失望过，反而为现实生活增添了不少乐趣。它们比餐厅里用来招待旅客的汤美味多了。

　　在我看来，在九龙或维多利亚湾根本无法排出家乐[①]或可口可乐赞助的"世界上排名前50的中国汤"，因为随便在人行道上驻足，都会发现汤品多的让人选择困难。

　　然而，生活中也会有惊喜出现。一天晚上，我和妻子还有三个孩子去到当时杂乱无章且还没有镜面大厦和超大型商务中心的新

---

　　①　家乐（knorr）联合利华旗下全球排名第一的调味品品牌。——译注

加坡,无意间闯入了被一群迷人少女簇拥着的武吉士街。一些少女穿着超短裙,另一些则穿着饰有荷叶边的裙子或歌唱家卡斯塔菲尔①(Castafiore)式的长裙。实际上,这些迷人少女都是街上的正规商家为招徕顾客雇佣的"人妖"。

我没能找到相对安静的用餐座位,于是和我家的小宝贝们坐在一张空旷小广场里的长椅上,那里的每张长椅都会配上一张原木桌。孩子们问,为什么广场上会放桌子?我解释说,桌子放在广场上肯定是给打麻将的人用的,他们见天亮就回家睡觉了。

我们只在那儿待了5分钟,之后正巧走过一个路人,我打手势让他明白我们在寻找一个用餐的地方,他点了点头表示理解,随即离开了。当时,我确定不会再见到这个人。可不一会儿,十几个端着餐盘和碗筷的人突然从四周涌了过来,后面的人拿着圆形竹篮,里面放满了热腾腾的菜肴:腰果虾仁啦,肉卷啦,油炸小鳗鱼啦,猪肠啦,香酥鸭啦,还有好些稀奇古怪的菜肴。

一家之主,也就是我,对此给出的新解释是:我们可以随意坐在隐形餐厅的露天座上,却并不了解亚洲和它的秘密……我们依然在这个空旷的广场上享用了一顿美味佳肴,过后再次用手势示意"结账"。这是中国人完全掌握的一种语言。

但后来发生了一件非常奇怪的事情。广场的四个角落突然出现了几个小矮个儿,他们像晃动奥林匹克火炬般摇晃着10张账单走来,边走边发出小鸡般叽叽喳喳的声音,将账单递给首先要买单的顾客。

我的理解是:树下从来就没有餐馆;我叫住的那个路人也不是餐馆老板,但他很快就理解了我的意图,因为他环顾了四周的餐馆。中国有句俗话说是这样说的:"尺有所短,寸有所

---

① 漫画《丁丁》(Tintin)中的人物。——译注

长",因此,这些先生们通力合作为我们及路上的其他外国富人们服务。

来吧!中午坐在卢森堡公园①里,跟我聊聊您的美食经历吧!

---

① 位于巴黎市区第六区的著名公园,免费开放。由亨利四世的王后玛丽·德·美第奇下令修建而成。——译注。

反礼仪（Savoir-vivre［Le contre］）

有人会无礼到在客人面前吹嘘自家的服务吗？

当然有了，那个人就是我。

自斯塔夫男爵夫人的《现代社会礼仪》出版，各种礼仪指南或手册便纷纷出炉，但内容大同小异。它们能够备受欢迎也不是坏事，只不过就我的年龄而言，看这些东西就像把我重新摁到学校学习一样。其实在外交部的时候，我本可以做个完美的礼仪培训师。然而，经过这些年来在城里（或在家）的就餐经历，我相信如果不按照那些举止要求来做的话，会自在很多。而礼仪老师传授的"秘笈"，不过是荼毒那些将之奉为"圣经"的人罢了。

和太太准备那次上流社会的晚宴让我成了一个彻头彻尾没有礼数的人。这种晚宴只是用来交际的，也就是所谓的"礼尚往来"，来宾到你家里把你搞得筋疲力尽。为了凸显对他们的尊重，我兴致盎然得开了几瓶柏图斯庄园的佳酿，价格不算太贵。但那可是波尔多红葡萄酒之王，总是令人称奇，今晚的酒更是让人赞不绝口，堪称精品中的精品。

按理说，我们应该醉得不省人事，倒在桌旁，嚷着"好酒！好酒！"。然而,事实并非如此。宾客就这样一杯一杯地喝,并没有在意杯中佳酿,而且低声攀谈的还是"巴黎式"内容(最新上映的电影、今年的龚古尔文学奖、显贵们的风流韵事等)。于是,我只好这么做了。

我让他们安静下来并对他们说:"请原谅我这么做。我要说的是,酒不是这么喝的。它就像帕特农神庙或是塞尚的油画,需要我们的关注。闻它,然后安静地慢慢品尝,您就会有所发现。"我故作庄重的说辞,的确起了很大作用。每个人都拿起酒杯,煞有介事地按照我的话来做。我留意到所有人都乐在其中,只是投入程度不同而已。那番无礼的话把他们从上流社会的固有礼仪中解放出来。自此以后,每上一瓶酒,哪怕是一般的酒,例如马雅邑白兰地,我都会把它介绍给在座的各位,并让来宾喜欢上它。

如果我们提供的酒或菜不尽如人意,我和太太也会自己说出来。不管怎样,这是个好的策略。如果您把您的晚餐搞砸了,最好是您当面给大家说,而不是您的宾客回家后对其指指点点。那要是在别人家就餐呢？这就得看情况了。如果那人和您的关系很铁,没有理由不跟他直说。例如,羊后腿出炉后应搁在铝纸上,这样它的汤汁就不会流淌掉而且会保持肉的柔嫩感;刚酿的酒应用那种长颈大肚的玻璃瓶来装,让酒和空气接触并慢慢氧化,而陈酒就没必要这样做。

毕竟我自己身份特殊,当我受邀在别人家吃饭时,女主人们总是一副诚惶诚恐的样子。其实,她们的烹饪方式也不都是错的,而且也不是非得要我指点一二。所以,我更没必要隐瞒了。

有一次在自己家吃饭的经历让我受益匪浅。餐后,有位刀工很好的医生听我捶胸顿足地说完羊肚菌珍珠鸡烤得太过后,毫不留情的说道:"我觉得您对自己还挺宽容的。事实上,这道菜各方面都做得不好……"他一一指出,有理有据,让我们心服口服。

在说真话方面,我不建议遵循画家卡朗达什的做法。他以冷酷闻名。在巴黎上流社会的一个重要晚宴上，他作为最重要来宾坐在女主人的右手边，女主人不小心发出了一个奇怪的声音，他靠向她耳边，大声说道："不要担心，我会说这是我发出的声音。"

像他这种直言不讳的情况简直不胜枚举。

我不明白为什么女主人非要让在场的宾客站着等那些迟到的人，边等边吞食倒人胃口的食物，大家站得腿都麻了，到了该吃晚餐的时间都还吃不上饭。当时，我们十几个人在我一个关系很好的异性朋友家里等一个并不怎么出名的政客，等了一个多小时，实在等不及了，我便起身去客厅那个布置好的却空荡荡的餐桌边就坐。我打了个手势让站在一角静候吩咐的佣人过来，和蔼可亲地告诉他："通知厨房，可以上菜了，我饿了。"他很高兴终于不用站着了，小跑到配膳室。这时，我那个朋友来到客厅，两手掐腰朝我喊道："你疯了吗？他经常迟到，我们得等他。"我起身回到刚才的房间，里面大部分是常客，我开口道："我宣布现在可以就餐了。谁想吃就跟我来。"

大伙儿都跟我来到客厅，吃得很开心，直到那个"名人"来了。他嘟囔着解释了迟到的原因，我对他说："很抱歉没等到您来就开动了，我们都是些没教养的人。"

在美国，时间就是金钱，他们就等 15 分钟，多一秒都不等，并且视那些迟到的人如空气。我知道一个还不错的方法，和《观点》杂志的创始人克洛德·安贝尔以及评论家克洛德·勒贝这两个人的做法一样，习惯在邀请函上直接标明："晚 9 点用餐。"克洛德·安贝尔的晚宴就像拿破仑在奥斯特里茨击溃俄奥联军后的宴会那般隆重。

在上流社会，很少有人这么做，但是这种方法很有效。另一种我惯用的方法是，将原定就餐时间提前（晚 8:30 提前到晚 8:00，晚 8:00 提前到晚 7:30），而且定在周六周日。这样，来宾也就不会以办公或堵车为借口迟到了。我发现大部分人还是喜欢早聚早散的。

在反礼仪方面,法国女演员西蒙·西涅莱在她位于太子广场的公寓里接待来宾时,每当邀请宾客上座,她的女仆便粗声喊道:"西蒙! 用餐了!"法国政治家赛格林·罗亚尔①女士家的佣人也是这么干的,感觉棒极了!

在城里就餐时需要脖子上围餐巾吗? 这个"看似平常的"动作,又有几个会呢? 我倒是知道一些人,系它毫不费力。这些人都有点"艺术家"的气质,像室内装饰家斯拉维克或是雕塑家凯撒。可笑的是,其他人也会跟着这么做。您尝试的时候,记得选择大点的餐巾。1880 年《礼节条约》曾写道:"舔油乎乎的手指或用衣服擦手是不文明的举止,最好使用桌布。"

此外,面包蘸着调味汁吃或是用手抠出羊排上的碎肉也是不文明的。在爱丽舍宫我也不敢这样做,除非我真的受不了了(注意不要把盘里的菜一扫而光),之后其他人也会愉快地跟着这么做。

餐桌的男女编号入座也让人非常头疼。一般的晚餐就座礼仪就已经很让人厌烦了,更别说有部长、大使、省长、院士、大主教和红衣主教参加的隆重晚宴了。如果不是非得按规矩来,人们还是喜欢直接坐到位置上。

座次礼仪要求先生和女士相互交叉来坐。通常情况下,人们都会邀请同等数量的男女宾客(两位或三位漂亮的女士,不能再多了,可能的话,其中的一位要很丑,这样会让其他几位女士觉得自己更漂亮)。如果男多女少就更好了,男士就会大饱口福和眼福。我生日那天,我太太邀请了 8 位女宾客,我是餐桌上唯一的男性,那天就像做梦一样! 每每想起,让我回味无穷。

还有女多男少的情况,发生在我一个巴黎上流社会的异性朋友身上。她胆子很大,住在自己的欧特伊府邸。一天,她突发奇

---

① 法国环境部长,社会党党员,奥朗德前女友。——译注

想,邀请了十来个旧情人以及当时的某位王夫。用点心的时候,我这位朋友的丈夫也到了,之后的具体情况不详。作为一个绅士,他并没有当场大发雷霆,但他完全可以以其人之道还治其人之身的。

我们继续说那些就餐礼仪。

"和您邻座多交流"、"不要大声讲话"、"懂得倾听"……这些是礼仪培训师灌输给那些傻乎乎读者的几条有意思的建议。还有的要求是,当你接待名人时,例如政客、大律师、赫赫有名的作家或无所不知的记者时,不要离席。如果是和亲朋好友共餐的话,就没必要这样做了。即使是对待名人,也不应如此循规蹈矩。

当席间有名人口若悬河地讲话,这就需要区别对待了。在我一个关系很好的异性朋友家里,有个记者我多次碰到,他的口才胜过文采,15分钟内总能让我们笑出眼泪来。然而1小时后,我们就有想掐死他的冲动。

还有一些名人则沉默寡言。乐维·米勒普尔公爵提起过一位很有名的作家,席上宾客迫不及待地等他口吐莲花,他却一直闭口不言。一位炮兵将军终于按捺不住,在用甜点时对他说:"先生,您倒是说几句话啊!"作家回答说:"先生,有人要求您开炮了吗?"

这些情况都是特例。我和法国电台国际新闻频道的雅克·马丹和皮埃尔·布泰耶、装饰设计师米歇尔·博耶以及法国记者菲利普·拉伯罗曾每个月在我们共同的一个异性好友家聚一次。席间,我们心有灵犀,畅所欲言,我从未如此开怀大笑过。这是上流社会晚宴所无法企及的。

下面,我们来说说"仆人",他们不藏掖点银器就怪了。当然,是我夸大其词了:他们通常会在鸡尾酒会或大型晚宴上偷吃得不亦乐乎(这事儿都可以写成一部书了)。平日他们对你再忠心耿耿,偷吃这事儿也会让你心里有个疙瘩。我上一个门房米洛尔先生,饭后,他把自己肚子撑得圆鼓鼓的,还把葡萄酒倒在了宾客头上。

　　一天,我太太出了一个非常棒的主意,她让我们十三四岁的孩子,包括两个男孩,一个女孩,负责餐桌。因为就餐人数不曾超过8人,所以任务并不是很难。他们完成得很出色,很少出现错误或犹豫不决的情况,每个人都乐在其中。他们也因此赚了笔零花钱。后来,我朋友家的孩子也这么做了。这份美好的回忆我会永远珍藏。

　　大型晚宴上,我们像傻瓜一样等女主人收拾完毕就坐,直到调味汁都凝固了,饭菜都凉了。这太让人无法忍受了。结果,她却简单地对宾客说:"开始用餐吧,不用等我!"我认识几个这样的,真是太过分了!

　　另一个让人无语的要求是"谈论日常琐事"。其实,从事有趣职业的人那里积累了很多有价值的信息值得我们学习。即使不怎么优秀的人,从别人那儿获取知识后,也会变得优秀的,并且更能激发他人分享自己故事的欲望,而不是一味地讨论时事。这样的晚会才有意思。当然,我们也需要适时地提问,以表示我们对他说的内容感兴趣。

　　一次晚餐上,一位身材矮小的没什么来头的男士坐在餐桌一角,讲述他不寻常的职业——上门推销《圣经》。他向大家分享他的离奇经历,全场都沉浸在他的故事里,视其为真正的明星。

　　会客厅里,总有几个让人生厌、窃窃私语的人。我会采用一位英国老夫人的方法:每过20分钟,便让大家互换位置。

　　如何对付那些晚宴结束后赖着不走的人?我知道很多方法。最新颖的是从一位先生那里学到的:他提前训练好他的家犬,微微打个手势,狗就会过来,嘴里叼着一只拖鞋,放在主人的脚边。来宾哈哈大笑,明白了主人的意思。这只狗有时也会会错主人的手势。有一次,在大家还在喝咖啡的时候,它就把拖鞋叼过来了。

　　尼古拉·米莉尔成为英格兰贝德福德公爵夫人后,做事非常果断:"我们夫妻俩想去睡觉而客人还没有散去时,我们会悄悄离开,尽量不被人察觉。"我的另一个异性好友,室内装饰家伊莎贝尔·爱贝的方式则更直接。她会微笑着对大家说:"非常抱歉,我困了,想休息了。"

我想借用俄罗斯编剧萨莎·吉特里的话来结束晚会:"晚会在我面前打哈欠,我跟它道晚安"。我向您保证,所有人都会乖乖离开的。

也可以借用弗朗西斯·布朗什①的话:"不是因为太晚了,而是我觉得烦了。"

居·萨瓦(Savoy[Guy])

1971年,我作为一名实习生在特鲁瓦格罗兄弟餐厅学习(参见"特鲁瓦格罗"词条),想要对世界顶级餐厅的运作一探究竟。我穿上工作服,随时准备听令。皮埃尔·特鲁瓦格罗简单向我介绍了工作人员:这是副手米歇尔,所有人称他为"大师";这是寸步不离、跟随副手、身材矮小的东京人;这是糕点师安德烈;帕特丽斯,糕点师的助手……当介绍一个高个年轻人的时候,皮埃尔顿了一会儿,食指指向他对我说:"他是居。记住这个名字,他会扬名万里的。"居一副天真的模样,很有绅士风度,眼睛炯炯有神,可以看出他做事很理智,不轻易犯错。我们以"你"相称,因为当时我已经是这个团队的一分子了。

6年后,我在巴里耶·德·克力士再次见到他。是他的朋友、法国大厨贝尔纳·罗瓦索招他过去的。您可以在那年《高米约美食指南》中看到对他的评价:"他离三顶厨师帽②不远了"。我们发

---

① 弗朗西斯·布朗什(1921—1974),法国作家、演员、歌唱家。——译注
② 《高米约美食指南》评价系统有5个等级,分别以1—5顶厨师帽为标志。——译注

现了这匹千里马。3年后,萨瓦在星形广场(戴高乐广场)附近开了自己的餐厅,成为真正的三顶厨师帽厨师,他开始了他的大厨之路。

他脾气很好,总是笑眯眯的,一脸络腮胡,脸红扑扑的,谦和得像个僧侣,然而我们被他的外表骗了。他精力旺盛得似一团烈火,为了一个细节,便能追根溯源,探索真正的美味以及纯天然的食物,寻觅优秀的厨师。

在伊泽尔省的布尔昆-雅里耶,当他还是个小孩时,就可以给母亲做副手了。他母亲在市中心花园开了一家小吃部。菜虽然简单,用的却是最好的食材。据说,他嘴里现在还留有用面包屑或干酪丝洒在南瓜上并融化在奶酪里的味道、烤鸡的肉汁在蔬菜饼上流淌的味道、野蘑菇在榛子黄油中快速生煎的味道。他去同学家吃饭时,总是做鬼脸,因为同学父母做的饭根本比不上自己妈妈做的。他觉得自己好有福气,有一个大厨妈妈。17岁那年,为了传承母亲的厨艺,在尼斯酒店管理学院入学考试失败后,他重回母亲的小吃部,并把它改造成一个小餐馆。之后,受到特鲁瓦格罗兄弟的赏识,他们把萨瓦招进自己的餐厅。

如今的居·萨瓦和之前的他不可同日而语,已成为一位名厨、大师。所有人都这么说,他自己对此却充耳不闻……想要从事厨师职业的年轻人把他视作自己的偶像。他告诫这群年轻人,成名之后,要谦虚,不要目中无人,不要对自己的伙伴恶语相向,不要和同行恶意竞争,不要去讨好记者,对服务人员要态度友好,不要为钱而活,要有所追求:运动、旅游、艺术……不要想着迎合顾客的口味。

最后一点是伟大的音乐家罗斯特罗波维奇让他明白的。当时萨瓦问他:"您希望腰子怎么做呢?"这位既爱美食又爱大提琴的著名音乐家巧妙地回答说:"我在成千上万人面前演奏时,会问他们我该如何演奏吗?"

　　因此,萨瓦按照自己的想法做菜,而不是去迎合大众的口味。如果有人不喜欢他做的菜,倒是挺让人吃惊的。他的烹饪不会刻意追求带给人给惊喜,而是让人乐在其中,感到幸福。他喜欢待在团队中,和成员共享这种快乐,因此很少脱离团队:他会飞到拉斯维加斯的一家餐馆帮他儿子处理好事务后,转眼就回到巴黎。

　　如果说萨瓦的烹饪风格和某人类似,那绝对就是贝尔纳·罗瓦索了。每个人都有自己的烹饪风格,即使两人非常要好,烹饪风格也是迥异的。但是萨瓦和罗瓦索的烹饪却给人类似的感觉:他们的手都非常灵巧,巧妙搭配各种食材,色、香、味俱全:外观美观简单,闻上去香气扑鼻,吃上去美味可口,并发出脆脆的声响。各种食材的搭配浑然天成,这源于他们对烹饪的细致研究。

　　有一点不同是,他比罗瓦索上菜快,所以大家不会等得无聊。我无法列举他所有的经典菜品。不过,家喻户晓的松露朝鲜蓟汤和绝世精品甘蓝鱼子酱江鳕都让我念念不忘。

　　虽然这两道菜在"大餐厅"中难登大雅之堂,却比那些长篇大论的说教型烹饪让我明白得更多:独特的菜品在于萃取精华。我怀念他的烤鲜鳕鱼蘸洋葱酱以及加甜蒜泥、土豆片和喇叭菌的脆皮绿鳕。经他之手,再普通的菜品都能艳惊四座。

　　这是一个不知明天会翻出什么新花样的男人。不老烹饪就在于他的推陈出新。

明星体制(Star system)

　　成名后的大厨们被指责慢慢变得狂妄自大、神经兮兮,变得不像自己了。所有大厨都会这样吗？那又该如何解释那些成名后依然如故的大厨呢？

　　如今,各种语言铺天盖地的文章和电视节目都在报导被誉为

"世界之星"的法国大厨若埃尔·卢布松和阿兰·杜卡斯,都可以建成一座恭维之塔。

　　此二人在烹饪界极负盛名,他们因此性情大改了吗? 根本没有。尽管人们张口闭口都在谈论他们——甚至让某些人颇为不满——然而他们只是严肃地谈论本职工作,从未炫耀自己多有名,所以,他们被指滥用名气简直是无中生有的。

　　但是烹饪界的确造就了一系列众所周知的"名人"。

　　被誉为"王的厨师和厨师之王"的安东尼·卡莱姆,他的故事就十分传奇:这个可怜的小家伙来自一个工人阶级的十四口之家,8岁就被遗弃。巴黎"恐怖统治"那会儿,在一个低级小饭店老板那儿帮工。突然有一天,欧洲所有的宫廷都竞相争抢他。路易十八还授予他"巴黎卡莱姆"的称号! 他现在是法国记者米歇尔·杜鲁克的访谈对象和《巴黎竞赛画报》的封面人物,《盛会》杂志则用很大篇幅宣传他的传奇故事,非常鼓舞人心。

　　当时,只有少数人才能读上报纸。当一个人充分利用自己的才智和野心时,就能被大众熟知。当时,电视屏幕是黑白的、很小,然而人们却会在各个沙龙中乐此不疲得谈论他。年轻的卡莱姆是位于薇薇安街上柏丽餐厅首屈一指的糕点师,深受外交部部长塔列朗(参见该词条)亲王的赏识。之后,卡莱姆以他为跳板,到巴黎数一数二的美食家拉瓦莱特那里工作。自此,上流社会逐渐对他有所耳闻。他做的高高的分层蛋糕别具一格,连首席行政官都对他赞不绝口。但12年间他却从未完整服务过自己的大恩人塔列朗。他在操持塔列朗豪华晚宴的同时还忙着组织巴黎市政厅的节庆晚宴和法兰西第一帝国军事家约阿希姆·穆拉在爱丽舍-拿破仑宫举办的节庆晚宴。可以说,他是美食界的自由职业者。

　　没有人视他为仆人,而视他为艺术家,就像塔尔玛天生是悲剧演员一样。这个如日中天的卡莱姆,所有名人视他若珍宝。

他为人浮夸不已,从他的行为就可以看出来。可他难道不是一个超级明星吗?此人说了这样一句话,别具感召力,并流传至今:"烹饪是文学、高等智慧、人际关系和社会统一的源泉。"

继卡莱姆之后,其他新星相继诞生:于勒·古飞,卡莱姆的学生,装饰烹饪的狂热爱好者;富瓦约,因门前的笼子里装着一只熊,而且菜单上有熊肋骨这道菜让他在上流社会名声大噪,之后成为路易十八的御厨;于尔班·杜博在奥尔洛夫王子家推广"俄式"服务,简化了晚宴礼仪,强行给宾客一一介绍所上菜品,在厨房把菜分好才把温热的菜端上桌,实在是太新颖了;阿道夫·杜格莱雷在意大利的英式咖啡店接待国际名流,因大量的自创菜品而闻名(杰米尼浓汤、安娜土豆、阿尔比费拉小母鸡、杜格莱雷箬鳎鱼、英式蛋奶酥);皮埃尔·库巴,曾是杜格莱雷的学生,曾任俄国沙皇的御厨,因把香榭丽舍大街上的帕伊瓦酒店改造成富丽堂皇的餐厅而备受关注;20世纪初,爱德华·尼农,独一无二的实践家,曾服务过沙皇、奥地利皇帝和威尔逊总统,之后在玛德莲娜广场开了拉鲁餐馆;还有伟大的普洛斯贝·蒙塔涅,他的菜品至今仍受人追捧,一战后立刻在爱舍尔路开了一家以自己名字命名的餐厅,被视为法国顶尖餐厅,各方来宾络绎不绝。

然而,没有人能与奥古斯特·埃斯科菲相比,他是酒店经理凯撒·丽兹的合伙人和朋友,名气甚至超过了卡莱姆。威廉二世因他负责的"帝王号"渡轮晚宴圆满举办而授予他"厨师之王"的称号,并想把他留在身边,而他婉拒了这位君主的邀请。埃斯科菲所著的《烹饪指南》至今仍被奉为烹饪"圣经",每代专业厨师都手捧这本小小的"红宝书"研读。尽管他们渐渐摆脱了他的思想和影响,但是名厨卢布松、格拉尔、杜卡斯仍对他十分敬重。作为艺术家,他毕生追求朴实简单的烹饪,然而菜品却仍让人叹为观止。

埃斯科菲一直保持低调,直到后来才成为巨星。看来,没有哪个明星能够抵挡荣誉的诱惑。

寿司（Sushimania）

相比日本料理，我更喜欢中国菜。毕竟，我没怎么吃过，难以体会各种寿司的千差万别，我又是个西方人，就更难对寿司作出评价了。然而，我没有忘记 30 年前的黎明，那段在东京筑地鱼市热闹非凡的经历。

该鱼市与银座商业区就隔着几条街，很隐蔽。在刺眼的探照灯照射下，70000 人在那儿买鱼、卖鱼、打包鱼并为东京首都圈 2000 万居民供应海产品。鱼市里人头攒动、熙熙攘攘。

在这个传统行业中，鱼贩子把成千上万只金枪鱼的尾巴切断后插到鱼嘴里。顾客挑鱼，商贩卖鱼，到处都是讨价还价的声音。在一个木头搭建的光洁如新的店铺里，我坐在长长的柜台前，第一次吃着寿司，真是太美妙了！如今在巴黎和外省也能吃到日本料理了，简直像披萨一样备受欢迎。

在法国，1000 多个酒吧或餐厅都供应寿司。仅仅两年，供应寿司的店铺就增加了 30%。但是 80% 的店铺做的寿司都很一般。我要提醒大家的是：寿司是日本的，就像汉堡包是美国的，他们比我们更懂如何做。我们都知道寿司的一般做法：一小撮浸泡过甜米醋的香米在一片卷烟纸厚度的海苔上铺平，海苔呈深紫色，是在东京海湾养殖的，上面放点生鱼片或熟鱼片、甲壳、蔬菜或鸡蛋，然后把海苔卷起来。如果海苔在阳光下曝晒过或是在烤架上烤过，咬下去便会发出清脆的声响。海苔富含维生素 A、B12、D 和 ω-3 脂肪酸。社会保障局就应该报销吃海苔的费用。

在日本，处处都能吃到寿司：酒吧、寿司餐厅、火车站以及家庭野餐的桌布上，半月形涂漆的漂亮篮子里放着寿司；车筐里也有，快递员随时送货上门。寿司本身就是一顿饭，而且各种各样的寿司就是一份菜单。

和汉堡不同的是,寿司可以做到极致。一个寿司大厨一个月就能轻松赚得5000欧元。在高级餐厅,一份寿司至少卖80或100欧(一般店铺里,价格则是高级餐厅的1/4—1/5)。

寿司总是在变着花样做。有些人喜欢红金枪鱼"腹部的高脂肪鱼肉"。在都筑区,这种的价格不菲。人们把它和鸡蛋、蘑菇、水田芹、西葫芦花,或是腌制后呈黄色的小红萝卜、蘑菇、黄瓜,或枪乌贼,或小虾卷在一起。有些人喜欢吃手卷寿司,里面加入蔬菜和米,把海苔卷成花束状。这些寿司都浇上大豆调味汁并加入新鲜腌制的生姜薄片。

吃寿司让人身心愉悦。在小餐厅里,顾客们紧挨着坐在一起,店里的气氛轻松愉快,这和在大餐厅就餐的感觉截然不同。在大餐厅里,寿司不仅贵得惊人而且气氛非常凝重,就像参加宗教仪式一样。东京的道奥义饭店给我的就是这种感觉。并且,厨师们的手艺也让我们拍手称绝:一两个身穿洁白工作服的大厨手握像剃刀般亮闪闪的刀,额头上扎着一条毛巾,用洗得通红的手闪电般加入各种颜色的食材,就像画家在调色板在调色一样。

寿司都是双份供应的,一份代表死亡,三份代表自杀。不要把筷子直立插在碗里(代表死亡),而是要横着放。

在法国,80%的寿司是中国人做的。剩下的20%是由在法国长期居住的日本人和以地中海沿岸国家为主的人做的。每个人都能做寿司,就像每个人都能做披萨一样——比如,里昂人能把普罗旺斯菜做得很好,反过来也是一样的——最终取决于个人的天赋、激情和实诚。只有在巴黎,才可能300多个酒吧、餐厅或"寿司店"两年内随便雇些人就开门营业了。如果您想在巴黎找十来家真正地道的日料餐厅,那可以去贝尔纳-帕丽斯街的东远餐厅、奥尔良码头的伊佐美餐馆(那里的招待不繁琐)、佛朗索瓦一世街的鬼怒川餐馆、贝亚街的花环餐馆或埃菲尔铁塔附近的弁庆日餐厅,也就这些了。

这些店卖的寿司和在日本一样贵。人们更能接受 12 欧左右的寿司。生鱼片很美味（不用担心因为是生的没有经过高温杀毒而有细菌）。东京筑地鱼市或法国汉吉斯鱼市是买鱼的最佳去处。在汉吉斯，红金枪鱼越来越少，1 千克至少卖到 30 欧，所以，现在白金枪鱼卖得很火，才 15 欧左右，冷冻的就更便宜。

在巴黎，为了盈利，中国人做寿司的时候会加入豆腐和生姜。在日本，会加点四五种最便宜的鱼尾。

人们做的寿司有好有坏，有的自创寿司居然刷上菠菜酱或鱼蛋酱。还有些店铺直接用面代替了大米。

寿司的确是暴利行业。为了赚更多的钱，相当一部分店面是不符合卫生条例的，不知道你是否有胃口吃得下去。

塔列朗(Talleyrand)

之前讲的史实比较多,而下面我讲的是一些传闻。

冈巴塞雷斯被誉为"巴黎伟大的晚宴东道主"以及"美食家之王",据说他还是个同性恋。安东尼·卡莱姆认为他名不副实,只不过是个守财奴,并且对美食一窍不通。卡莱姆曾直言:"冈巴塞雷斯餐厅根本不能和塔列朗餐厅相提并论!塔列朗非常敬重自己的大厨。餐厅的菜品能够掌控大家的胃口,甚至影响到大臣的决策。在这里,一切都显得非常灵动,又井井有条。"

没有人怀疑这位欧坦①前任主教在烹饪艺术方面的天赋(我现在就想奉承他一句:他是个非常有头脑的人,利用宗教巩固自己的地位)。他的主厨卡莱姆更是名垂青史,200年后他的烹饪仍在美食界占有一席之地。当然,我有点夸张了。他更喜欢做一个来去自如的顾问,而不是一个大厨,这点让我非常嫉妒。

塔列朗曾把格奈尔街上的卡里菲酒店、昂茹街的克里奇酒店、圣佛朗庭街的酒店以及瓦朗赛城堡的厨房交由一个叫布舍什的

---

① 法国中东部城市,历史相当悠久,城内保留了大量古罗马建筑。——译注

人（还有说是叫布什的）。这个人之前为孔代家族①干过。后来，塔列朗把卡莱姆挖了过来。卡莱姆很少对其他人和颜悦色，塔列朗除外，卡莱姆对他十分敬重。12年间，他们珠联璧合，共同筹备了塔列朗筹办的招待会和隆重晚宴。晚宴上，塔列朗会亲自在门口迎接。虽然这顿饭价格不菲，让部长和首脑们大费钱财，但提供的机密却是等值的。

人们怀疑1804年塔列朗亲王买下瓦朗赛城堡时，卡莱姆没有做他的全职大厨，因为那年卡莱姆刚好买下了和平路上的一家点心店，一直经营到1814年。而且1814年9月，卡莱姆也没有跟塔列朗去维也纳的考尼茨宫筹备议会盛宴。据可靠消息，塔列朗从未在路易十八面前提到过卡莱姆这个名字。所以，有人说卡莱姆是亲王的亲信，被派去窃听议会的机密就更离谱了。

卡莱姆应该只给沙皇亚历山大一世做过一次饭。1814年3月31号，他和他师傅里克特在巴黎筹备拿破仑败北后的帝王宴。晚餐后，沙皇对塔列朗说："我们之前一直都不懂得吃的艺术，是里克特和卡莱姆让我们明白了这一点。"5月22日，沙皇受邀到塔列朗在圣佛朗庭街的餐厅就餐。当时由阿纳克里翁掌勺，他之前在冈巴塞雷斯那儿干，也是被塔列朗挖过来的。塔列朗让他做一道俄国宫廷没有的菜：勃艮第蜗牛。沙皇吃得心满意足，于是要求再上一份。他一边吃，塔列朗一边向他介绍这道菜的做法。

1819年卡莱姆到伦敦为英国王室掌勺。之后，亚历山大一世邀请他到圣彼得堡献技。当时沙皇不在国内，他便直接回法国了。其实，主要原因是他讨厌厨师们对他的贿赂，他对钱财漠不关心。

从1823年到1829年，卡莱姆在巴黎一直为男爵詹姆斯·德·罗斯柴尔德掌勺。这是他为一个人掌勺最久的一次。当男爵买下费热城堡并想把他继续留在身边时，卡莱姆说："我宁可在一

---

① 孔代家族为波旁家族旁系，孔代亲王所专享。——译注

个阴暗之地死去。"他厌倦了自己的工作,转而去撰写烹饪文学类的书籍。曾经的千层酥、雏鸡通心粉馅饼和香槟松露脆皮馅饼之王,出版了多部著作,最有名的当属《19世纪的烹饪艺术》,这是他在巴黎一个贫穷的工人家里完成的。但是这本书不久便失传了,成了一个谜。

我毫不认为卡莱姆比不上塔列朗。如果没有卡莱姆,塔列朗就不会叱咤风云。塔列朗当然是个吃货,而且只吃最好的。

每天早晨,他都会去厨房转一转,和他的主厨以及糕点师聊上一个小时。他非常了解应季的食材以及厨房人员的性格特点。他不仅清楚当晚要喝的汤,还制定了接下来几周的菜谱,避免重复。

塔列朗对午餐不感兴趣,只喝一点汤。晚餐就非常隆重,6点开始。只有最精致的菜才能端上桌。由于所有的菜品在吃之前就已经摆上桌,所以即使有炉子和钟形罩,饭菜也都凉了。桌上的菜多得根本吃不完。(卡莱姆曾数过,有时晚餐的前菜就有48种)。俄式就餐方式能让人吃上热气腾腾的饭,所以后来他改用俄式上菜方式。

11点是接待会,有时是个舞会(1798年1月3日在卡里菲酒店,来宾为了向波拿巴夫人①致敬,第一次在巴黎跳瓦尔兹)。午夜,大家喝了点汤。凌晨1点,打牌。塔列朗在4点前是不会睡觉的,睡前还要喝一杯他最爱的科涅克白兰地酒。有时,他会给那些不会品酒的人上课:"手要握住酒杯,以便让手的温度传递给杯中的酒,按时针方向摇酒杯,这样,酒的香气就会释放出来,然后,闻一闻杯中的酒⋯⋯""然后呢,大人?""放下酒杯,聊天⋯⋯"

他会在饭后闲聊时妙语连珠。一天,刚在上流社会露脸的夫人恭维他说:"这宴会让您不少破费吧,大臣公民!"他回答道:"没什么大不了的啦,公民。"

---

① 即波破伦之妻约瑟芬。——译注

　　在宾客允许的情况下，他负责切肉，并根据来宾的地位，依次送到大家盘中。

　　"殿下可否赏光接受这片牛肉呢？"他俯身向外国君主问到。

　　"大人，您需要来点牛肉吗？"然后向高级教士问到。

　　"公爵先生，您需要我给您切点牛肉吗？"

　　"骑士先生，我给您切点牛肉吧。"

　　最后对着餐桌另一头的来宾喊："牛肉！牛肉！"

　　不知道这是不是真的，毕竟三人成虎。我们也不知道"蛙鱼"那件事是发生在冈巴塞雷斯身上还是塔列朗身上。当时有很多和这个有趣故事相关的作品。

　　有人说这事发生在维也纳会议上，有人说是发生在1803年巴黎的严冬。当时巴黎正闹"鱼荒"。塔列朗（或冈巴塞雷斯）为了给宾客制造惊喜，准备了一条巨大无比的蛙鱼，大家欢呼不已。就在这时，主人滑倒了，鱼掉到地上。来宾无不扼腕叹息。

　　冈巴塞雷斯或是塔列朗却异常淡定地说："还有一条呢。"仆人端上来一个银色的餐盘，这条比上一条还要大。

　　还有人说那鱼是鲟鱼，不是蛙鱼……

　　塔列朗84岁高龄离世时仍对美食念念不忘。我们可以善意地说："塔列朗唯一没有背叛过的就是布里干酪了。"①这个典故来自法国画家欧也妮·伊萨贝，发生在维也纳会议上。

　　一天晚上塔列朗和维耶尔·卡斯特尔伯爵、奥地利外交部长梅特涅、英国卡斯特尔里勋爵以及荷兰男爵福尔克讨论美食，聊到奶酪，问：什么奶酪是欧洲最棒的？这个问题真让人头疼。英国勋爵回答是斯提尔顿奶酪，荷兰男爵说兰布尔奶酪，塔列朗坚持是布里干酪，唯独奥地利外交部长答不上来。于是梅特涅组织了奶酪

────────────

　　①　塔列朗为人圆滑机警、权变多作，有人认为他是"阴谋家、叛变者"，故有此说。——译注

"选美"大赛。会议上,塔列朗让各个国家的大使在比赛当天把自己国家的奶酪带过来。"选美"那天,共有52种奶酪竞选。评委会一致赞同布里干酪是奶酪之王。之后,布里干酪成为塔列朗餐桌上的必备品,由维勒鲁瓦的布勒尼农场供货,离莫城①不远。获胜的塔列朗吃着秋天最好的布里干酪,品着陈年波尔图甜葡萄酒。这葡萄酒是1755年里斯本大地震后的瓦砾中发现的。

梅特涅因在本国找不到一种奶酪能与上述奶酪相媲美,于是让糕点大师法兰兹·萨赫推出新的糕点,用维也纳"世界之最"的糕点挽回颜面。这就是"萨赫蛋糕"——蛋糕由两层甜巧克力和两层巧克力中间的杏子酱构成,是奥地利国宝级糕点。所有的奥地利糕点师都纷纷效仿。

1830年,塔列朗被任命为驻伦敦大使,当时他已经76岁了。4年后,他谢任了。他唯一的心愿就是回到瓦朗赛城堡,坐在路易十八曾用过的轮椅上安享晚年。

他还是老样子,操心来宾的口味,提供舒适的服务。

瓦朗赛城堡的厨师团队的工作显而易见——总是在一声令下后提供所有的便利条件,例如当时还并不常见的自来水。和以往的清晨一样,塔列朗和大厨聊聊天。人们根据在城堡资料室里发现的珍贵史料得出塔列朗曾非常地细致得指导大厨和糕点师工作的结论。

那些懂美食的政要们谁都不能和塔列朗相提并论。

罗马廉价小饭馆 (Trattoria romaine)

米兰人喜欢去斯卡拉大剧院,罗马人则喜欢去餐厅。前者是

---

① 莫城,隶属法兰西岛大区的塞纳-马恩省,距离首都巴黎不过40公里。——译注

为了让朋友碰见的,后者是为了碰见朋友的。廉价的小饭馆就是罗马人的斯卡拉。吃饭是次要的,最重要的是在那里结交好友并分享好心情。

这就是为什么罗马有很多令人愉快而菜品一般的餐馆。罗马人喜欢吃动物器官,这可以追溯到古罗马的"大吃特吃时代"。当时正处于罗马帝国后期,堕落的人们吃进去又吐出来,用加了香料的酒或苦艾酒麻痹自己的绝望。

富人残羹剩饭中的各种杂碎流传到穷人的餐桌上。老百姓迫切地想融入他们的生活,于是把这些动物器官做成菜,就成了罗马的日常饭菜:四季豆炒猪肉皮是穷人们的最爱,因为顶饱;牛羊猪肚加入味道很重的罗马薄荷构成一道丰盛的大菜,让人垂涎三尺;红酒烩牛尾成为小饭店中冷盘后、主菜前的第一道菜。

罗马美食并没有随着时代的改变而改变,甚至拒绝改变:或是因为懒得改变,或是自认为自己的美食是最好的。所以,那些想要改变的人都没了改变的念头。省旅游局公布的当地特色菜菜单就可以说明这一点:番茄意大利面、罗马风味番茄熏肉意大利面、罗马汤团、罗马面条、波纹贝壳状通心粉加四季豆、烤小羊、牛肉卷、罗马煎小牛肉火腿卷、鳗鱼炖豌豆、火腿加豌豆、甜椒炒鸡、烤乳猪、牛肉炖菜、火腿猪肉皮炒四季豆……

其他地方的特色菜也被列入罗马的传统菜,例如,普罗旺斯奶油鳕鱼烙(每周五供应,周四是意式丸子,周六是猪牛羊肚)。还有蔬菜:叶用莴苣、直茎莴苣、菊苣、乡下菊苣。司汤达曾说过,没吃过这些的不算真正的罗马人。还有花椰菜、苦苣、茴香、柿子椒、拉迪斯波利和坎帕尼亚诺坎帕尼亚诺洋蓟,以及罗马的乡下奶酪、阿布鲁佐和坎帕尼的奶酪。莫泽雷勒干酪、乳清干酪、波萝伏洛熏制干酪和喀斯优特干酪都具有一种令人振奋的腥味。

通心粉是罗马人17世纪为数不多的新发现之一。这种东西于中世纪末由阿拉伯人引入西西里岛,而当时罗马人爱吃另一种面食:撒上桂皮的意大利丸子。很长一段时间里,罗马人往通心粉中加入胡椒和羊奶酪。如今,罗马街区老的廉价小饭馆仍会供应这道菜。罗马人还喜欢吃黄油面条浇上新鲜番茄调味汁。那不勒斯人却认为这道菜不伦不类的。这种调味汁名叫阿玛特里斯调味汁,源自罗马的阿玛特里斯小镇,由片状番茄、洋葱、辣椒、羊干酪、瘦猪油制成,浇在通心粉或意大利面上。

罗马传统浓汤自罗马内战后[①]便消失了,如今又盛行开来:面粉糊加入鹰嘴豆、油、大蒜和番茄,或加入花椰菜、猪油、大蒜、猪肉皮、番茄和胡椒,或加入蚕豆、火腿、墨角兰和番茄。以前,人们在出殡的中午和2月份祭祀先祖时会食用这种汤。

这些菜口味都比较重,为数不多的相对比较清淡的当属意式粗粉汤团。人们往里面加黄油和奶酪,放在烤炉里。而餐厅很少供应这道菜。

羔羊、小鸡和杂碎是当地菜重要的组成部分。烤羊羔(特莱维斯喷泉附近的阿尔莫罗餐厅做得很好吃)、用平底锅煎的羊后腿和腰子、搭配鼠尾草和迷迭香的鳀鱼排、葡萄酒炖鸡蛋羊羔以及"烫手羊排"都是餐厅首选的菜肴。"烫手羊排"这一名称源于人们从火炭烘烤的架子上拿羊排时,总会烫到手。小鸡也是罗马人的最爱。他们把切成片状的肉放在锅中,加入番茄、胡椒和辣椒。至于杂碎,人们喜欢吃嫩煎的加火腿和小豌豆的羊睾丸、牛犊的小肠以及加火腿、奶酪的杂碎,并撒上胡椒和薄荷。总之,各种肉的大杂烩。

我之所以没提罗马煎小牛肉火腿卷(里面有火腿和鼠尾草),是因为这道菜和罗马一点关系也没有,而是布雷西亚菜。菜单上的鱼也不是罗马的。罗马虽然靠海,但是罗马人不怎么吃鱼,也就

① 罗马内战发生在公元前88—前31年,标志着罗马共和国的解体和罗马帝制的全面建立。——译注

圣诞节的时候,才会在鱼市买鱼,市长也在其中。

罗马人到底懂不懂吃呢? 别这么说他们。他们只不过是比较保守并且排外罢了,所以法国餐馆绝不可能在罗马长期经营下去。这点让我很开心,这样的话,法国大厨加涅尔和杜卡斯都不会在那里开餐厅了……

罗马人吃饭主要为了犒劳自己,毕竟人生不如意事十之八九,所以,吃才是最重要的事情。他们不在家吃,而是在小饭馆吃,或是把刚在家做好的饭带到小饭馆吃! 你在这座城市旅游时,就会发现罗马廉价小饭馆的地位不输于罗马斗兽场或梵蒂冈。

罗马人下午 1 点半左右吃午饭,晚上 9 点半之前吃晚饭。即使顾客饭后在桌前闲聊不走,老板也不会有任何不悦,而是和家人安静地吃晚饭……店里的服务员不像其他地方的,他们是艺术家,即使马不停蹄地跑来跑去,仍然很开心。他们非常喜欢跟顾客开玩笑,逗得顾客哈哈大笑,自己也乐在其中。工会要求餐馆一周停业一次,不用上班的那天一到,他们就会不高兴,不仅仅是因为少了一天的收入,还因为他们不喜呆在家里。为什么罗马廉价小饭馆的菜不如威尼斯、托斯卡纳、博洛尼亚、皮埃蒙特的小饭店,却更招人喜欢呢? 为什么罗马人对那些如日中天的大厨无动于衷呢? 我的答案可能不招人待见:因为罗马的廉价小餐厅接地气,甚至有点粗俗简陋,不曾改变,在我看来,它的屹立不倒真是一个奇迹。这种自我满足、不加修饰的艺术传递着永恒。所以餐厅要改变的话,这种永恒也就荡然无存了。

我不否认意大利有自己的经典菜品,但我只对那些朴实无华的地方菜感兴趣,所以我只会去意大利找寻地方菜。

只有地方美食才能带给我幸福感,让我感受到这个国家老百姓简单朴实的生活,并深受感动。意大利可能是西欧唯一一个既没有最好的也没有最差菜品的国家。

这就是她的真实。

特鲁瓦格罗(Troisgros)

电影和戏剧评论家在写评论前都曾亲临拍摄或彩排现场。如果我不曾与大厨共事,又有什么资格来点评菜品和餐厅呢?

我怀着好奇心来到罗阿纳的特鲁瓦格罗兄弟餐厅当学徒。刚开始,这个餐厅还只是一个"火车站对面的一家小酒馆",经过全家人的努力耕耘,才有了今天的成就。小酒馆有老板,曾是一家勃艮第咖啡馆老板,性格专横,某天突然决定让他的两个儿子成名;老板娘是一位温和的主妇,只说重点(品尝过她丈夫最新发现的红酒后,点评道:"这酒还不错",这就说明她很满意);有婶婶,负责收银;有儿媳妇,玛莉亚和奥兰普;还有伙计和常客。这些常客饭后迟迟不肯离去,非得到了深夜赶他们才走。还有负责捕青蛙的和摘蘑菇的。这个大家庭中充满了欢声笑语。

在这个大约50平方米的空间里,兄弟俩需要天天接受来自食客的点评。团队的14个人各有分工。头儿是让和皮埃尔俩兄弟。让,褐色的胡须,宽宽的肩膀,一口拖长了的罗阿纳腔,"法国最佳手工业奖"得主,一瞧便知道他的确是个调味汁和做鱼炖肉的专家。皮埃尔,胖乎乎的,30来岁的样子,馋猫一个,幽默风趣,负责食材采购,刀工细腻。

当其他老板不想给员工涨工资时,会佯装员工是家庭的一份子,以此安抚他们不满的情绪。但特鲁瓦格罗兄弟餐厅的确是个"大家庭",里面有激烈争吵也有欢声笑语。兄弟俩和其他人干一样的事,不像其他饭店的大厨,只负责指导,很少亲力亲为。他们如果有一个人是闲着的,就会主动去削土豆或取鹅肝,兄弟俩之间没有明确分工,一个总是时刻准备替代另一个。

下面是厨房的工作场景:8点准时开始工作。皮埃尔说:"您仨兄弟负责削土豆(摩卡、穆罕默德和阿里三兄弟脾气很好,念家,给我看过他们家乡的照片）。如果四季豆新鲜的话，我一会儿买些回来。您几个新来的负责取出鳌虾的肠子。克里斯蒂安·米约，您给他们示范一下怎么做。安德烈和帕特里斯，你们准备一下雪花蛋奶。米歇尔，你重新做高汤。"

"高汤"，让我瞬间警觉，我视它如鼠疫，这东西让人不易消化。皮埃尔对此非常赞同："如果高汤没有精心调配的话，的确会造成负面影响。不过，做起来挺简单的：加入上等的牛骨、胡萝卜、洋葱、香料和月桂，一定要当心月桂的用量……然后小火煮，及时撇去浮渣，如果浮渣沉入锅底，就坏事儿了。"他给我看了一个盛着冰块的短颈大口瓶，30升的高汤才提炼了3升的冰。冰块呈金灿灿的颜色、纯净无暇。如果所有餐厅都这样做的话，晚上我们也就不会因消化不良而辗转反侧了……

皮埃尔扫了一眼他小小的冷冻室，除了一些搁在瓶中的去了皮的鳌虾、松露巧克力、黄油、鹅肝、两三个火腿外，没有任何已备好的菜。"菜都是现做的，"皮埃尔说，"当天剩下的食材直接扔掉。"除了这家兄弟餐厅，其他餐厅都不会自愿给我看他们的冷冻室。于是，我有了一条心得：冷冻室越小就越放不下东西，我就越有机会吃到新鲜健康的食物。之后，我们下到地窖。

地窖也有一间冷藏室，比刚才那间要大，里面基本上都是些牛肉。

"我们把牛肉冷冻个15天到20天，这样肉会更香，而且牛肉每天都会减少1%的重量，还要切掉表面形成的冷冻层并抽脂，所以，并不是所有人都能消费的起的，包括肉店老板。"

兄弟餐厅的酸模三文鱼和雪花牛肉非常有名。在罗阿纳，夏洛莱牛肉是最好的。皮埃尔偷偷跟我说："顾客们认为自己吃的是夏洛莱牛肉，否则他们会很失望。事实上，匈牙利的牛肉或巴伐利亚的牛肉更好，他们吃的就是这两个产地的牛肉，而且吃得很开心。答应我，这事儿你自己知道就行了！"

罗阿纳没有农贸市场,有点像以前外省的生活:会有商贩送货上门,包括 60 来个鸡蛋、100 来只最新鲜的青蛙或者一篮子奶酪。这些肯定不够,以皮埃尔的脾气,他会去供货商那儿转转。我陪他一起去的,他买东西不讨价还价让我非常诧异,无论在哪家店铺,他从不过问价格。

他对我说:"这是我们父亲教的。当时,我们开在火车站对面的酒馆并不大,钱柜里也没多少钱。父亲常说:钱不是问题,质量才是一切。买东西也是这样。他让我们不要斤斤计较,这也是我们做菜的秘诀。如果因为要交税而缺斤少两,200 克黄油才放了 150 克,做人就太不厚道了。"

他也不关心是批发还是零售:"通常,牛肉是批发的。羊肉的话,我会在罗阿纳的圣罗什肉店买零售的,因为他家的最好。对成本精打细算非常不明智,应该看总体的效果。豪华旅馆就是太计较成本,所以菜品一般。凡事尽可能往好里做就好了。"

我们一起到海水养殖场捕螯虾,打捞用来油炸的鮊鱼(1972年那会儿,尽力捕捞的话,还是可以捞到的)。我们在一个老园丁那里摘甜瓜和草莓,挖土豆、白菜和莴苣。这位里奈先生住在廉租房里,守护着罗阿纳唯一的菜园。10 点半的时候,我们满载而归。货车装的食材芳香四溢,我的肚子便开始咕咕叫了。

我们回到厨房,见到了让。每晚,他都要确保门是否关好,因此他是最晚一个起床的。11 点,所有人上桌。今天吃大火锅,这是我吃过的最棒的火锅。兄弟俩切的肉片和手掌差不多大。谁说厨师胃口不好的!我问皮埃尔:"您有套餐和单点,为什么没有当天的特色菜呢?"他哈哈大笑说:"每天都有特色菜,只不过只有我们才能吃到。"

11 点半,我们吃完午饭,喝了点掺水的酒。

人们开始忙活起来。火上没热什么东西,除了一口双耳盖锅。烤炉里有多菲内奶油烤土豆。没有人是闲着的:阿拉伯兄弟中的两个人要拔一座山的斑鸫的毛；一个学徒负责切三文鱼并把刺挑出来；另两个学徒负责取出鳌虾的肠子（我作为其中的一个，不知道怎么做）；最后一个学徒检查炉前桌上的东西是否一应俱全，因为一会儿桌上的所有东西都会派上用场：油瓶、胡椒粉、盐以及各种装着草本植物的小碗。这些植物草本总是在最后一刻才切好。

"这是现在流行的普罗旺斯草本烹饪法。"皮埃尔不无讽刺的说道。他严肃地补充道："这些草本仅在冰箱里放一晚，就没味道了，鱼、蔬菜、肉也是这样，所以我们现买现做。提前准备好食材的确会方便很多，但是……"

"我也不能保证在最后一刻就能把菜做出来，这的确很难。"让说，"这个职业有太多的坏习惯。"

"是的。"皮埃尔接着说道，"我们在外省工作的时候，顾客不是很多，所以总能在最后一分钟把菜做好。而在巴黎，顾客太多了，厨师们不得不用双层蒸锅一直加热调味汁，或者用同一种调味汁。"兄弟俩知道自己在说什么：他们曾在卢卡-卡尔东餐厅和马克西姆餐厅这样干过。

中午12点，酒店的年轻老板杰拉尔到了。尽管餐厅人满为患，他依然从容不迫。与让和皮埃尔简单寒暄后，他接过菜单。有他在，工作就轻松一点了。他手中有一份65法郎的、一份94法郎的套餐菜单以及一份点餐菜单。因为菜单装帧精美、版面有限，所以每天总有两三道菜没有列在上面。今天，有青蛙的菜就没有全写在上面。还有一份专门为外国人设计的《旅游特色菜单》。为了让他们品尝到尽可能多的菜品，特鲁瓦格罗兄弟俩创造了"各一半"菜单，尽可能把多种菜肴搭配在一起。这就更需要杰拉尔大显神通了。其他厨师纷纷效仿他们的做法并把这份菜单称作《尝鲜菜单》。

12点15分，杰拉尔拿着订单回到厨房，"两份六十五半熟，和一个全熟的孩子。"

其实我早就理解这种说法，但还是忍不住哈哈大笑："两份六十五半熟"是说两份菜单都有斑鸫肉饼、酸模三文鱼、五分熟的"夏洛莱雪花牛肉"、干酪屑涂层的焦黄烘饼、奶酪和甜点。"一份全熟的孩子"和前面的菜单内容是一样的，只不过各种菜都只有 1/4 的量，肉是全熟。

开始做饭了。我削完最后一个土豆，用围裙擦了擦手，溜到炉子旁边，在尽可能不干扰人家的情况下试图观察他们是如何工作的。一开始，两份菜单做起来还算得心应手，尽管如此，也很难跟上他们的节奏，得多长几双眼睛并且有分身术才行。所有工作几乎同步进行，让我惊得说不出话来。皮埃尔切第一块斑鸫肉时，顺带瞄了一眼房间另一头烤架上的面包。一会儿，他又从三文鱼上切下两片大而薄的鱼片传给让，紧接着，让用长柄平底锅炸鱼。这时他又察觉到乔治没有把松露切好、帕特里克给青蛙撒的面粉太多以及有人忘了喂狗。与此同时，那个矮小的日本人火速从拉塞尔餐厅赶回来，把白葡萄料酒递给在做鱼的让，让又加了点奶油、盐和生胡椒，这样可以增加菜品的口感。这时，皮埃尔已经选好牛肋骨并开始宰了。我问他：

"你就不能早点做吗？"

"不能，最后一刻才做好的话，肉汁会更鲜美。"

所有工作一步紧接着一步，速度非常快，我都没看清楚是米歇尔·博丹还是那个日本人准备好骨髓调味汁的。这时，一根手指滑进平底锅，是让的手指吗？不，是皮埃尔的。让的手正忙着轻触烫手的肉，试探它的温度。米歇尔从烤箱取出干酪屑涂层的焦黄烘饼，打开厨房的门上菜。接着，便是扑面而来的各种订单：

"一份 65 法郎套餐、一份蜗牛和一份醋鸡！四份 94 法郎套餐！两份牛蛙和烤龙虾各一半的尝鲜菜！两份鳌虾尾，两份煮狼鲈！"每次，酒店老板或分管厨师都会在板子上贴上订单，一式两份。大家的脑子就像装上芯片一样，基本上没有人看过它。大家也不看时间。在我餐厅的厨房里，永远都有做不完的菜。而在这儿，每个人都能把时间精确到秒：蜗牛4分钟、三文鱼2分钟、松露汁鸭肝1分半、鳌虾尾40秒。

火的温度维持在230度左右。火热的厨房和铺天盖地的订单（才1点30分，就有62份订单，晚上得达到84份）丝毫没有影响到工作的进度。如果导演要拍摄这一幕，至少得需要10个摄像机。我实习的那几天，也只不过抓住了几个细节。我在那里不是为了窃取秘方的，而是想要理解他们的工作，然而，这并不容易。有件事让我大吃一惊，我亲眼目睹大量黄油瞬间在平底锅里融化。米歇尔准备的雪花蛋奶，至少加入一人200克"伊思妮"①黄油的量，（德赛夫勒省的黄油专用于餐桌，当地的黄油专用于做千层酥）。我问皮埃尔一周需要多少黄油。他从没想过这个问题，顿了一会儿回答说："大约150千克吧。"

他也没计算过奶油的用量。堆成山的奶油让零脂肪的奶产品商无地自容，因为兄弟俩用的都是脂肪含量100％的奶油。

"两份青蛙！"杰拉尔喊道。其实哪里都能吃到青蛙，通常情况下，青蛙都是油腻腻、不易消化，为什么这儿做的就特别清淡呢？这太简单了。首先，青蛙不能长时间放在冰箱里，取出来之后要撒上尽可能少却又必须量的面粉，并用筛子筛3分钟以上，之后青蛙就会变得湿乎乎的了。还有一点，新鲜的芳香植物需提前放入烤箱，这样青蛙肉才会有一种特别的清香。

"你瞧我们没有秘密吧。"让嘟囔说。我知道即使做法相同，也有很多细微差别的。给大菱鲆加点柠檬汁，它的肉就不会变色；用苹果烧酒烧鳌虾壳，就没有糊味；四季豆需一点一点扔进锅里，这样水就能一直沸腾，然后把豆子捞出来放在凉水里，就能保持脆脆

---

①　伊思妮（Isigny），法国乳业集团，主要生产牛奶、黄油和奶酪等奶制品。——译注

的口感。让说得对。这些都是平时做饭积累的经验,没什么新奇的。这里一天的工作量非常大,需要给 60—80 个人做饭,即使是家庭主妇给家里人做饭,也得花很多时间,这点倒是挺神奇的。

2 点的钟声响起,大家可以休息会了。饭厅里,顾客喝咖啡、用点心。厨房里,大家把厨房收拾干净准备晚上继续开工。皮埃尔和让谈论网球,阿拉伯三兄弟继续削东西。所有人 5 点钟集合后就要一直忙到晚上 10 点了。今晚,大家要等着"周二常客"的到来。15 年来,总有一对夫妇会在每个月的第一个周二来此就餐,而且要求极为苛刻、奇怪,但是每次都是一样的。他们对餐厅的特色菜不屑一顾,从 200 公里外的地方来到这里只吃黄金蛋培根,要求蛋白必须是热的,蛋黄必须是凉的,牛排做成丸子状,用高脚杯盛啤酒,杯中的酒要达到指定高度,每次必须由同一个服务员接待,这天他不能请假。他们还要求抽屉中的杂志不能被人翻过。现在,大家接受了这对夫妇,并把他们视作家人。

11 点,厨房空空如也,但是对这兄弟俩来说,这一天还没有结束。顾客不仅希望吃到美食,还想和两位大厨聊聊。我忘说了,尽管工作时大家忙得不亦乐乎,每个人还是会轮流溜到饭厅聊上个 5 分钟。凌晨 1 点,就剩让了,因为碰上个怎么撵都不走的顾客,真是太不爽了!

我一回到自己房间,立刻瘫倒在床上,筋疲力尽。伟大的烹饪背后是辛苦的付出。实习的最后一天,我的胳膊和腿都累得酸疼。我向整个团队告别。

"嗨,你这就走了吗?真可惜呀,我们才开始适应你的存在。"

这话让我心花怒放,至少我没给他们添乱。

文森森林的松露(Truffe du bois de Vincennes)

"文森森林有野生松露吗?随着全球气温的变化,松露的生长地也在发生改变,所以,在文森森林发现松露不再是无稽之谈。"
2008年4月25日的《世界报》上刊登了此条消息。

消息一经传出,引起一片哗然。我住的地方离文森森林仅几
步之遥,因此,这样的反应让我大吃一惊。早在20年前,我就知道
这件事了。当时我常去博马舍林荫道上的昂克罗·德·尼农餐厅
吃饭,有一个男的,是个出租车司机,餐厅老板的朋友,会提着一个
篮子进餐厅来,并从篮中取出牛肝菌和鸡油菌。之后,他又从口袋
里小心翼翼地掏出一个用报纸包着的东西,那东西小小的、黑黑
的,表面呈颗粒状。没错,那就是松露。当时,我并不认为这是真
的。但老板非常确定地说,他朋友已经不止一次在文森森林发现
松露并带给他了。

时隔不久,我在普莱-卡特兰餐厅吃午饭时,科莱特·勒纽
特[①]说她的厨师刚给她带回来一个大大的、漂亮的松露,而这次是
在布洛涅森林的一颗橡树下发现的。

只要对松露稍有了解的人都知道,这两片被拿破仑三世划给
巴黎的森林里不只是特拉瓦罗松露和亚马逊松露。20世纪50年
代,自然历史博物馆馆长罗什·海姆在普莱-卡特兰餐厅的一棵橡
树下发现了松露。早在7个世纪以前,也就是1370年的时候,贝
里公爵的密使让·代普雷就从文森森林带回了松露,献给查理六
世。我们可以说文森森林适合松露生长。更可靠的说法是,植物
学家阿道夫·沙坦于1869年在巴黎西南郊区的默东高地上发现
松露之后,紧接着便在文森森林寻到了松露。

通常,我们认为黑松露只生长在法国西南地区的佩里戈尔,白
松露只生长在意大利西北部的皮埃蒙特大区。其实,松露遍布世
界各地:中国、加利福尼亚、奥地利、英国、瑞士、波兰、澳大利亚、摩
洛哥的阿特拉斯山脉。松露是一个大家族,至少有8种,各种松露

---

① 法国糕点大师加斯东·勒纽特(Gaston Lenôtre)的妻子。——译注

的品质也不尽相同。黑冬松露(又叫"佩里戈尔松露",但这种叫法欠妥)、普罗旺斯麝香松露(和前者属性挺接近的)、黑夏松露(餐厅多用这种松露,甚至过度使用)、灰松露、红棕松露(又叫"狗鼻子松露",生长在法国南方靠近薰衣草或葡萄种植区,没什么价值)以及中国松露(很好看,香味消失得快)。由此可见,松露的属性千差万别。

气候变化促使法国的松露生长地北移。人们经常在位于东北部的香槟-阿登大区发现黑冬松露。黑冬松露曾生长在汝拉山脉海拔400米或者600米以下的地方。而在大仲马生活的年代,山峰上也能发现松露。

松露是法国各地的一道风景线,却不能随意采摘。

1836年,穆瓦尼耶先生起草了第一份《松露条约》,但从未公布。他把松露分成两类:一类是"佩里戈尔松露",生长在夏朗德省、上维埃纳省、多尔多涅省、吉伦特省、科雷兹省和上加龙河省。另一类是"多菲内和普罗旺斯松露",他认为这类和前一类的松露品质一样好,主要集中在伊泽尔省、阿尔代什省、德龙省、加尔省、埃罗省、上阿尔卑斯省、下阿尔卑斯省、塔尔纳省、沃克吕兹省、罗讷河口省、瓦尔省、洛泽尔省和西比利牛斯省、奥内斯外省、圣通日外省(跨滨海夏朗德省、德赛夫勒省、维埃纳省和旺代省)以及贝里省(跨谢尔省和安德尔省)。与《贝里公爵豪华时祷书》[①]相关的法兰西的贝里公爵对松露也兴趣浓厚,人们在他家中发现了松露的相关记载。

19世纪中叶,布皮尔家族在巴黎郊区的埃唐普附近培养松露,从中盈利。之后,松露生长地往北移动,从南到北经过伊夫林

省南部的朗布依埃市、莫尔市和北部的盖维尔市、塞纳河谷市以及位于伊夫林省北边的塞纳-圣德尼斯省的维尔塔纳斯市。

20世纪80年代,巴黎八区的区长说他在自家花园的玫瑰花下发现了松露。他家位于塞纳-马恩省默伦市的乡下。

法国东部和北部的人都知道勃艮第松露(又叫"香槟省松露")。该松露呈咖啡巧克力色,发出的榛子味道沁人心脾。默兹省松露的味道很浓,类似巴旦杏的味道,苦苦的,被称作"肠系膜松露",人们会在瓦罐或调味汁里加入这种松露。

如今,享有"松露之王"美誉的黑冬松露身价飙升,每千克高达900欧。因为野生黑冬松露越来越稀少。而那些生长在喜马拉雅山、澳大利亚的塔斯马尼亚岛、美国的德克萨斯州、匈牙利、波兰、斯洛文尼亚、阿尔巴尼亚、土耳其或法国塞纳-圣德尼斯省的松露虽然便宜,但毕竟一分钱一分货。但总有一天,这些松露会入侵法国高档餐厅,其价格自然不言而喻了,毕竟有广告对它们进行了大肆宣扬。

马克·维拉(Veyrat [Marc])

马克不管经历怎样的挫折,都会从哪儿跌倒从哪儿爬起来。最近,他在斜坡上极速滑雪的时候和别人相撞,到现在还绑着绷带呢。

他13岁半做过糕点师,20岁做过滑雪教练员,曾被4所酒店管理学院开除过。尽管如此,他还是被安纳西市赫赫有名的比兹酒店管理学院录取了。他曾用40亿旧法郎把滨湖韦里耶市20世纪20年代建的大别墅改造成了富丽堂皇的驿站庄园,因而最终身无分文。他经营约维拉农场位于高高的马尼戈山谷斜坡上,冲着阿拉维斯山底。几年之间,这个农场由盛转衰,甚至到了濒临破产的地步。几个关系不错的同行还在背后嘲笑他。那时,他常常戴一副太阳镜,头顶一只萨瓦波草帽,上面还贴着透明胶带。

他在法国一台《新闻晚8点》做完访谈后回到帕特里克·普瓦夫尔·达沃①家里,清算人在等着他,一番沟通交流后,被磨得都

①　帕特里克·普瓦夫尔·达沃(Patrick Poivre d'Arvo)简称为PPDA,法国一台的当家主播。——译注

没脾气了。朋友们非常担心他,他自己却和没事儿人一样,反而胆子更大了,竟然用巨额贷款把自己家改造成一个特大号的、具有田园特色的高级餐馆,并在梅杰夫市开了第二家这样的餐馆,名叫"我父亲的农庄"。他对食品进行了艺术性的和革命性的创新,将各种香草与"分子美食"技术结合起来而备受推崇。这种烹饪方法也让 20 世纪的那些大厨们大吃一惊。

我第一次听说马克·维拉是在我们制作的《法国手册 1984》出版前的几周。我们团队的两位成员对某个人的看法刚好相反,此前从没这样过,但我相信这两个人的眼光。这个有争议的人就是当时旧安纳西市艾丽丹酒店的年轻老板——马克·维拉。该市市长贝尔纳·阿夸耶都是他忠实的粉丝。马克非常热爱自己的事业,总是激情满满。他做的菜要么很好,要么很糟,完全是两个极端。他还很固执,有时会把顾客拒之门外。尽管如此,出自他手的美味佳肴还是会让顾客好了伤疤忘了疼,最终成为他忠实的回头客。

那天我心情很好,便去安纳西市找他。他给我的印象是,天资聪颖,只不过初出茅庐,还需历练。就是因为他太有激情了,所以看上去疯疯癫癫的。那次,《高米约美食指南》本想突破性地给他打 25 分……(满分 20 分。后来有人给他打了满分,那人不是我,因为我退休了。)

一开始他就获得《高米约美食指南》给他的 15 分和两顶厨师帽。这对一个新人来说,可谓成绩斐然。不过,他还是非常谦虚地从我们餐厅干起。他上菜很快。熏安纳西湖鳟鱼土豆千层糕和红点蛙鱼是他的经典菜品,口口相传。红点蛙鱼会搭配几片嫩嫩的胡萝卜或(加欧百里香英国奶油果泥的)樱桃酒粗粒冰激凌。大家都说:来这儿办宴会是最好的选择。

马克(他的朋友这么叫他)羽翼日益丰满。一天,他郑重其事地对我说:"我不想干厨师了,我要做酒店老板"。

之后,他就自己单干起来。1988年他获得第三顶厨师帽。第二年,又获得了第四顶厨师帽以及"年度最佳厨师"的称号。大厨应具备的素质他都有:丰富的想象力、完美的烘焙技术和灵敏的味觉。和名厨米歇尔·布拉斯一样,他喜欢在菜品里加入各种香草。因此,经常到马尼戈山上采摘。

马克对我的建议置若罔闻。尽管如此,我依然怀着对他的同情小心说道:"你可以把香草烹饪坚持下去。"如今,他仍谨记我的这个建议,也是唯一一次他听进去了。

因为他用的奶油独一无二,我给他第四顶厨师帽打了19.5分。这个分数领先于法国厨师大佬吉拉德、卢布松、格拉尔、罗瓦索……马克越来越擅长用香草创新烹饪品,沉溺其中。他背个包,穿着登山靴到儿时玩耍山上采摘各种草本,然后带回家,撒在各种菜品上,这样做总是能带给人全新的味道。

马克充分利用自己灵敏的味觉、丰富的想象力和精湛的烹饪技术做菜,往往是新菜品更能打动人。例如:竖着茴芹叶的欧芹汁蜗牛,搭配红萝卜奶油的鱼子酱冻肉,注入马鞭草、西红柿和小萝卜汁的安纳西湖江鳕肝脏。他做的红点蛙鱼是从欧洲最干净的河流中打捞上来的,没有人比他做的更精妙了:鱼的每一面蒸3分钟后,快速放到蝾螈炉中,浇上一层起泡的黄油,再加点捣碎的胡椒和小胡萝卜的秋苗,最后加点冷杉蜜。世上绝无第二人能做得这般美妙。

他在汤中加点水、猪油、烤焦的粉末、葛缕子和油酥点心的脆皮,用风轮菜和野生酸模制成的乳胶将略微熏制的龙虾涂白,并在各种稀奇古怪的混搭中放点香草:牛犊的胸腺和青蛙加水田芹和野生大蒜,羊奶配牛头,水田芹牛奶配烤鸽子(既没有加奶油也没有加黄油),酥脆的鸽子肉搭配甘甜的牛奶让人念念不忘,炸鸡配绿色的松树芽,碎巧克力配泉水薄荷(它和普通的薄荷完全不同)……各种各样的菜让人头晕眼花。马克的灵感和激情让人动容。他对菜谱的精细研究(他能背出来至少 3000 个菜名)和自身高超的烹饪技术,让菜品饱含儿时的情感、牲畜的味道和草本的香气。就餐的人就像置身于大自然一样,有一种幸福的感觉。

烹饪很少出艺术家(所以我不是很喜欢"烹饪"这个词)。马克是个例外,他不会绞尽脑汁得去迎合大众的口味,而是说服大众向他的独创菜品靠拢,感受其魅力。

啥事儿都能让他碰到。有人冷眼旁观或泼他冷水,试图消灭他的士气。尽管他心里很难受,仍会顽强抵抗,从原地爬起来,让你刮目相看。

我有段时间没去过安纳西了。2000 年的时候我去找他,这个家伙比以前更疯狂了,制订了一份特别长的菜单给我看,稀奇古怪的新菜品让我大跌眼镜:鹅肝酸奶罐、没有面的意大利面、注入野生甘草汁的鹌鹑蛋、香豆海鳌虾意式汤团、加博福尔干酪和孔泰奶酪的"圣体饼"溶解在鸭子清汤中、带假壳的猪血香肠。他还备有吸管、注射器、氮气……他知道我对此不感兴趣,也知道自己说服不了我。当然,在滨湖韦里耶美丽的马克·维拉餐厅用餐,能让人放松,感受过去、现在和未来。(尤其是过去的感受更为强烈)。

因为身体原因,他关了在梅杰夫市经营得很好的餐厅,而后回到儿时的村庄,在马尼戈山上定居,把谷仓改造成未来派风格,邀请少数宾客共享"原生态"的美食盛宴。

之后,我就再没有他的消息了。最近听说这个疯子想在安纳西市做个"21 世纪农民"。

阿尔萨斯酒馆（Winstub）

酒馆是法国阿尔萨斯人的第二个家，是没有农庄的农庄客栈。酒馆由老板娘负责掌勺，里面的人亲如兄弟。

目前，巴黎的老酒吧和里昂的小酒馆生意大不如以前，唯独阿尔萨斯酒馆经营如初，让人觉得依旧温暖。酒馆店面不大，人们吃的开心，喝的舒心，像一家人一样。整个法国都应该发展阿尔萨斯酒馆。

位于阿尔萨斯省的斯特拉斯堡和科尔马是法国仅有的两个没有英式杂货店或英式酒吧的城市，因为这里的年轻人对外来事物不感兴趣。他们下课后，或是晚上娱乐完，便结伴来酒馆寻找温暖，认识朋友，点一份阿尔萨斯奶油圆蛋糕。酒馆的餐盘花里胡哨的，墙体被烟熏的呈棕褐色，上面杂乱无章地贴着非主流海报。在这里，人们或打牌或聊天。（可惜啊，有些酒馆引入新的装饰风格，给人冷冰冰的感觉，人们终会怀念酒馆以往的模样的。）

老板的性格是酒馆的核心。老板让·梅森纳夫推门让顾客进来。门的上方悬有一个小灯笼。他跟我们说："男人之间是兄弟情义，而女人却是永远的守护神，像妈妈一样坚守她小小的世界，还爱做阿尔萨斯的酸菜猪肘子"。我们不知道阿尔萨斯小酒馆何时兴起，有人说起源于中世纪。当时小酒馆肯定没有女人，只有男人。同行们围坐在一起，吃着家里自制的猪肉，桌上放着酒壶。可以确定的是，1870年普法战争的时候酒馆是存在的。获胜的普鲁士对自家的酒引以为傲，并没有太把被占领的阿尔萨斯酒当回事。他们只买散打的，而且觉得塔明娜、雪绒花混酿、雷司令和琼瑶浆都一个味儿。

面临失业的阿尔萨斯葡萄种植业者决定采取行动，重振当地酒在本地人心中的声誉。他们从科尔马开始北上，在阿梅尔斯克维、伊特斯维尔、利克威尔都开了葡萄酒交易所，又在斯特拉斯堡开了小酒铺，提供最好的散打葡萄酒和桶装葡萄酒。新产的葡萄酒盛在酒壶里，朋友聚会时会端上来供大家享用。越来越多的顾客光顾酒馆，他们不仅来此喝酒，也想吃点下酒菜。于是，轮到老板娘上场了，下厨房做饭。

每个老板娘都有各自的拿手菜，并规定哪天供应土豆蔬菜烧肉（又叫"穷人吃的饭"，其实里面啥都有：白葡萄酒腌制过的牛肉、羊肉、猪肉以及一大堆土豆薄片）、咸猪腿肉、面包香肠（香肠是油炸的）、洋葱培根薄饼、土豆香芹猪肩肉（猪肩肉是熏制的）、猪肝或牛肝肉丸以及各种做法的酸菜猪肉。

以前，酒馆都是葡萄种植业者自家人开的，服务简单，舒适度不高，用的食材也不新鲜，账单也都是精确计算的。

后来，酒馆不都是自家人经营了，老板会雇服务员替代女儿的工作，而老板和老主顾的交情也变得商业化了。这当然也不是绝对的。顾客会直呼老板或老板娘的名字，老板则会邀请老主顾到酒馆一角的特定餐桌上共同进餐。顾客们和老板、边做饭边嘟囔的老板娘紧靠着坐在泛黄的椅子上分享鲱鱼罐或者猪嘴沙拉。这种并肩而坐的兄弟情谊让老板和职员、受过教育的人和商贩、退伍军人和赶时髦的年轻人之间没有了隔阂，大家其乐融融，感受着生活的美好。酒馆的氛围是独一无二的，和小餐馆或者酒吧的氛围截然不同。这里充满着生活气息，所以，年轻人喜欢来这儿寻找温暖。

酒馆的饭菜一般，手工自制的美味的阿尔萨斯猪肉也很少见了，所以，别被老板打的广告欺骗了。但他们还是会勉强改进菜品的。同等价位下，这儿的菜还是要比街区的大部分小餐厅要强。

每家酒馆都有自己的风格和老主顾，例如：伊冯娜酒馆（或斯布耶尔斯图威尔酒馆）、斯楚兹朋友酒馆和它位于伊尔河河边的精致露天座、文艺角酒馆、克鲁酒馆、斯曼斯特尔斯图威尔酒馆、斯托马斯·斯图贝尔酒馆、赞尔格洛克酒馆以及小市政府酒馆都深受欢迎。顾客会根据当天的心情选择酒馆，而且他们更关心的是酒馆的酒，当听说这家的雷司令没得卖了，便转身去别家讨酒喝。

在阿尔萨斯酒馆，你绝对看不到一丁点纵酒作乐的场景。客人们总是小心翼翼地端起酒杯喝酒，有人甚至一个小时都没喝完一瓶酒的四分之一。人们来这儿不是买醉的，而是来聊天的，讲讲昨天的事儿、吐槽今天的事儿、憧憬明天的事儿。

人们来这儿是倾听自己生活的。

去他的吧！(Zut!)

去他的吧！名气太大也不好……

我曾去过世界顶级的餐厅，品尝过精致可口的菜肴，探索过出人意料的食材并与优秀的大厨相识，共度难以忘怀的时光。

其实我也喜欢糟糕的烹饪。

当然也不是真的很糟糕，能填饱肚子、无毒无害就好。英国前首相丘吉尔曾说过："我只吃最好的"。我要求没那么高，只要吃得舒心就好。不仅仅是菜肴精致可口、独一无二的大餐厅能带给我这种感觉，有一些小餐馆也让我觉得舒服，想要再去一次。

在我寻觅美食的过程中，遇到一些餐馆，有些菜做得还不错，有些则差强人意。但我还想再去一次，因为，在这些餐馆就餐让我觉得很幸福。

让我觉得幸福的原因有很多，或许每个原因之间并没有太多联系：他家的奶油水果馅饼让人赏心悦目，比我家大厨的水平都要高；老板娘说的话让人心里暖烘烘的，老板也不会自认为是法国大厨埃斯科菲；老板的相貌和善；娇小的女服务员笑起来很美；公厕管理员常讲些有趣的段子；邻桌热情的食客总会加入我们的闲聊；

老板养的狗或猫非常讨喜,小狗乖巧听话,猫咪还会在我的怀里打呼噜,等等……一贯追求完美让我觉得心累,反而是那些温暖人心的小事儿更能打动我。

图书在版编目(CIP)数据

美食私人词典/(法)克里斯蒂安·米约著;杨洁译.
–上海:华东师范大学出版社,2017.9
　ISBN 978-7-5675-6617-0

Ⅰ.①美… Ⅱ.①克… ②杨… Ⅲ.①饮食—文
化—法国 Ⅳ.①TS971.205.65

中国版本图书馆 CIP 数据核字(2017)第 140525 号

华东师范大学出版社六点分社
企划人 倪为国

六点私人词典

美食私人词典

著　　者　(法)克里斯蒂安·米约
译　　者　杨　洁　梁　陶　廖　菁　邓旭婷　司勤冕
责任编辑　王莹兮
装帧设计　刘怡霖

出版发行　华东师范大学出版社
社　　址　上海市中山北路 3663 号　邮编　200062
网　　址　www. ecnupress. com. cn
电　　话　021 - 60821666　行政传真　021 - 62572105
客服电话　021 - 62865537　门市(邮购)电话　021 - 62869887
地　　址　上海市中山北路 3663 号华东师范大学校内先锋路口
网　　店　http://hdsdcbs. tmall. com

印 刷 者　上海盛隆印务有限公司
开　　本　889×1194　1/32
插　　页　16
印　　张　14.75
字　　数　310 千字
版　　次　2017 年 9 月第 1 版
印　　次　2017 年 9 月第 1 次
书　　号　ISBN 978-7-5675-6617-0/G·10455
定　　价　78.00 元

出 版 人　王　焰

(如发现本版图书有印订质量问题,请寄回本社客服中心调换或电话 021 - 62865537 联系)